装备结构强度及可靠性丛书

承压设备安定性分析与设计

Shakedown Analysis and Design of Pressurized Equipment

轩福贞　郑小涛　著

科学出版社

北京

内 容 简 介

本书是一本关于设备安定性分析理论与设计领域的专著。全书采用总分总的逻辑架构，围绕复杂条件及复杂结构的安定性问题，从基本原理模型到方程解析，均安排有系统讨论和案例解析。全书共分 9 章，第 1 章为绪论，提出本书的研究背景、基本概念，并系统梳理结构安定性分析基础研究和设计方法发展的历史脉络；第 2 章和第 3 章为递进关系，分别介绍结构安定及棘轮极限载荷分析的通用方法，以及复杂载荷条件下承压设备的安定性分析；第 4 章讨论复杂材料(焊接接头)条件下安定与棘轮极限载荷的分析；第 5 章则进一步延伸至多层膜-基结构；第 6 章系统讨论法兰结构和螺栓紧固件的安定性分析；第 7 章系统介绍线性匹配方法及其用于汽轮机转子轮缘-叶片结构的安定性分析；第 8 章讨论材料滞弹性回复效应对结构安定极限载荷的影响。第 9 章系统介绍和分析比较国际标准中关于承压设备的安定性设计方法，包括美国《锅炉及压力容器规范：ASME BPVC-Ⅲ—2015》、英国《高温结构完整性评定规程：R5—2014》、法国《核装置机械部件设计和建造规则：RCC-MRx—2015》、欧盟《非直接接触火焰压力容器：EN 13445-3—2002》等相关标准。

本书对于从事航空航天、石油化工、新能源装备，尤其是第四代核电领域强度分析与设计的研究人员，具有参考价值和指导意义。

图书在版编目(CIP)数据

承压设备安定性分析与设计=Shakedown Analysis and Design of Pressurized Equipment / 轩福贞，郑小涛著. —北京：科学出版社，2020.5

(装备结构强度及可靠性丛书)

ISBN 978-7-03-064824-2

Ⅰ. ①承… Ⅱ. ①轩… ②郑… Ⅲ. ①压力容器-稳定性-分析-研究 ②压力容器-稳定性-设计-研究 Ⅳ. ①TH49

中国版本图书馆CIP数据核字(2020)第062317号

责任编辑：冯晓利 / 责任校对：杨聪敏
责任印制：吴兆东 / 封面设计：无极书装

科学出版社 出版
北京东黄城根北街 16 号
邮政编码: 100717
http://www.sciencep.com

北京捷迅佳彩印刷有限公司 印刷
科学出版社发行 各地新华书店经销

*

2020 年 5 月第 一 版 开本：720 × 1000 1/16
2020 年 5 月第一次印刷 印张：24 1/4
字数：486 000

定价：188.00 元

(如有印装质量问题，我社负责调换)

前　言

承压设备泛指工作条件下耐受内部或外部压力的设备，它是石油化工、电力、航空航天等领域的核心关键设备。结构安定指经历若干次载荷循环后设备中的累积塑性变形处于稳定，不影响其初始设计功能及导致失效的状态。承压设备的安定性分析主要研究循环载荷作用下设备的塑性行为，解析对应于渐进性塑性变形的极限载荷和边界，属于经典塑性力学范畴。一般而言，循环载荷下承压设备主要表现出弹性安定、塑性安定和棘轮效应三种行为。弹性安定和塑性安定均对应于稳定的累积塑性变形，棘轮效应则对应于不断增长的塑性变形累积并最终导致设备失效。

近年来，承压设备日益表现出高温、高压、大型化、重载等极端化趋势，这使结构性能特征和承载潜力的安定性分析与设计受到学术界的重视。安定性(shakedown)概念为 Prager 博士 1948 年首次提出，其理论基础源自 Melan 博士 1938 年建立的静力安定定理和 Koiter 于 1956 年建立的机动安定定理。然而，早期的设备设计主要采用弹性分析技术路线，安定性分析并未受到应有的重视。

1967 年，英国的 Bree 博士解析了循环热机载荷下薄壁圆筒的安定极限载荷，建立了著名的 Bree 图并被美国 ASME《锅炉及压力容器规范：ASME BPVC-III—2015》、欧盟《非直接接触火焰压力容器：EN 13445-3—2002》等规范采纳应用至今。然而，经典 Bree 图基于过于简化的理想边界，忽略了载荷复杂性、材料复杂性等实际工程因素，主要适用于理想弹塑性结构或简单的线性应变强化结构，往往导致结果过于保守或偏于危险。近年来，国内外对结构安定性分析的基础理论和设计方法研究不断深化，相继提出并发展了安定性分析的直接法、弹性补偿法和非线性叠加法。引入材料的延性损伤效应被认为是清晰解释变载作用下结构安定或破坏发展过程的有效方法。20 世纪 90 年代初，Hachemi、Weichert、冯西桥等为纳入损伤效应的安定性评估奠定了理论基础。

此外，结构的棘轮极限载荷分析是该领域的另一研究热点。学者们相继发展了涉及材料等向强化、随动强化、平均应力效应、温度效应、屈服表面形状、比例或非比例加载等因素的理论模型。但由于影响因素多，模型和计算方法复杂，难以在工程领域推广。陈浩峰等基于极小值定理拓展了经典的机动上限安定定理，发展了可直接计算结构棘轮边界的线性匹配法(LMM)，并被纳入英国《高温结构完整性评定规程：R5—2014》。此外，Reinhardt、Adibi-Asl、Abou-Hanna 等也提出了基于修正屈服应力或修正弹性模量的非循环方法，对解决复杂结构的棘轮极限分析提供了新工具。

本书系统介绍了承压设备安定性分析的基本原理和方法，凝聚了作者多年来在承压设备安定性分析领域的研究成果，同时融入了该领域国内外的最新进展。在撰写过程中，书稿的结构采用了总分总的形式；在内容和叙述方式上，不仅包括了模型构建和详细分析过程，还采用了从基本原理模型到方程解析，再到讨论和案例的顺序。

本书的主要研究成果已在相关国内外期刊发表，获得了软件著作权和专利，研究方法具有一定的通用性，可以推广用于其他机械结构和零部件的安定性分析与设计。对航空航天、新一代核电装备的强度设计与完整性评估具有一定的参考价值和指导意义。

特别感谢国家自然科学基金(51325504、51835003、51305310)对本书相关研究的资助。衷心感谢陈浩峰教授、高信林教授、温建峰博士、宫建国博士在本书成稿过程中给予的帮助，感谢研究生朱轩臣、魏芬、吴克伟、王计强、张延华、王文、张思奥对本书插图、公式编辑及其相关工作所付出的辛勤劳动，感谢诸多同仁的热情支持。

限于作者水平有限，书中难免有不妥之处，恳请各位专家和读者批评指正。

作　者

2019 年 11 月 1 日

目　录

主要变量说明表

A	蠕变材料常数	P_c	弹塑性界面压力
A_l	滞弹性材料常数	P_L	塑性极限载荷
A_D	蠕变损伤常数	P_e	弹性极限载荷
C_o	外表面传热系数	P_s	安定极限载荷
C_i	内表面传热系数	q	延性损伤常数
D	延性损伤因子	Q_R	二次应力强度范围
$\dot{D}^{cr}$	蠕变损伤演化率	r^c	蠕变回复率
E	弹性模量	r_c	弹塑性交界面的半径
E_p	剪切模量	r_D	蠕变损伤常数
F_a	轴向力	r_i	开孔半径
I_p	极惯性矩	R_i	圆筒内径
I_z	惯性矩	R_o	圆筒外径
L	圆筒长度	RSF	剩余强度因子
M	稳定弯扭	$\boldsymbol{S}$	应力偏量
N	稳定扭矩	S_m	许用强度
M_t	厚度修正因子	S_{rH}	热端的松弛强度
M_{tr}	形状修正因子	S_{rL}	冷端的松弛强度
n	应变硬化指数	S_n	一次加二次应力强度范围
Q	延性损伤常数	t	圆筒厚度
Q'	蠕变激活能	t_h	保载时间
P_i	内压	t_s	转变时间
P_w	工作压力	T	温度
P_A	自增强压力	ρ	中性轴曲率

符号	含义
λ^{S}	安定极限乘子
μ	泊松比
$\boldsymbol{X}$	背应力偏量
α	热膨胀系数
$\boldsymbol{\alpha}$	背应力张量
$\boldsymbol{\varepsilon}$	应变张量
$\boldsymbol{\varepsilon}^{\mathrm{e}}$	弹性应变张量
$\boldsymbol{\varepsilon}^{\mathrm{c}}$	蠕变应变张量
$\boldsymbol{\varepsilon}^{\mathrm{p}}$	塑性应变张量
$\varepsilon^{\mathrm{an}}$	滞弹性应变
ε^{c}	蠕变应变
ε^{p}	塑性应变
ε_r	径向应变
ε_θ	周向应变
ε_z	轴向应变
$r_1 \sim r_8$	OW 模型中材料参数
$\xi_1 \sim \xi_8$	OW 模型中材料参数
$\boldsymbol{\sigma}$	应力张量
$\tilde{\sigma}$	有效应力
σ_1	第一主应力
σ_2	第二主应力
σ_3	第三主应力
σ_{e}	总体等效应力
$\sigma_{\mathrm{e}}^{\mathrm{H}}$	各向同性应力分量
$\tilde{\sigma}_{\mathrm{eq}}$	有效等效应力
σ_{H}	静水压力
σ_{s}	屈服应力
σ_{w}	工作应力
σ_{n}	名义应力
σ_z	轴向应力
σ_r	径向应力
σ_θ	周向应力
σ_{ref}	参考应力
σ^{t}	热应力
σ_{v}	黏性应力
τ_{s}	剪切屈服强度
∇^2	拉普拉斯算子

第1章 绪　　论

1.1 结构安定性及其基本概念

结构的安定性概念和原理属于经典塑性力学范畴，其主要研究承载结构在循环载荷作用下的塑性行为，并刻画其产生渐进性塑性变形的极限值和边界。1932 年，德国学者 Bleich 最早提出了桁架结构在循环载荷下的自适应性概念[1]，随后 Melan 博士进一步将其拓展到三维理想弹塑性结构[2-5]。在此基础上，Prager[6]于 1948 年首次用安定(shakedown)一词描述理想弹塑性结构在循环载荷作用下的自适应特性，并被广泛采纳应用至今。该词的英文原意是用于描述盛装细小颗粒物的瓶子，经过数次摇晃后可以存放更多的状态。这里借用来描述结构承受一定的塑性变形后，由于产生有利的残余应力场，其弹性极限承载能力提高的现象[7]。

值得注意的是，尽管结构安定性基本定理较早得到了严格的逻辑证明，然而在应用力学发展历程中并未如极限分析定理那样得到关注和应用于工程。这部分源于早期工程设计主要依赖弹性分析，进行安定性分析时往往忽略加载历史的影响[8]。实际上，极限分析可以认为是安定性分析的特殊情况，也就是循环次数为 1 的安定性分析。直到 20 世纪 60 年代末，学者逐渐认识到结构安定性分析的重要性，并开始将其纳入相关的设计规范中[9-11]。

一般而言，弹塑性结构在循环载荷下经历一定的塑性变形后主要表现为三类力学行为(图 1.1)：

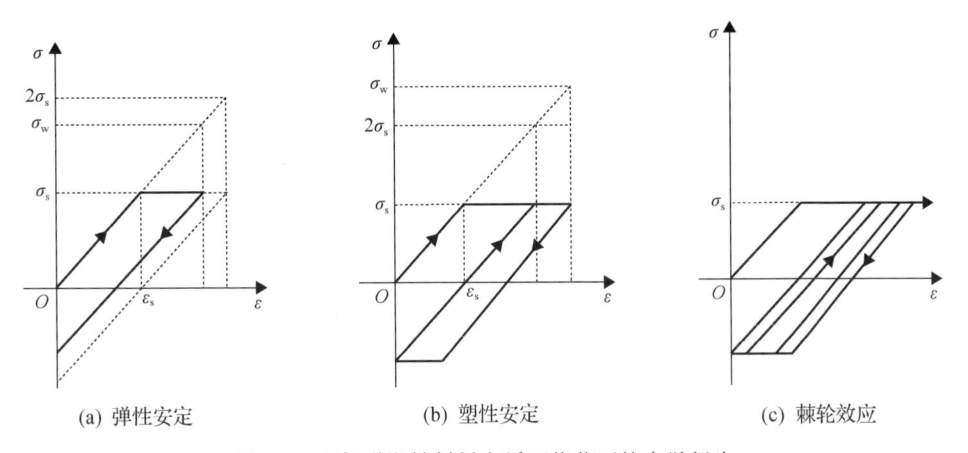

图 1.1 理想弹塑性材料在循环载荷下的力学行为

σ_s为屈服应力；σ_w为工作应力；ε_s为屈服应变

(1)在反复载荷作用若干次后，累积的塑性变形趋于稳定，结构在后续载荷下产生弹性响应，即弹性安定；

(2)在反复载荷作用若干次后，塑性变形不断反复，形成稳定的交变塑性，即塑性安定；

(3)在反复载荷作用下，结构中的塑性变形不断累积增加，最终导致结构破坏，即棘轮效应。

以美国ASME BPVC-Ⅲ、欧盟EN 13445-3等为代表的近代设计规范认为[12, 13]，结构处于弹性安定和塑性安定状态时并不会导致灾难性破坏和影响功能，因而可以认为是安全的。这里，塑性安定需进一步校核，确保结构不会发生低周疲劳失效为前提。但对于棘轮效应，结构可能因塑性变形累积而产生功能损伤或裂纹，或者塑性大变形致使小变形假设不再成立，导致结构强度不足而失效。某些情况下，ASME BPPV-Ⅲ规范[12]为了降低设计的保守性，如果塑性应变、棘轮应变和蠕变应变之和小于许用限值，也存在允许少量循环载荷高于棘轮极限的情况。

承压设备统指工作条件下承受内部压力或外部压力的设备，如广泛用于核电、石油化工、航空航天等领域的压力容器、压力管道等，其工作条件下往往同时承受变化的热机载荷或其他往复作用的耦合载荷，导致因过量的塑性变形累积发生塑性垮塌或断裂。图1.2显示了典型结构在循环载荷作用下的失效实例。为避免设备发生此类失效事故，结构安定性分析和设计在化工容器、核设备、铁道工程及海洋平台工程等受到广泛重视，防止棘轮失效的安定性分析方法被美国规范ASME BPPVP[12]、欧盟EN 13445-3[13]、英国规程R5[14]、德国规范KTA[15]及法国规范RCC-MR[16]等采纳。

结构安定性分析的目标是确定结构在变化载荷作用下的临界安全载荷。然而，现行的设计规范仍存在较多局限性，主要表现在以下方面：

(1)传统的安定性分析和设计方法仅限于薄壁管道在热-机械载荷下的安定极限载荷分析，未考虑复杂结构或复杂材料的本构问题，更复杂模型需要依靠弹性分析(应力分类法)或循环理想弹塑性分析结构的安定行为；

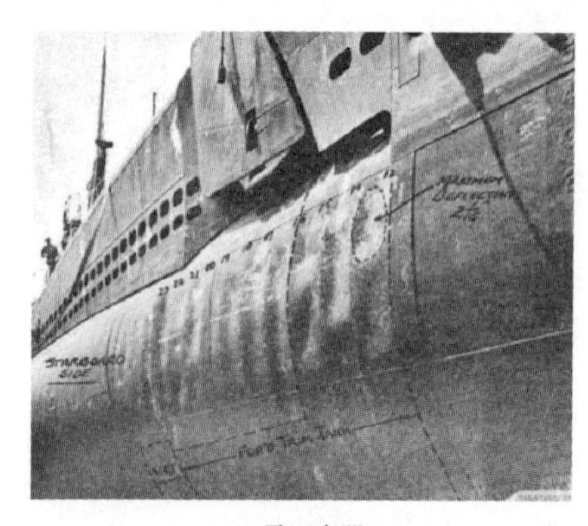

(a) 承压容器

(b) 汽轮机叶片

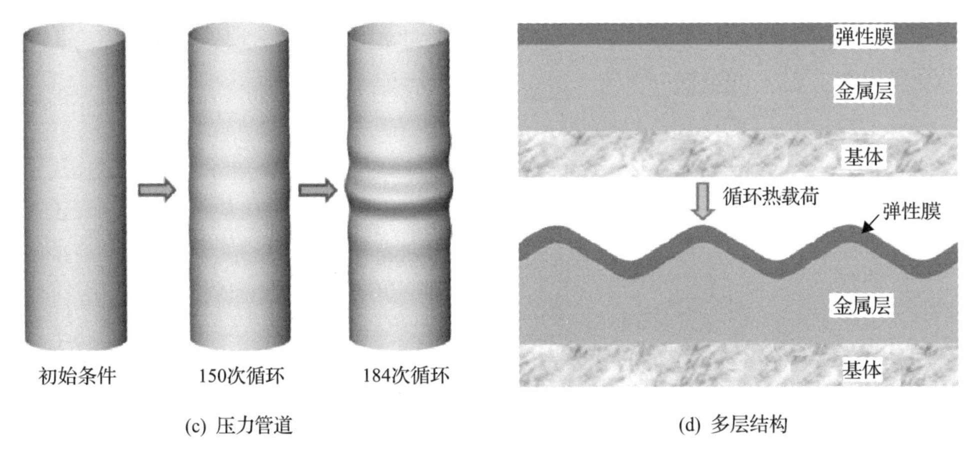

(c) 压力管道　　(d) 多层结构

图 1.2　典型的棘轮失效结构

(2) 棘轮失效是循环载荷下结构的主要失效模式之一，限制棘轮失效的安定性分析显得日益重要。规范中仅以简单理想弹塑性模型进行棘轮校核，忽略了应变硬化、循环硬化及循环软化等反映真实响应的影响，计算结果过于保守。

近年来，随着能源紧缺和现代工业的高度集约化，如何在保证结构安全可靠的前提下最大程度发挥材料的承载能力成为工程科学的新挑战。因此，开展高端装备尤其是承压类设备的安定性极限载荷分析研究和技术创新，具有重要的理论价值和工程意义。

1.2　结构安定性分析和基础理论的发展历程

1938 年，Melan[5]研究指出：如果能找到一个时间无关的自平衡应力场，其与给定范围内的任意外载荷所产生的弹性应力场叠加后能够处处不违反屈服条件，则结构处于安定状态。1956 年，Koiter[17]进一步提出并证明：如果存在一个机动许可的塑性应变率循环，若在循环加载过程中载荷所做的外力功不大于结构内部的塑性耗散功，则结构安定。这两个奠基性的工作分别称为 Melan 静力安定定理(下限安定定理)和 Koiter 机动安定定理(上限安定定理)，并由此形成经典安定定理的基础框架。

总结上述工作可以看出，经典安定定理主要基于以下基本假设：

(1) 理想弹塑性材料，不考虑强化和软化效应；

(2) 小应变和小变形，不考虑几何非线性效应；

(3) 材料服从 Drucker 公设，即屈服面是外凸的，且塑性应变率与屈服面外法线方向一致；

(4) 不考虑温度效应、时间效应的影响。

需要指出，传统安定定理仅认为弹性安定是安全的，塑性安定被划分为不安全因素，在工程上过于保守。

20 世纪 60 年代以后，结构的安定定理获得进一步深入研究，经典安定定理被推广到多种载荷模式、结构和材料模型，如应变强化、几何非线性、动力效应、蠕变和松弛、热应力等因素对结构安定行为的影响。本节从结构安定性分析的经典简化设计方法、受损结构的安定性分析、高温设备的安定性分析等三个方面，简要介绍其发展研究历程。

1.2.1 结构安定性分析的经典简化方法发展历程

传统和经典的结构安定性分析与设计研究，始于循环热机载荷下的薄壁圆筒、双梁等简单结构。1959 年，Miller[18]将承受内压及沿壁厚有交变温度梯度的理想弹塑性薄壁圆筒简化为单轴梁模型，确定了薄壁圆筒产生热棘轮变形的临界条件，首次提出了适于压力管道或压力容器安定性设计的工程评定图。1967 年，Bree[11]将薄壁圆筒简化为单轴梁模型进一步阐述了热棘轮变形机理，推导了循环热机载荷下薄壁圆筒安定极限载荷的理论公式，并建立了著名的 Bree 图(图 1.3)，该图至今仍是《锅炉及压力容器规范：ASME BPVC-III—2015》第III卷和第Ⅷ卷第二分册[12]及《非直接接触火焰压力容器：EN 13445-3》[13]等规范评定薄壁圆筒热棘轮的基本方法。

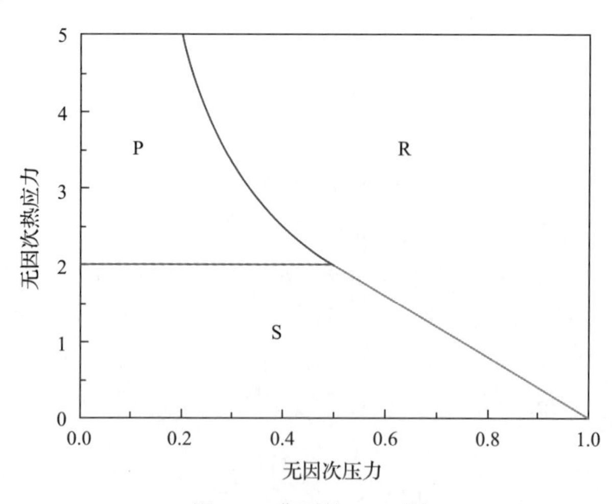

图 1.3 典型的 Bree 图

S 为弹性安定区；P 为塑性安定区；R 为棘轮区

1981 年，Megahed[19]研究了双梁结构在恒定机械载荷及循环热载荷(平均温度不为 0℃)下的安定性，并给出了相应条件下安定极限载荷的解析解，为双梁结构的安定性设计带来了极大的方便。1989 年，Bree[20]进一步分析了双轴热棘轮变形机理，获得了类似的双轴 Bree 图，但由于忽略了各轴应力之间的相互影响，即假定泊松比为零，导致计算结果过于保守，并没有获得广泛的应用。1992 年，Chen 等[21]认为实际结构往往是双轴问题(如焦炭塔)，除承受内压、沿壁厚交变热载之外，同时还有自重等引起的轴向压应力，进一步研究了双轴问题的热棘轮变形机理，指出了 ASME 相应规范和 Bree 图的适用范围及局限性，如轴向压力将大幅降低内压圆筒抵抗热棘轮变形的能力，此时按 Bree 曲线(或 ASME 规范第Ⅲ卷和第Ⅷ卷第二分册)给出的设计偏于危险。随后，Jiang 和 Leckie[22]通过直接简化方法讨论了双梁结构及 Bree 问题的安定性。

为解决复杂结构的安定性分析需求，ASME BPVC—2015[12]或 EN 13445-3[13]规范中的应力分类法受到关注，即若一次应力满足相应的控制条件，则一次应力与二次应力之和的最大值小于 2 倍屈服应力(3 倍许用强度)时结构安定。基于弹性分析的应力分类法是现行标准中最常用的安定性评估方法之一。Slagis[23]比较了 ASME 规范中 Bree 图和应力分类法的差异，提出热应力幅值为 $2\sigma_s$ 时，结构安定的条件是内压产生的环向应力小于 $0.5\sigma_s$。因此，只有环向一次薄膜应力小于 $0.5\sigma_s$ 时，分析设计中一次应力加二次应力的许用范围 $(P+Q<3S_m=2\sigma_s)$ 才能有效地避免热棘轮效应，而 ASME 规范中规定环向薄膜应力应小于 $2\sigma_s/3$，此时一次应力加二次应力的限制条件不能完全防止结构热棘轮失效。

在国内，陈刚等[7]采用有限元法系统研究了含凹坑结构的安定行为，认为 2 倍屈服应力的弹性安定准则不能保证结构安全，并提出弹性安定极限载荷应为塑性极限及 2 倍弹性极限载荷的较小者。由此可见，利用弹性分析方法解决弹塑性问题是有条件的，该方法并不总能得出保守的结果，也无法得到结构安全裕量。与建立在弹性分析基础上的应力分类法相比，以经典安定理论为基础的弹塑性分析方法在可靠性与安全性方面具有明显的优势。

复杂结构安定性分析方法研究的进展主要体现在逐次循环法、弹性补偿法(elastic compensation method)、非线性叠加法(nonlinear superstition method)和直接法的建立与逐渐完善。逐次循环法是通过计算结构在循环载荷下的应力应变响应及塑性性应变累积来判别结构的安定行为，该方法直观且简便易行，是检验其他简化安定评估方法有效性的工具。直接循环法的优点是可以分析任何类型的载荷组合，并能同时确定弹性安定极限载荷及塑性安定极限载荷，但必须采用较多的循环数及一系列载荷组合分析来逼近安定极限载荷，略显烦琐。Camilleri 等[24]基于有限元软件 ANSYS 的逐次循环法研究了薄圆柱壳、厚圆柱壳及开孔圆柱壳在内压和交变热载荷作用下的安定极限载荷，并将计算结果与 Bree 解析解进行了比较，结果表明直接循环法可有效评估结构的安定行为。

Mackenzie 等[25]和 Hamilton 等[26]结合 Melan 下限安定定理及有限元法提出了一种简化的安定性评估方法——弹性补偿法。该方法通过一系列弹性分析获得相应的弹性应力场，并按照单元应力与某一名义应力之比来调整每个单元的弹性模量，在一系列分析结果中寻找最佳的安定载荷下限解。随后，Mackenzie 等[27]结合 Koiter 上限安定定理，进一步提出可根据弹性补偿法计算结构的上限安定极限载荷。弹性补偿法的计算结果比较保守，且仅能计算结构在机械比例加载条件下的弹性安定极限载荷，在非比例加载及热载荷情况下则难以应用。

Preiss[28]结合有限元法及 Melan 静力安定定理，首次提出了非线性叠加法，并给出了比例加载下结构的安定极限载荷计算方法。Muscat 等[29, 30]基于 Melan 下限安定定理，利用有限元软件 ANSYS 的 APDL(ANSYS 参数化设计语言)编制了非比例[29]及比例[30, 31]载荷下求解弹性安定极限载荷的命令文件。在分析非比例载荷时，Muscat 采用了 Polizzotto[32, 33]关于组合载荷下(循环热载荷与恒定机械载荷叠加)扩展的 Melan 静力安定定理，即采用与静平衡时间无关的应力场代替自平衡残余应力场。Abdalla 等[34-36]在 Muscat 等[29, 30]的基础上进一步提出非比例载荷下可将操作载荷分为恒定载荷和循环载荷两部分，并通过应力叠加来获得满足 Melan 静力安定定理的最大残余应力场。随后，Abdalla 等[37]进一步将其应用到双轴载荷下结构的安定性评估。

近年来，基于直接法的棘轮极限评估方法成为学者关注的另一个热点。Ponter 等[38, 39]基于极小值定理(minimum theorem)拓展了经典的机动上限安定定理，并利用线性匹配法(linear matching method，LMM)直接计算结构在循环载荷下的棘轮边界(包括弹性安定区及塑性安定区)，该方法首次拓展了经典的弹性安定定理使其能分析棘轮边界，具有重要的理论价值和工程意义。目前，该方法已成功嵌入商业有限元分析软件 ABAQUS，综合考虑了温度相关的材料参数、蠕变等影响因素，形成了弹性安定极限载荷、棘轮极限载荷、低周疲劳寿命、蠕变-疲劳寿命等分析的专用工具(LMM 插件)。LMM 插件操作简单且具有很高的计算效率，适用于大型复杂结构和复杂工况条件下结构的棘轮极限载荷分析，并已广泛应用于国内外重大承压设备的安定与棘轮极限载荷分析和安全评价。Reinhardt[40]和 Adibi-Asl 等[41, 42]也基于经典的上限安定定理，提出修正屈服应力或修正弹性模量等非循环方法来计算棘轮边界，该方法简便易行，适于工程结构的安定性设计，但仅能评估简单结构的棘轮极限，需进一步拓展其应用范围。

Abou-Hanna 等[43]近来基于 Gokhfeld 等[44, 45]的虚拟屈服面技术(fictitious yield surface technique)提出了均匀修正屈服面(uniform modified yield surface)及载荷相关修正屈服面(load dependent yield surface modification)方法来评估棘轮边界。具体方法为：

(1)将循环载荷组合分为恒定载荷和循环载荷两部分；

(2)根据循环载荷幅计算材料各点的弹性 von Mises 等效应力；

(3)根据均匀修正屈服面或载荷相关修正屈服面方法修正材料各点的屈服强度；

(4)循环载荷降低结构的剩余承载能力，即降低结构对恒定载荷的承载能力，而承载能力降低的程度取决于不均匀各向同性结构在恒定载荷下的极限载荷。该方法较 Reinhardt[40]和 Adibi-Asl 等[41, 42]提出的棘轮极限评估方法有很大进步，方法简单且适于复杂结构棘轮极限的评估，是一种比较有前途的设计方法。

1.2.2　受损结构的安定性分析理论和方法研究进展

1. 含缺陷结构安定性分析的研究进展

在含体积缺陷、开孔等局部不连续结构的安定性评估方面，国内外许多学者也进行了有价值的研究。20 世纪 90 年代中期，Xue 等[46]、Liu 等[47]及 Carvelli 等[48]结合经典的安定定理及有限元法分析了含体积缺陷结构安定性。2001 年，Chen 等[49]将上限线性匹配法嵌入通用有限元软件 ABAQUS，简化了复杂结构的安定性评估。2006 年，陈刚等[7]采用有限元法系统研究了含凹坑结构的安定行为，并提出弹性安定极限应为塑性极限及 2 倍弹性极限的较小者。若将凹坑引起的附加应力(包括二次应力和峰值应力)均按二次应力进行保守处理，且当压力容器满足塑性极限要求时，式(1.1)和式(1.2)得到满足。那么，对凹坑的安定性分析仅需考虑式(1.3)，而应力集中系数可表示为式(1.4)：

$$P_{\mathrm{m}} \leqslant [\sigma] \tag{1.1}$$

$$P_{\mathrm{L}} + P_{\mathrm{b}} \leqslant 1.5[\sigma] \tag{1.2}$$

$$P_{\mathrm{L}} + P_{\mathrm{b}} + Q \leqslant 3[\sigma] \tag{1.3}$$

$$K_{\mathrm{d}} = \frac{P_{\mathrm{L}} + P_{\mathrm{b}} + Q}{P_{\mathrm{m}}} \leqslant 3\frac{[\sigma]}{P_{\mathrm{m}}}, \qquad \frac{[\sigma]}{P_{\mathrm{m}}} \geqslant 1.0 \tag{1.4}$$

式(1.1)～式(1.4)中，P_{m}、P_{L}、P_{b}和Q分别表示薄膜应力、一次局部薄膜应力、一次弯曲应力和二次应力；$[\sigma]$为许用应力。因此，含凹坑压力容器在满足塑性极限要求的前提下，当应力集中系数小于 3 时结构安定。陈刚等[7]进一步提出若凹坑坡度小于 1/3，工程上常见的凹坑缺陷引起的应力集中系数一般不超过 3.0，能满足安定条件。

值得注意的是，ASME BPVC-III—2015[12]及 EN 13445-3[13]中的弹性安定性评估方法(即应力分类法)仅考虑总体不连续模型，并不包括局部不连续模型，能否用于含局部体积缺陷结构的安定性评估缺乏验证。EN 13445-3[13]的技术适应准则认为，若结构仅在应力/应变集中区产生塑性变形，应采用总应变代替主应变进行校核。

2. 延性损伤结构安定性分析的研究进展

经典的安定性分析方法主要适用于理想弹塑性结构或简单的线性应变强化结构，如何引入更真实的材料本构模型一直是亟待解决的难题。服役条件下材料不仅表现出应变强化，而且往往伴随有延性损伤和弹性模量的减少、应变软化等，均会导致结构的承载能力降低，甚至发生断裂失效。

另外，弹塑性结构在变载荷作用下的安全准则也需要进一步考核。经典安定定理认为：只要结构在循环载荷下产生的塑性变形累积是有限的，则结构安定。有限的塑性变形只是限制了结构不会产生无限的塑性变形而导致塑性垮塌或断裂失效，并没有将变形限制在安全许可的范围内，结构可能因过大的塑性变形而产生功能性失效，也可能因其他设计校核的假设不再成立(如极限载荷中的小变形假设)而产生不安全因素。因此，经典的安定性理论只是结构安全的一个必要条件，而不是充分条件。一般的延性材料均涉及大应变下微裂纹或微孔的萌生、生长及合并[50]，而弹塑性材料中所有缺陷均被认为是损伤，这些缺陷可能预先存在或在服役阶段形成[51]。连续损伤力学采用细观力学的方法研究材料在外部因素作用下的不可逆热力学耗散过程及其对材料性质的影响，重视材料的破坏机制和劣化过程，而引入损伤力学进行安定性评估，可以清晰解释变载作用下结构安定或破坏的发展过程。因此，将损伤概念引入安定性评估具有重要的理论和工程价值。

直到 20 世纪 90 年代初，损伤结构的安定性问题才得到关注。1992 年，Hachemi 等[52]根据 Lemaitre 等[53]和 Ju[54]建立的连续损伤力学中有效应力的概念，首次将经典的 Melan 静力安定定理推广到一类含延性损伤的线性随动强化材料。其损伤演化方程为

$$\begin{cases} \tilde{\sigma} = \dfrac{\sigma}{1-D} \\ \dot{D} = \dfrac{D_{\mathrm{c}}}{\varepsilon_{\mathrm{R}} - \varepsilon_{\mathrm{D}}} \left[\dfrac{2}{3}(1+v) + 3(1-2v)\left(\dfrac{\sigma_{\mathrm{H}}}{\sigma_{\mathrm{eq}}} \right)^2 \right] \dot{P} \end{cases} \tag{1.5}$$

随后，Hachemi 等[55]进一步研究了温度变化及几何非线性对弹塑性损伤材料安定行为的影响。1993 年，Siemaszko[56]根据 Perzyna[57]提出的材料软化函数，利用逐步分析法研究了考虑延性损伤的非线性硬化材料在循环载荷下的安定行为。1994 年，Feng 等[58, 59]认为结构失效的根本原因在于材料的延性损伤，当损伤达到临界值时材料发生宏观断裂或失效。因此，Feng 等[58, 59]建议将材料的损伤因子作为弹塑性结构在变载作用下的失效判据，定义延性损伤演化方程式为

$$\dot{D} = C_{ij} \dot{\varepsilon}_{ij}^{\mathrm{p}} \Big/ \varepsilon_{\mathrm{s}} \tag{1.6}$$

式中，C_{ij} 为无量纲的二阶张量，由材料参数组成或认为是塑性应变的参数；ε_s 为屈服应力对应的弹性应变；$\dot{\varepsilon}_{ij}^{p}$ 为塑性应变率。

Feng 等[58, 59]以理想弹塑性和组合应变强化圆筒为例，采用损伤因子上限及线性匹配法分别研究了两种材料模型下结构的安定情况。该评估方法简洁直观，具有一定的工程意义，但针对复杂结构难以获得相应的自平衡残余应力场。

2006 年，Druyanov[60]研究了含延性损伤应变强化结构在周期载荷作用下的直接设计方法，认为对给定的周期载荷，可根据极限损伤因子与硬化参数的关系可得出屈服条件下局部极限损伤因子的上下限，该界限即结构完整性的充分必要条件。根据安定性和完整性条件，可以获得结构设计参数的安全范围。

2008 年，Nayebi 等[61, 62]从连续损伤力学[63, 64]的角度，提出了延性损伤因子演化方程式为

$$\dot{D}=\left\{\frac{\tilde{\sigma}_{\mathrm{eq}}^{2}}{2EQ}\left[\frac{2}{3}(1+v)+3(1-2v)\left(\frac{\sigma_{\mathrm{H}}}{\sigma_{\mathrm{eq}}}\right)^{2}\right]\right\}^{q} \tag{1.7}$$

式中，$\tilde{\sigma}_{\mathrm{eq}}$ 为有效 von Mises 等效应力；σ_{eq} 为 von Mises 等效应力；σ_{H} 为静水压力；E 为弹性模量；Q 和 q 均为与材料有关的参数。

Nayebi 采用 Armstrong-Frederick 非线性随动强化材料模型[65]分析了单梁及薄壁圆筒在热机载荷下的安定性。随后，Nayebi[66, 67]在考虑延性损伤的基础上，进一步引入蠕变损伤研究了以上模型的安定行为，结果表明延性-蠕变损伤显著减小结构的安定区域。其中，蠕变损伤演化率为

$$\dot{D}^{\mathrm{cr}}=(\tilde{\sigma}_{\mathrm{eq}}/A_{\mathrm{D}})^{r_{\mathrm{D}}} \tag{1.8}$$

式中，A_{D} 和 r_{D} 均为与材料有关的参数。但 Nayebi 等[65, 66]的研究仅从材料的角度分析了耦合损伤模型的安定行为，并没有进一步考虑结构约束对安定行为的影响。

另外，许多学者研究了含裂纹损伤结构的安定性评估方法。1996 年，Huang 等[68]根据 Melan 静力安定定理，将裂纹视为缺口，采用应力集中代替裂纹尖端的应力奇异性，研究了随动强化结构含裂纹时的安定性，并在此基础上探讨了疲劳裂纹的生长模式，认为裂纹体的安定性是阻止其在循环载荷下生长的原因之一。1999 年，Feng 等[69]通过两步法(整体法和局部法)研究了含裂纹弹塑性结构的安定性。其中，整体法是根据经典安定定理分析无裂纹结构的总体安定性，而局部法是根据应力强度因子分析裂纹附近区域的局部安定性。随后，Belouchrani 等[70]在 Halphen 等[71]提出的广义标准材料模型基础上，从热力学的角度统一了经典安定定理与裂纹扩展的关系，拓展了经典安定定理，使之能评估裂纹结构的安定性，但该方法仅适用于简单的 I 型裂纹模式。2005 年，Habibullah 等[72]在极小值定理的基础上研究了裂纹尖端的应力奇异性，并进一步探讨了裂纹体的棘轮极限载荷，但

该方法对循环硬化材料不灵敏，即理想塑性与循环硬化材料得出相同的棘轮极限。

由此可知，一般延性材料均涉及大应变下微裂纹或微孔的萌生、生长及合并，而所有缺陷均被认为是结构损伤。这些缺陷可能预先存在或在服役阶段形成，许多学者引入连续介质损伤力学[60-67]或裂纹体[69-72]扩展了经典安定定理。但这些研究往往过于复杂，仅停留在理论研究阶段，需进一步简化以满足工程应用的要求，这里不予具体介绍。

1.2.3　高温设备的安定性分析方法研究进展

高温下的设备往往伴随有蠕变变形，例如，恒定位移控制的载荷下结构会产生应力松弛，而恒定应力控制的载荷下会导致蠕变变形。蠕变应变导致卸载后的残余应力和应变增加，因而增加了结构再次加载后产生塑性屈服和棘轮的可能性。在循环热机载荷工况下工程结构的应力应变场显得尤为复杂。因此，结构在高温条件下的棘轮与安定性评估显得十分重要。

对于常温承压容器和管道，发生棘轮变形的主要指标是壁厚减薄。1993 年，日本原子能研究所报道了地震激励下加压重水反应堆管道逐渐椭圆化的证据[73]。对于高温承压管道和容器，蠕变-疲劳和热棘轮是波动载荷下主要的失效模式。通过控制承压容器的几何结构参数，降低其所承受的一次应力，可显著降低结构的棘轮变形。Parkes[74]证实了控制压力容器的壁厚可有效降低容器在恒定内压和循环热载荷下的棘轮变形。此外，暴露在腐蚀性介质和高温梯度下的承压管道或容器受到腐蚀作用，更易导致壁变薄和严重的热棘轮，而热棘轮、蠕变和腐蚀的交互作用尚缺少研究，这方面仍值得深入研究。

1967 年，Bree[11]研究了循环热机载荷下薄壁圆筒的安定性，他认为材料在高温下的应力松弛与时间相关，且蠕变准则往往是非线性的，难以获得安定极限载荷的解析解，于是将薄壁圆筒简化为单轴模型，并保守地假设结构在高温运行过程中热应力 σ_t 产生最大的应力松弛。那么，结构的稳态应力为内压产生的周向应力 σ_p，则结构产生安定的条件为 $\sigma_t + \sigma_p \leqslant \sigma_s$。该方法理论简单，适于工程设计，至今仍是《锅炉及压力容器规范：ASME BPVC-III—2015》第III卷第 NH 分册[12]中评估高温结构安定性的理论基础。

1972 年，Townley[75]以球壳与接管连接为研究对象，提出了一种高温结构的安定设计方法。若高温下承受内压的球壳与接管连接处的初始应力为 σ_{ini}（σ_{ini} 小于或等于材料的屈服点），经过一段时间后初始应力会逐渐松弛到稳态值 σ_{st}，当内压卸载后接管连接处的应力场等于稳态应力场减去内压所产生的弹性应力场 σ_e，若假定卸载阶段不产生蠕变，则重新加载后应力还原为稳态值 σ_{st}。Townley[75]认为这类似于结构在蠕变温度以下的安定条件，为保证结构卸载后不产生反向屈服，则必须满足稳态卸载后不发生屈服，那么结构弹性安定的条件为 $\sigma_{st} - \sigma_e \leqslant \sigma_s^t$，其中，$\sigma_s^t$为材料在操作温度下的屈服点。该方法虽然理论简单，但要求计算结构在应力松弛稳态下的应力场和材料的瞬态屈服点。另外，该模型也未考虑应变强化、循环硬化及包辛格效应，这对应变强化材料会得出过于保守的评估结果。

1995年，Eslami等[76]认为热应力不能完全归类于二次应力，在热塑性条件下热应力会部分贡献给一次应力，并将结构应力分为载荷控制的应力(load-controlled stress)和变形控制的应力(deformation-controlled stress)两类。其中，载荷控制的应力指结构平衡外加载荷所产生的恒定应力，不具有自限性，而变形控制的应力指相邻结构的恒定应变约束产生的应力状态，非弹性变形导致的应力重分布效应会导致结构应力降低，具有自限性。2004年，Mahbadi等[77]根据这两个载荷类型分析了Prager线性随动硬化矩形梁在循环弹-塑-蠕变状态下的力学行为，结果表明当考虑蠕变变形后，应变控制的循环载荷及平均应力为零时应力控制的载荷会导致安定，而当平均应力不为零时应力控制的循环载荷会产生棘轮。但该研究仅考虑了简单的Prager线性随动硬化模型，有必要进一步探讨相对精确的非线性随动硬化模型及循环硬化等材料特征。另外，Mahbadi等[77]仅考虑了材料属性的因素，并没有分析结构约束对安定行为的影响。

2002年，Boulbibane和Ponter[78, 79]认为在高温蠕变条件下结构的残余应力场是时间相关的，且蠕变应变会导致应力松弛和应力重分布，从而改变结构的安定状态。因此，Boulbibane和Ponter[78, 79]基于经典安定定理及变化的残余应力场，进一步推导了结构在蠕变条件下的极小值定理，并利用LMM计算了结构在循环热机载荷下的变形和寿命。该方法可有效分析结构在蠕变条件下的安定极限载荷。

2005年，Carter[80, 81]认为英国R5规程[14]中提到的安定性评估方法没有计算结构的残余应力场，很难应用于一般结构的安定性设计，并进一步提出了两个循环参考应力的概念，即结构弹性安定参考应力和棘轮参考应力。其中，弹性安定参考应力是指结构安定时屈服应力的最小值，而棘轮参考应力是指结构不产生棘轮时屈服应力的最小值。大多数工况下根据棘轮参考应力限定蠕变可得到更满意的结果，但某些情况下(如循环热应力为零或较小的机械载荷)也会得到非保守解。

2006年，Chen等[82, 83]进一步提出了包含恒定残余应力场和变化残余应力场的线性匹配法，并用于评估高温结构的安定性。其中，含恒定残余应力场的线性匹配法用于评估弹性安定极限载荷，而含变化残余应力场的线性匹配法用于评估棘轮极限，并给出了相应的计算实例。该理论是在Boulbibane和Ponter[78, 79]提出的蠕变条件下的安定极限载荷分析的扩展应用，具有很好的实际工程价值。

2009年，Becht[84, 85]认为高温下结构安定到线弹性行为后仍可能产生蠕变变形，并提出了蠕变条件下安定极限载荷的简化设计方法。Becht提出，若变形控制的应力松弛到某一值后结构不再产生蠕变，则将该值定义为热松弛强度S_H。若载荷的应力范围小于热松弛强度与低温屈服强度之和，则在卸载阶段就不会产生反向屈服，且重新加载后应力会再次回到热松弛强度点，那么结构安定到线弹性状态；若应力范围超过热松弛强度与低温屈服强度之和，则在卸载阶段就会产生反向屈服，重新加载后应力会超过热松弛强度点，且在保载阶段应力松弛到 S_H 点，那么结构安定到塑性状态。Becht 进一步提出，以最高操作温度下的许用应力作为热松弛强度 S_H 进行设计分析，即应力范围小于热松弛强度(最高操作温度下的许用应力)与低温屈服强度之和，则结构安定到线弹性状态。该方法是在 Bree[11]理论基础上的扩展，简单易用，适于蠕变条件下工程结构的安定性分析。

疲劳-蠕变载荷下的棘轮行为涉及循环塑性和时间。那么，高温条件下材料的棘轮变形包括时间相关的黏塑性应变和循环加、卸载过程中应力应变滞回环不封闭导致的棘轮应变，而在一定情况下还会产生蠕变-塑性交互作用[86]。一些试验结果表明，SS304[87-89]、SiCP/6061[90]铝合金等材料在常温和高温条件下的棘轮行为都表现出一定的时间相关性，而高温条件下材料的黏塑性(加载速率相关)及蠕变行为(保载时间相关)变得尤为显著。

在时间相关的棘轮本构方面，Yoshida[91]、McDowell[92]、Ohno 等[93, 94]、Delobelle 等[95]、Abdel-Karim 等[96]、Kang 等[97, 98]及 Yaguchi 等[99, 100]分别建立了统一的黏塑性本构方程来模拟材料时间相关的棘轮行为。以上黏塑性本构模型(unified visco-plasticity model)虽可较好模拟材料在相应试验条件下的棘轮行为，但这些模型仅考虑了加载速率对时间相关棘轮的影响，并未考虑峰值保载阶段产生的蠕变应变。基于大量试验数据，Kang 等[101]认为统一的黏塑性本构模型可较好模拟黏性效应较小材料的棘轮行为，但黏性效应较大(如高温保载情况)时模拟结果与试验数据偏差较大，并进一步提出了塑性-蠕变叠加模型(plasticity-creep superposition model)和黏塑性-蠕变叠加模型(visco-plasticity-creep superposition model)。其中，塑性-蠕变叠加模型可较好模拟蠕变占主导的棘轮应变，但对蠕变较小的黏塑性材料不能给出理想的模拟结果，而黏塑性-蠕变叠加模型可较好模拟各种保载时间下黏塑性材料的棘轮行为。但是，Kang 等[101]提出的叠加本构模型没有考虑蠕变在卸载阶段的滞弹性蠕变回复行为，而一定条件下滞弹性蠕变回复可能变得十分显著，并对时间相关的棘轮产生较大影响。

材料在卸载阶段滞弹性回复早已引起各国学者的广泛关注，如 Brown 等[102]、Matejczyk 等[103]、Jin 等[104]、Nardone 等[105]、Lee 等[106]、Meguid 等[107]及 Kong 等[108]。特别地，Brown 等[102]研究了多晶铁的弹性极限和滞弹性极限，并认为滞弹性极限低于宏观屈服点且受温度和材料纯度的影响。Nardone 等[105]研究了滞弹性回复控制的循环蠕变行为，结果表明，当保载时间较长时，材料在卸载阶段会产生不可回复的变形；而当保载时间较短时，材料在卸载阶段会产生滞弹性回复。这说明滞弹性回复与温度、保载时间、载荷大小及材料本身有关。然而，已有的研究大多选择较大的峰值应力(接近或超过材料的屈服强度)、较短的保载时间或不同的加载速率来研究时间相关的棘轮应变，很少有文献从滞弹性回复的角度分析疲劳-蠕变载荷下材料的棘轮行为。Nardone 等[105]虽从总体上研究了滞弹性回复控制的循环蠕变行为，但并未考虑循环加卸载阶段的棘轮行为。事实上，材料时间相关的棘轮行为与操作温度、保载时间、加载大小及速率有关。那么，总棘轮变形可进一步分解为黏塑性应变、循环加载阶段产生的棘轮应变、保载阶段产生的蠕变应变及卸载阶段的滞弹性回复应变，而不同的应变分量有着不同的生成机理，在一定条件下还可能产生交互作用。研究各应变分量的关联性可更好地探讨高温条件下结构的损伤机理及使用寿命。

目前，高温结构的安定性设计主要有以下三种设计方法：

(1)根据设计规范限定应力和应力范围；

(2)根据 ASME《锅炉及压力容器规范：ASME BPVC-III—2015》第III卷第 NH 分册[12]的应变累积图；

(3)完全循环的非弹性分析。

ASME《锅炉及压力容器规范：ASME BPVC-III—2015》第III卷第 NH 分册[12]根据 Bree 模型和弹性核心的概念建立了高温管道安定性评估的简化非弹性分析方法，即根据有效蠕变应力及等时应力应变曲线计算累积的蠕变棘轮应变，若累积的应变满足以下三个条件即安定：

(1)沿壁厚的平均应变不大于 1%；

(2)沿壁厚等效线性分布的非弹性应变在表面处不大于 2%；

(3)局部应变不大于 5%。

但该方法采用恒定应力载荷下的蠕变数据分析循环蠕变行为，没有考虑蠕变-棘轮的交互作用。McGreevy 等[109]认为 ASME《锅炉及压力容器规范：ASME BPVC-III—2015》第III卷第 NH[12]分册中采用最低温度时的屈服应力归一化处理机械应力及热应力，没有考虑屈服应力随温度变化的影响，并进一步提出了屈服应力温度相关的评估方法。该方法对材料屈服应力随温度显著变化的情况，可以给出更合理的安定极限载荷，具有较好的工程实用价值。英国 R5 规范[14]采用循环蠕变损伤和蠕变应变累积来评估高温结构的安定性。

1.2.4 考虑应变硬化的安定性分析方法研究进展

经典的静力安定定理仅适用于理想弹塑性和无限定的随动强化模型，其在应力空间中并不定义屈服面的平移运动。因此，经典的静力安定定理只能预测由交变塑性引起的破坏，而不能预测由棘轮变形引起的失效。为了获得更接近实际的结果，必须纳入随动硬化模型。考虑应变硬化模型进行安定性分析时，通常不考虑等向强化效应，因为它不考虑包辛格效应，结构在循环载荷作用下也不能产生塑性增量[110]。

Melan[5]和 Prager[111]从理论上建立了无限定的硬化模型(图 1.4)，但其不能分析塑性增量，似乎与理想弹塑性模型没有本质区别[112-114]。如果在 Melan-Prager 硬化模型中引入一个限定的表面，可以得到一个边界面固定的两表面塑性模型(图 1.5)，该模型较简单，也较适用于安定性分析。图 1.4 和图 1.5 中，π 为背应力；σ_s 和 σ_u 分别为屈服应力和最大拉伸应力；σ_1、σ_2、σ_3 为三个主应力。Weichert 等[115]首次基于广义标准材料模型(the generalized standard material model，GSM)对限定的随动硬化模型进行了理论和数值分析。随后，Bodovillé 等[116]、Pham[117, 118]和 Nguyen[119]提出了限定的线性和非线性随动硬化安定性定理。尽管纳入随动硬化模型的安定理论在早期已得到广泛研究，但基于经典安定理论的直接法涉及非线性约束的大规模优化问题，其计算要求非常高，难以进行复杂工程结构的安定性分析。

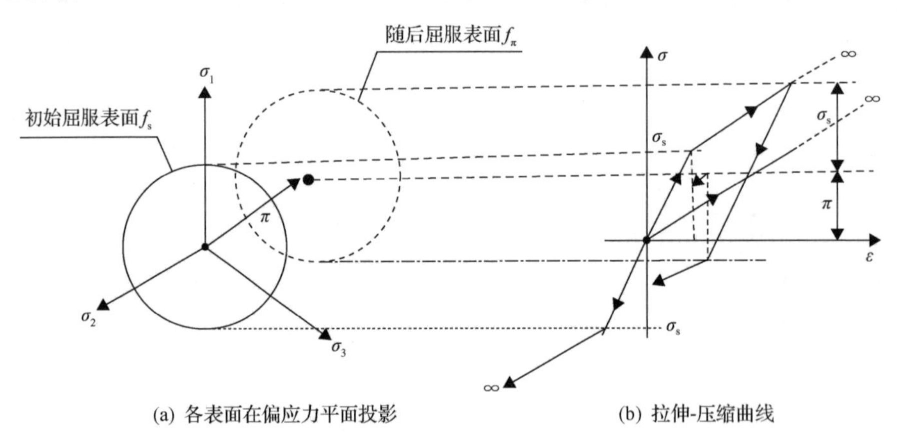

图 1.4　无限定的随动强化模型

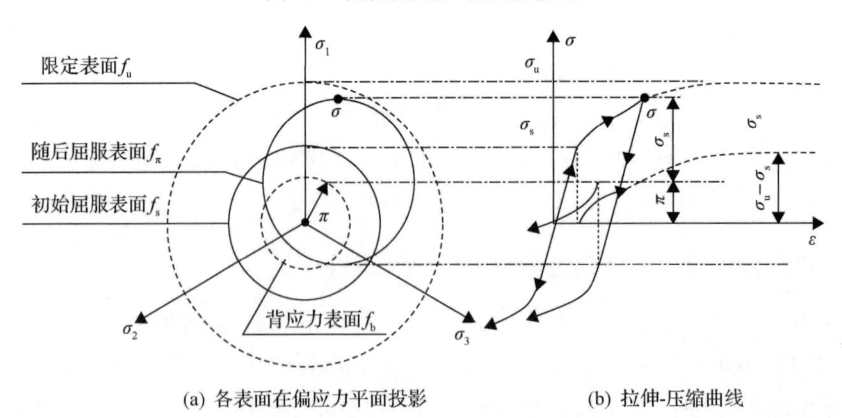

图 1.5　限定的随动强化模型

这一问题引起了研究者的重视，但长期未得到很好解决[120-123]。直到 2002 年，Forsgren 等[124]提出了内点法(the interior-point method)，使解决大规模非线性规划问题变为可能。随后，开发了多个基于内点法的优化软件包，如CPLEX、LOQO、Mosek、IPOPT 和 Gurobi 等，其中一些软件包已成功用于直接法[125-128]。Staat等[129-131]进一步系统研究了限定的随动硬化模型的数值算法。在非线性规划问题中，没有不可压缩约束，但存在非线性不等式约束。由于目标函数必须通过内部耗散能进行正则化，所以通过Melan静力安定定理可以避免目标函数的不可微性。尽管在纳入应变硬化效应的安定性理论方面已取得较多成果，但鲜少有相关成果应用于大型复杂工程结构的案例，Huang等[132]近来在该方面进行了有益的探索。

1.2.5 材料棘轮与结构棘轮的区别与联系

在机械零件领域，棘轮通常定义为一种外缘或内缘上具有刚性齿形表面或摩擦表面的齿轮，并由棘爪推动做步进运动，这种啮合运动的特点使棘轮只能向一个方向旋转，而不能倒转。本书的棘轮效应指材料或结构的塑性应变只能沿一个方向累积，且不可回复。棘轮效应(ratcheting)通常与渐增性塑性变形(progressive deformation)同义，非弹性材料或结构在循环载荷下的棘轮变形可以通过应力-应变随循环数的演化关系获得，通常基于加载历史进行详细的逐次非弹性分析计算应力-应变的演化关系。详细的非弹性棘轮分析的目的是计算材料在最大应变方向上累积的塑性应变，并限制其在服役的循环寿期内不超过标准规定的应变限值。因此，分析人员应确保其使用的本构模型能较好地定量评估材料的棘轮行为。值得注意的是，采用详细非弹性分析计算材料的棘轮行为需要耗费较大的计算工作量，且需具备加载历程和材料本构参数的详细信息，而这在实际工程中通常较难获得。因此，需要进一步发展简化的非弹性分析方法，以进行复杂结构的棘轮行为评估。

与结构棘轮不同，研究材料性能方面的学者认为棘轮效应指任意累积的应变，且每个循环产生应变增量通常是变化的。即使应变速率随循环数快速衰减，并在随后产生稳定的应力-应变滞回曲线，也称为有限的材料棘轮效应。材料研究方面的学者通常采用应力分布均匀的结构(结构内部各点的应力状态和应力水平均相同)测试材料的棘轮行为，如在圆棒试样上加载单轴应力控制的载荷，以研究材料的单轴棘轮行为，并基于平衡和连续性条件构建预测材料棘轮行为的本构模型。因此，基于应力均布试样测试的棘轮效应称为材料棘轮[133]。反之，由应力分布不均匀结构产生的棘轮效应可归类为结构棘轮。因此，材料棘轮的产生原因中应排除结构效应，如试样中的应力分布均匀，仅体现材料相关的棘轮行为。值得注意的是，材料棘轮一般应限制在小应变范围，忽略缩颈阶段的应变增量。构建金属材料的棘轮预测模型(不考虑蠕变)，一般需考虑等向强化、随动强化、平均应力效应、温度效应、屈服表面形状(如拉压屈服强度差异等)、比例或非比例加载等。

结构棘轮由循环载荷下材料的非弹性行为产生，其本质原因是结构内部不均匀的应力场。结构棘轮可以通过详细的非弹性分析或简化的非弹性分析进行计算。

因此，材料棘轮可通过试验测试获得，并能根据相应的本构模型进行预测，而结构棘轮通常针对具体结构进行详细的非弹性分析或简化的非弹性分析获得。值得注意的是，简化的非弹性分析方法通常采用理想弹塑性材料模型，一般只是为了确定在给定的结构几何和加载条件下是否能产生结构棘轮。结构棘轮建立在理想弹塑性模型基础之上，是材料棘轮在工程设计领域的简化和应用，是理想化的结果，并通过相关理论计算获得。特别地，在高温循环载荷下的变形限制方面，ASME-III-NH (T-1333: test B-3) 中考虑了少数位于棘轮区的严重循环载荷，并在总应变限值评定时计算相应载荷下的结构棘轮应变值，以将设计的保守性降到最低。

目前材料棘轮的理论预测方法主要有两种：基于参量的唯象的材料棘轮预测模型及基于等向和随动强化的预测模型[134]。唯象的材料棘轮预测模型主要通过参量方程预测棘轮变形，其原理是棘轮变形随循环数的演化特征与蠕变随时间的演化特征类似，一般包含三个阶段。采用类似蠕变本构的方程拟合试验数据，从而获得唯象的材料棘轮预测模型。唯象的材料棘轮预测模型一般采用最大(最小)应变[135, 136]、材料延性和疲劳寿命[137-139]、平均应力[140, 141]、应力幅[142, 143]、循环硬化或软化以及循环数[144-147]等参量。基于等向和随动强化的预测模型通常能反映应力-应变曲线随循环数演化的本质规律，该类模型具有更好的物理意义，但往往涉及屈服准则[148-151]和背应力等多变量演化的偏微分方程组，其模型和计算方法十分复杂。目前，该类预测模型主要包括 Armstrong-Frederick (A-F) 模型[65]及其衍生模型[152-160]、晶体塑性模型[161]及其衍生模型[162-172]。虽可结合基于等向和随动强化的预测模型和有限单元法分析承压设备局部(应力集中部位)的累积变形，但就其预测模型、计算方法及影响因素的复杂性而言，尚难以在工程设计领域推广应用。目前，相关领域的学者正试图寻找通用且合适的简化预测模型，以适应工程设计中对棘轮评价的需求。表 1.1 给出了结构棘轮与材料棘轮的差异。

表 1.1　结构棘轮与材料棘轮的差异

参量对象	结构棘轮	材料棘轮
几何	任何几何形状的元件	几何结构均匀的材料试样(如圆棒等)
载荷	循环载荷下超过屈服条件	在平均应力非零且峰值应力超过屈服条件的循环应力控制的载荷
应力	不均匀的循环应力场	均匀的循环应力场
应变增量	随循环数产生恒定的应变增量	随循环数产生变化的应变增量
物理模型	一般采用理想弹塑性模型，不考虑随动强化	棘轮预测本构模型，一般需考虑等向强化、随动强化、平均应力效应、温度效应、屈服表面形状(如拉压屈服强度差异等)、比例或非比例加载等
目的	用于设计规范中的棘轮效应评估	用于表征材料性能或安全评估
分析方法	详细的非弹性分析或简化的非弹性分析	试验测试或详细的非弹性分析

注：如果一个元件受到循环均匀分布的应力场，则不会发生结构棘轮，而只会发生纯材料相关的材料棘轮。

1.3 本书内容安排

围绕承压设备安定性分析的基础理论和设计方法，本书主要考虑阐述以下九个方面的内容。

第 1 章，论述基本概念和安定性分析的基本原理。本章着重系统梳理结构安定性分析基础研究和设计方法发展的历史脉络，具体包括理想塑性结构、受损结构、高温结构、应变硬化结构安定性分析方法的研究历程，并探讨了结构棘轮与材料棘轮的差异性。

第 2 章，系统介绍结构安定和棘轮极限载荷分析的通用方法。本章分别从承压设备安定极限载荷和棘轮极限载荷的理论分析、试验测量两个方面展开，同时依据案例对比分析不同方法的优劣。最后，系统全面介绍 Bree 图的构建原理和应用。

第 3 章，讨论复杂载荷条件下承压设备的安定性分析。本章主要内容涉及自增强工艺对安定极限载荷的影响和计算分析、热机载荷和拉弯扭复杂载荷问题、壳体开孔不连续部位及应变梯度效应等。

第 4 章，分析复杂材料(焊接接头)条件下安定和棘轮极限载荷。这一部分主要是以有限元法为手段，讨论接头中不同材料和焊接接头几何的影响。

第 5 章，讨论多层膜-基结构的安定性分析问题。本章内容不仅包括弹-塑-蠕变的本构效应，还涉及膜-基不同匹配、缺陷影响及延性损伤的影响。

第 6 章，介绍法兰结构和螺栓紧固件的安定性分析。本章主要内容包括循环-热机械载荷下的法兰螺栓结构定性分析、循环载荷幅的影响，以及密封垫片的棘轮变形和安定性等。

第 7 章，讨论汽轮机转子轮缘-叶片结构的安定性分析。本章系统介绍线性匹配方法的基本原理，以及利用该方法计算分析转子轮缘结构的安定性影响因素和优化方法。

第 8 章，系统讨论材料滞弹性效应对结构安定边界的影响。本章主要内容涉及蠕变-疲劳和滞弹性效应的试验、结果和影响规律分析，以及理论预测模型等。

第 9 章，系统介绍和分析比较国际标准规范中关于承压设备的安定性设计方法，包括美国《锅炉及压力容器规范：ASME BPVC-III—2015》、英国《高温结构完整性评定规程：R5—2014》、法国《核装置机械部件设计和建造规则：RCC-MRx—2015》、欧盟《非直接接触火焰压力容器：EN 13445-3—2002》等相关标准。

第 2 章　结构安定及棘轮极限载荷分析的通用方法

结构安定极限载荷的合理获取是判定结构是否满足安定性状态、完成结构强度设计和安全校核的基础内容。依据经典的安定理论，人们一般是通过限定结构在工作载荷下的塑性功或塑性变形[173-175]，实现控制结构处于安定性状态和满足功能的设计目标。近年来，人们通过纳入实际材料的应变硬化行为[176-182]、设备的几何非线性[183]、制造加工导致的延性损伤[184-187]及长期服役蠕变损伤[66]等真实因素的影响，拓展了经典安定理论和分析方法。另外，为突破复杂装备设计面临的计算规模大、难收敛等瓶颈，人们致力于发展满足工程要求的安定极限载荷简化分析方法。例如，Jiang 等[22]提出直接简化方法用于计算双梁结构及 Bree 问题[11]的安定极限载荷。

本章围绕结构安定和棘轮极限载荷分析为目标，系统介绍相关的原理与计算方法。其中，2.1 节将讨论和对比弹性安定极限载荷的分析原理和设计方法，2.2 节将聚焦于棘轮极限载荷问题，2.3 节将介绍承压设备安定和棘轮极限载荷的试验测量方法，2.4 节则是介绍 Bree 图的构建原理以及蠕变因素的影响。本章内容是工程上各种承压设备安定性分析和设计的理论基础。

2.1　承压设备的安定极限载荷分析方法

2.1.1　逐次循环法

逐次循环(cycle-by-cycle，CBC)法是计算结构安定极限载荷的最基本方法，即利用有限元法(finite element method，FEM)逐次模拟结构在循环载荷下的应力应变行为，并通过载荷逼近法获得安定极限载荷的近似解。该方法的最大优点是可以分析任何类型的载荷组合，并能同时确定弹性安定载荷及塑性安定极限载荷；缺点是必须采用较多的循环数及一系列载荷组合(从零载荷到极限载荷)分析来确定安定极限载荷。在这方面，Camilleri 等[24]采用逐次循环法分析了厚壁圆筒小开孔在热机载荷下的安定行为；Zheng 等[188]采用逐次循环法分析了循环热机载荷下应变强化厚壁圆筒的残余应力松弛行为。基于逐次循环法，附录 1 给出了计算循环热-机械载荷下厚壁圆筒及开孔圆筒安定极限载荷的有限元分析命令流。

2.1.2　弹性补偿法

弹性补偿法(elastic compensation method，ECM)的基本计算原理是[25, 26, 189]：

通过对结构进行一系列的弹性分析从而获得相应的应力场，并在其中寻找最佳的安定极限载荷下限解。在弹性补偿分析中，施加一个名义载荷 P_n，进行初始的弹性有限元分析，同时获得初始弹性应力场，在之后的线弹性分析过程中按照单元应力与某一名义应力之比来调整每个单元的弹性模量，即

$$E_{i+1} = E_i \sigma_n / \sigma_i \tag{2.1}$$

式中，E_{i+1} 为第 $i+1$ 次弹性分析单元的弹性模量；E_i 为第 i 次弹性分析单元的弹性模量；σ_n 为名义应力值，它仅在分析过程中修正弹性模量，可以随意选取，通常取为 1/2 或 2/3 的屈服应力；σ_i 为第 i 次分析中单元高斯点上最大 von Mises 等效应力。

注意应用弹性补偿法时，相邻单元的弹性模量可能不同。因此，有限元分析中的节点应力不应沿单元平均。另外，式(2.1)中 σ_i 不能趋于零，否则有限元结果会产生数值问题。

假设结构承受随时间变化载荷 $P(t)$（$P(t)$ 为单一载荷或同时作用的载荷组合）的作用，且 t 时刻所得的弹性应力场为 $\sigma_e(t)$，则 Melan 静力安定定理可表示为

$$\left|\sigma_r + \sigma_e(t)\right|_{\max} \leqslant \sigma_s \tag{2.2}$$

式中，σ_r 为常残余应力场；σ_s 为材料屈服应力。

由于解是线弹性的，σ_i 与所施加的名义载荷 P_n 成正比。因此，满足 Melan 静力安定定理的极限安定极限载荷可以通过比例关系获得，即 $P_{Li} = P_n \sigma_s / \sigma_i$。假设结构承受随载荷组合 $P(t) = P_0 + f(t)\Delta P$ 的作用，其中，P_0 为稳定载荷，ΔP 为循环变化的比例载荷，$f(t)$ 表示整个循环内载荷的变化，假定呈三角形变化。根据载荷循环，Melan 静力安定定理仅需要被校核两次，即半循环 $t = T/2$（$\sigma_e(t) = 0$）和循环结束 $t = T$（$\sigma_e(t) = \sigma_e$）的情况。因此，式(2.2)可变为

$$\left|\sigma_r\right|_{\max} \leqslant \sigma_s, \quad t = T \tag{2.3a}$$

$$\left|\sigma_r + \sigma_e\right|_{\max} \leqslant \sigma_s, \quad t = T/2 \tag{2.3b}$$

假定名义载荷组合 $P_n(t)$ 与操作载荷组合 $P(t)$ 呈比例关系，即

$$P(t) = \mu P_n(t) = \mu(P_{0n} + f(t)\Delta P_n) \tag{2.4}$$

式中，μ 为比例因子。假定施加名义载荷进行初始弹性分析($i=0$)所得应力场记为 σ_{en}；而根据弹性补偿法计算的第 i 次重新分布应力场表示为 σ_{in}。这里，σ_{in} 可认为是初始弹性应力场及某一自平衡或残余应力场 σ_{inr} 之和，即

$$\sigma_{in} = \sigma_{en} + \sigma_{inr} \tag{2.5}$$

因此，每一次弹性补偿分析均可获得相应的残余应力场，即 $\sigma_{inr} = \sigma_{in} - \sigma_{en}$。根据线弹性关系可得

$$\begin{cases} \sigma_{e} = \sigma_{en} P(t)/P_{n}(t) = \mu\sigma_{en} \\ \sigma_{ir} = \mu\sigma_{inr} \\ \sigma_{i} = \mu\sigma_{in} \end{cases} \tag{2.6}$$

将式(2.6)代入式(2.3a)和式(2.3b)，则 Melan 静力安定定理可进一步表示为

$$\left|\sigma_{ir}\right|_{\max} = \mu\left|\sigma_{in} - \sigma_{en}\right|_{\max} \leqslant \sigma_{y}, \qquad t = T \tag{2.7a}$$

$$\left|\sigma_{i}\right|_{\max} = \mu\left|\sigma_{in}\right|_{\max} \leqslant \sigma_{y}, \qquad t = T/2 \tag{2.7b}$$

若操作载荷 $P(t)$ 满足上述条件，则为下限安定载荷。根据弹性补偿法第 i 次分析所得的下限安定载荷 $P_{s}(t)$ 可通过式(2.8)确定：

$$P_{s}(t) = \min\left\{\frac{\sigma_{y} P_{n}(t)}{\left|\sigma_{in} - \sigma_{en}\right|_{\max}}, \frac{\sigma_{y} P_{n}(t)}{\left|\sigma_{in}\right|_{\max}}\right\} \tag{2.8}$$

安定载荷的下限(安定极限载荷) $P_{s}^{L}(t)$ 为一系列弹性补偿分析中的最大值，即

$$P_{s}^{L}(t) = \max\left\{P_{s}(t)\right\} \tag{2.9}$$

此外，Mackenzie 等[27]进一步提出可结合 Köiter 上限安定定理，根据弹性补偿法计算结构的上限安定极限载荷。由于工程上主要采用 Melan 静力安定定理校核结构的安定性，这里不再赘述。利用弹性补偿法仅能计算比例加载条件下结构的弹性安定极限载荷，对于非比例加载条件下结构的弹性安定极限载荷可参考 2.1.3 节的非线性叠加法(nonlinear superposition method，NLSM)。应当注意的是，若结构仅承受单调增加的比例载荷，则结合式(2.7b)、式(2.8)及式(2.9)可计算结构的安定极限载荷。

2.1.3 非线性叠加法

1. Preiss 方法

1999 年，Preiss[28]结合有限元法及 Melan 静力安定定理首次提出非线性叠加法，并给出了比例加载下压力容器开孔接管弹性安定极限载荷的计算方法。具体方法如下：

根据 Melan 静力安定定理，自平衡残余应力场（ρ_{ij}^{res}）为极限载荷下限的线弹性解（$(\sigma_{ij}^{\text{ep}})_1$）和弹塑性解（$(\sigma_{ij}^{\text{le}})_1$）之差，即

$$\rho_{ij}^{\text{res}} = (\sigma_{ij}^{\text{ep}})_1 - (\sigma_{ij}^{\text{le}})_1 \tag{2.10}$$

将自平衡残余应力乘以比例因子 β 加以修正，以保证其满足屈服条件，即

$$(\rho_{ij}^{\text{res}})_{\text{co}} = \beta \rho_{ij}^{\text{res}} \tag{2.11}$$

若未修正的残余应力场满足屈服条件，则说明安定载荷大于极限载荷。若最大容许内压下的线弹性应力场叠加修正后的残余应力场满足屈服条件，则可得安定下限极限载荷。那么，安定下限极限应力场为

$$(\sigma_{ij})_{\text{sd}} = (\rho_{ij}^{\text{res}})_{\text{co}} + \alpha (\sigma_{ij}^{\text{le}})_1 \tag{2.12}$$

安定极限压力为

$$P_{\text{s}} = \alpha P_{\text{limit}} \tag{2.13}$$

式(2.11)～式(2.13)中，比例因子 α、β 可通过有限元解获得。

在非比例加载下(如三通接管在稳定弯矩和变化内压下)，Preiss[28]引入了附加残余应力来计算安定极限载荷，由于比例因子和关键部位的数量增加，有限元软件难以直接获得各因子的解，Preiss[28]建议用不同关键部位的应力偏量图来获得比例因子的解，但该方法对于复杂载荷及结构下的安定性评估显得较为烦琐，这里不予介绍。

2. Muscat 和 Mackenzie 方法

Muscat 等[29-31]在上述基础上，基于 Melan 静力安定定理，进一步发展了非线性叠加法，并利用有限元软件 ANSYS 的 APDL(ANSYS 参数化设计语言)编制了非比例及比例载荷下求解弹性安定极限载荷的命令文件。在分析非比例载荷时，Muscat 采用了 Polizzotto[32, 33]关于组合载荷下(循环载荷与稳定机械载荷叠加)扩展的 Melan 静力安定定理，即将与外部载荷静平衡的时间无关的应力场代替自平衡残余应力场。首先通过理想弹塑性有限元分析结构的应力场，再根据 Melan 静力安定定理计算下限安定极限载荷。

根据 Melan 静力安定定理，若残余应力和弹性应力场在整个循环载荷过程中满足式(2.14)，则为安定极限载荷，即

$$\left|\sigma_{\text{r}} + \sigma_{\text{e}}\right|_{\max} \leqslant \sigma_{\text{y}} \tag{2.14}$$

Muscat 等[29-31]将式(2.14)改写成“安定”应力场σ_{sk}：

$$\begin{cases} |\sigma_{sk}|_{max} \leqslant \sigma_y \\ \sigma_{sk} = \sigma_r + \sigma_e \end{cases} \tag{2.15}$$

比例载荷下采用 ANSYS 的 APDL 编制算法如下：

(1)根据理想弹塑性分析计算结构的极限载荷P_L；

(2)通过理想弹塑性分析计算不同载荷水平P_i（$i = 1, 2, \cdots, n$，$P_n = P_L$）下的应力场σ_{ski}，作为安定应力场；

(3)通过弹性分析计算不同载荷水平P_i下的应力场，记为σ_{ei}；

(4)通过式(2.15)计算自平衡残余应力场σ_{ri}；如果$\max\{\sigma_{ski}, \sigma_{ri}\} \leqslant \sigma_s$，则结构弹性安定。其中，$\sigma_{ski}$根据理想弹塑性材料计算所得，自然满足屈服条件；通过检验各载荷水平下自平衡残余应力σ_{ri}，得到满足屈服条件的最大残余应力，此时的载荷即弹性安定载荷的下限，而极限载荷作为安定载荷的上限；

(5)安定载荷的上限和下限收敛于自平衡残余应力场，而最大残余应力略小于或等于屈服应力。

该方法适用于计算任何比例加载(不含热载荷)下理想弹塑性结构弹性安定极限。

3. Abdalla *方法*

Abdalla 等[34]提出非比例载荷下可将操作载荷分为稳定载荷和循环载荷两部分，并利用有限元节点应力叠加来获得满足 Melan 静力安定定理的最大残余应力场。Abdalla 方法虽然基于不同的理论，但利用有限元软件 ANSYS 的 APDL 计算过程与上述 Muscat 和 Mackenzie 方法基本一致，这里仅列出 Abdalla 方法，其基本步骤如下：

(1)将循环载荷部分单调加载并进行线弹性分析，保存结果为σ_E；

(2)将稳定载荷和循环载荷进行弹塑性分析。其中，第一步仅施加稳定载荷，随后将循环载荷分为N步渐增式加载，并保存每步分析的结果，记为σ_{EPi}；

(3)计算每个节点的残余应力分量$\sigma_{ri} = \sigma_{EPi} - \sigma_E T_i / T_{ref}$，并进一步计算 von Mises 等效残余应力：

$$\sigma_r^{eq} = \frac{1}{\sqrt{2}}[(\sigma_{rx} - \sigma_{ry})^2 + (\sigma_{ry} - \sigma_{rz})^2 + (\sigma_{rz} - \sigma_{rx})^2 + 6(\tau_{rxy}^2 + \tau_{ryz}^2 + \tau_{rzx}^2)]^{1/2} \tag{2.16}$$

(4)输出所有等效残余应力大于屈服强度的载荷值，查找最小载荷值对应解的增量步i，则第$i-1$步载荷为安定极限载荷。

注意，这里的最大载荷必须超过弹性安定极限载荷，建议以极限载荷为最大载荷。为提高安定极限载荷的计算精度，可以根据二分法或在初始分析的基础上将载荷步 $i-1$ 至 i 之间再次划分后进行计算。基于该方法，附录 2 给出了计算 Bree 模型安定极限载荷的有限元分析命令流。

4. $\min\{P_L, 2P_e\}$ 法

比例加载结构的弹性安定极限载荷可进一步简化为

$$P_s = \min\{P_L,\ 2P_e\} \tag{2.17}$$

式中，P_e 为弹性极限载荷。

采用 ANSYS 的 APDL 编制如下三步法即可计算弹性安定极限载荷：

(1) 根据理想弹塑性分析计算结构的塑性极限载荷 P_L；

(2) 计算任一比例载荷 P_i 下的最大弹性等效应力，记为 $|\sigma_{ei}|_{max}$；

(3) 由线弹性关系：

$$2P_e = 2\sigma_y / |\sigma_{ei}|_{max} \tag{2.18}$$

可知弹性安定极限载荷为

$$P_s = \min\{P_L,\ 2P_e\} \tag{2.19}$$

2.1.4　几种分析方法的对比

1. 案例 1——球壳接管

比例载荷情况下，以上四种方法均可得到合理的弹性安定极限载荷。采用球壳接管模型，并根据不同方法计算得到弹性安定极限载荷，如图 2.1 所示。其中，球壳半径 R=1000mm，δ_n=δ_b=20mm（δ_n 和 δ_b 分别为接管和球壳厚度），球壳与接管材料属性相同，弹性模量 E=200GPa，泊松比 μ=0.3，屈服应力 σ_s=300MPa，许用强度 S_m=200MPa[30]。由图 2.1 可以看出，弹性补偿法相对保守，非线性叠加法具有较高的精度，而 $P_s = \min\{P_L,\ 2P_e\}$ 三步法具有较好的计算效率与精度。

非比例载荷情况采用逐次循环法及非线性叠加法均可计算合理的弹性安定极限；但逐次循环法计算量较大，推荐使用非线性叠加法。

在压力容器设计中，通常不必将结构限制在弹性安定状态。除逐次循环法外，弹性补偿法及非线性叠加法仅能评估结构的弹性安定极限，下面将进一步探讨棘轮边界的简化算法。

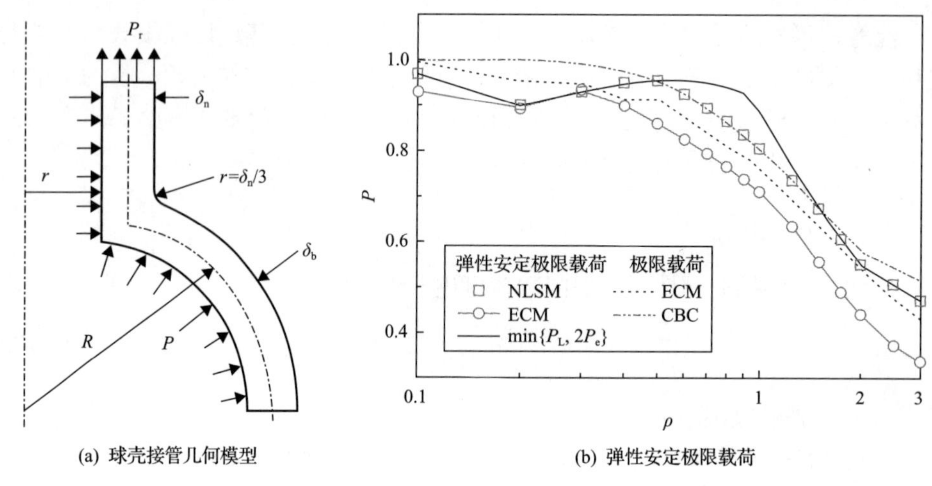

(a) 球壳接管几何模型　　(b) 弹性安定极限载荷

图 2.1　不同方法计算的球壳接管的弹性安定极限载荷

2. 案例 2——椭圆封头接管

椭圆封头接管模型如图 2.2 所示。其中，接管内径为 $2r$，椭圆封头长内径为 a=500mm，短内径为 $a/2$=250mm，接管与球壳厚度为 $\delta_n=\delta_b$=10mm，接管轴离封头轴的距离为 L，球壳与接管材料属性相同，弹性模量 E=210GPa，泊松比 μ=0.3，屈服应力 σ_s=200MPa。

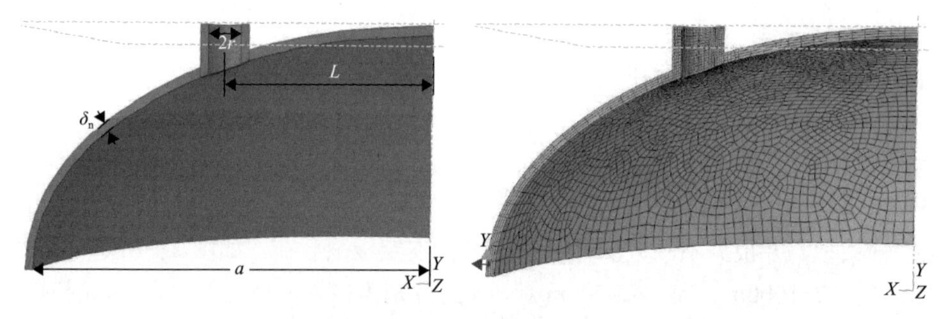

图 2.2　椭圆封头接管模型图与有限元网格图

通过改变接管内径和接管位置来改变模型的应力集中情况，从而综合对比几种安定性评估方法，如图 2.3 所示。图中纵坐标 $P = pR/(t\sigma_y)$，横坐标 $\rho = (R/t)^{1/2} \cdot r/R$。由图可知，非线性叠加法有较高的精度，且 Abdalla 法、$\min\{P_L, 2P_e\}$ 法与 Muscat 和 Mackenzie 法计算结果接近。

图 2.4 比较了内径不变、接管位置变化下弹性安定极限载荷。由分析结果可知，根据 Abdalla 法与 Muscat 和 Mackenzie 法计算的弹性安定极限载荷十分接近。值得注意的是，非比例载荷情况下采用逐次循环法及非线性叠加法均可计算合理的弹性安定极限载荷，但逐次循环法计算量较大，非线性叠加法较为实用。

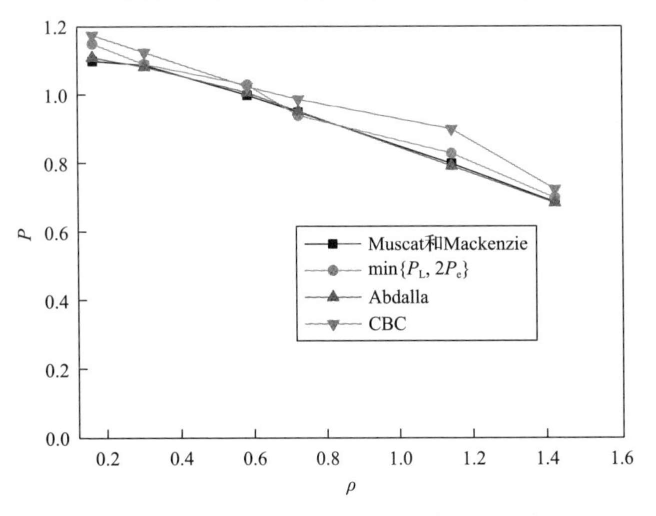

图 2.3　接管内径对安定性的影响(L/a=0.5)

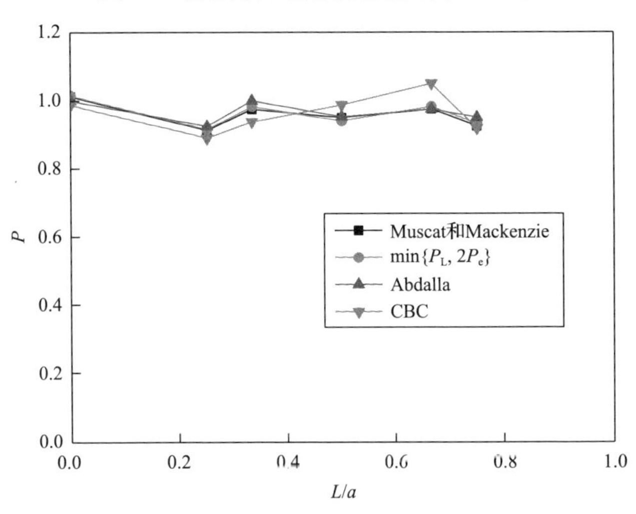

图 2.4　封头接管位置变化对安定性的影响(r=50mm)

2.2　承压设备棘轮极限载荷的分析方法

上述安定极限载荷分析方法，除逐次循环法外，弹性补偿法和非线性叠加法都只能计算结构的弹性安定极限载荷，并不能用于计算结构的塑性安定极限(棘轮)载荷。近年来，复杂结构的棘轮极限载荷分析方法已成为研究领域的热点和难点。

2.2.1　线性匹配法

Ponter 和 Chen[38, 39]基于极小值定理(minimum theorem)拓展了经典的机

动上限安定定理及下限安定定理，发展了利用线性匹配方法(linear matching method，LMM)直接计算结构棘轮边界(包括弹性安定区及塑性安定区)的新技术。该方法拓展了经典的弹性安定定理，解决了复杂结构棘轮边界的计算困难，具有重要的理论价值和工程意义。近年来，这一方法已成功嵌入商业有限元分析软件ABAQUS，综合考虑了温度相关的材料参数、蠕变等影响因素，形成了弹性安定极限载荷、棘轮极限、低周疲劳等分析的专用工具(LMM 插件)[190, 191]。大量工程结构的计算验证表明[192-207]，LMM 插件操作简单且具有很高的计算效率，适用于大型复杂结构和复杂工况条件下结构的棘轮与安定性分析。

2.2.2　屈服应力或弹性模量修正法

Reinhardt[40]和 Adibi-Asl 等[42, 208]基于经典的安定定理，提出了修正屈服应力或修正弹性模量等非循环方法来计算棘轮极限载荷，并给出了相应的理论证明，最后对 Bree 问题、逆 Bree 问题及三梁结构等实例进行了计算。其基本思想如下：

(1) 将操作载荷分解为稳定载荷和 n 个循环载荷；

(2) 建立理想弹塑性有限元分析模型，初始屈服应力为 $\sigma_s(1)$；

(3) 根据第 $k(k=1, 2, \cdots, n)$ 个循环载荷计算 von Mises 等效应力分布；

(4) 利用屈服应力 $\sigma_s(k)$ 减去 von Mises 等效应力，其差值为计算第 $k+1$ 个循环载荷的屈服应力 $\sigma_s(k+1)$；若某点 $\sigma(k)<0$ 则认为发生塑性失效，那么该点的屈服应力 $\sigma_s(k+1)=0$；

(5) 重复第(3)、第(4)步计算所有 n 个循环载荷，得到各点的屈服应力分布 $\sigma_s(n+1)$；

(6) 利用各点的屈服应力分布 $\sigma_s(n+1)$，并根据稳定载荷进行极限分析，所得极限载荷即相应循环载荷条件下的棘轮极限载荷。

由以上理论可知，n 个循环载荷作用下屈服应力沿截面的分布为 $\sigma_s(n+1)$，若某一稳定载荷的作用效果(稳定载荷作用下应力分布沿截面厚度所包围的面积)与截面实际承载能力(屈服应力 $\sigma_s(n+1)$ 沿截面厚度所包围的面积)相等，则该稳定载荷为屈服应力 $\sigma_s(n+1)$ 条件下的极限载荷，即该稳定载荷为相应 n 个循环载荷对应的棘轮极限载荷。而极限载荷可根据弹性模量修正法求得。弹性模量修正法的目的是通过修正局部弹性模量来获得静力许可的应力分布或机动许可的应变分布，从而得到类似非弹性的应力分布，即通过降低弹性模量来修正局部高应力区。

在有限元分析中，可首先根据初始的弹性模量 E_0 和任意载荷 P 进行弹性分析；随后，每个单元的弹性模量通过式(2.20)进行修正，即

$$E^{i+1}=\left(\sigma_{\mathrm{ref}}^{i}/\sigma_{\mathrm{eq}}^{i}\right)^{q}E^{i} \tag{2.20}$$

式中，q 为弹性模量修正因子；σ_{ref} 为参考应力；σ_{eq} 为 von Mises 等效应力；i 为迭代步(i=1 时为初始弹性分析)。

根据 Seshadri 等[209]的研究，第 i 迭代步的参考应力 σ_{ref} 可根据式(2.21)进行计算，即

$$\sigma_{ref}^{i}=\left(\int_{V_T}\sigma_{eq}^{2}\mathrm{d}V\Big/V_T\right)_i^{1/2} \tag{2.21}$$

弹性模量修正因子 q 可根据几何条件和边界条件选取，而较小的 q 值(如 $0<q<1$)可增加数值计算的稳定性，但同时也增加了迭代次数。基于此，Adibi-Asl 等[42, 210]提出了弹性模量修正因子 q 的优化计算方法，即

$$q=\ln\left(\frac{2\sigma_{ref}^{2}}{\sigma_{ref}^{2}+\sigma_{eq}^{2}}\right)\Big/\ln\left(\sigma_{ref}/\sigma_{eq}\right) \tag{2.22}$$

弹性模量修正过程依次进行直至收敛，即可得到棘轮极限载荷。

1967 年，Bree 教授针对承受恒定内压和间歇性高热通量载荷的快堆核燃料元件包壳或燃料罐的应变行为，首次得到了相应棘轮极限的解析解，即著名的 Bree 图[11]。以此为对比参考，表明该简化方法简便易行，适于工程结构的棘轮分析，可较好评估单轴应力条件下的棘轮极限载荷(图 2.5)，但评估双轴及多轴载荷工况的棘轮极限载荷时显得过于保守，如图 2.6 所示。图 2.5 和图 2.6 中，σ_{mech}、P 分别为机械应力与均布应力；$\Delta\sigma_{th}$ 为热应力范围；σ_s 为屈服应力，且参考应力 $\sigma_{t_0}=2\sigma_s$。

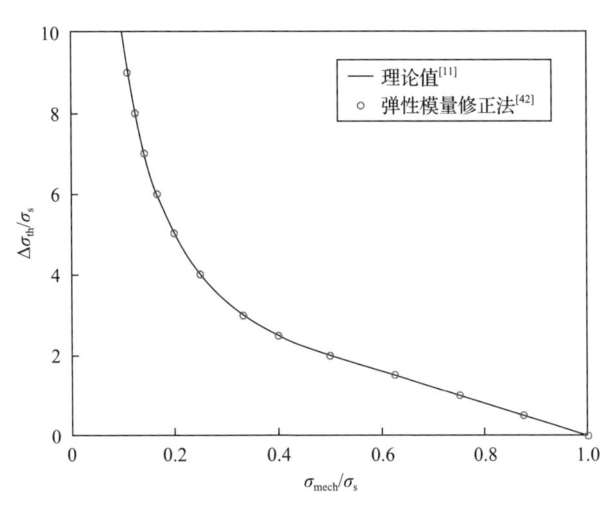

图 2.5　经典 Bree 问题的棘轮极限载荷[11, 42]

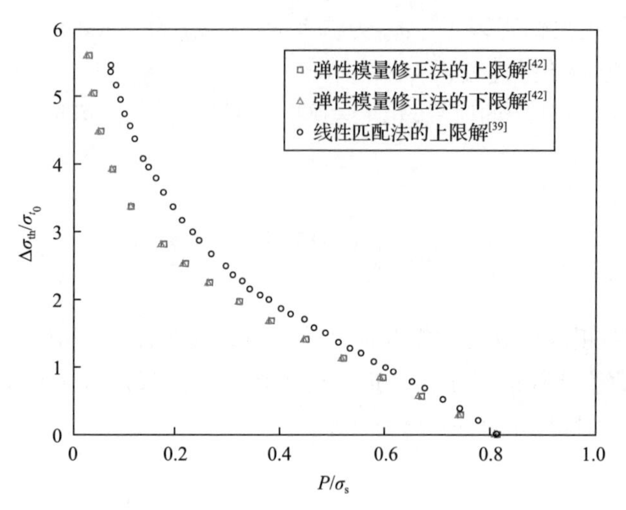

图 2.6　开孔薄板的棘轮极限载荷[39, 42]

2.2.3　非循环叠加法

基于修正屈服应力或弹性模量法，Adibi-Asl 等[211, 212]进一步拓展了多轴应力条件下棘轮极限载荷的计算模型。其基本步骤如下：

(1) 将操作载荷分解为稳定载荷(时间无关)和循环载荷；

(2) 建立理想弹塑性有限元模型，提取循环载荷作用下结构的应力场；

(3) 重新建立有限元模型，分析稳定载荷作用下结构的应力场；

(4) 将循环载荷下应力分量范围的一半与稳定载荷作用下的应力分量叠加；

(5) 使结构应力场重新分布，并根据稳定载荷进行极限分析，所得极限载荷即相应循环载荷条件下的棘轮极限载荷。

基于这一理论，Adibi-Asl 等[211, 212]推导了平板、薄壁圆筒、厚壁圆筒等结构在循环热-机械载荷或循环拉-扭组合载荷下棘轮极限载荷的解析解，所得结果与其他文献分析结果一致，但计算方法更简单、实用。这说明该方法可有效得到规则结构在循环组合载荷下棘轮极限载荷的解析解，为棘轮极限载荷的简化工程设计和评估奠定了一定的理论基础。但是，该方法并不能得到弯头、开孔圆筒等不连续结构棘轮极限载荷的解析解，Adibi-Asl 等[212]进一步结合弹性模量修正法，提出了几何不连续结构棘轮极限载荷的数值算法，其基本方法如下。

棘轮极限载荷由循环载荷和稳定载荷下的应力分量组合决定，即

$$\left(\frac{1}{2}\Delta\sigma_{ij}^{\text{c}}+m^{*}\sigma_{ij}^{\text{s}}\right)_{\text{eq}}=\sigma_{\text{s}}\tag{2.23}$$

式中，$\Delta\sigma_{ij}^{c}$为循环应力范围张量；σ_{ij}^{s}为稳定应力张量；m^*为极限载荷乘子；下标 eq 为 von Mises 等效应力；σ_s为屈服应力。

式(2.23)可进一步分解为

$$\sigma_{eq}=\frac{\sqrt{2}}{2}\left[(\sigma_{11}-\sigma_{22})^2+(\sigma_{33}-\sigma_{22})^2+(\sigma_{11}-\sigma_{33})^2+6(\sigma_{12}^2+\sigma_{23}^2+\sigma_{31}^2)\right]^{1/2} \tag{2.24}$$

式中，$\sigma_{ij}=m^*\sigma_{ij}^{s}+1/2\left|\Delta\sigma_{ij}^{c}\right|=m^*\sigma_{ij}^{s}+\left|\sigma_{ij}^{c}\right|\quad(i=1,2,3)$。那么，有

$$m^*=\frac{-B+\sqrt{B^2+A(2\sigma_s-C)}}{A} \tag{2.25}$$

其中

$$A=(\sigma_{11}^{s}-\sigma_{22}^{s})^2+(\sigma_{33}^{s}-\sigma_{22}^{s})^2+(\sigma_{11}^{s}-\sigma_{33}^{s})^2+6\left[(\sigma_{12}^{s})^2+(\sigma_{23}^{s})^2+(\sigma_{31}^{s})^2\right] \tag{2.26}$$

$$\begin{aligned}B=&(\sigma_{11}^{s}-\sigma_{22}^{s})(\sigma_{11}^{c}-\sigma_{22}^{c})+(\sigma_{33}^{s}-\sigma_{22}^{s})(\sigma_{33}^{c}-\sigma_{22}^{c})+(\sigma_{11}^{s}-\sigma_{33}^{s})(\sigma_{11}^{c}-\sigma_{33}^{c})\\&+6(\sigma_{12}^{s}\sigma_{12}^{c}+\sigma_{23}^{s}\sigma_{23}^{c}+\sigma_{31}^{s}\sigma_{31}^{c})\end{aligned} \tag{2.27}$$

$$C=(\sigma_{11}^{c}-\sigma_{22}^{c})^2+(\sigma_{33}^{c}-\sigma_{22}^{c})^2+(\sigma_{11}^{c}-\sigma_{33}^{c})^2+6\left[(\sigma_{12}^{c})^2+(\sigma_{23}^{c})^2+(\sigma_{31}^{c})^2\right] \tag{2.28}$$

在有限元计算中，各单元的应力分量可直接提取并计算极限载荷乘子。因此，各单元的极限载荷乘子不同，根据弹性模量修正法可计算各次迭代计算的极限载荷乘子。Adibi-Asl 等[212]进一步建议弹性模量可通过如下方法修正，即

$$E^{i+1}=\gamma_i^q E^i \tag{2.29}$$

$$\gamma=m^*\big/m_{ref} \tag{2.30}$$

$$q=\ln\left(\frac{2\gamma^2}{1+\gamma^2}\right)\bigg/\ln\gamma \tag{2.31}$$

$$m_{ref}^{i}=\left[\int_{V_T}(m^*)^2\,\mathrm{d}V\Big/V_T\right]_i^{1/2} \tag{2.32}$$

式中，γ为弹性模量修正系数；m_{ref}为参考载荷乘子；i为迭代次数；V_T为结构体积。

每次迭代计算的下限极限载荷乘子为所有单元极限载荷乘子的最小值，而评估极限载荷的下限极限载荷乘子为各次迭代中下限极限载荷乘子的最大值。分析结果表明，该方法可较好分析复杂结构的棘轮极限载荷(图 2.7)，是一种比较有前途的工程计算方法。

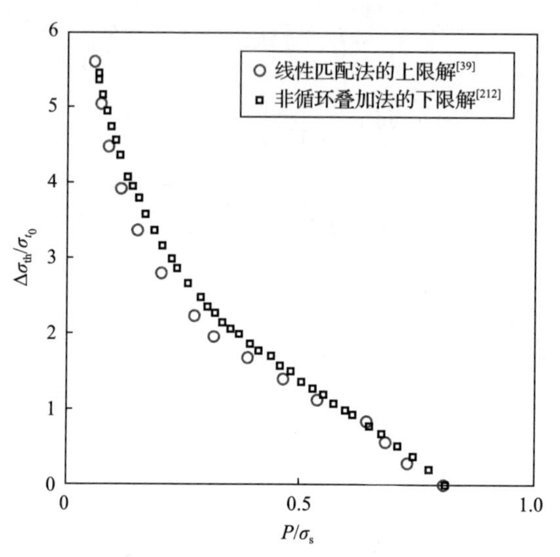

图 2.7 热-机械载荷下开孔薄板的棘轮极限载荷[39, 212]

2.2.4 虚拟屈服面法

Abou-Hanna 等[43]基于 Gokhfeld 等[44]的虚拟屈服面技术(fictitious yield surface technique)提出了均匀修正屈服面(uniform modified yield)及载荷相关修正屈服面(load dependent yield modification)方法来评估棘轮边界。具体方法为：

(1)将循环载荷组合分为稳定载荷和循环载荷两部分；

(2)根据循环载荷幅计算材料各点的弹性 von Mises 等效应力；

(3)根据均匀修正屈服面或载荷相关修正屈服面方法修正材料的屈服强度；

(4)计算稳定载荷在结构剩余强度下的极限载荷。

循环载荷可降低结构的剩余承载能力，即降低结构对恒定载荷的承载能力，而承载能力降低的程度取决于不均匀各向同性结构在恒定载荷下的极限载荷。该方法是在非线性叠加法的基础上拓展而来的，其计算简单且计算精度较高，如图 2.8 所示，P_1/σ_s 和 P_2/σ_s 分别为开孔薄板两个轴向的平均应力与屈服应力的比值。该方法适于复杂结构棘轮极限的评估，是一种比较有前途的棘轮极限载荷分析方法。

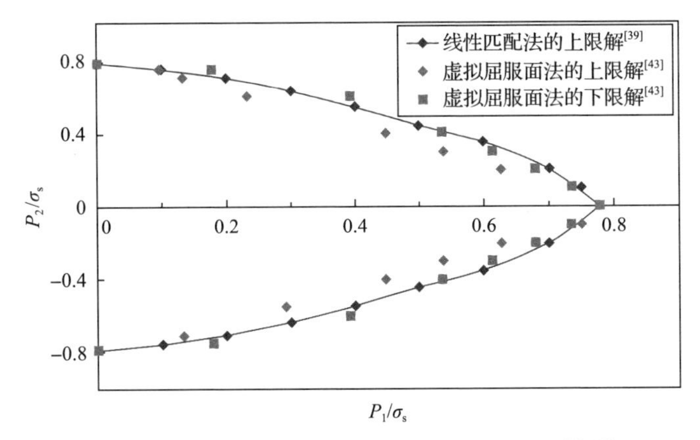

图 2.8　双轴载荷下开孔薄板的棘轮极限载荷[39, 43]

2.2.5　混合剩余强度法

基于非循环方法和弹性模量修正法，Martin 等[213]提出了一种混合方法(hybrid method)预测结构的棘轮极限载荷，即混合剩余强度法。该方法的基本原理是将操作载荷分解为时间相关的循环载荷分量和时间无关的稳定载荷分量，根据循环载荷分量产生的屈服条件定义承载稳定载荷分量的剩余强度模型(修正各点屈服强度)，并采用极限分析确定循环载荷的棘轮边界。其基本思想如下：

(1) 将操作载荷分解为时间相关的循环载荷分量和时间无关的稳定载荷分量；

(2) 采用单位稳定载荷进行弹性分析，并记录各积分点的弹性应力场，其应力矢量记为$[\sigma]_s$；

(3) 根据循环载荷分量进行弹性分析，并记录每个时间步上各积分点的弹性应力场，其应力矢量记为$[\sigma]_c$；

(4) 根据方程式 $f([\sigma]_c+x[\sigma]_s)=\sigma_s$ 定义屈服强度修正因子 x，其中，$f(\ )$为 von Mises 屈服函数，σ_s为初始屈服应力；

(5) 根据修正因子 x 修正各积分点的屈服强度 σ_m，即 $\sigma_m=f(x[\sigma]_s)$；

(6) 根据修正屈服强度进行极限分析，所得极限载荷为结构棘轮极限载荷。

该方法简化了棘轮极限载荷的计算过程，具有较好的工程应用前景。

2.3　结构安定极限载荷的测量试验

结构安定极限载荷的测量试验是检验理论分析可靠性的基准，国内外学者开展了长期有效的工作。例如，Massonnet 等[214, 215]研究了连续低碳钢梁的安定极限载荷；Armstrong 等[216]试验研究了 T 形梁在弯曲载荷下的安定极限载荷；Proctor 等[217]和 Findlay 等[218]分别试验研究了含径向和斜交接管的球形压力容器及准球形压力容器封头的安定性规律；Ceradini 等[219]研究了正交各向异性板的安定极限载荷；Leers 等[220]研究了热机载荷下压力管道的安定性规律。近年来，Moreton 等[221]、Wolters 等[222]及 Gao 等[223]进一步测试了弯头和直管在内压及弯曲载荷下的安定性规律。下面介绍三种适于工程的方法。

2.3.1 载荷-位移特征点法

Leers 等[220]试验测量了压力管道在固定轴向载荷及循环内压下径向位移 u_{max} 与循环内压的关系，并由此确定安定极限载荷。在测量径向位移 u_{max} 时，Leers 等[220]提出了两点假设：

(1) 若径向位移增量率小于 4×10^{-6}mm/循环，则试验停止，并记录位移为 u_{max}；

(2) 若径向位移增量率先小于 10×10^{-6}mm/循环再增大，则试验应经过足够长时间或管道失效后停止，最后测得的径向位移记录为 u_{max}。

根据大量试验数据，Leers 等[220]提出径向位移 u_{max} 与循环内压 $\Delta\sigma_\phi$ 曲线存在曲率为零的某一特征点，并认为该处对应的载荷为安定极限载荷 $\Delta\sigma_\phi^*$，如图 2.9 所示。

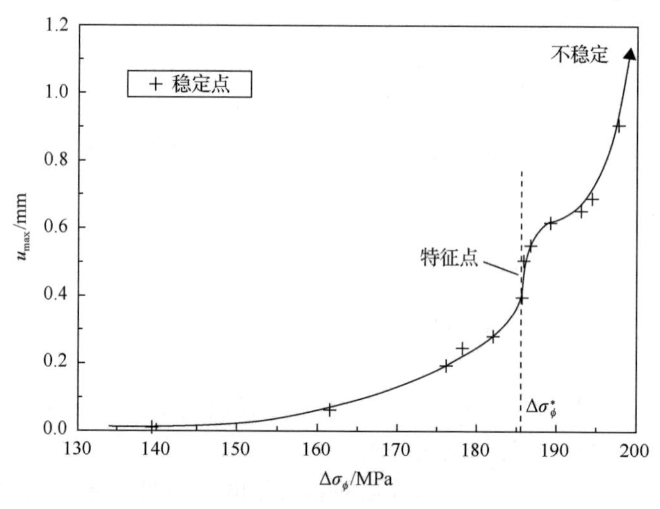

图 2.9 径向位移-循环内压关系[220]

2.3.2 应变率-载荷拟合法

Moreton 等[221]研究了承受内压弯头在循环弯曲载荷下棘轮行为，并提出了棘轮极限载荷的研究方法。该方法首先测试结构的不同部位在不同载荷下的棘轮应变值，再通过回归得到最佳拟合直线，直线与载荷轴的交点即棘轮极限载荷，如图 2.10 所示。

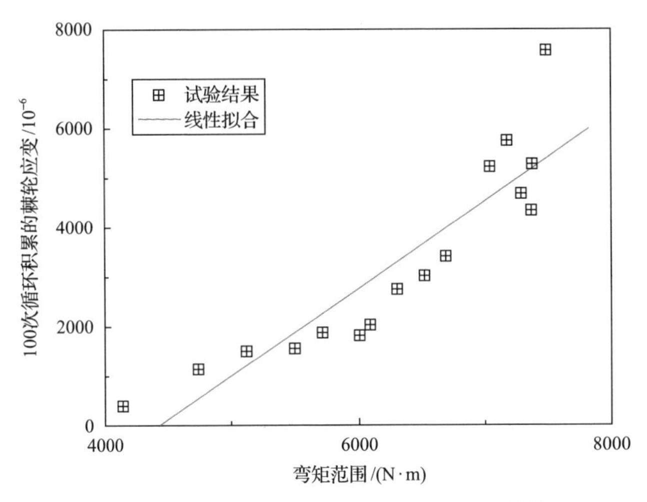

图 2.10　直线拟合法确定棘轮极限载荷[221]

2.3.3　应变增量-循环数对数斜率法

Wolters 等[222]认为若塑性应变增量与载荷循环次数的 lg-lg 对数坐标曲线近似为直线，如果直线斜率小于–1，则结构安定。因为累积的塑性应变增量必须小于等于某一常数 c，所以有

$$\sum_{n=1}^{\infty}\left|\dot{\varepsilon}^{\mathrm{p}}(n)\right| \leqslant c \tag{2.33}$$

Wolters 等[222]认为满足上述条件最简单的形式为

$$\left|\dot{\varepsilon}^{\mathrm{p}}(n)\right| < a n^{s}, \quad s < -1 \tag{2.34}$$

式中，n 为循环次数；a、s 均为与材料相关的常数。两边取对数可得

$$\lg\left(\left|\dot{\varepsilon}^{\mathrm{p}}(n)\right|\right) = s\lg n + \lg a \tag{2.35}$$

由式(2.35)可见，总应变量取决于 a，而收敛速率取决于 s。作者认为试验测试的总应变量限值应选取规范中相应的变形限值，可以保证测试结果满足工程结构的安定性评价。

2.4　Bree 图的构建原理与应用

2.4.1　基本 Bree 图(不考虑蠕变)

Bree 教授于 1967 年首次针对承受稳定内压和间歇性高热通量载荷的快堆核燃料元件包壳或燃料罐的应变行为所提出的设计方法，即著名的 Bree 图[11]。为便于推导薄壁圆筒安定性分析的解析解，分析过程中采用了简化的 Bree 模型，即忽略轴向应力并假设轴向可自由弯曲，仅考虑均匀分布的周向薄膜应力，但热应力仅考虑线性热梯度产生的线性热弯曲应力，且按照双轴平面计算周向热应力(考虑了泊松比)。值得注意的是，由于轴向拉伸限制圆筒径向膨胀，而环向棘轮促进圆筒径向膨胀，因此忽略轴向拉伸可得到保守的计算结果。但是，Bree 图并不适用于考虑热薄膜应力(参见 2.4.3 节)和轴向压应力(参见 3.2.2 节第二部分)等的促进薄壁圆筒径向膨胀的载荷条件，这使得评估结果偏于危险。

Bree 图(图 2.11)建立了圆柱壳体在稳定内压和循环线性温度梯度组合条件下的许用应力范围。其中，稳定内压和循环线性温度梯度产生的环向薄膜应力 P_m，热力范围为 Q。图中的横坐标为无因次机械应力，纵坐标为无因次热应力，且图中所示区域 E、S_1、S_2、P、R_1 和 R_2 分别对应于特定的热-机械载荷分组[11]。

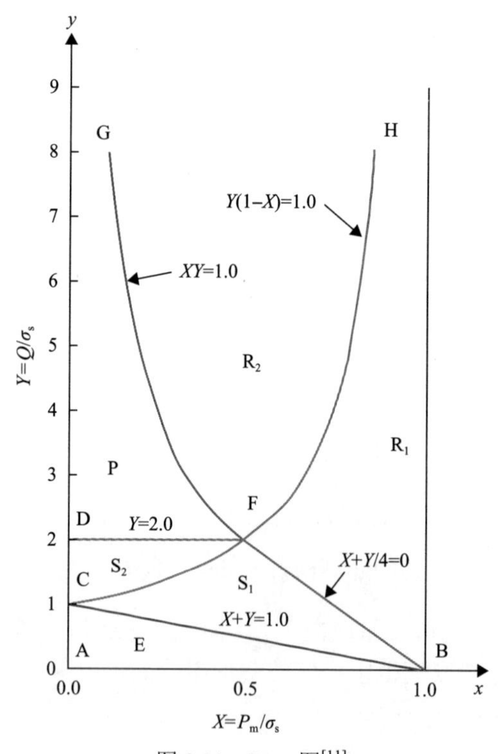

图 2.11　Bree 图[11]

1. E 区(弹性区)

E 区中所有应力在热循环的第一个半循环(升温)及第二个半循环(降温)保持弹性。Bree 假设薄壁圆柱壳承受内压，其主应力为

$$\sigma_\theta = P_{\mathrm{i}} R_{\mathrm{i}} / t \tag{2.36}$$

$$\sigma_\ell = P_{\mathrm{i}} R_{\mathrm{i}} / (2t) \tag{2.37}$$

$$\sigma_r = -P_{\mathrm{i}}, \quad \text{最大应力值位于内表面} \tag{2.38}$$

式中，P_{i} 为内压；R_{i} 为内径；t 为圆筒厚度；σ_ℓ 为轴向应力；σ_r 为径向应力；σ_θ 为环向应力。

薄壁圆筒中径向热梯度通常呈线性分布。在沿厚度线性分布的热梯度载荷下(图 2.12)，薄壁圆筒的热应力方程可表示为

$$\sigma_\theta = \sigma_\ell = (2x/t)\left\{E\alpha\Delta T / \left[2(1-\mu)\right]\right\} \tag{2.39}$$

$$\sigma_r \approx 0 \tag{2.40}$$

式中，E 为弹性模量；x 为到圆筒壁厚中心的距离(图 2.12)；α 为热膨胀系数；ΔT 为圆筒内外表面温度差；μ 为泊松比。

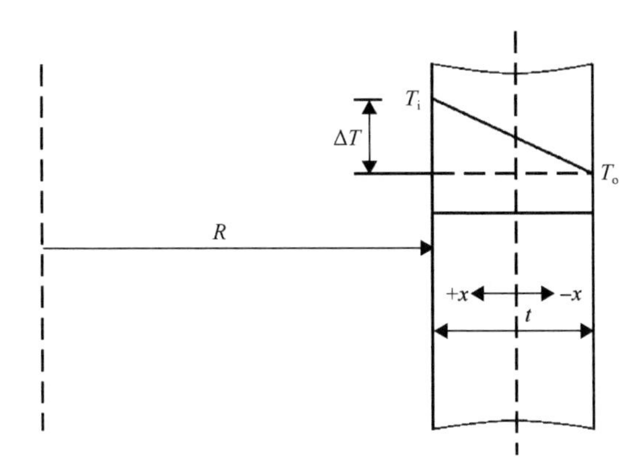

图 2.12　壳体内热梯度

为便于建立机械应力和热应力方程，Bree 做出以下假设：

(1) 径向机械应力和热应力明显小于相应的周向应力和轴向应力，这里忽略不计；

(2) 机械应力为一次应力，不能超过材料的屈服应力；轴向热应力为二次应力，可以超过材料的屈服应力；

(3) 在环向和轴向上的组合机械应力和热应力可能导致一个方向上的应力超过屈服应力，而另一个方向上的应力不超过屈服应力，这种条件阻止了圆柱壳体内应力封闭解的推导，因此 Bree 保守地假设轴向应力 σ_ℓ 等于零；

(4) 在轴向应力和径向应力为零的情况下，为进一步简化分析模型，Bree 将承受内压的圆柱薄壳简化为承受周向应力的平板(图 2.13)，且由薄壁圆柱壳的周向应力公式(式(2.36)和式(2.39))计算；

(5) 假设材料具有理想弹塑性应力-应变关系；

(6) 对弹塑性区的机械应力和热应力进行初步评估时，不考虑蠕变和应力松弛的情况；

(7) 假设由压力引起的应力保持稳定，而热应力是循环的，因此压力与热应力同时存在于第一个半周期的终点，且只有压力存在于第二个半周期的终点；

(8) 为模拟圆柱壳的实际状况，假定平板在线性热应力条件下不发生旋转。

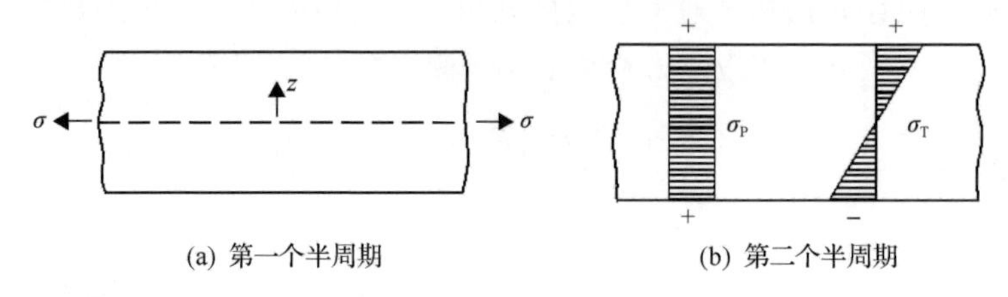

(a) 第一个半周期　　(b) 第二个半周期

图 2.13　环向应力

基于以上假设，可以推导出 E 区的机械应力和热应力。假设在应力循环过程中应力保持弹性，如图 2.14 所示，第一个半周期的应力分布为

$$\sigma = P_i R_i/t + (2z/t)\left\{E\alpha\Delta T/\left[2(1-\mu)\right]\right\} \tag{2.41}$$

或者

$$\sigma = \sigma_P + (2z/t)\sigma_T \tag{2.42}$$

式中，z 为到平板壁厚中心的距离(图 2.12)；σ_P 为压力引起的应力，且 $\sigma_P = P_i R_i/t$；σ_T 为温度引起的应力；$\sigma_T = E\alpha\Delta T/\left[2(1-\mu)\right]$。

需要注意的是，对于平板，式(2.41)中采用参量 $\Delta T/\left[2(1-\mu)\right]$ 而不是 ΔT 来模拟圆筒内的热应力。当 $z=t/2$ 时，式(2.42)取得最大值。如图 2.14 所示，E 区中 σ_P 与 σ_T 的和始终小于 σ_s。因此，式(2.42)可以写为

$$\sigma_P + \sigma_T < \sigma_s \tag{2.43}$$

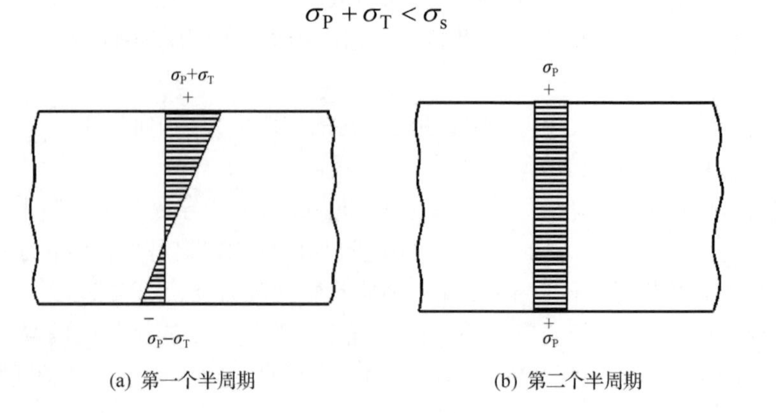

(a) 第一个半周期　　(b) 第二个半周期

图 2.14　E 区中的应力循环

定义 $X=\sigma_{\mathrm{P}}/\sigma_{\mathrm{s}}$ 及 $Y=\sigma_{\mathrm{T}}/\sigma_{\mathrm{s}}$ 。那么，式(2.43)可写为

$$X+Y<1.0 \tag{2.44}$$

第二个半周期中，方程式可表示为

$$\sigma_{\mathrm{P}}<\sigma_{\mathrm{s}} \tag{2.45}$$

因此，E 区定义为弹性应力区，其边界由式(2.45)确定，如图 2.11 中的 x 轴与 y 轴所示。

2. S_1 区(弹性安定区)

在 S_1 区中，假定结构在第一个载荷循环之后发生安定。此外，假设在第一个半周期中弹性压力与温度应力组合仅在壳体一侧(内表面或外表面)超过材料的屈服应力，内表面一侧的弹塑性边界为 $z=\nu$ ，如图 2.15 所示。在除去温度的第二个半周期中应力保持弹性，这确保了第一个载荷循环后结构发生安定。弹性安定区中的应变分布为

$$E\varepsilon_1=\sigma_1-(2z/t)\sigma_{\mathrm{T}}\,,\qquad -t/2<z<\nu \tag{2.46}$$

式中，下标“1”指的是第一个半周期，且式中 ν 值是确定的。

塑性区的应变分布为

$$E\varepsilon_1=\sigma_{\mathrm{s}}-(2z/t)\sigma_{\mathrm{T}}+E\eta\,,\qquad \nu<z<t/2 \tag{2.47}$$

式中，η 为应变的塑性分量。

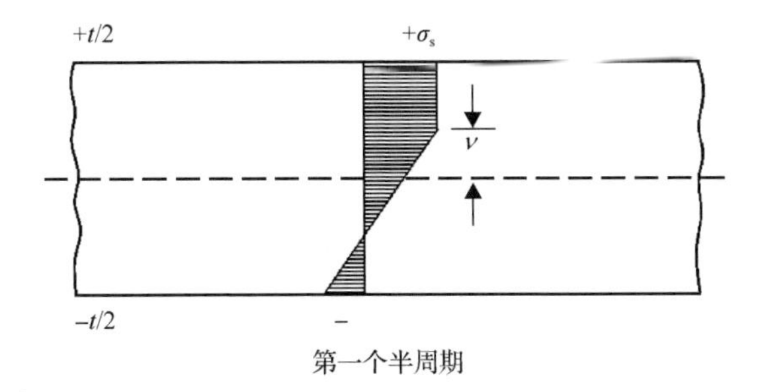

图 2.15　仅单面屈服时 S_1 区的应力循环

在弹塑性交界处 $\sigma_1=\sigma_{\mathrm{s}}$ ，式(2.46)和式(2.47)相等，可得

$$E\eta=2\left[(z-\nu)/t\right]\sigma_{\mathrm{T}} \tag{2.48}$$

式(2.46)和式(2.47)可写为

$$\sigma_1 = \sigma_y + 2\left[(z-\nu)/t\right]\sigma_T \text{（弹性区）} \tag{2.49}$$

$$\sigma_1 = \sigma_s \text{（塑性区）} \tag{2.50}$$

通过对厚度上的应力公式[式(2.49)与式(2.50)]求和，得到ν的表达式为

$$\int_{-t/2}^{t/2} \sigma \mathrm{d}z = t\sigma_P \tag{2.51}$$

于是有

$$\nu/t = \left[(\sigma_s - \sigma_P)/\sigma_T\right]^{1/2} - 1/2 \tag{2.52}$$

式(2.52)的一个极限条件是ν大于0。因此有

$$\sigma_P + \sigma_T/4 < \sigma_s \tag{2.53}$$

式(2.53)也可以写为

$$X + Y/4 < 1.0 \tag{2.54}$$

式(2.52)的另一个极限条件是ν小于$t/2$。于是有

$$\sigma_P + \sigma_T < \sigma_s \tag{2.55}$$

或者

$$X + Y < 1.0 \tag{2.56}$$

为了结构产生安定，在第二个半周期中去除温度后的残余应力必须保持弹性。应变从第一个半周期到第二个半周期的变化量为

$$E\Delta\varepsilon_2 = \Delta\sigma_2 + (2z/t)\sigma_T = \sigma_2 - \sigma_1 + (2z/t)\sigma_T, \quad -t/2 < z < \nu \tag{2.57}$$

以及

$$E\Delta\varepsilon_2 = \Delta\sigma_2 + (2z/t)\sigma_T = \sigma_2 - \sigma_y + (2z/t)\sigma_T, \quad \nu < z < t/2 \tag{2.58}$$

式中，下标“2”指第二个半周期。

将式(2.57)和式(2.58)两边同时乘以dz，并对它们进行积分后得到$\Delta\varepsilon_2 = 0$。这是因为在第二个半周期中外力保持不变，对$\Delta\sigma_2$的积分值为零，且$(2z/t)\sigma_T$在$-t/2 \sim t/2$上的积分值也为零。因此有

$$\Delta\varepsilon_2 = 0 \tag{2.59}$$

将式(2.60)、式(2.49)代入式(2.57)、式(2.59)中，可得

$$\sigma_2 = \sigma_s - (2v/t)\sigma_T, \qquad -t/2 < z < v \tag{2.60}$$

$$\sigma_2 = \sigma_s - (2z/t)\sigma_T, \qquad v < z < t/2 \tag{2.61}$$

满足安定的条件之一是 $\sigma_2 < \pm\sigma_s$。因此，式(2.60)和式(2.61)可退化为

$$v > 0 \tag{2.62}$$

以及

$$\sigma_T < 2\sigma_s \tag{2.63}$$

或者

$$Y < 2.0 \tag{2.64}$$

因此，S_1 区的边界由式(2.54)、式(2.56)、式(2.64)限定，如图 2.11 中 BCDF 区域所示。

3. S_2 区(弹性安定区)

在 S_2 区中，假设结构在第一个循环之后发生安定。此外，假设在第一个半周期中弹性压力与温度应力组合在壳体两侧(内表面和外表面)均超过材料的屈服应力。其中，内外表面两侧的弹塑性边界分别为 $z=v$ 或 $z=w$。在除去温度的第二个半周期中应力保持弹性，这确保了第一个载荷循环后结构发生安定。除了壳体的两侧均达到屈服应力外，S_2 区中限制方程的推导与 S_1 区中的类似，如图 2.16 所示。

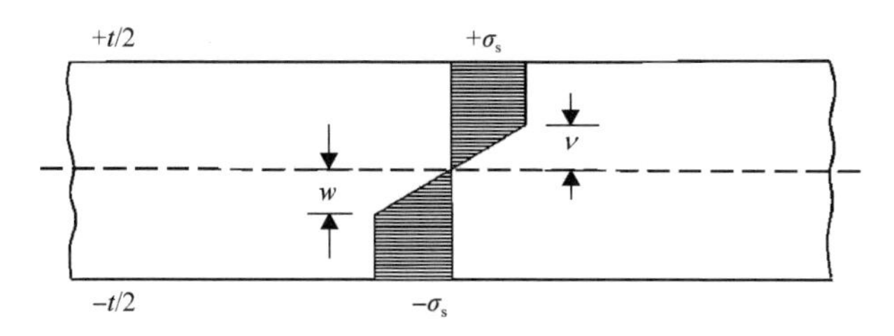

图 2.16　S_2 区两侧屈服的应力循环

需要确定两个未知量 v 和 w，其解为

$$v/t = (1/2)\left[(\sigma_s/\sigma_T) - (\sigma_P/\sigma_s)\right] \tag{2.65}$$

$$w/t = -(1/2)\left[\left(\sigma_s/\sigma_T\right)+\left(\sigma_P/\sigma_s\right)\right] \tag{2.66}$$

这两个方程的极限值是 $v < t/2$ 且 $w < -t/2$，并可退化为

$$\sigma_T\left(\sigma_s+\sigma_P\right)=\sigma_s^2 \tag{2.67}$$

以及

$$\sigma_T\left(\sigma_s-\sigma_P\right)=\sigma_s^2 \tag{2.68}$$

或者

$$Y\left(1-X\right)=1.0 \tag{2.69}$$

这些方程中的第二个是通用的方程，因为满足它后第一个方程将自动满足。式(2.64)也是 S_2 区中的一个控制方程。因此，式(2.64)和式(2.69)形成了 S_2 区的边界，如图 2.11 中的 CDF 区域表示。值得注意的是，S_2 区落在 S_1 区内。因此，壳体两侧发生屈服的 S_2 区取代了所示范围内 S_1 区的条件。

4. P 区(塑性安定区)

假设 P 区中产生塑性。该区域的主要特征是壳体截面的核心部分保持弹性(否则可能发生棘轮)，而外表面在循环温度载荷作用下交替产生拉伸屈服应力和压缩屈服应力，如图 2.17 所示。图 2.17(a)显示了第一个半周期结束时的应力分布，

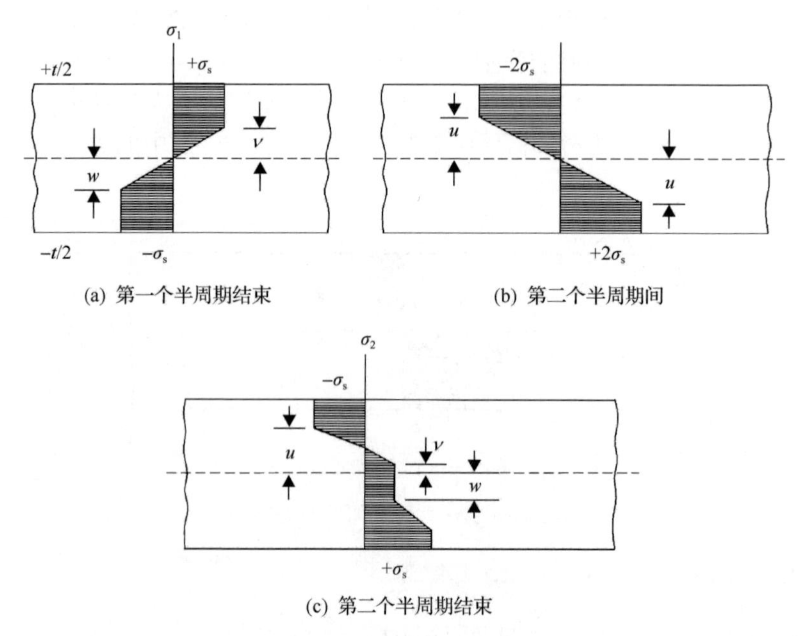

(a) 第一个半周期结束　(b) 第二个半周期间

(c) 第二个半周期结束

图 2.17　P 区的应力循环

它类似于 S_2 区第二个半周期中的应力分布图；图 2.17(b)显示了第二个半周期期间的应力分布；图 2.17(c)显示了第二个半周期结束时的应力分布。如图 2.17 所示，壳体截面的核心部分保持弹性，$-u \leqslant z \leqslant u$，其应力应变关系可表示为

$$E\Delta\varepsilon_2 = \Delta\sigma_2 + (2z/t)\sigma_T \tag{2.70}$$

在弹塑性边界处，$z=-u$ 时应力增量为 $2\sigma_s$，$z=u$ 时应力增量为 $-2\sigma_s$。由于应变是线性分布的，将这两个值代入式(2.70)并将所得到的方程相减，可得

$$u = (\sigma_s/\sigma_T)t \tag{2.71}$$

因为 u 的取值不能超过 $t/2$，所以由式(2.71)可得

$$\sigma_T \geqslant 2\sigma_s \tag{2.72}$$

或者

$$Y \geqslant 2 \tag{2.73}$$

如图 2.17(c)所示，圆筒中心截面的应力分布为

$$\sigma = \sigma_s - 2\sigma_T(v/t), \qquad -w \leqslant z \leqslant v \tag{2.74}$$

由于该应力不能大于屈服应力，由式(2.74)可以得出 $v \geqslant 0$。将其代入式(2.65)可得

$$\sigma_P\sigma_T \leqslant \sigma_s^2 \tag{2.75}$$

或者

$$XY = 1 \tag{2.76}$$

如图 2.11 所示，P 区定义为 Bree 图的 DFG 部分，其边界由式(2.73)和式(2.76)确定。

5. R_1 区(棘轮效应区)

假设 R_1 区发生棘轮效应。该区域的主要特征是：壳体的一个表面屈服，使得屈服域扩展到超过了壳体的中间壁面，因此，安定不会发生。图 2.18 显示了第一个半周期和第二个半周期的应力分布，而图 2.19 显示了第二个半周期和第三个半周期的应力分布。

第一个半周期(图 2.18(a))与 S_1 区中的应力分布相同。第二个半周期的应力-应变关系(图 2.18(c))如下：

$$E\Delta\varepsilon_2 = \sigma_s - \sigma_1 + (2z/t)\sigma_T + E\Delta\eta_2\,, \qquad -t/2 \leqslant z \leqslant \nu \tag{2.77}$$

$$E\Delta\varepsilon_2 = (2z/t)\sigma_T + E\Delta\eta_2\,, \qquad \nu \leqslant z \leqslant \nu' \tag{2.78}$$

$$E\Delta\varepsilon_2 = \sigma_2 - \sigma_s + (2z/t)\sigma_T\,, \qquad \nu' \leqslant z \leqslant t/2 \tag{2.79}$$

由式(2.77)～式(2.79)及图 2.18(c)所示的边界条件方程，经过一系列替换后可得

$$\sigma_2 = \sigma_s + 2\sigma_T(\nu' - z)/t\,, \qquad \nu' \leqslant z \leqslant t/2 \tag{2.80}$$

$$\sigma_2 = \sigma_s\,, \qquad -t/2 \leqslant z \leqslant \nu \tag{2.81}$$

$$\nu'/t = -\nu/2 = 1/2 - \left[(\sigma_s - \sigma_P)/\sigma_T\right]^{1/2} \tag{2.82}$$

$$E\Delta\eta_2 = 4\sigma_T\nu'/t\,, \qquad -t/2 \leqslant z \leqslant \nu \tag{2.83}$$

$$E\Delta\eta_2 = 2\sigma_T(\nu' - z)/t\,, \qquad \nu \leqslant z \leqslant \nu' \tag{2.84}$$

在第三个半周期(图 2.19)，重新施加温度应力，其应力-应变关系(图 2.19(c))如下：

$$E\Delta\varepsilon_3 = \sigma_3 - \sigma_s - (2z/t)\sigma_T\,, \qquad -t/2 \leqslant z \leqslant \nu \tag{2.85}$$

$$E\Delta\varepsilon_3 = -(2z/t)\sigma_T + E\Delta\eta_3\,, \qquad \nu \leqslant z \leqslant \nu' \tag{2.86}$$

$$E\Delta\varepsilon_3 = \sigma_s - \sigma_2 - (2z/t)\sigma_T + E\Delta\eta_3\,, \qquad \nu' \leqslant z \leqslant t/2 \tag{2.87}$$

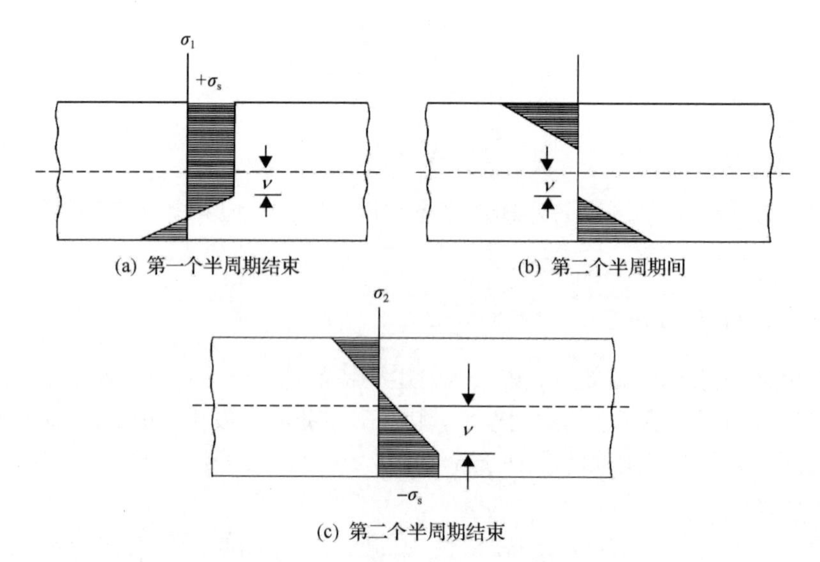

图 2.18　R_1区中第一个半周期和第二个半周期的应力分布

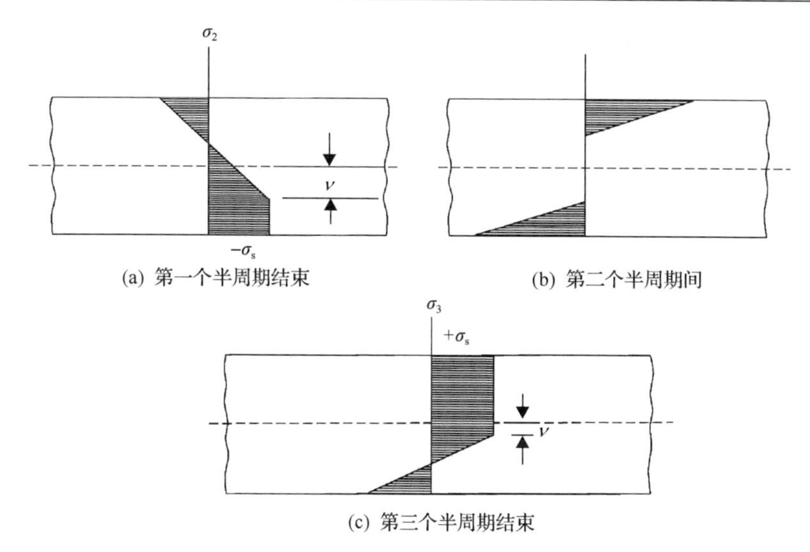

(a) 第一个半周期结束　(b) 第二个半周期间

(c) 第三个半周期结束

图 2.19　R_1 区中第二个半周期和第三个半周期的应力分布

根据式(2.85)～式(2.87)及图 2.19(c)所示的边界条件方程，经过一系列替换后可得

$$\sigma_3 = \sigma_s + 2\sigma_T(z-\nu)/t, \quad -t/2 \leqslant z \leqslant \nu \tag{2.88}$$

$$\sigma_3 = \sigma_s, \quad \nu' \leqslant z \leqslant t/2 \tag{2.89}$$

$$\nu'/t = -\nu/2 = 1/2 - \left[(\sigma_s - \sigma_P)/\sigma_T\right]^{1/2} \tag{2.90}$$

$$E\Delta\eta_3 = 2\sigma_T(z-\nu)/t, \quad \nu \leqslant z \leqslant \nu' \tag{2.91}$$

$$E\Delta\eta_3 = 2\sigma_T(\nu'-\nu)/t, \quad \nu' \leqslant z \leqslant t/2 \tag{2.92}$$

将式(2.84)与式(2.92)相加，得到整个循环的塑性应变为

$$E\Delta\eta = 4\sigma_T\nu'/t \tag{2.93}$$

将式(2.90)代入式(2.93)，有

$$E\Delta\eta = 4\sigma_T\left\{1/2 - \left[(\sigma_s - \sigma_P)/\sigma_T\right]^{1/2}\right\} \tag{2.94}$$

当 $E\Delta\eta \geqslant 0$ 时发生棘轮效应。此时，式(2.94)可变为

$$\sigma_P + \sigma_T/4 \geqslant \sigma_s \tag{2.95}$$

或者

$$X + Y/4 \geqslant 1.0 \tag{2.96}$$

第二个要求是，式(2.80)中σ_2在$z=t/2$处必须大于$-\sigma_s$。同样地，式(2.88)中σ_3在$z=-t/2$处必须大于$-\sigma_y$。求解其中任意一个公式可得

$$\sigma_T(\sigma_s-\sigma_P)\leqslant\sigma_s^2 \tag{2.97}$$

或者

$$Y(1-X)\leqslant 1.0 \tag{2.98}$$

最后一个要求是由压力引起的应力σ_P必须小于屈服应力，即

$$\sigma_P\leqslant\sigma_s \tag{2.99}$$

或者

$$X\leqslant 1.0 \tag{2.100}$$

图 2.11 中 Bree 图的面积 BFH 定义为R_1区，其边界由式(2.96)、式(2.98)和式(2.100)确定。

6. R_2区(棘轮效应区)

假设R_2区发生棘轮效应。该区域的主要特征是：壳体的两个表面屈服，使得屈服域扩展到超过了壳体的中间壁面。因此，安定不会发生。该区的公式推导与R_1区中非常类似。图 2.11 中 Bree 图的面积 FGH 定义为R_2区。

2.4.2 基本 Bree 图(考虑蠕变)

根据 2.4.1 节的内容，定义弹塑性界面u、v、w的位置可由各种应力状态的平衡条件获得，具体如下：

S_1区：

$$u=\frac{t}{2}\left[1-2\sqrt{(\sigma_s-\sigma_P)/\sigma_T}\right] \tag{2.101}$$

S_2区和 P 区：

$$\begin{cases}u=\dfrac{t}{2}(\sigma_P/\sigma_s-\sigma_s/\sigma_T)\\ v=\dfrac{t}{2}(\sigma_P/\sigma_s+\sigma_s/\sigma_T)\\ w=(\sigma_s/\sigma_T)t\end{cases} \tag{2.102}$$

值得注意的是，不管蠕变是否起作用，在S_1、S_2和 P 区域中的所有循环加载历程中，Bree 模型一部分壁厚区的应力始终低于屈服应力，该区域称为弹性核心。Bree 模型弹性核心区的边界如式(2.101)和式(2.102)所示。当蠕变发生时，一般

采用弹性核心区的最大应力 σ_c 限定蠕变应变[224]。因为如果弹性核心区最大应力在整个操作寿期内保持稳定，则可能累积的最大蠕变应变是弹性核心区最大应力点处产生的蠕变应变。同时，一旦获得弹性核心区最大应力值，累积的最大蠕变应变可根据材料的等时应力应变曲线获得。值得注意的是，弹性核心区的最大应力 σ_c 在 ASME BPVC-Ⅲ-5-HBB 中定义为有效蠕变应力。特别地，Bree 模型的总应变和弹性核心区的应力总是均匀分布的，且其弹性核心应力可以通过平衡方程获得。根据弹塑性界面 u、v 和 w 的坐标公式及平衡条件，如图 2.20 所示，可得

S_1 区：

$$\sigma_c = \sigma_P - (1/2 + u/t)^2 \sigma \tag{2.103}$$

S_2 区：

$$(\sigma_c - \sigma_P)t^2 = (t + u - v)(v - u)\sigma_T \tag{2.104}$$

P 区：

$$2t(\sigma_s - \sigma_P) = (t + v + w)(\sigma_s - \sigma_c) + (t + u - w)(\sigma_s + \sigma_c) \tag{2.105}$$

那么，有

S_1 区：

$$\sigma_c = (\sigma_T + \sigma_s) - 2\sqrt{\sigma_T(\sigma_s - \sigma_P)} \tag{2.106}$$

S_2 区和 P 区：

$$\sigma_c \sigma_s = \sigma_P \sigma_T \tag{2.107}$$

其无量纲表达式为

S_1 区：

$$Z = Y + 1 - 2\sqrt{(1 - X)Y} \tag{2.108}$$

S_2 区和 P 区：

$$Z = XY \tag{2.109}$$

式(2.108)和式(2.109)中，$Z = \sigma_c/\sigma_s$；$X = \sigma_P/\sigma_s$；$Y = \sigma_T/\sigma_s$。

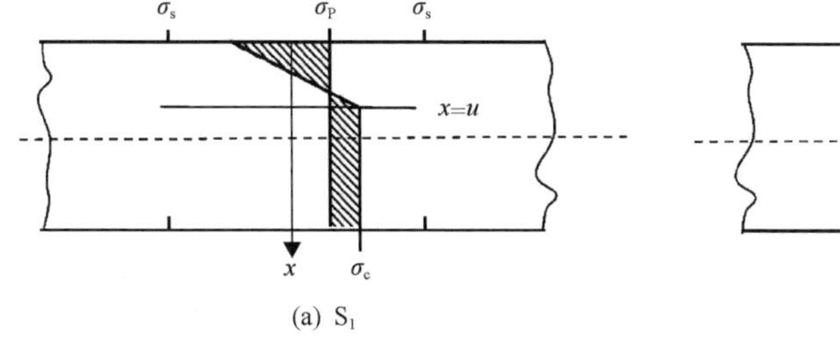

(a) S_1

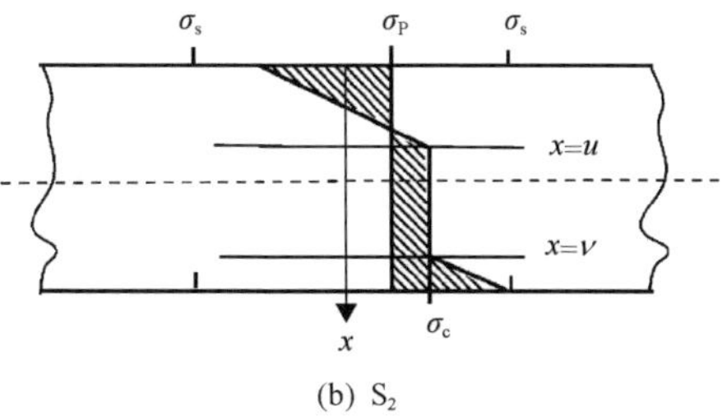

(b) S_2

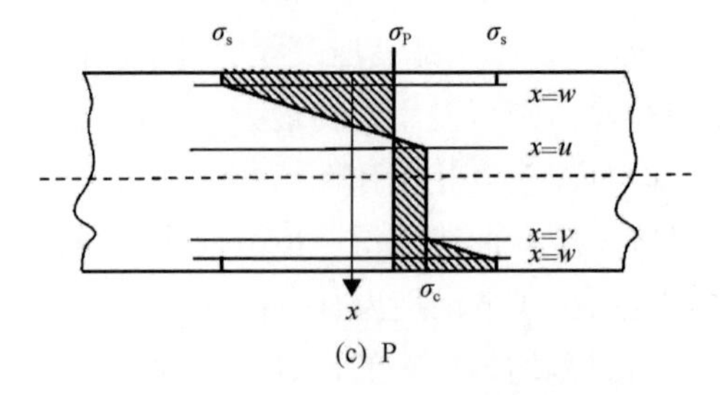

(c) P

图 2.20 不同区域的平衡条件

由式(2.108)和式(2.109)，可以得到考虑蠕变的 Bree 图，如图 2.21 所示。其中，Z 定义为有效蠕变应力参数。图 2.21 中的每条有效蠕变应力参数曲线代表压力和热应力组合条件下产生的上限非弹性应变。由图 2.21 可知，获得有效蠕变应力值 σ_c 后，就可以根据使用材料的等时应力应变曲线，获得 $1.25\sigma_c$ 对应保持时间和温度条件下累积的蠕变应变，对母材应限制在 1%，对焊缝金属应限制在 0.5%。

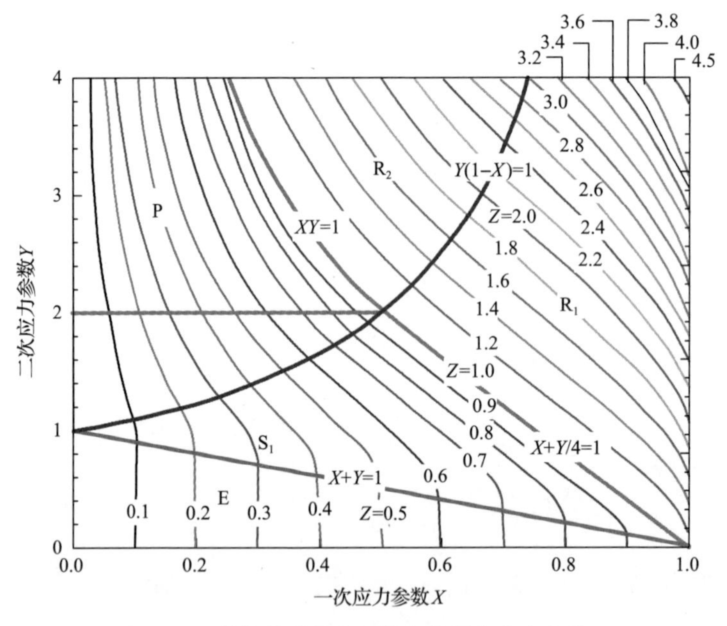

图 2.21 简化非弹性分析的有效蠕变应力参数 Z

2.4.3 基于 Bree 图的热薄膜应力评价修正

传统 Bree 图并不适用于考虑热薄膜压应力和轴向机械压应力等促进薄壁圆筒的径向膨胀的载荷条件，这使得Bree图的评估结果偏于危险。下面基于Reinhardt[225]的研究成果，简要分析热薄膜应力对棘轮极限载荷的影响。

Bree 模型的基本假设与 2.4.2 节中的相同，并增加了与热弯曲载荷同相位的循环热薄膜应力。采用非循环方法(non-cyclic method)，把元件的承载能力分解为稳定一次应力和循环二次应力两个部分。承载能力受限于循环屈服应力，增加循环二次应力就会相应减小元件对一次应力的承受能力，反之亦然。其总体思路是先计算结构上各点的循环应力幅，再用循环屈服应力扣除该应力幅，获得结构的剩余承载能力，最后根据一次载荷计算剩余强度下结构的极限载荷，该极限载荷即为棘轮极限。

当热薄膜和热弯曲应力同时作用时，其应力状态如图 2.22 所示。图中虚线表示弹性应力分布，阴影区域代表对一次载荷的剩余承载能力。$\Delta\sigma_m$ 和 $\Delta\sigma_b$ 分别为一次薄膜应力和弯曲应力范围。

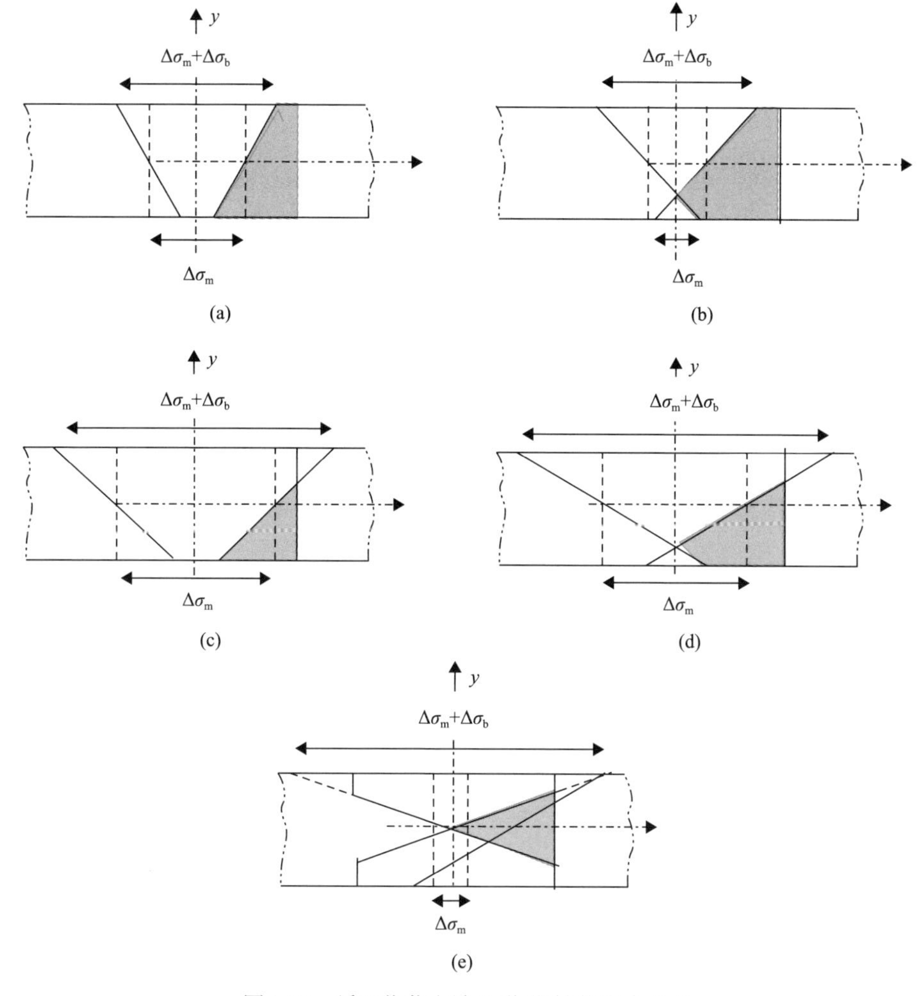

图 2.22　循环载荷末端处弹-塑性热应力分布

图 2.22(a)中因处于完全弹性状态，故二次薄膜加弯曲应力范围应小于 2 倍的屈服应力，即 $\Delta\sigma_{sm}+\Delta\sigma_{sb}<2\sigma_{s}$。该条件下棘轮极限载荷(即阴影部分的面积)为

$$\sigma_{pm}=\sigma_{s}-\frac{\Delta\sigma_{sm}}{2} \tag{2.110}$$

图 2.22(b)中，棘轮极限载荷为

$$\sigma_{pm}=\sigma_{s}-\frac{\Delta\sigma_{sb}}{4}-\frac{\left(\Delta\sigma_{sm}\right)^{2}}{4\Delta\sigma_{sb}} \tag{2.111}$$

图 2.22(c)中，棘轮极限载荷为

$$\sigma_{pm}=\frac{\left[\sigma_{s}-\frac{1}{2}\left(\Delta\sigma_{sm}-\Delta\sigma_{sb}\right)\right]^{2}}{2\Delta\sigma_{sb}} \tag{2.112}$$

图 2.22(d)中，棘轮极限载荷为

$$\sigma_{pm}=\frac{\left[\sigma_{s}-\frac{1}{2}\left(\Delta\sigma_{sm}-\Delta\sigma_{sb}\right)\right]^{2}}{2\Delta\sigma_{sb}}-\frac{\left(\Delta\sigma_{sm}-\Delta\sigma_{sb}\right)^{2}}{4\Delta\sigma_{sb}} \tag{2.113}$$

图 2.22(e)中，棘轮极限载荷为

$$\sigma_{pm}=\frac{\sigma_{s}^{2}}{\Delta\sigma_{sb}} \tag{2.114}$$

整理合并式(2.110)～式(2.114)中五种状态下的公式，可得棘轮极限的表达式为

$$x=\begin{cases}1-\dfrac{z}{2}, & y+z\leqslant 2,\ z>y\\ 1-\dfrac{y}{4}-\dfrac{z^{2}}{4y}, & y+z\leqslant 2,\ z\leqslant y\\ \dfrac{\left[1-\frac{1}{2}(y-z)\right]^{2}}{2y}-\dfrac{(z-y)^{2}}{4y}, & y+z\geqslant 2,\ |y-z|\leqslant 2,\ z\geqslant y\\ \dfrac{1}{y}, & y+z\geqslant 2,\ |y-z|\geqslant 2,\ z\leqslant y\end{cases} \tag{2.115}$$

显然，随着 x 的增大，即随着热薄膜应力的增大，原 Bree 图出现了越来越大的不保守性，偏离真实棘轮边界越来越大。所以，有必要提出额外的限制条件，以得到保守的、安全的结果。

值得注意的是，当结构中存在二次薄膜应力(热薄膜应力)时，会导致上述安定评定的结果偏于危险，基于式(2.115)，ASME BPVC-Ⅷ-2-2015 中对二次薄膜等效热应力 y'的保守限制为

$$y' \leqslant 2.0(1-x), \quad 0<x<1 \tag{2.116}$$

2.5 本章小结

弹性安定极限载荷和棘轮极限载荷是承压设备安定性分析的基础，本章系统介绍和对比分析了相关原理、设计方法和试验测量方法，介绍了不考虑蠕变、考虑蠕变及存在热薄膜应力条件下 Bree 图的构建原理。

基于案例的对比分析表明，比例载荷下弹性补偿法分析结果相对保守，非线性叠加法相对复杂，而 $\min\{P_{\mathrm{L}}, 2P_{\mathrm{e}}\}$法具有较好的计算效率与精度；非比例载荷下采用逐次循环法或非线性叠加法均可计算合理的弹性安定极限载荷，但逐次循环法计算量较大，推荐使用非线性叠加法，并建议采用主应力计算 von Mises 等效应力以提高计算效率；与逐次循环法相比，Adibi-Asl 等提出的弹性模量修正法、Martin 等提出的混合方法及 Abou-Hanna 等提出的修正屈服面法均可高效地评估棘轮极限载荷，适于工程计算；根据测试内容合理选择安定载荷试验方法，优先推荐应变率-载荷拟合法及应变增量-循环数对数斜率法。值得注意的是，基于线性匹配法的安定与棘轮极限载荷分析专用软件——LMM 插件，已广泛应用于国内外重大承压设备的安定与棘轮极限载荷分析和安全评价。

第 3 章　复杂载荷条件下承压设备的安定性分析

复杂载荷条件下承压容器的安定性分析是工程不可缺少的内容，也是经典安定性分析方法未能涵盖的难题。在 ASME BPVC-Ⅲ、EN 13445-3 等设计规范中，提供了采用弹性分析法(应力分类法)的简化路线，即将一次应力与二次应力之和限制在 3 倍许用强度或 2 倍屈服应力范围之内。但是，复杂条件下承压设备的应力分类十分烦琐，导致分析结果的可靠性难以得到保障。此外，经典 Bree 图仅为稳定内压和循环温度梯度条件下薄承压壁圆筒安定极限的解析解，仍难以直接拓广到复杂条件下(如存在轴向压缩应力的情况)。

本章系统围绕复杂载荷条件下承压设备的安定性分析问题，3.1 节基于应变梯度理论和经典弹塑性理论，详细推导理想弹塑性和应变硬化承压壳体在循环热-机械载荷下安定极限载荷的解析解；3.2 节基于非循环方法，系统推导循环热梯度、轴向拉伸、压缩、弯矩和扭矩的任意组合下承压管道或筒体安定极限载荷的解析解，并给出相应的修正 Bree 图，拓展经典 Bree 图的应用范围；3.3 节系统分析常见承压筒体、球壳及其封头在开孔、接管等几何不连续结构在循环热-机械载荷下的安定极限载荷，并给出相应工程结构的安定评定方法；3.4 节研究复杂承压壳体在循环热-机械载荷下的棘轮极限载荷，并考虑应变硬化和温度相关的屈服应力的影响。

3.1　承压设备的自增强与安定极限载荷分析

3.1.1　承压圆筒的自增强与安定极限载荷分析

1. 应变梯度塑性理论

应变梯度塑性理论通常用来描述微观结构相关的塑性变形[226-229]。Mühlhaus 等[227]将高阶应变梯度引入屈服条件，给出了屈服条件下应变梯度塑性理论的简化模型：

$$\sigma_e = \sigma_e^H - c\nabla^2\varepsilon_e \tag{3.1}$$

式中，σ_e 和 σ_e^H 分别为总体等效应力和等效应力的各向同性分量；ε_e 为等效塑性应变；∇^2 为拉普拉斯算子；c 为取决于材料微观结构的应变梯度系数，可以是正值也可以是负值。

由于式(3.1)中包含了应变梯度项，其额外的边界条件可以表示为

$$\frac{\partial \varepsilon_{\mathrm{e}}}{\partial \boldsymbol{m}}=0 \text{ 或者在} \partial^{\mathrm{p}} B \text{上 } \varepsilon_{\mathrm{e}}=\bar{\varepsilon}_{\mathrm{e}} \tag{3.2}$$

式中，$\partial^{\mathrm{p}} B$ 为塑性区域的边界；$\boldsymbol{m}$ 为 $\partial^{\mathrm{p}} B$ 的外法线单位向量；$\bar{\varepsilon}_{\mathrm{e}}$ 为预设值。当不考虑微观结构效应时 c=0，式(3.1)可退化为经典塑性方程，且无须定义式(3.2)[230]。

Fan 和 Yu 等[231,232]考虑了中间主应力和拉压强度的差异，进一步提出了统一的屈服准则。该准则可表示为主应力相关的分段线性函数，且 Tresca、von Mises 和双剪屈服标准均可作为其特殊情况或线性近似。对于拉伸和压缩强度相同的材料，统一屈服准则可表示为

$$\sigma_{\mathrm{e}}=\sigma_1-\frac{1}{1+b}\left(b \sigma_2+\sigma_3\right)=\sigma_{\mathrm{s}}, \quad \sigma_2 \leqslant \frac{\sigma_1+\sigma_3}{2} \tag{3.3a}$$

$$\sigma_{\mathrm{e}}=\frac{1}{1+b}\left(\sigma_1+b \sigma_2\right)-\sigma_3=\sigma_{\mathrm{s}}, \quad \sigma_2>\frac{\sigma_1+\sigma_3}{2} \tag{3.3b}$$

式中，σ_1、σ_2 和 σ_3 分别为第一主应力、第二主应力和第三主应力；b 为反映中间主应力影响的参数，可表示为

$$b=\frac{2 \tau_{\mathrm{s}}-\sigma_{\mathrm{s}}}{\sigma_{\mathrm{s}}-\tau_{\mathrm{s}}} \tag{3.4}$$

其中，σ_{s} 为拉伸屈服应力；τ_{s} 为剪切屈服强度。当 b=0、$b=1/(1+\sqrt{3})$、b=1 时，式(3.3)中统一的屈服准则分别退化为 Tresca、von Mises 和双剪切屈服准则。

对于线弹性硬化材料，应力-应变关系可表示为[223]

$$\sigma_{\mathrm{e}}^{\mathrm{H}}=\begin{cases}E \varepsilon_{\mathrm{e}}, & \sigma_{\mathrm{e}} \leqslant \sigma_{\mathrm{s}} \\ \sigma_{\mathrm{s}}+E_{\mathrm{p}}\left(\varepsilon_{\mathrm{e}}-\varepsilon_{\mathrm{s}}\right), & \sigma_{\mathrm{e}}>\sigma_{\mathrm{s}}\end{cases} \tag{3.5}$$

而对于弹性幂律强化材料，则应力-应变关系可表示为[234]

$$\sigma_{\mathrm{e}}^{\mathrm{H}}=\begin{cases}E \varepsilon_{\mathrm{e}}, & \sigma_{\mathrm{e}} \leqslant \sigma_{\mathrm{s}} \\ k \varepsilon_{\mathrm{e}}^n, & \sigma_{\mathrm{e}}>\sigma_{\mathrm{s}}\end{cases} \tag{3.6}$$

式(3.5)和式(3.6)中，E 为弹性模量；E_{p} 为剪切模量；n 为应变硬化指数；ε_{s} 为材料的屈服应变；$k=\sigma_{\mathrm{s}}^{1-n} E^n$。当 E_{p}=0 时，式(3.5)中应力-应变关系退化为理想弹塑性模型；当 $E_{\mathrm{p}}=E$ 时，从等效应力和等效应变方面看，式(3.5)是满足胡克定律的线弹性模型。类似地，当 n=0 和 n=1 时，式(3.6)中应力-应变关系分别退化为理想弹塑性模型和线弹性模型。

2. 线性强化承压圆筒塑性区的解

对于一个内径为 R_i、外径为 R_o，两端封闭且承受内压 P_i 的长圆筒，用极坐标系表示，如图 3.1 所示。当 P_i 较小时，整个圆筒处于弹性状态；当 P_i 较大时，圆筒从内壁处开始发生屈服。随着内压增加，屈服区域向外扩展。由于圆筒是轴对称的，弹性和塑性区的交界面是圆柱面，定义 r_c 是在内压 P_i 下弹塑性交界面的半径，P_c 是交界面上的压力。因此，在内压 P_i 作用下，$R_i \leqslant r < r_c$ 为塑性区，$r_c \leqslant r < R_o$ 是弹性区。

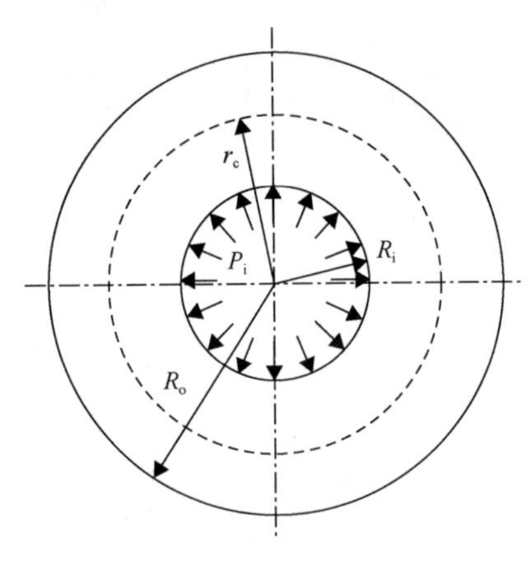

图 3.1　圆筒横截面

1) 弹性区的解（$r_c \leqslant r < R_o$）

弹性区域可视为一个承受内压 P_c，内壁半径为 r_c，外壁半径为 R_o 的厚壁圆筒。根据拉梅函数[235]，其径向应力 σ_r、环向应力 σ_θ 和轴向应力 σ_z 分别可表示为

$$\sigma_r = \frac{P_c r_c^2}{R_o^2 - r_c^2}\left(1 - \frac{R_o^2}{r^2}\right) \tag{3.7a}$$

$$\sigma_\theta = \frac{P_c r_c^2}{R_o^2 - r_c^2}\left(1 + \frac{R_o^2}{r^2}\right) \tag{3.7b}$$

$$\sigma_z = \frac{2\mu P_c R_o^2}{R_o^2 - r_c^2} \tag{3.7c}$$

应变分量为

$$\varepsilon_r = \frac{1+\mu}{E}\frac{P_c r_c^2}{R_o^2 - r_c^2}\left(1 - 2\mu - \frac{R_o^2}{r^2}\right) \tag{3.8a}$$

$$\varepsilon_\theta = \frac{1+\mu}{E}\frac{P_c r_c^2}{R_o^2 - r_c^2}\left(1 - 2\mu + \frac{R_o^2}{r^2}\right) \tag{3.8b}$$

$$\varepsilon_z = 0 \tag{3.8c}$$

唯一的非弯曲(径向)位移分量为

$$u = \frac{1+\mu}{E}\frac{P_c r_c^2}{R_o^2 - r_c^2}\left(1 - 2\mu + \frac{R_o^2}{r^2}\right)r \tag{3.9}$$

式中，μ 为泊松比。

在弹塑性交界面上，等效应力满足屈服条件：

$$\sigma_e\big|_{r=r_c} = \sigma_s \tag{3.10}$$

式(3.10)为确定 P_c 和 r_c 提供了条件。值得注意的是，式(3.7a)～式(3.10)同时适用于线性强化和幂律强化圆筒的弹性区域。

2) 塑性区的解

假定小变形、等向硬化、不可压缩和单调加载的条件下，应力公式中的控制方程包含了 Hencky 变形理论、应变梯度理论、统一屈服准则和线性硬化模型。该轴对称平面应变问题的平衡方程为

$$\sigma_\theta - \sigma_r = r\frac{\mathrm{d}\sigma_r}{\mathrm{d}r} \tag{3.11}$$

变形协调方程为

$$r\frac{\mathrm{d}\varepsilon_\theta}{\mathrm{d}r} = \varepsilon_r - \varepsilon_\theta \tag{3.12}$$

本构方程为

$$\varepsilon_r = \frac{3}{4}\frac{\varepsilon_e}{\sigma_e}\left(\sigma_r - \sigma_\theta\right) = -\varepsilon_\theta \tag{3.13}$$

$$\sigma_e = \sigma_s + E_p\left(\varepsilon_e - \varepsilon_s\right) - c\nabla^2\varepsilon_e \tag{3.14}$$

$$\sigma_e = \frac{2+b}{2(1+b)}\left(\sigma_\theta - \sigma_r\right) \tag{3.15}$$

对于该平面应变的圆筒问题，式(3.13)根据 Hencky 变形理论得到，而式(3.14)

直接由式(3.1)和式(3.5)得到，式(3.15)由式(3.3)中的统一屈服准则得到。对于承受平面应变变形的不可压缩圆筒，$\sigma_1=\sigma_\theta$，$\sigma_3=\sigma_r$，$\sigma_2=(\sigma_\theta+\sigma_r)/2$。

该问题的边界条件为

$$\sigma_r\big|_{r=R_{\rm i}}=-P_{\rm i} \tag{3.16a}$$

$$\sigma_r\big|_{r=r_{\rm c}}=-P_{\rm c} \tag{3.16b}$$

$$\varepsilon_{\rm e}\big|_{r=R_{\rm i}}=D \tag{3.16c}$$

$$\varepsilon_{\rm e}\big|_{r=r_{\rm c}}=\frac{\sigma_{\rm s}}{E} \tag{3.16d}$$

其中，式(3.16a)和式(3.16b)是根据经典塑性解得到的两个标准边界条件，式(3.16c)和式(3.16d)是根据塑性应变梯度理论得到的两个附加边界条件，且式(3.11)～式(3.16d)确定了塑性区边界。

塑性区域的应力、应变解可表示为

$$\sigma_r=\frac{(1+b)\sigma_{\rm s}}{2+b}\left[-\left(1-\frac{r_{\rm c}^2}{R_{\rm o}^2}\right)+\frac{E_{\rm p}}{E}\left(1-\frac{r_{\rm c}^2}{r^2}\right)-2\left(1-\frac{E_{\rm p}}{E}\right)\ln\frac{r_{\rm c}}{r}-\frac{2c}{E}\frac{r_{\rm c}^2}{R_{\rm i}^2}\left(\frac{R_{\rm i}^4}{r_{\rm c}{}^4}-\frac{R_{\rm i}^4}{r^4}\right)\frac{1}{R_{\rm i}^2}\right] \tag{3.17a}$$

$$\sigma_\theta=\frac{(1+b)\sigma_{\rm s}}{2+b}\left[\left(1+\frac{r_{\rm c}^2}{R_{\rm o}^2}\right)-\frac{E_{\rm p}}{E}\left(1-\frac{r_{\rm c}^2}{r^2}\right)-2\left(1-\frac{E_{\rm p}}{E}\right)\ln\frac{r_{\rm c}}{r}-\frac{2c}{E}\frac{r_{\rm c}^2}{R_{\rm i}^2}\left(\frac{R_{\rm i}^4}{r_{\rm c}{}^4}+\frac{3R_{\rm i}^4}{r^4}\right)\frac{1}{R_{\rm i}^2}\right] \tag{3.17b}$$

$$\sigma_z=\frac{(1+b)\sigma_{\rm s}}{2+b}\left[\frac{r_{\rm c}^2}{R_{\rm o}^2}--2\left(1-\frac{E_{\rm p}}{E}\right)\ln\frac{r_{\rm c}}{r}-\frac{2c}{E}\frac{r_{\rm c}^2}{R_{\rm i}^2}\left(\frac{R_{\rm i}^4}{r_{\rm c}{}^4}+\frac{R_{\rm i}^4}{r^4}\right)\frac{1}{R_{\rm i}^2}\right] \tag{3.17c}$$

$$\varepsilon_r=-\frac{3}{2}\left(\frac{1+b}{2+b}\right)\left(\frac{\sigma_{\rm s}}{E}\frac{r_{\rm c}^2}{r^2}\right) \tag{3.18a}$$

$$\varepsilon_\theta=\frac{3}{2}\left(\frac{1+b}{2+b}\right)\left(\frac{\sigma_{\rm s}}{E}\frac{r_{\rm c}^2}{r^2}\right) \tag{3.18b}$$

$$\varepsilon_z=0 \tag{3.18c}$$

其径向位移为

$$u = -\frac{3}{2}\left(\frac{1+b}{2+b}\right)\left(\frac{\sigma_s}{E}\frac{r_c^2}{r}\right) \tag{3.19}$$

给定材料参数、几何参数和压力载荷，弹塑性界面半径 r_c 由式(3.20)确定。

$$P_i = \frac{(1+b)\sigma_s}{2+b}\left[1-\frac{r_c^2}{R_o^2}+\frac{E_p}{E}\left(\frac{r_c^2}{r^2}-1\right)+2\left(1-\frac{E_p}{E}\right)\ln\frac{r_c}{R_i}-\frac{2c}{E}\frac{r_c^2}{R_i^2}\left(1-\frac{R_i^4}{r_c^4}\right)\frac{1}{R_i^2}\right] \tag{3.20}$$

3. 幂律强化圆筒塑性区的解

该条件下的控制方程和边界条件与线性强化情况下的基本一样，仅需将式(3.14)变成：

$$\sigma_e = k\varepsilon_e^n - c\nabla^2\varepsilon_e \tag{3.21}$$

值得注意的是，式(3.21)可直接由式(3.1)和式(3.6)得到。

类似地，塑性区的应力解如下：

$$\sigma_r = \frac{(1+b)\sigma_s}{2+b}\left[-\left(1-\frac{r_c^2}{R_o^2}\right)+\frac{1}{n}\left(1-\frac{r_c^{2n}}{r^{2n}}\right)-\frac{2c}{E}\frac{r_c^2}{R_i^2}\left(\frac{R_i^4}{r_c^4}-\frac{R_i^4}{r^4}\right)\frac{1}{R_i^2}\right] \tag{3.22a}$$

$$\sigma_\theta = \frac{(1+b)\sigma_s}{2+b}\left\{-\left(1-\frac{r_c^2}{R_o^2}\right)+\frac{1}{n}\left[1+(2n-1)\frac{r_c^{2n}}{r^{2n}}\right]-\frac{2c}{E}\frac{r_c^2}{R_i^2}\left(\frac{R_i^4}{r_c^4}+\frac{3R_i^4}{r^4}\right)\frac{1}{R_i^2}\right\} \tag{3.22b}$$

$$\sigma_z = \frac{(1+b)\sigma_s}{2+b}\left\{-\left(1-\frac{r_c^2}{R_o^2}\right)+\frac{1}{n}\left[1+(n-1)\frac{r_c^{2n}}{r^{2n}}\right]-\frac{2c}{E}\frac{r_c^2}{R_i^2}\left(\frac{R_i^4}{r_c^4}+\frac{R_i^4}{r^4}\right)\frac{1}{R_i^2}\right\} \tag{3.22c}$$

式中，r_c 由式(3.23)确定：

$$P_i = \frac{(1+b)\sigma_s}{2+b}\left[1-\frac{r_c^2}{R_o^2}+\frac{1}{n}\left(\frac{r_c^{2n}}{R_i^{2n}}-1\right)-\frac{2c}{E}\frac{r_c^2}{R_i^2}\left(1-\frac{R_i^4}{r_c^4}\right)\frac{1}{R_i^2}\right] \tag{3.23}$$

应变与位移分量的表达式与式(3.18a)～式(3.18c)和式(3.19)一样，只是其中的 r_c 值由式(3.23)确定。

4. 圆筒体的自增强分析

自增强是在厚壁筒体或者管道制造过程中，施加足够的压力使部分材料产生塑性变形，并在释放压力后产生残余塑性变形。自增强后，能降低筒体或者管道的应力水平，提高其弹性承载能力。当压力 $P_{\rm i}$ 在弹性极限和塑性极限之间时，筒体处于弹塑性状态，才能进行自增强处理。

对于线弹性强化圆筒，其弹性极限压力可根据式(3.17a)和式(3.16a)获得，即

$$P_{\rm i}=\frac{(1+b)\sigma_{\rm s}}{2+b}\left[1-\frac{r_{\rm c}^2}{R_{\rm o}^2}-\frac{E_{\rm p}}{E}\left(1-\frac{r_{\rm c}^2}{R_{\rm i}^2}\right)+2\left(1-\frac{E_{\rm p}}{E}\right)\ln\frac{r_{\rm c}}{R_{\rm i}}+\frac{2c}{E}\frac{r_{\rm c}^2}{R_{\rm i}^2}\left(\frac{R_{\rm i}^4}{r_{\rm c}^4}-1\right)\frac{1}{R_{\rm i}^2}\right] \tag{3.24}$$

当内表面发生初始屈服时，弹性极限压力 $P_{\rm e}$ 为

$$P_{\rm e}=P_{\rm i}\big|_{r_{\rm c}=R_{\rm i}}=\frac{(1+b)\sigma_{\rm s}}{2+b}\left(1-\frac{R_{\rm i}^2}{R_{\rm o}^2}\right) \tag{3.25}$$

显然，式(3.25)中的 $P_{\rm e}$ 与应变强化参数 $E_{\rm p}$ 或者应变梯度系数 c 无关。

当外表面发生屈服时，对应的压力就是塑性极限压力 $P_{\rm L}$，即

$$P_{\rm L}=P_{\rm i}\big|_{r_{\rm c}=R_{\rm o}}=\frac{(1+b)\sigma_{\rm s}}{2+b}\left[\frac{E_{\rm p}}{E}\left(\frac{R_{\rm o}^2}{R_{\rm i}^2}-1\right)+2\left(1-\frac{E_{\rm p}}{E}\right)\ln\frac{R_{\rm o}}{R_{\rm i}}-\frac{2c}{E}\frac{R_{\rm o}^2}{R_{\rm i}^2}\left(1-\frac{R_{\rm i}^4}{R_{\rm o}^4}\right)\frac{1}{R_{\rm i}^2}\right] \tag{3.26}$$

式中，$P_{\rm L}$ 取决于应变强化参数 $E_{\rm p}$ 和应变梯度系数 c，以及其他材料参数。因此，其反映了应变硬化和微结构效应。

对于幂律强化圆筒，联立式(3.22a)和式(3.16a)可得弹性极限压力，即

$$P_{\rm i}=\frac{(1+b)\sigma_{\rm s}}{2+b}\left[1-\frac{r_{\rm c}^2}{R_{\rm o}^2}-\frac{1}{n}\left(1-\frac{r_{\rm c}^{2n}}{R_{\rm i}^{2n}}\right)-\frac{2c}{E}\frac{r_{\rm c}^2}{R_{\rm i}^2}\left(1-\frac{R_{\rm i}^4}{r_{\rm c}^4}\right)\frac{1}{R_{\rm i}^2}\right] \tag{3.27}$$

当 $r_{\rm c}=R_{\rm i}$ 时，$P_{\rm e}$ 可表示为

$$P_{\rm e}=\frac{(1+b)\sigma_{\rm s}}{2+b}\left(1-\frac{R_{\rm i}^2}{R_{\rm o}^2}\right) \tag{3.28}$$

塑性极限压力可根据式(3.27)获得

$$P_{\rm L}=P_{\rm i}\big|_{r_{\rm c}=R_{\rm o}}=\frac{(1+b)\sigma_{\rm s}}{2+b}\left[\frac{1}{n}\left(\frac{R_{\rm o}^{2n}}{R_{\rm i}^{2n}}-1\right)-\frac{2c}{E}\frac{R_{\rm o}^2}{R_{\rm i}^2}\left(1-\frac{R_{\rm i}^4}{R_{\rm o}^4}\right)\frac{1}{R_{\rm i}^2}\right] \tag{3.29}$$

如果移除压力 $P_{\rm i}$ 时，不产生反向屈服，则可认为是弹性卸载。当 $P_{\rm i}$ 大于反向屈服压力 $P_{\rm i}^{\rm U}$ 时，卸载过程中会发生反向屈服。此时，对于某些材料，还要进一步考虑包辛格效应对残余应力的影响[236,237]。当 $P_{\rm i}\leqslant P_{\rm i}^{\rm U}$ 时，不会发生反向屈服，可利用拉梅函数的弹性解计算卸载应力分量。加载应力与卸载应力进行叠加，可

得到残余应力分布。

根据拉梅函数，卸载过程中的应力分量如下：

$$\Delta\sigma_r = \frac{-P_i R_i^2}{R_o^2 - R_i^2}\left(1 - \frac{R_o^2}{r^2}\right) \tag{3.30a}$$

$$\Delta\sigma_\theta = \frac{-P_i R_i^2}{R_o^2 - R_i^2}\left(1 + \frac{R_o^2}{r^2}\right) \tag{3.30b}$$

$$\Delta\sigma_z = \frac{-2\mu P_i R_i^2}{R_o^2 - R_i^2} \tag{3.30c}$$

对于内压 P_i 下线性强化圆筒的内部塑性区域（$R_i \leqslant r \leqslant r_c$），其应力分量由式(3.17a)～式(3.17c)给出。分别叠加式(3.17a)～式(3.17c)及式(3.30a)～式(3.30c)，其径向、环向和轴向残余应力分量 σ_r^{res}、σ_θ^{res} 和 σ_z^{res} 分别如下：

$$\begin{aligned}\sigma_r^{res} = &\frac{-P_i R_i^2}{R_o^2 - R_i^2}\left(1 - \frac{R_o^2}{r^2}\right) - \frac{(1+b)\sigma_s}{2+b}\left[1 - \frac{r_c^2}{R_o^2} - \frac{E_p}{E}\left(1 - \frac{r_c^2}{R_i^2}\right)\right.\\ &\left. + 2\left(1 - \frac{E_p}{E}\right)\ln\frac{r_c}{r} + \frac{2c}{E}\frac{r_c^2}{R_i^2}\left(\frac{R_i^4}{r_c^4} - \frac{R_i^4}{r^4}\right)\frac{1}{R_i^2}\right]\end{aligned} \tag{3.31a}$$

$$\begin{aligned}\sigma_\theta^{res} = &\frac{-P_i R_i^2}{R_o^2 - R_i^2}\left(1 + \frac{R_o^2}{r^2}\right) + \frac{(1+b)\sigma_s}{2+b}\left[1 + \frac{r_c^2}{R_o^2} - \frac{E_p}{E}\left(1 - \frac{r_c^2}{R_i^2}\right)\right.\\ &\left. - 2\left(1 - \frac{E_p}{E}\right)\ln\frac{r_c}{r} - \frac{2c}{E}\frac{r_c^2}{R_i^2}\left(\frac{R_i^4}{r_c^4} + \frac{3R_i^4}{r^4}\right)\frac{1}{R_i^2}\right]\end{aligned} \tag{3.31b}$$

$$\sigma_z^{res} = \frac{-2\mu P_i R_i^2}{R_o^2 - R_i^2} + \frac{(1+b)\sigma_s}{2+b}\left[\frac{r_c^2}{R_o^2} + 2\left(1 - \frac{E_p}{E}\right)\ln\frac{r_c}{r} - \frac{2c}{E}\frac{r_c^2}{R_i^2}\left(\frac{R_i^4}{r_c^4} + \frac{R_i^4}{r^4}\right)\frac{1}{R_i^2}\right] \tag{3.31c}$$

式中，r_c 可由式(3.20)计算得到。值得注意的是

$$\sigma_\theta^{res} - \sigma_r^{res} = \sigma_\theta - \Delta\sigma_\theta - (\sigma_r - \Delta\sigma_r) = \sigma_\theta - \sigma_r + (\Delta\sigma_\theta - \Delta\sigma_r) \tag{3.32}$$

联立式(3.15)和式(3.32)，可得等效残余应力为

$$\sigma_e^{res} = \frac{2+b}{2(1+b)}\left(\sigma_\theta^{res} - \sigma_r^{res}\right) = \sigma_e + \Delta\sigma_e \tag{3.33}$$

其中

$$\sigma_{\mathrm{e}}=\frac{2+b}{2(1+b)}\left(\sigma_{\theta}-\sigma_{r}\right)=\sigma_{\mathrm{s}}\left[1-\frac{E_{\mathrm{p}}}{E}\left(1-\frac{r_{\mathrm{c}}^{2}}{R_{\mathrm{i}}^{2}}\right)\right]-\frac{4c\sigma_{\mathrm{s}}}{E}\frac{r_{\mathrm{c}}^{2}}{r^{4}} \tag{3.34a}$$

$$\Delta\sigma_{\mathrm{e}}=\frac{2+b}{2(1+b)}\left(\Delta\sigma_{\theta}-\Delta\sigma_{r}\right)=-\frac{2+b}{1+b}\frac{P_{\mathrm{i}}R_{\mathrm{i}}^{2}}{R_{\mathrm{o}}^{2}-R_{\mathrm{i}}^{2}}\frac{R_{\mathrm{o}}^{2}}{r^{2}} \tag{3.34b}$$

对于内压 P_{i} 下线性强化圆筒的外部弹性区域（$r_{\mathrm{c}}\leqslant r\leqslant R_{\mathrm{o}}$），其应力分量由式(3.7a)～式(3.7c)给出。分别叠加式(3.7a)～式(3.7c)和式(3.30a)～式(3.30c)，可得到残余应力各分量如下：

$$\sigma_{r}^{\mathrm{res}}=\left(\frac{-P_{\mathrm{i}}R_{\mathrm{i}}^{2}}{R_{\mathrm{o}}^{2}-R_{\mathrm{i}}^{2}}+\frac{P_{\mathrm{c}}r_{\mathrm{c}}^{2}}{R_{\mathrm{o}}^{2}-r_{\mathrm{c}}^{2}}\right)\left(1-\frac{R_{\mathrm{o}}^{2}}{r^{2}}\right) \tag{3.35a}$$

$$\sigma_{\theta}^{\mathrm{res}}=\left(\frac{-P_{\mathrm{i}}R_{\mathrm{i}}^{2}}{R_{\mathrm{o}}^{2}-R_{\mathrm{i}}^{2}}+\frac{P_{\mathrm{c}}r_{\mathrm{c}}^{2}}{R_{\mathrm{o}}^{2}-r_{\mathrm{c}}^{2}}\right)\left(1+\frac{R_{\mathrm{o}}^{2}}{r^{2}}\right) \tag{3.35b}$$

$$\sigma_{z}^{\mathrm{res}}=2\mu\left(\frac{-P_{\mathrm{i}}R_{\mathrm{i}}^{2}}{R_{\mathrm{o}}^{2}-R_{\mathrm{i}}^{2}}+\frac{P_{\mathrm{c}}r_{\mathrm{c}}^{2}}{R_{\mathrm{o}}^{2}-r_{\mathrm{c}}^{2}}\right) \tag{3.35c}$$

若不考虑应变硬化和微结构效应($E_{\mathrm{p}}=c=0$)，且应用 von Mises 屈服准则，即 $b=1/(1+\sqrt{3})$，则式(3.31a)～式(3.31c)、式(3.33)、式(3.34a)和式(3.34b)、式(3.35a)～式(3.35c)可退化为

$$\sigma_{r}^{\mathrm{res}}=-\frac{\sigma_{\mathrm{s}}}{\sqrt{3}}\left[\left(1-\frac{r_{\mathrm{c}}^{2}}{R_{\mathrm{o}}^{2}}+2\ln\frac{r_{\mathrm{c}}}{R_{\mathrm{i}}}\right)\frac{R_{\mathrm{i}}^{2}}{R_{\mathrm{o}}^{2}-R_{\mathrm{i}}^{2}}\left(1-\frac{R_{\mathrm{o}}^{2}}{r^{2}}\right)+1-\frac{r_{\mathrm{c}}^{2}}{R_{\mathrm{o}}^{2}}+2\ln\frac{r_{\mathrm{c}}}{r}\right] \tag{3.36a}$$

$$\sigma_{\theta}^{\mathrm{res}}=\frac{\sigma_{\mathrm{s}}}{\sqrt{3}}\left[-\left(1-\frac{r_{\mathrm{c}}^{2}}{R_{\mathrm{o}}^{2}}+2\ln\frac{r_{\mathrm{c}}}{R_{\mathrm{i}}}\right)\frac{R_{\mathrm{i}}^{2}}{R_{\mathrm{o}}^{2}-R_{\mathrm{i}}^{2}}\left(1-\frac{R_{\mathrm{o}}^{2}}{r^{2}}\right)+1+\frac{r_{\mathrm{c}}^{2}}{R_{\mathrm{o}}^{2}}-2\ln\frac{r_{\mathrm{c}}}{r}\right] \tag{3.36b}$$

$$\sigma_{z}^{\mathrm{res}}=\frac{\sigma_{\mathrm{s}}}{\sqrt{3}}\left[-2\mu\left(1-\frac{r_{\mathrm{c}}^{2}}{R_{\mathrm{o}}^{2}}+2\ln\frac{r_{\mathrm{c}}}{R_{\mathrm{i}}}\right)\frac{R_{\mathrm{i}}^{2}}{R_{\mathrm{o}}^{2}-R_{\mathrm{i}}^{2}}+\frac{r_{\mathrm{c}}^{2}}{R_{\mathrm{o}}^{2}}-2\ln\frac{r_{\mathrm{c}}}{r}\right] \tag{3.36c}$$

对于塑性区域（$R_{\mathrm{i}}\leqslant r\leqslant r_{\mathrm{c}}$），有

$$\sigma_{r}^{\mathrm{res}}=\frac{\sigma_{\mathrm{s}}}{\sqrt{3}}\left[-\left(1-\frac{r_{\mathrm{c}}^{2}}{R_{\mathrm{o}}^{2}}+2\ln\frac{r_{\mathrm{c}}}{R_{\mathrm{i}}}\right)\frac{R_{\mathrm{i}}^{2}}{R_{\mathrm{o}}^{2}-R_{\mathrm{i}}^{2}}+\frac{r_{\mathrm{c}}^{2}}{R_{\mathrm{o}}^{2}}\right]\left(1-\frac{R_{\mathrm{o}}^{2}}{r^{2}}\right) \tag{3.37a}$$

$$\sigma_\theta^{\text{res}} = \frac{\sigma_{\text{s}}}{\sqrt{3}}\left[-\left(1-\frac{r_{\text{c}}^2}{R_{\text{o}}^2}+2\ln\frac{r_{\text{c}}}{R_{\text{i}}}\right)\frac{R_{\text{i}}^2}{R_{\text{o}}^2-R_{\text{i}}^2}+\frac{r_{\text{c}}^2}{R_{\text{o}}^2}\right]\left(1+\frac{R_{\text{o}}^2}{r^2}\right) \tag{3.37b}$$

$$\sigma_z^{\text{res}} = \frac{2\mu\sigma_{\text{s}}}{\sqrt{3}}\left[-\left(1-\frac{r_{\text{c}}^2}{R_{\text{o}}^2}+2\ln\frac{r_{\text{c}}}{R_{\text{i}}}\right)\frac{R_{\text{i}}^2}{R_{\text{o}}^2-R_{\text{i}}^2}+\frac{r_{\text{c}}^2}{R_{\text{o}}^2}\right] \tag{3.37c}$$

对于弹性区域（$r_{\text{c}} \leqslant r \leqslant R_{\text{o}}$），$r_{\text{c}}$ 由式(3.38)得到：

$$P_{\text{i}} = \frac{\sigma_{\text{s}}}{\sqrt{3}}\left(1-\frac{r_{\text{c}}^2}{R_{\text{o}}^2}+2\ln\frac{r_{\text{c}}}{R_{\text{i}}}\right) \tag{3.38}$$

式(3.36a)～式(3.38)与弹性区域的残余应力分布一样，这说明基于经典塑性理论的纯弹性解是线性强化自增强应变梯度解的一个特例。

同理，对于幂律强化圆筒，其内部塑性区（$R_{\text{i}} \leqslant r \leqslant r_{\text{c}}$）的残余应力分量为

$$\sigma_r^{\text{res}} = \frac{-P_{\text{i}}R_{\text{i}}^2}{R_{\text{o}}^2-R_{\text{i}}^2}\left(1-\frac{R_{\text{o}}^2}{r^2}\right)+\frac{(1+b)\sigma_{\text{s}}}{2+b}\left[-\left(1-\frac{r_{\text{c}}^2}{R_{\text{o}}^2}\right)+\frac{1}{n}\left(1-\frac{r_{\text{c}}^{2n}}{r^{2n}}\right)-\frac{2c}{E}\frac{r_{\text{c}}^2}{R_{\text{i}}^2}\left(\frac{R_{\text{i}}^4}{r_{\text{c}}^4}-\frac{R_{\text{i}}^4}{r^4}\right)\frac{1}{R_{\text{i}}^2}\right] \tag{3.39a}$$

$$\begin{aligned}\sigma_\theta^{\text{res}} = {}& \frac{-P_{\text{i}}R_{\text{i}}^2}{R_{\text{o}}^2-R_{\text{i}}^2}\left(1+\frac{R_{\text{o}}^2}{r^2}\right)+\frac{(1+b)\sigma_{\text{s}}}{2+b}\left\{-\left(1-\frac{r_{\text{c}}^2}{R_{\text{o}}^2}\right)+\frac{1}{n}\left[1+(2n-1)\frac{r_{\text{c}}^{2n}}{r^{2n}}\right]\right.\\ &\left.-\frac{2c}{E}\frac{r_{\text{c}}^2}{R_{\text{i}}^2}\left(\frac{R_{\text{i}}^4}{r_{\text{c}}^4}+\frac{3R_{\text{i}}^4}{r^4}\right)\frac{1}{R_{\text{i}}^2}\right\}\end{aligned} \tag{3.39b}$$

$$\sigma_z^{\text{res}} = \frac{-2\mu P_{\text{i}}R_{\text{i}}^2}{R_{\text{o}}^2-R_{\text{i}}^2}+\frac{(1+b)\sigma_{\text{s}}}{2+b}\left\{-\left(1-\frac{r_{\text{c}}^2}{R_{\text{o}}^2}\right)+\frac{1}{n}\left[1+(n-1)\frac{r_{\text{c}}^{2n}}{r^{2n}}\right]-\frac{2c}{E}\frac{r_{\text{c}}^2}{R_{\text{i}}^2}\left(\frac{R_{\text{i}}^4}{r_{\text{c}}^4}+\frac{R_{\text{i}}^4}{r^4}\right)\frac{1}{R_{\text{i}}^2}\right\} \tag{3.39c}$$

根据式(3.33)、式(3.34b)、式(3.15)、式(3.22a)、式(3.22b)、式(3.30a)和式(3.30b)，可得内部塑性区的等效残余应力

$$\sigma_{\text{e}}^{\text{res}} = \sigma_{\text{e}} + \Delta\sigma_{\text{e}} = \sigma_{\text{s}}\left(\frac{r_{\text{c}}^{2n}}{r^{2n}}-\frac{4c}{E}\frac{r_{\text{c}}^2}{r^4}\right)-\frac{2+b}{1+b}\frac{P_{\text{i}}R_{\text{i}}^2}{R_{\text{o}}^2-R_{\text{i}}^2}\frac{R_{\text{o}}^2}{r^2} \tag{3.40}$$

对于幂律强化圆筒，其外部弹性区（$r_{\text{c}} \leqslant r \leqslant R_{\text{o}}$）的残余应力分量的表达式与式(3.35a)～式(3.35c)一样，只是 r_{c} 和 P_{c} 由式(3.23)确定。若不考虑应变硬化和微结构效应（$E_{\text{p}}=c=0$），且应用 von Mises 屈服准则，即 $b=1/(1+\sqrt{3})$，式(3.39a)～

式(3.39c)、式(3.35a)～式(3.35c)和式(3.23)可退化为

$$\sigma_r^{\text{res}} = \frac{\sigma_s}{\sqrt{3}}\left\{-\left[1-\frac{r_c^2}{R_o^2}+\frac{1}{n}\left(\frac{r_c^{2n}}{R_i^{2n}}-1\right)\right]\frac{R_i^2}{R_o^2-R_i^2}\left(1-\frac{R_o^2}{r^2}\right)-\left(1-\frac{r_c^2}{R_o^2}\right)+\frac{1}{n}\left(1-\frac{r_c^{2n}}{r^{2n}}\right)\right\} \tag{3.41a}$$

$$\sigma_\theta^{\text{res}} = \frac{\sigma_s}{\sqrt{3}}\left\{-\left[1-\frac{r_c^2}{R_o^2}+\frac{1}{n}\left(\frac{r_c^{2n}}{R_i^{2n}}-1\right)\right]\frac{R_i^2}{R_o^2-R_i^2}\left(1+\frac{R_o^2}{r^2}\right)-\left(1-\frac{r_c^2}{R_o^2}\right)+\frac{1}{n}\left[1+(n-1)\frac{r_c^{2n}}{r^{2n}}\right]\right\} \tag{3.41b}$$

$$\sigma_z^{\text{res}} = \frac{\sigma_s}{\sqrt{3}}\left\{-2\mu\left[1-\frac{r_c^2}{R_o^2}+\frac{1}{n}\left(\frac{r_c^{2n}}{R_i^{2n}}-1\right)\right]\frac{R_i^2}{R_o^2-R_i^2}-\left(1-\frac{r_c^2}{R_o^2}\right)+\frac{1}{n}\left[1-(n-1)\frac{r_c^{2n}}{r^{2n}}\right]\right\} \tag{3.41c}$$

对于塑性区域($R_i \leqslant r \leqslant r_c$)，有

$$\sigma_r^{\text{res}} = \frac{\sigma_s}{\sqrt{3}}\left\{-\left[1-\frac{r_c^2}{R_o^2}+\frac{1}{n}\left(\frac{r_c^{2n}}{R_i^{2n}}-1\right)\right]\frac{R_i^2}{R_o^2-R_i^2}+\frac{r_c^2}{R_o^2}\right\}\left(1-\frac{R_o^2}{r^2}\right) \tag{3.42a}$$

$$\sigma_\theta^{\text{res}} = \frac{\sigma_s}{\sqrt{3}}\left\{-\left[1-\frac{r_c^2}{R_o^2}+\frac{1}{n}\left(\frac{r_c^{2n}}{R_i^{2n}}-1\right)\right]\frac{R_i^2}{R_o^2-R_i^2}+\frac{r_c^2}{R_o^2}\right\}\left(1+\frac{R_o^2}{r^2}\right) \tag{3.42b}$$

$$\sigma_z^{\text{res}} = \frac{2\mu\sigma_s}{\sqrt{3}}\left\{-\left[1-\frac{r_c^2}{R_o^2}+\frac{1}{n}\left(\frac{r_c^{2n}}{R_i^{2n}}-1\right)\right]\frac{R_i^2}{R_o^2-R_i^2}+\frac{r_c^2}{R_o^2}\right\} \tag{3.42c}$$

对于弹性区域($r_c \leqslant r \leqslant R_o$)，$r_c$ 由式(3.43)确定：

$$P_i = \frac{\sigma_s}{\sqrt{3}}\left[1-\frac{r_c^2}{R_o^2}+\frac{1}{n}\left(\frac{r_c^{2n}}{R_i^{2n}}-1\right)\right] \tag{3.43}$$

值得注意的是，当不考虑微结构效应时，幂律强化自增强圆筒的应变梯度解可退化为经典塑性理论的解[188]。此外，若忽略应变硬化的影响(n=0)，式(3.41a)～式(3.43)可进一步退化为式(3.36a)～式(3.38)。也就是说，对于自增强厚壁圆筒，基于经典塑性理论的理想弹塑性模型是基于应变梯度理论的幂律强化模型的一个特例。

对于线性强化自增强圆筒，在工作压力 P_w 下的径向、环向和轴向应力分量 σ_r^*、σ_θ^* 和 σ_z^* 分别为

$$\sigma_r^* = \frac{P_{\mathrm{w}} R_{\mathrm{i}}^2}{R_{\mathrm{o}}^2 - R_{\mathrm{i}}^2}\left(1 - \frac{R_{\mathrm{o}}^2}{r^2}\right) \tag{3.44a}$$

$$\sigma_\theta^* = \frac{P_{\mathrm{w}} R_{\mathrm{i}}^2}{R_{\mathrm{o}}^2 - R_{\mathrm{i}}^2}\left(1 + \frac{R_{\mathrm{o}}^2}{r^2}\right) \tag{3.44b}$$

$$\sigma_z^* = \frac{2\mu P_{\mathrm{w}} R_{\mathrm{i}}^2}{R_{\mathrm{o}}^2 - R_{\mathrm{i}}^2} \tag{3.44c}$$

根据式(3.31a)～式(3.31c)和式(3.44a)～式(3.44c)，工作压力 P_{w} 下圆筒内部塑性区（$R_{\mathrm{i}} \leqslant r \leqslant r_{\mathrm{c}}$）的总应力分量为

$$\begin{aligned}\sigma_r^{\mathrm{tot}} = \sigma_r^* + \sigma_r^{\mathrm{res}} = &\frac{(P_{\mathrm{w}} - P_{\mathrm{A}})R_{\mathrm{i}}^2}{R_{\mathrm{o}}^2 - R_{\mathrm{i}}^2}\left(1 - \frac{R_{\mathrm{o}}^2}{r^2}\right) - \frac{(1+b)\sigma_{\mathrm{s}}}{2+b} \\ &\times\left[1 - \frac{r_{\mathrm{c}}^2}{R_{\mathrm{o}}^2} - \frac{E_{\mathrm{p}}}{E} + 2\left(1 - \frac{E_{\mathrm{p}}}{E}\right)\ln\frac{r_{\mathrm{c}}}{r} + \frac{2c}{E}\frac{r_{\mathrm{c}}^2}{R_{\mathrm{i}}^2}\left(\frac{R_{\mathrm{i}}^4}{r_{\mathrm{c}}^4} - \frac{R_{\mathrm{i}}^4}{r^4}\right)\frac{1}{R_{\mathrm{i}}^2}\right]\end{aligned} \tag{3.45a}$$

$$\begin{aligned}\sigma_\theta^{\mathrm{tot}} = \sigma_\theta^* + \sigma_\theta^{\mathrm{res}} = &\frac{(P_{\mathrm{w}} - P_{\mathrm{A}})R_{\mathrm{i}}^2}{R_{\mathrm{o}}^2 - R_{\mathrm{i}}^2}\left(1 + \frac{R_{\mathrm{o}}^2}{r^2}\right) - \frac{(1+b)\sigma_{\mathrm{s}}}{2+b} \\ &\times\left[1 - \frac{r_{\mathrm{c}}^2}{R_{\mathrm{o}}^2} - \frac{E_{\mathrm{p}}}{E}\left(1 - \frac{r_{\mathrm{c}}^2}{r^2}\right) - 2\left(1 - \frac{E_{\mathrm{p}}}{E}\right)\ln\frac{r_{\mathrm{c}}}{r} - \frac{2c}{E}\frac{r_{\mathrm{c}}^2}{R_{\mathrm{i}}^2}\left(\frac{R_{\mathrm{i}}^4}{r_{\mathrm{c}}^4} + \frac{3R_{\mathrm{i}}^4}{r^4}\right)\frac{1}{R_{\mathrm{i}}^2}\right]\end{aligned} \tag{3.45b}$$

$$\begin{aligned}\sigma_z^{\mathrm{tot}} = \sigma_z^* + \sigma_z^{\mathrm{res}} = &\frac{2\mu(P_{\mathrm{w}} - P_{\mathrm{A}})R_{\mathrm{i}}^2}{R_{\mathrm{o}}^2 - R_{\mathrm{i}}^2} + \frac{(1+b)\sigma_{\mathrm{s}}}{2+b} \\ &\times\left[\frac{r_{\mathrm{c}}^2}{R_{\mathrm{o}}^2} - 2\left(1 - \frac{E_{\mathrm{p}}}{E}\right)\ln\frac{r_{\mathrm{c}}}{r} - \frac{2c}{E}\frac{r_{\mathrm{c}}^2}{R_{\mathrm{i}}^2}\left(\frac{R_{\mathrm{i}}^4}{r_{\mathrm{c}}^4} + \frac{R_{\mathrm{i}}^4}{r^4}\right)\frac{1}{R_{\mathrm{i}}^2}\right]\end{aligned} \tag{3.45c}$$

式中，P_{A} 为自增强压力；r_{c} 由式(3.20)得到。

根据式(3.35a)～式(3.35c)和式(3.44a)～式(3.44c)，工作压力 P_{w} 下圆筒弹性区（$r_{\mathrm{c}} \leqslant r \leqslant R_{\mathrm{o}}$）的总应力分量为

$$\sigma_r^{\mathrm{tot}} = \left[\frac{(P_{\mathrm{w}} - P_{\mathrm{A}})R_{\mathrm{i}}^2}{R_{\mathrm{o}}^2 - R_{\mathrm{i}}^2} + \frac{P_{\mathrm{c}} r_{\mathrm{c}}^2}{R_{\mathrm{o}}^2 - r_{\mathrm{c}}^2}\right]\left(1 - \frac{R_{\mathrm{o}}^2}{r^2}\right) \tag{3.46a}$$

$$\sigma_z^{\mathrm{tot}} = 2\mu\left[\frac{(P_{\mathrm{w}} - P_{\mathrm{A}})R_{\mathrm{i}}^2}{R_{\mathrm{o}}^2 - R_{\mathrm{i}}^2} + \frac{P_{\mathrm{c}} r_{\mathrm{c}}^2}{R_{\mathrm{o}}^2 - r_{\mathrm{c}}^2}\right] \tag{3.46b}$$

$$\sigma_\theta^{\text{tot}}=\left[\frac{(P_\text{w}-P_\text{A})R_\text{i}^2}{R_\text{o}^2-R_\text{i}^2}+\frac{P_\text{c}r_\text{c}^2}{R_\text{o}^2-r_\text{c}^2}\right]\left(1+\frac{R_\text{o}^2}{r^2}\right) \tag{3.46c}$$

同理，对于幂律强化圆筒，工作压力 P_w 下圆筒塑性区的总应力分量为

$$\begin{aligned}\sigma_r^{\text{tot}}=&\frac{(P_\text{w}-P_\text{A})R_\text{i}^2}{R_\text{o}^2-R_\text{i}^2}\left(1-\frac{R_\text{o}^2}{r^2}\right)+\frac{(1+b)\sigma_\text{s}}{2+b}\left[-\left(1-\frac{r_\text{c}^2}{R_\text{o}^2}\right)\right.\\&\left.+\frac{1}{n}\left(1-\frac{r_\text{c}^{2n}}{r^{2n}}\right)-\frac{2c}{E}\frac{r_\text{c}^2}{R_\text{i}^2}\left(\frac{R_\text{i}^4}{r_\text{c}^4}-\frac{R_\text{i}^4}{r^4}\right)\frac{1}{R_\text{i}^2}\right]\end{aligned} \tag{3.47a}$$

$$\begin{aligned}\sigma_\theta^{\text{tot}}=&\frac{(P_\text{w}-P_\text{A})R_\text{i}^2}{R_\text{o}^2-R_\text{i}^2}\left(1+\frac{R_\text{o}^2}{r^2}\right)+\frac{(1+b)\sigma_\text{s}}{2+b}\left\{-\left(1-\frac{r_\text{c}^2}{R_\text{o}^2}\right)\right.\\&\left.+\frac{1}{n}\left[1+(2n-1)\frac{r_\text{c}^{2n}}{r^{2n}}\right]-\frac{2c}{E}\frac{r_\text{c}^2}{R_\text{i}^2}\left(\frac{R_\text{i}^4}{r_\text{c}^4}+\frac{3R_\text{i}^4}{r^4}\right)\frac{1}{R_\text{i}^2}\right\}\end{aligned} \tag{3.47b}$$

$$\begin{aligned}\sigma_z^{\text{tot}}=&\frac{2\mu(P_\text{w}-P_\text{A})R_\text{i}^2}{R_\text{o}^2-R_\text{i}^2}+\frac{(1+b)\sigma_\text{s}}{2+b}\left\{-\left(1-\frac{r_\text{c}^2}{R_\text{o}^2}\right)\right.\\&\left.+\frac{1}{n}\left[1+(n-1)\frac{r_\text{c}^{2n}}{r^{2n}}\right]-\frac{2c}{E}\frac{r_\text{c}^2}{R_\text{i}^2}\left(\frac{R_\text{i}^4}{r_\text{c}^4}+\frac{R_\text{i}^4}{r^4}\right)\frac{1}{R_\text{i}^2}\right\}\end{aligned} \tag{3.47c}$$

幂律强化圆筒在工作压力 P_w 下总应力分量的表达式与式(3.46a)～式(3.46c)一样，但 r_c 和 P_c 由式(3.23)确定。

5. 安定性分析

为了防止在循环载荷下发生失效，自增强卸载时的残余应力不应发生反向屈服，且重新加载后不产生新的塑性变形。下面分析几种情况下厚壁圆筒的安定极限载荷。

1) 线性强化圆筒的安定性分析

根据式(3.33)、式(3.34a)～式(3.34b)，内表面的等效残余应力为

$$\sigma_\text{e}^{\text{res}}\Big|_{r=R_\text{i}}=\sigma_\text{s}\left[1-\frac{E_\text{p}}{E}\left(1-\frac{r_\text{c}^2}{R_\text{i}^2}\right)\right]-\frac{4c\sigma_\text{s}}{E}\frac{r_\text{c}^2}{r^4}-\left(\frac{2+b}{1+b}\right)\frac{P_\text{A}R_\text{o}^2}{R_\text{o}^2-R_\text{i}^2} \tag{3.48}$$

这是圆筒的最大等效残余应力。当其小于屈服应力时，圆筒不会发生反向屈服。根据式(3.48)，则

$$P_{\mathrm{A}} \leqslant P_{\mathrm{i}}^{\mathrm{U}} \tag{3.49}$$

式中，P_{A} 为自增强压力；$P_{\mathrm{i}}^{\mathrm{U}}$ 为自增强压力 P_{A} 下的反向屈服极限，其表达式为

$$P_{\mathrm{i}}^{\mathrm{U}} = \frac{(1+b)\sigma_{\mathrm{s}}}{2+b}\left[2-\frac{E_{\mathrm{p}}}{E}\left(1-\frac{r_{\mathrm{c}}^{2}}{R_{\mathrm{i}}^{2}}\right)-\frac{4c}{E}\frac{r_{\mathrm{c}}^{2}}{R_{\mathrm{i}}^{4}}\right]\left(1-\frac{R_{\mathrm{i}}^{2}}{R_{\mathrm{o}}^{2}}\right) \tag{3.50}$$

基于应变梯度塑性理论、统一屈服准则和线性强化模型，式(3.49)和式(3.50)给出了自增强压力 P_{A} 下避免反向屈服的上限。当不考虑应变梯度和应变硬化效应时，即 $E_{\mathrm{p}}=c=0$，则

$$P_{\mathrm{i}}^{\mathrm{U}} = \frac{2(1+b)\sigma_{\mathrm{s}}}{2+b}\left(1-\frac{R_{\mathrm{i}}^{2}}{R_{\mathrm{o}}^{2}}\right)=2P_{\mathrm{e}} \tag{3.51}$$

其中，式(3.25)中 P_{e} 为弹性极限压力。对于满足 Tresca 屈服准则的材料($b=0$)，则有

$$P_{\mathrm{i}}^{\mathrm{U}} = \sigma_{\mathrm{s}}\left(1-\frac{R_{\mathrm{i}}^{2}}{R_{\mathrm{o}}^{2}}\right)=2P_{\mathrm{e}} \tag{3.52a}$$

对于满足 von Mises 屈服准则的材料[$b=1/(1+\sqrt{3})$]，则式(3.51)退化为

$$P_{\mathrm{i}}^{\mathrm{U}} = \frac{2}{\sqrt{3}}\sigma_{\mathrm{s}}\left(1-\frac{R_{\mathrm{i}}^{2}}{R_{\mathrm{o}}^{2}}\right)=2P_{\mathrm{e}} \tag{3.52b}$$

自增强压力下反向屈服极限表达式(3.52a)和式(3.52b)与满足 Tresca 和 von Mises 屈服准则的理想弹塑性圆筒的解析解[238]一样。也就是说，基于经典理想弹塑性和 Tresca 或 von Mises 准则的反向屈服极限是当前基于应变梯度线性强化塑性理论和统一屈服准则的一个特例。

为了保证重新加载到 P_{w} 时圆筒仍保持弹性，需要满足 $\sigma_{\mathrm{e}}\big|_{r=R_{\mathrm{i}}} \leqslant \sigma_{\mathrm{s}}$。根据式(3.45a)、式(3.45b)和式(3.15)，这种情况的条件可描述为

$$P_{\mathrm{A}} \geqslant P_{\mathrm{eA}} \tag{3.53}$$

其中，自增强圆筒重新加载后的弹性极限为

$$P_{\mathrm{eA}} \leqslant P_{\mathrm{w}} + \frac{1+b}{2+b}\left[\frac{E_{\mathrm{p}}}{E}\left(1-\frac{r_{\mathrm{c}}^{2}}{R_{\mathrm{i}}^{2}}\right)+\frac{4c}{E}\frac{r_{\mathrm{c}}^{2}}{R_{\mathrm{i}}^{4}}\right]\left(1-\frac{R_{\mathrm{i}}^{2}}{R_{\mathrm{o}}^{2}}\right)\sigma_{\mathrm{s}} \tag{3.54}$$

联立式(3.53)和式(3.54)，可得

$$P_{\mathrm{w}} \leqslant P_{\mathrm{i}} + \frac{1+b}{2+b}\left[\frac{E_{\mathrm{p}}}{E}\left(1-\frac{r_{\mathrm{c}}^2}{R_{\mathrm{i}}^2}\right)+\frac{4c}{E}\frac{r_{\mathrm{c}}^2}{R_{\mathrm{i}}^4}\right]\left(1-\frac{R_{\mathrm{i}}^2}{R_{\mathrm{o}}^2}\right)\sigma_{\mathrm{s}} \tag{3.55}$$

这表明，若重新加载的工作压力 P_{w} 满足式(3.55)，则重新加载后不会产生任何塑性变形。特殊地，对于应变硬化和微结构效应($E_{\mathrm{p}}=c=0$)可忽略的圆筒，如果工作压力 P_{w} 不超过自增强压力 P_{A}，将不会产生新的塑性变形。

2) 幂律强化圆筒的安定性分析

幂律强化圆筒内表面的等效残余应力可根据式(3.40)获得

$$\sigma_{\mathrm{e}}^{\mathrm{res}}\Big|_{r=R_{\mathrm{i}}} = \sigma_{\mathrm{s}}\left(\frac{r_{\mathrm{c}}^{2n}}{R_{\mathrm{i}}^{2n}}-\frac{4c}{E}\frac{r_{\mathrm{c}}^2}{R_{\mathrm{i}}^4}\right)-\left(\frac{2+b}{1+b}\right)\frac{P_{\mathrm{A}}R_{\mathrm{o}}^2}{R_{\mathrm{o}}^2-R_{\mathrm{i}}^2} \tag{3.56}$$

为了防止发生反向屈服，需要满足 $\sigma_{\mathrm{e}}^{\mathrm{res}}\Big|_{r=R_{\mathrm{i}}} \leqslant \sigma_{\mathrm{s}}$ 。根据式(3.56)，有

$$P_{\mathrm{A}} \leqslant P_{\mathrm{i}}^{\mathrm{U}} \tag{3.57}$$

其中，产生自增强反向屈服极限的极限压力为

$$P_{\mathrm{i}}^{\mathrm{U}} \leqslant \frac{1+b}{2+b}\left(1+\frac{r_{\mathrm{c}}^{2n}}{R_{\mathrm{i}}^{2n}}-\frac{4c}{E}\frac{r_{\mathrm{c}}^2}{R_{\mathrm{i}}^4}\right)\left(1-\frac{R_{\mathrm{i}}^2}{R_{\mathrm{o}}^2}\right)\sigma_{\mathrm{s}} \tag{3.58}$$

式中，r_{c} 由式(3.23)计算得到。

根据应变梯度塑性理论、统一屈服准则和幂律强化模型，式(3.57)和式(3.58)给出了自增强压力 P_{A} 卸载时避免发生反向屈服的条件。当忽略应变硬化和微结构效应($E_{\mathrm{p}}=c=0$)时，式(3.58)可退化为基于经典弹性和统一屈服准则的理想弹塑性圆筒的式(3.51)。对满足 Tresca 屈服准则($b=0$)和 von Mises 屈服准则[$b=1/(1+\sqrt{3})$]的材料，式(3.58)可退为式(3.52a)和式(3.52b)。因此，基于理想弹塑性和 Tresca 或 von Mises 屈服准则的模型是应变梯度幂律强化模型的特例。

为了保证重新加载到 P_{w} 时是圆筒呈弹性状态，需要满足 $\sigma_{\mathrm{e}}\Big|_{r=R_{\mathrm{i}}} \leqslant \sigma_{\mathrm{s}}$ ，则

$$P_{\mathrm{A}} \geqslant P_{\mathrm{eA}} \tag{3.59}$$

其中，自增强压力下重新加载的弹性极限为

$$P_{\mathrm{eA}} = P_{\mathrm{w}} - \frac{1+b}{2+b}\left(1-\frac{r_{\mathrm{c}}^{2n}}{R_{\mathrm{i}}^{2n}}+\frac{4c}{E}\frac{r_{\mathrm{c}}^2}{R_{\mathrm{i}}^4}\right)\left(1-\frac{R_{\mathrm{i}}^2}{R_{\mathrm{o}}^2}\right)\sigma_{\mathrm{s}} \tag{3.60}$$

需要指出的是，如果 $P_i^U < P_L$，则线性强化圆筒公式(3.50)和幂律强化圆筒公式(3.58)中的 P_i^U 分别是各自条件下 P_A 的上限。如果 $P_i^U > P_L$，则 P_A 的上限是塑性极限压力 P_L，由式(3.26)和式(3.29)给出。施加这个条件以防止其在自增强压力的第一个加载循环中产生完全塑性屈服而垮塌。因此，式(3.49)和式(3.57)的条件可修正为

$$P_A \leqslant P_i^S \tag{3.61}$$

其中，自增强压力 P_A 的上限为

$$P_i^S = \min\left(P_i^U, P_L\right) \tag{3.62}$$

对于线性强化和弹性幂律强化圆筒，P_i^U 由式(3.50)和式(3.58)计算，且 P_L 由式(3.26)和式(3.29)得到。限制自增强压力在 $P_{eA} \leqslant P_A \leqslant P_i^S$ 范围内，能够避免在加载、卸载的第一个循环内发生全屈服，并能防止随后循环中产生累积塑性变形。

为了阐释基于应变梯度理论的承压圆筒的安定解，这里以铝制圆筒为例进行分析。铝的材料属性如表3.1所示[239,240]。图3.2(a)给出了不考虑应变梯度效应的线性强化圆筒的安定极限载荷曲线。由图3.2(a)可知，不同 b 和 E_p 条件下，安定极限载荷 P_i^S 都随 R_o / R_i 的增加而增加，且Tresca屈服准则下的 P_i^S 值最小，双剪屈服准则下的 P_i^S 值最大，而von Mises屈服准则下的 P_i^S 值居中。同时，图3.2(a)

表3.1 铝的材料参数

弹性模量/MPa	屈服应力 σ_s/MPa	应变梯度系数 c/MPa
73000	146	–2.5

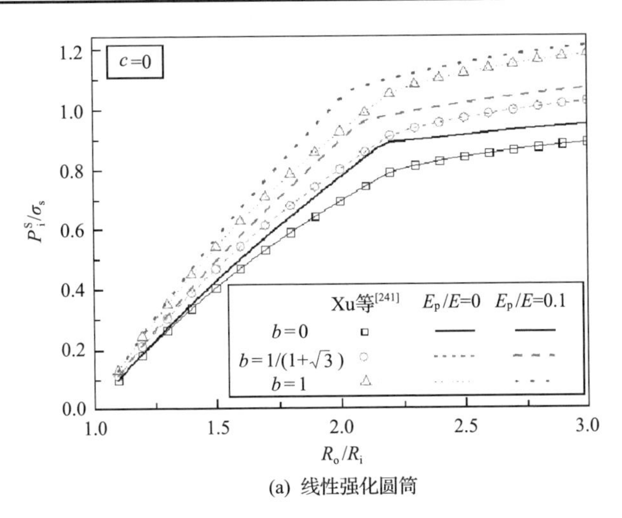

(a) 线性强化圆筒

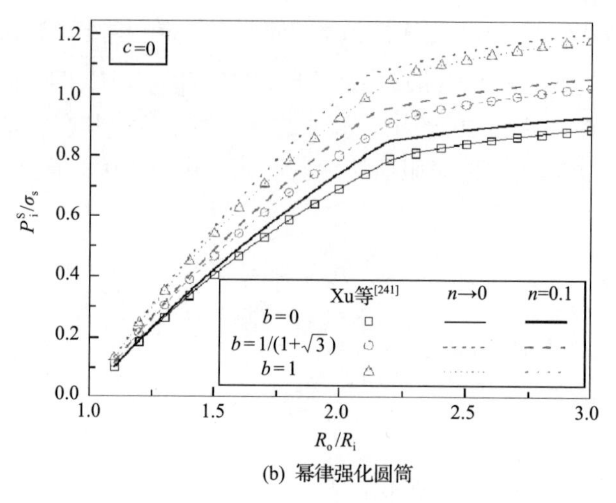

(b) 幂律强化圆筒

图 3.2　安定极限载荷的变化曲线

也对比了理想弹塑性圆筒的安定极限载荷[241]。图 3.2(b)给出了幂律强化圆筒的安定极限载荷曲线。由图 3.2(b)可知，双剪屈服准则、von Mises 屈服准则和 Tresca 屈服准则下的 P_i^S 值依次降低，且考虑应变硬化效应的 P_i^S 值比理想弹塑性条件下的大。

图 3.3 给出了 R_o/R_i=2 和 von Mises 屈服准则条件下圆筒的安定极限载荷随内径 R_i 的变化关系，并比较了基于塑性应变梯度和经典理想弹塑性的安定极限载荷。由图 3.3 可知，当 R_i≤50μm 时，P_i^S 值与尺寸相关，且随 R_i 减小而增加，这就是微尺度范围的尺度强化效应；当 R_i＞50μm 时，基于塑性应变梯度的 P_i^S 变化很小，且接近经典理想弹塑性的安定极限载荷。此外，硬化程度越高(E_p 或 n 越大)，P_i^S 值越大，这表明进行安定性分析时应考虑应变硬化效应。

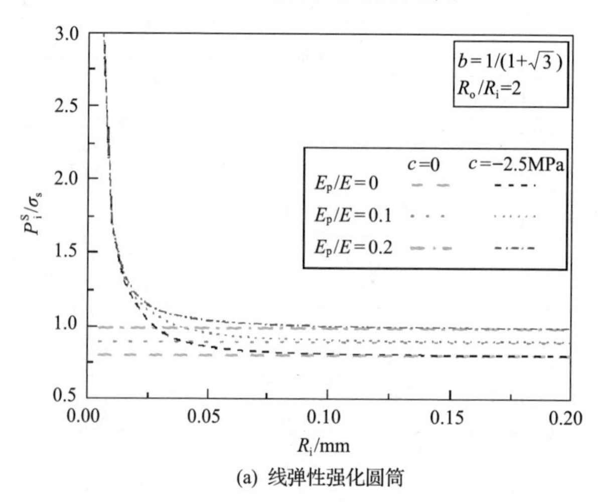

(a) 线弹性强化圆筒

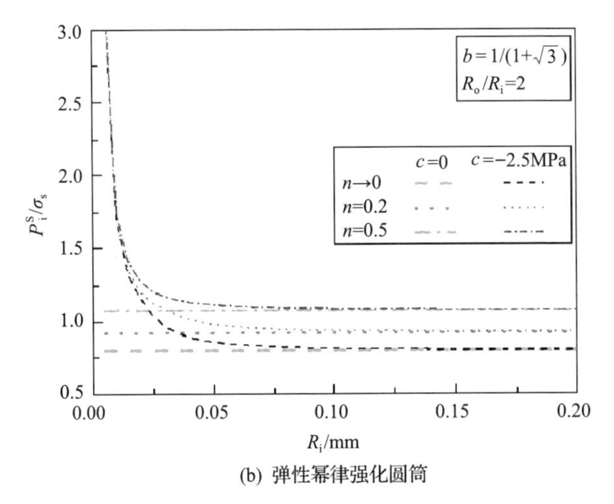

(b) 弹性幂律强化圆筒

图 3.3　安定极限载荷随内径 R_i 变化的曲线

3.1.2　承压球壳的自增强与安定极限载荷分析

1. 基于应变梯度塑性理论的弹塑性解

对于内径为 R_i、外径为 R_o 的承压厚壁球壳，其应力状态与内压 P_i 相关，如图 3.4 所示。

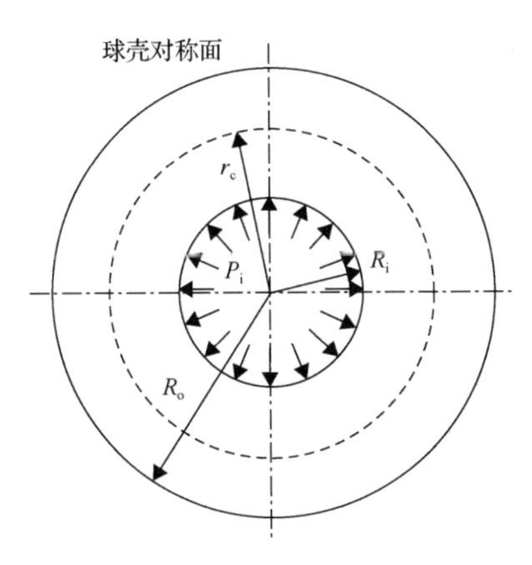

图 3.4　承受内压的球壳

当 P_i 较小时，球壳处于弹性状态；当 P_i 较大时，球壳从内壁处开始发生屈服。随着内压增加，屈服区域向外扩展。由于球壳是球对称的，弹性和塑性区的交界面是球面。定义交界面半径为 r_c，且交界面上的压力为 P_c。那么，$R_i \leqslant r \leqslant r_c$ 区域是塑性区，$r_c \leqslant r \leqslant R_o$ 区域是弹性区。

弹性区的径向应力 σ_r 、环向应力 σ_θ 和经向应力 σ_ϕ 分别为

$$\sigma_r=\frac{P_c r_c^3}{R_o^3-r_c^3}\left(1-\frac{R_o^3}{r^3}\right),\quad \sigma_\theta=\sigma_\phi=\frac{P_c r_c^3}{R_o^3-r_c^3}\left(1-\frac{R_o^3}{2r^3}\right) \tag{3.63}$$

应变分量为

$$\varepsilon_r=\frac{1}{E}\frac{P_c r_c^3}{R_o^3-r_c^3}\left[1-2\mu-(1+\mu)\frac{R_o^3}{r^3}\right] \tag{3.64a}$$

$$\varepsilon_\theta=\varepsilon_\phi=\frac{1}{E}\frac{P_c r_c^3}{R_o^3-r_c^3}\left[1-2\mu-(1+\mu)\frac{R_o^3}{2r^3}\right] \tag{3.64b}$$

且径向位移分量为

$$u=\frac{1}{E}\frac{P_c r_c^3}{R_o^3-r_c^3}\left[1-2\mu+(1+\mu)\frac{R_o^3}{r^3}\right]r \tag{3.65}$$

显然，方程中的未知量是 P_c 和 r_c，这两个参量取决于交界面条件。在弹塑性交界面上，应力分量需满足式(3.63)，等效应力的屈服条件为

$$\sigma_e\big|_{r=r_c}=\sigma_s \tag{3.66}$$

式(3.63)和式(3.66)适用于线性强化和幂律强化球壳的弹性区。

在小变形、各向同性、不可压缩和单调加载的前提下，球对称问题的平衡方程为

$$\sigma_\theta-\sigma_r=\frac{1}{2}r\frac{d\sigma_r}{dr} \tag{3.67}$$

变形协调方程为

$$r\frac{d\varepsilon_\theta}{dr}=\varepsilon_r-\varepsilon_\theta \tag{3.68}$$

本构方程为

$$\varepsilon_r=-\frac{\varepsilon_e}{\sigma_e}(\sigma_\theta-\sigma_r),\qquad \varepsilon_\theta=\frac{1}{2}\frac{\varepsilon_e}{\sigma_e}(\sigma_\theta-\sigma_r)=\sigma_\phi \tag{3.69}$$

$$\sigma_e=\sigma_s+E_p\left(\varepsilon_e-\varepsilon_s\right)-c\nabla^2\varepsilon_e \tag{3.70}$$

$$\sigma_e=\sigma_\theta-\sigma_r \tag{3.71}$$

对于不可压缩的球壳，$\sigma_1=\sigma_2=\sigma_\theta=\sigma_\phi$，$\sigma_3=\sigma_r$。此问题的边界条件为

$$\sigma_r\Big|_{r=R_\mathrm{i}}=-P_\mathrm{i}\ ,\qquad \sigma_r\Big|_{r=r_\mathrm{c}}=-P_\mathrm{c} \tag{3.72}$$

$$\varepsilon_\mathrm{e}\Big|_{r=R_\mathrm{i}}=D\ ,\qquad \varepsilon_\mathrm{e}\Big|_{r=r_\mathrm{c}}=\frac{\sigma_\mathrm{s}}{E} \tag{3.73}$$

这里，常数 D 作为解的一部分，$D=\dfrac{\sigma_\mathrm{s}}{E}\left(\dfrac{r_\mathrm{c}}{R_\mathrm{i}}\right)^3$[234]。

物理上，常数 D 是壳层内表面的等效应变。式(3.67)～式(3.72)决定了塑性区的边界值问题。在塑性区域($R_\mathrm{i}\leqslant r\leqslant r_\mathrm{c}$)的应力分量为

$$\sigma_r=\frac{2\sigma_\mathrm{s}}{3}\left[-\left(1-\frac{r_\mathrm{c}^3}{R_\mathrm{o}^{\ 3}}\right)+\frac{E_\mathrm{p}}{E}\left(1-\frac{r_\mathrm{c}^3}{r^3}\right)-3\left(1-\frac{E_\mathrm{p}}{E}\right)\ln\frac{r_\mathrm{c}}{r}-\frac{18c}{5E}\frac{r_\mathrm{c}^3}{R_\mathrm{i}^3}\left(\frac{R_\mathrm{i}^{\ 5}}{r_\mathrm{c}^5}-\frac{R_\mathrm{i}^{\ 5}}{r^5}\right)\frac{1}{R_\mathrm{i}^{\ 5}}\right] \tag{3.74a}$$

$$\sigma_\theta=\sigma_\phi=\frac{2\sigma_\mathrm{s}}{3}\left[1+\frac{2r_\mathrm{c}^3}{R_\mathrm{o}^{\ 3}}-\frac{E_\mathrm{p}}{E}\left(1-\frac{r_\mathrm{c}^3}{r^3}\right)-6\left(1-\frac{E_\mathrm{p}}{E}\right)\ln\frac{r_\mathrm{c}}{r}-\frac{36c}{5E}\frac{r_\mathrm{c}^3}{R_\mathrm{i}^3}\left(\frac{R_\mathrm{i}^{\ 5}}{r_\mathrm{c}^5}+\frac{3R_\mathrm{i}^{\ 5}}{2r^5}\right)\frac{1}{R_\mathrm{i}^{\ 5}}\right] \tag{3.74b}$$

应变分量为

$$\varepsilon_r=-\frac{\sigma_\mathrm{s}}{E}\frac{r_\mathrm{c}^3}{r^3}\ ,\quad \varepsilon_\theta=\varepsilon_\phi=\frac{1}{2}\frac{\sigma_\mathrm{s}}{E}\frac{r_\mathrm{c}^3}{r^3} \tag{3.75}$$

径向位移分量为

$$u=\frac{1}{2}\frac{\sigma_\mathrm{s}}{E}\frac{r_\mathrm{c}^3}{r^2} \tag{3.76}$$

弹塑性交界面半径 r_c 可由式(3.77)得到，即

$$P_\mathrm{i}=\frac{2\sigma_\mathrm{s}}{3}\left[1-\frac{r_\mathrm{c}^3}{R_\mathrm{o}^{\ 3}}+\frac{E_\mathrm{p}}{E}\left(\frac{r_\mathrm{c}^3}{R_\mathrm{i}^3}-1\right)+3\left(1-\frac{E_\mathrm{p}}{E}\right)\ln\frac{r_\mathrm{c}}{R_\mathrm{i}}-\frac{18c}{5E}\frac{r_\mathrm{c}^3}{R_\mathrm{i}^3}\left(1-\frac{R_\mathrm{i}^{\ 5}}{2r_\mathrm{c}^5}\right)\frac{1}{R_\mathrm{i}^{\ 2}}\right] \tag{3.77}$$

对于幂律强化球壳，其塑性区的控制方程和边界条件与线性强化式(3.67)～式(3.73)一致，只是式(3.70)需修改成：

$$\sigma_\mathrm{e}=k\varepsilon_\mathrm{e}^n-c\nabla^2\varepsilon_\mathrm{e} \tag{3.78}$$

因此，塑性区域$(R_i \leqslant r < r_c)$的应力分量为

$$\sigma_r = \frac{2\sigma_s}{3}\left[-\left(1-\frac{r_c^3}{R_o^3}\right)+\frac{1}{n}\left(1-\frac{r_c^{3n}}{r^{3n}}\right)-\frac{18c}{5E}\frac{r_c^3}{R_i^3}\left(\frac{R_i^5}{r_c^5}-\frac{R_i^5}{r^5}\right)\frac{1}{R_i^2}\right] \tag{3.79a}$$

$$\sigma_\theta = \sigma_\phi \frac{2\sigma_s}{3}\left\{-\left(1-\frac{r_c^3}{R_o^3}\right)+\frac{1}{n}\left[1+\left(\frac{3n}{2}-1\right)\frac{r_c^{3n}}{r^{3n}}\right]-\frac{18c}{5E}\frac{r_c^3}{R_i^3}\left(\frac{R_i^5}{r_c^5}-\frac{3R_i^5}{2r^5}\right)\frac{1}{R_i^2}\right\} \tag{3.79b}$$

且 r_c 由式(3.80)计算得到

$$P_i = \frac{2\sigma_s}{3}\left[1-\frac{r_c^3}{R_o^3}+\frac{1}{n}\left(\frac{r_c^{3n}}{R_i^{3n}}-1\right)-\frac{18c}{5E}\frac{r_c^3}{r_i^3}\left(1-\frac{R_i^5}{r_c^5}\right)\frac{1}{R_i^2}\right] \tag{3.80}$$

2. 自增强分析

对于线性强化球壳，其内表面开始屈服时的内压 P_i 是弹性极限载荷 P_e，可由式(3.77)得到，即

$$P_e = P_i\big|_{r_c=R_i} = \frac{2\sigma_s}{3}\left(1-\frac{R_i^3}{R_o^3}\right) \tag{3.81}$$

显然，P_e 与应变强化参数 E_p 或者应变梯度系数 c 无关。

当球壳外表面开始屈服时(即整个球壳全屈服)的内压 P_i 为塑性极限载荷 P_L，可由式(3.77)得到，即

$$P_L = P_i\big|_{r_c=R_o} = \frac{2\sigma_s}{3}\left[\frac{E_p}{E}\left(\frac{R_o^3}{R_i^3}-1\right)+3\left(1-\frac{E_p}{E}\right)\ln\frac{R_o}{R_i}-\frac{18c}{5E}\frac{R_o^3}{R_i^3}\left(1-\frac{R_i^5}{R_o^5}\right)\frac{1}{R_i^2}\right] \tag{3.82}$$

由式(3.82)可知，确定 P_L 时需要考虑应变硬化和微结构效应。

对于幂律强化球壳，当 $r_c=R_i$ 时，式(3.81)给出了 P_e 的表达式，与线性强化的情况一致。

塑性极限载荷 P_L 可表示为

$$P_L = P_i\big|_{r_c=R_o} = \frac{2\sigma_s}{3}\left[\frac{1}{n}\left(\frac{R_o^{3n}}{R_i^{3n}}-1\right)-\frac{18c}{5E}\frac{R_o^3}{R_i^3}\left(1-\frac{R_i^5}{R_o^5}\right)\frac{1}{R_i^2}\right] \tag{3.83}$$

从 P_i 卸载到零引起的壳壁应力分量可用拉梅函数计算得到

$$\Delta\sigma_r = \frac{-P_i R_i^3}{R_o^{\ 3} - R_i^3}\left(1 - \frac{R_o^{\ 3}}{r^3}\right), \qquad \Delta\sigma_\theta = \Delta\sigma_\phi = \frac{-P_i R_i^3}{R_o^{\ 3} - R_i^3}\left(1 + \frac{R_o^{\ 3}}{2r^3}\right) \tag{3.84}$$

对于线性强化球壳的内部塑性区域($R_i \leqslant r \leqslant r_c$)，叠加加载应力分量(式(3.74))和弹性卸载应力分量(式(3.84))后，得到残余应力分量如下：

$$\begin{aligned}\sigma_r^{\text{res}} = &\frac{-P_i R_i^3}{R_o^{\ 3} - R_i^3}\left(1 - \frac{R_o^{\ 3}}{r^3}\right) - \frac{2\sigma_s}{3}\left[1 - \frac{r_c^3}{R_o^{\ 3}} - \frac{E_p}{E}\left(1 - \frac{r_c^3}{r^3}\right)\right.\\ &\left.+3\left(1 - \frac{E_p}{E}\right)\ln\frac{r_c}{r} + \frac{18c}{5E}\frac{r_c^3}{R_i^3}\left(\frac{R_i^5}{r_c^5} - \frac{R_i^5}{r^5}\right)\frac{1}{R_i^2}\right]\end{aligned} \tag{3.85a}$$

$$\begin{aligned}\sigma_\theta^{\text{res}} = \sigma_\phi^{\text{res}} = &\frac{-P_i R_i^3}{R_o^{\ 3} - R_i^3}\left(1 + \frac{R_o^{\ 3}}{2r^3}\right) + \frac{2\sigma_s}{3}\left[1 + \frac{2r_c^3}{R_o^{\ 3}} - \frac{E_p}{E}\left(1 - \frac{r_c^3}{r^3}\right)\right.\\ &\left.-6\left(1 - \frac{E_p}{E}\right)\ln\frac{r_c}{r} - \frac{36c}{5E}\frac{r_c^3}{R_i^3}\left(\frac{R_i^5}{r_c^5} + \frac{3R_i^5}{5r^5}\right)\frac{1}{R_i^2}\right]\end{aligned} \tag{3.85b}$$

$$\sigma_\theta^{\text{res}} - \sigma_r^{\text{res}} = \sigma_\theta + \Delta\sigma_\theta - \left(\sigma_r + \Delta\sigma_r\right) = \sigma_\theta - \sigma_r + \left(\Delta\sigma_\theta - \Delta\sigma_r\right) \tag{3.86}$$

联立式(3.71)和式(3.86)，可得等效残余应力为

$$\sigma_e^{\text{res}} = \sigma_\theta^{\text{res}} - \sigma_r^{\text{res}} = \sigma_e + \Delta\sigma_e \tag{3.87}$$

其中

$$\sigma_e = \sigma_\theta - \sigma_r = \sigma_s\left[1 - \frac{E_p}{E}\left(1 - \frac{r_c^3}{r^3}\right)\right] - \frac{6c\sigma_s}{E}\frac{r_c^3}{r^5} \tag{3.88a}$$

$$\Delta\sigma_e = \Delta\sigma_\theta - \Delta\sigma_r = -\frac{3}{2}\frac{P_i R_i^3}{R_o^{\ 3} - R_i^3}\frac{R_o^{\ 3}}{r^3} \tag{3.88b}$$

对于线性强化球壳的外部弹性区域($r_c \leqslant r \leqslant R_o$)，叠加加载应力分量(式(3.63))和弹性卸载应力分量(式(3.84))后，得到残余应力分量如下：

$$\sigma_r^{\text{res}} = \left(\frac{-P_i R_i^3}{R_o^{\ 3} - R_i^3} + \frac{P_c r_c^3}{R_o^{\ 3} - r_c^3}\right)\left(1 - \frac{R_o^{\ 3}}{r^3}\right) \tag{3.89a}$$

$$\sigma_\theta^{\text{res}} = \left(\frac{-P_i R_i^3}{R_o^{\ 3} - R_i^3} + \frac{P_c r_c^3}{R_o^{\ 3} - r_c^3}\right)\left(1 + \frac{R_o^{\ 3}}{2r^3}\right) = \sigma_\phi^{\text{res}} \tag{3.89b}$$

式中，r_c 由式(3.77)得到。联立式(3.63)、式(3.66)和式(3.71)，则

$$P_c = \frac{2\sigma_s}{3}\left(1-\frac{r_c^3}{R_o^{\ 3}}\right) \tag{3.90}$$

如果不考虑微结构效应(c=0)，则式(3.85)、式(3.89)、式(3.77)和式(3.90)可退化为

$$\sigma_r^{res} = \frac{-P_i R_i^3}{R_o^{\ 3}-R_i^3}\left(1-\frac{R_o^{\ 3}}{r^3}\right)-\frac{2\sigma_s}{3}\left[1-\frac{r_c^3}{R_o^{\ 3}}-\frac{E_p}{E}\left(1-\frac{r_c^3}{r^3}\right)+3\left(1-\frac{E_p}{E}\right)\ln\frac{r_c}{r}\right] \tag{3.91a}$$

$$\sigma_\theta^{res} = \sigma_\phi^{res} = \frac{-P_i R_i^3}{R_o^{\ 3}-R_i^3}\left(1+\frac{R_o^{\ 3}}{2r^3}\right)+\frac{\sigma_s}{3}\left[1+\frac{2r_c^3}{R_o^{\ 3}}-\frac{E_p}{E}\left(1-\frac{r_c^3}{r^3}\right)-6\left(1-\frac{E_p}{E}\right)\ln\frac{r_c}{r}\right] \tag{3.91b}$$

在内部塑性区域($R_i \leqslant r \leqslant r_c$)，有

$$\sigma_r^{res} = \left(\frac{-P_i R_i^3}{R_o^{\ 3}-R_i^3}+\frac{2\sigma_s}{3}\frac{r_c^3}{R_o^{\ 3}}\right)\left(1-\frac{R_o^{\ 3}}{r^3}\right) \tag{3.92a}$$

$$\sigma_\theta^{res} = \left(\frac{-P_i R_i^3}{R_o^{\ 3}-R_i^3}+\frac{2\sigma_s}{3}\frac{r_c^3}{R_o^{\ 3}}\right)\left(1+\frac{R_o^{\ 3}}{2r^3}\right)=\sigma_\phi^{res} \tag{3.92b}$$

在外部弹性区域($r_c \leqslant r \leqslant R_o$)，$r_c$ 由式(3.93)得到:

$$P_i = \frac{2\sigma_s}{3}\left[1-\frac{r_c^3}{R_o^{\ 3}}+\frac{E_p}{E}\left(\frac{r_c^3}{R_i^3}-1\right)+3\left(1-\frac{E_p}{E}\right)\ln\frac{r_c}{R_i}\right] \tag{3.93}$$

当不考虑应变硬化和微结构效应(E_p=c=0)时，式(3.85)、式(3.89)、式(3.77)和式(3.90)可退化为式(3.94)～式(3.96)。

在内部塑性区域($r_c \leqslant r \leqslant R_o$)，有

$$\sigma_r^{res} = -\frac{2\sigma_s}{3}\left(1-\frac{r_c^3}{R_o^{\ 3}}+3\ln\frac{r_c}{R_i}\right)\frac{R_i^3}{R_o^{\ 3}-R_i^3}\left(1-\frac{R_o^{\ 3}}{r^3}\right)-\frac{2\sigma_s}{3}\left(1-\frac{r_c^3}{R_o^{\ 3}}+3\ln\frac{r_c}{r}\right) \tag{3.94a}$$

$$\sigma_\theta^{res} = \sigma_\phi^{res} = -\frac{2\sigma_s}{3}\left(1-\frac{r_c^3}{R_o^{\ 3}}+3\ln\frac{r_c}{R_i}\right)\frac{R_i^3}{R_o^{\ 3}-R_i^3}\left(1+\frac{R_o^{\ 3}}{2r^3}\right)+\frac{\sigma_s}{3}\left(1+\frac{2r_c^3}{R_o^{\ 3}}-6\ln\frac{r_c}{r}\right) \tag{3.94b}$$

在外部弹性区域（$r_c \leqslant r \leqslant R_o$），有

$$\sigma_r^{res} = \frac{2\sigma_s}{3}\left[-\left(1-\frac{r_c^3}{R_o{}^3}+3\ln\frac{r_c}{R_i}\right)\frac{R_i^3}{R_o{}^3-R_i^3}+\frac{r_c^3}{R_o{}^3}\right]\left(1-\frac{R_o{}^3}{r^3}\right) \tag{3.95a}$$

$$\sigma_\theta^{res} = \sigma_\phi^{res} = \frac{2\sigma_s}{3}\left[-\left(1-\frac{r_c^3}{R_o{}^3}+3\ln\frac{r_c}{R_i}\right)\frac{R_i^3}{R_o{}^3-R_i^3}+\frac{r_c^3}{R_o{}^3}\right]\left(1+\frac{R_o{}^3}{2r^3}\right) \tag{3.95b}$$

式中，r_c 由式(3.96)得到：

$$P_i = \frac{2\sigma_s}{3}\left(1-\frac{r_c^3}{R_o{}^3}+3\ln\frac{r_c}{R_i}\right) \tag{3.96}$$

对于幂律强化球壳的内部塑性区域（$R_i \leqslant r \leqslant r_c$），叠加加载应力分量(式(3.79))和弹性卸载应力分量(式(3.84))后，得到残余应力分量如下：

$$\sigma_r^{res} = \frac{-P_iR_i^3}{R_o{}^3-R_i^3}\left(1-\frac{R_o{}^3}{r^3}\right)+\frac{2\sigma_s}{3}\left[-\left(1-\frac{r_c^3}{R_o{}^3}\right)+\frac{1}{n}\left(1-\frac{r_c^{3n}}{r^{3n}}\right)-\frac{18c}{5E}\frac{r_c^3}{R_i^3}\left(\frac{R_i^5}{r_c^5}-\frac{R_i^5}{r^5}\right)\frac{1}{R_i^2}\right] \tag{3.97a}$$

$$\begin{aligned}\sigma_\theta^{res} = \sigma_\phi^{res} = &\frac{-P_iR_i^3}{R_o{}^3-R_i^3}\left(1+\frac{R_o{}^3}{2r^3}\right)+\frac{2\sigma_s}{3}\left\{-\left(1-\frac{r_c^3}{R_o{}^3}\right)+\frac{1}{n}\left[1+\left(\frac{3n}{2}-1\right)\frac{r_c^{3n}}{r^{3n}}\right]\right.\\ &\left.-\frac{18c}{5E}\frac{r_c^3}{R_i^3}\left(\frac{R_i^5}{r_c^5}+\frac{3R_i^5}{2r^5}\right)\frac{1}{R_i^2}\right\}\end{aligned} \tag{3.97b}$$

联立式(3.87)、式(3.88b)、式(3.71)和式(3.79)，塑性区域的等效残余应力为

$$\sigma_e^{res} = \sigma_s\left(\frac{r_c^{3n}}{r^{3n}}-\frac{6c}{E}\frac{r_c^3}{r^5}\right)-\frac{3}{2}\frac{P_iR_i^3}{R_o{}^3-R_i^3}\frac{R_o{}^3}{r^3} \tag{3.98}$$

不考虑微结构效应时(c=0)，壳壁上的残余应力式(3.97)、式(3.89)、式(3.80)和式(3.90)可退化为式(3.99)～式(3.101)。

在内部塑性区域（$R_i \leqslant r \leqslant r_c$），有

$$\sigma_r^{res} = -\frac{2\sigma_s}{3}\left\{\left[1-\frac{r_c^3}{R_o{}^3}+\frac{1}{n}\left(\frac{r_c^{3n}}{R_i^{3n}}-1\right)\right]\frac{R_i^3}{R_o{}^3-R_i^3}\left(1-\frac{R_o{}^3}{r^3}\right)+\left(1-\frac{r_c^3}{R_o{}^3}\right)-\frac{1}{n}\left(1-\frac{r_c^{3n}}{r^{3n}}\right)\right\} \tag{3.99a}$$

$$\sigma_\theta^{\text{res}} = \sigma_\phi^{\text{res}} = -\frac{2\sigma_s}{3}\left\{\left[1-\frac{r_c^3}{R_o^{\ 3}}+\frac{1}{n}\left(\frac{r_c^{3n}}{R_i^{3n}}-1\right)\right]\frac{R_i^3}{R_o^{\ 3}-R_i^3}\left(1+\frac{R_o^{\ 3}}{2r^3}\right)\right.$$
$$\left.+\left(1-\frac{r_c^3}{R_o^{\ 3}}\right)-\frac{1}{n}\left[1+\left(\frac{3n}{2}-1\right)\frac{r_c^{3n}}{r^{3n}}\right]\right\} \tag{3.99b}$$

在外部弹性区域($r_c \leqslant r \leqslant R_o$)，有

$$\sigma_r^{\text{res}} = \frac{2\sigma_s}{3}\left\{-\left[1-\frac{r_c^3}{R_o^{\ 3}}+\frac{1}{n}\left(\frac{r_c^{3n}}{R_i^{3n}}-1\right)\right]\frac{R_i^3}{R_o^{\ 3}-R_i^3}+\frac{r_c^3}{R_o^{\ 3}}\right\}\left(1-\frac{R_o^{\ 3}}{r^3}\right) \tag{3.100a}$$

$$\sigma_\theta^{\text{res}} = \sigma_\phi^{\text{res}} = \frac{2\sigma_s}{3}\left\{-\left[1-\frac{r_c^3}{R_o^{\ 3}}+\frac{1}{n}\left(\frac{r_c^{3n}}{R_i^{3n}}-1\right)\right]\frac{R_i^3}{R_o^{\ 3}-R_i^3}+\frac{r_c^3}{R_o^{\ 3}}\right\}\left(1+\frac{R_o^{\ 3}}{2r^3}\right) \tag{3.100b}$$

式中，r_c 由式(3.101)确定：

$$P_i = \frac{2\sigma_s}{3}\left[1-\frac{r_c^3}{R_o^{\ 3}}+\frac{1}{n}\left(\frac{r_c^{3n}}{R_i^{3n}}-1\right)\right] \tag{3.101}$$

因此，若不考虑微结构效应(c=0)，则幂律强化自增强球壳的应变梯度解退化为经典塑性理论下相应的解。

在工作压力 P_w 下，自增强球壳的弹性应力分布如下：

$$\sigma_r^* = \frac{P_w R_i^3}{R_o^{\ 3}-R_i^3}\left(1-\frac{R_o^{\ 3}}{r^3}\right) \tag{3.102a}$$

$$\sigma_\theta^* = \sigma_\phi^* = \frac{P_w R_i^3}{R_o^{\ 3}-R_i^3}\left(1+\frac{R_o^{\ 3}}{2r^3}\right) \tag{3.102b}$$

叠加自增强残余应力和工作条件下的弹性应力后，能够得到自增强球壳总的应力分量。

对于线性强化球壳的内部塑性区域 $R_i \leqslant r \leqslant r_c$，叠加式(3.85)和式(3.102)，可得工作压力 P_w 下自增强圆筒的总应力分量为

$$\sigma_r^{\text{tot}} = \sigma_r^* + \sigma_r^{\text{res}} = \frac{(P_w - P_i)R_i^3}{R_o^{\ 3}-R_i^3}\left(1-\frac{R_o^{\ 3}}{r^3}\right)-\frac{2\sigma_s}{3}\left[1-\frac{r_c^3}{R_o^{\ 3}}-\frac{E_p}{E}\left(1-\frac{r_c^3}{r^3}\right)\right.$$
$$\left.+3\left(1-\frac{E_p}{E}\right)\ln\frac{r_c}{r}+\frac{18c}{5E}\frac{r_c^3}{R_i^3}\left(\frac{R_i^5}{r_c^5}-\frac{R_i^5}{r^5}\right)\frac{1}{R_i^2}\right] \tag{3.103a}$$

$$\sigma_\theta^{\text{tot}} = \sigma_\theta^* + \sigma_\theta^{\text{res}} = \frac{\left(P_{\text{w}} - P_{\text{i}}\right)R_{\text{i}}^3}{R_{\text{o}}^3 - R_{\text{i}}^3}\left(1 + \frac{R_{\text{o}}^3}{2r^3}\right) + \frac{\sigma_{\text{s}}}{3}\left[1 + \frac{2r_{\text{c}}^3}{R_{\text{o}}^3} - \frac{E_{\text{p}}}{E}\left(1 - \frac{r_{\text{c}}^3}{r^3}\right)\right.$$
$$\left. - 6\left(1 - \frac{E_{\text{p}}}{E}\right)\ln\frac{r_{\text{c}}}{r} - \frac{36c}{5E}\frac{r_{\text{c}}^3}{R_{\text{i}}^3}\left(\frac{R_{\text{i}}^5}{r_{\text{c}}^5} + \frac{3R_{\text{i}}^5}{2r^5}\right)\frac{1}{R_{\text{i}}^2}\right] \tag{3.103b}$$

对于线性强化球壳的外部弹性区域（$r_{\text{c}} \leqslant r \leqslant R_{\text{o}}$），叠加式(3.89)和式(3.102)，可得工作压力 P_{w} 下自增强圆筒的总应力分量为

$$\sigma_r^{\text{tot}} = \sigma_r^* + \sigma_r^{\text{res}} = \left[\frac{\left(P_{\text{w}} - P_{\text{i}}\right)R_{\text{i}}^3}{R_{\text{o}}^3 - R_{\text{i}}^3} + \frac{P_{\text{c}}r_{\text{c}}^3}{R_{\text{o}}^3 - r_{\text{c}}^3}\right]\left(1 - \frac{R_{\text{o}}^3}{r^3}\right) \tag{3.104a}$$

$$\sigma_\theta^{\text{tot}} = \sigma_\theta^* + \sigma_\theta^{\text{res}} = \left[\frac{\left(P_{\text{w}} - P_{\text{i}}\right)R_{\text{i}}^3}{R_{\text{o}}^3 - R_{\text{i}}^3} + \frac{P_{\text{c}}r_{\text{c}}^3}{R_{\text{o}}^3 - r_{\text{c}}^3}\right]\left(1 + \frac{R_{\text{o}}^3}{2r^3}\right) = \sigma_\phi \tag{3.104b}$$

式中，r_{c} 和 P_{c} 分别根据式(3.89)和式(3.90)确定。

对于幂律强化球壳的内部塑性区域（$R_{\text{i}} \leqslant r \leqslant r_{\text{c}}$），叠加式(3.97)和式(3.102)，可得工作压力 P_{w} 下自增强圆筒的总应力分量为

$$\sigma_r^{\text{tot}} = \frac{\left(P_{\text{w}} - P_{\text{A}}\right)R_{\text{i}}^3}{R_{\text{o}}^3 - R_{\text{i}}^3}\left(1 - \frac{R_{\text{o}}^3}{r^3}\right) + \frac{2\sigma_{\text{s}}}{3}\left[-\left(1 - \frac{r_{\text{c}}^3}{R_{\text{o}}^3}\right) + \frac{1}{n}\left(1 - \frac{r_{\text{c}}^{3n}}{r^{3n}}\right) - \frac{18c}{5E}\frac{r_{\text{c}}^3}{R_{\text{i}}^3}\left(\frac{R_{\text{i}}^5}{r_{\text{c}}^5} - \frac{R_{\text{i}}^5}{r^5}\right)\frac{1}{R_{\text{i}}^2}\right] \tag{3.105a}$$

$$\sigma_\theta^{\text{tot}} = \sigma_\phi^{\text{tot}} = \frac{\left(P_{\text{w}} - P_{\text{A}}\right)R_{\text{i}}^3}{R_{\text{o}}^3 - R_{\text{i}}^3}\left(1 + \frac{R_{\text{o}}^3}{2r^3}\right) + \frac{2\sigma_{\text{s}}}{3}\left\{-\left(1 - \frac{r_{\text{c}}^3}{R_{\text{o}}^3}\right) + \right.$$
$$\left. \frac{1}{n}\left[1 + \left(\frac{3n}{2} - 1\right)\frac{r_{\text{c}}^{3n}}{r^{3n}}\right] - \frac{18c}{5E}\frac{r_{\text{c}}^3}{R_{\text{i}}^3}\left(\frac{R_{\text{i}}^5}{r_{\text{c}}^5} + \frac{3R_{\text{i}}^5}{2r^5}\right)\frac{1}{R_{\text{i}}^2}\right\} \tag{3.105b}$$

式中，r_{c} 由式(3.80)确定。

对于幂律强化球壳的外部弹区域（$r_{\text{c}} \leqslant r \leqslant R_{\text{o}}$），工作压力 P_{w} 下总应力分量的表达式与式(3.104)一样，只是 r_{c} 和 P_{c} 分别由式(3.80)和式(3.90)确定。

3. 安定性分析

为了防止球壳在循环荷载作用下发生累积塑性变形，自增强卸载时的残余应力不应发生反向屈服，且工作条件下重新加载后也不发生新的塑性变形。根据这些条件可确定其安定极限载荷。

对于线性强化圆筒，根据式(3.87)和式(3.88)，可得内表面的等效残余应力为

$$\sigma_{\mathrm{e}}^{\mathrm{res}}\Big|_{r=R_{\mathrm{i}}}=\sigma_{\mathrm{s}}\left[1-\frac{E_{\mathrm{p}}}{E}\left(1-\frac{r_{\mathrm{c}}^{3}}{R_{\mathrm{i}}^{3}}\right)\right]-\frac{6c\sigma_{\mathrm{s}}}{E}\frac{r_{\mathrm{c}}^{3}}{R_{\mathrm{i}}^{5}}-\frac{3}{2}\frac{P_{\mathrm{A}}R_{\mathrm{o}}{}^{3}}{R_{\mathrm{o}}{}^{3}-R_{\mathrm{i}}^{3}} \tag{3.106}$$

该应力是球壳上最大的等效残余应力。当其小于屈服应力时，球壳上不会发生反向屈服，即

$$P_{\mathrm{A}}\leqslant P_{\mathrm{i}}^{\mathrm{U}} \tag{3.107}$$

其中，自增强压力下的反向屈服极限为

$$P_{\mathrm{i}}^{\mathrm{U}}=\frac{2\sigma_{\mathrm{s}}}{3}\left[2-\frac{E_{\mathrm{p}}}{E}\left(1-\frac{r_{\mathrm{c}}^{3}}{R_{\mathrm{i}}^{3}}\right)-\frac{6c}{E}\frac{r_{\mathrm{c}}^{3}}{R_{\mathrm{i}}^{5}}\right]\left(1-\frac{R_{\mathrm{i}}^{3}}{R_{\mathrm{o}}{}^{3}}\right) \tag{3.108}$$

为保证重新加载到 P_{w} 时仍是弹性的，需要满足 P_{A} 处应力小于屈服应力。根据式(3.103)和式(3.71)，满足这种情况的条件为

$$P_{\mathrm{A}}\geqslant P_{\mathrm{eA}} \tag{3.109}$$

且自增强球壳重新加载的弹性极限为

$$P_{\mathrm{eA}}=P_{\mathrm{w}}-\frac{2\sigma_{\mathrm{s}}}{3}\left[\frac{E_{\mathrm{p}}}{E}\left(1-\frac{r_{\mathrm{c}}^{3}}{r_{\mathrm{i}}^{3}}\right)+\frac{6c}{E}\frac{r_{\mathrm{c}}^{3}}{r_{\mathrm{i}}^{5}}\right]\left(1-\frac{r_{\mathrm{i}}^{3}}{R_{\mathrm{o}}{}^{3}}\right) \tag{3.110}$$

显然，联立式(3.109)和式(3.110)可得

$$P_{\mathrm{w}}\leqslant P_{\mathrm{A}}+\frac{2\sigma_{\mathrm{s}}}{3}\left[\frac{E_{\mathrm{p}}}{E}\left(1-\frac{r_{\mathrm{c}}^{3}}{r_{\mathrm{i}}^{3}}\right)+\frac{6c}{E}\frac{r_{\mathrm{c}}^{3}}{R_{\mathrm{i}}^{5}}\right]\left(1-\frac{R_{\mathrm{i}}^{3}}{R_{\mathrm{o}}{}^{3}}\right) \tag{3.111}$$

这表明只要重新加载工作压力 P_{w} 满足式(3.111)，重新加载就不会产生新的塑性变形。特殊地，若忽略应变硬化和微结构效应，且工作压力 P_{w} 不超过自增强压力 P_{A}，则不会产生新的塑性变形。

对于幂律强化球壳，根据式(3.98)，得到内表面的等效残余应力为

$$\sigma_{\mathrm{e}}^{\mathrm{res}}\Big|_{r=R_{\mathrm{i}}}=\sigma_{\mathrm{s}}\left(\frac{r_{\mathrm{c}}^{3n}}{R_{\mathrm{i}}^{3n}}-\frac{6c}{E}\frac{r_{\mathrm{c}}^{3}}{R_{\mathrm{i}}^{5}}\right)-\frac{3}{2}\frac{P_{\mathrm{A}}R_{\mathrm{o}}{}^{3}}{R_{\mathrm{o}}{}^{3}-R_{\mathrm{i}}^{3}} \tag{3.112}$$

这是球壳上的最大等效残余应力。

为了防止内表面发生反向屈服，需要满足 P_A 的残余应力小于屈服应力。根据式(3.112)，有

$$P_A \leqslant P_i^U \tag{3.113}$$

且自增强反向屈服极限压力为

$$P_i^U = \frac{2\sigma_s}{3}\left(1-\frac{R_i^3}{R_o^{\ 3}}\right)\left(1+\frac{r_c^{3n}}{R_i^{3n}}-\frac{6c}{E}\frac{r_c^3}{R_i^5}\right)\sigma_s \tag{3.114}$$

式中，r_c 根据式(3.80)计算得到。

为保证重新加载至 P_w 时球壳仍是弹性的，需要满足 P_A 处应力小于屈服应力。根据式(3.105)和式(3.71)，其屈服条件为

$$P_A \geqslant P_{eA} \tag{3.115}$$

且自增强球壳重新加载的弹性极限为

$$P_{eA} = P_w - \frac{2\sigma_s}{3}\left(1-\frac{r_c^{3n}}{R_i^{3n}}+\frac{6c}{E}\frac{r_c^3}{R_i^5}\right)\left(1-\frac{R_i^3}{R_o^{\ 3}}\right) \tag{3.116}$$

式中，r_c 根据式(3.80)计算得到。

需要指出的是，如果 $P_i^U < P_L$，则线性强化球壳公式(3.108)和幂律强化球壳公式(3.114)中的 P_i^U 分别是各自条件下 P_A 上限，但如果 $P_i^U > P_L$，则 P_A 的上限为塑性极限压力 P_L，且分别由式(3.82)和式(3.83)给出。施加这个条件可防止其在自增强压力的第一个加载循环中产生完全塑性屈服而垮塌。从而，式(3.107)和式(3.113)可修正为

$$P_A \leqslant P_i^S \tag{3.117}$$

式中，自增强压力 P_i 的上限为

$$P_i^S = \min\left(P_i^U, P_L\right) \tag{3.118}$$

对于线性强化和幂律强化球壳，P_i^U 分别由式(3.108)和式(3.114)得到，且 P_L 分别由式(3.82)和式(3.83)得到。当自增强压力限制在 $P_{eA} < P_A < P_i^S$ 时，可避免加载和卸载的第一个循环内发生全屈服，随后循环中不会产生累积的塑性变形。

根据表 3.1 中铝材的材料参数，图 3.5(a)给出了不考虑应变梯度效应时线性强化球壳的 P_L/σ_s 和 P_i^U/σ_s 随 R_o/R_i 的变化曲线。当 c=0 时，图 3.5(a)中 P_L 和 P_i^U 值可分别根据式(3.82)和式(3.108)得到，而安定极限载荷 P_i^S 由式(3.118)得到。不同剪切模量 E_p 下 P_L 和 P_i^U 在第一段均随 R_o/R_i 的增加而增加。对于理想弹塑性球壳，基于经典弹塑性理论的解[238]与图 3.5(a)中 c=0 和 E_p/E=0 时的计算结果一致。

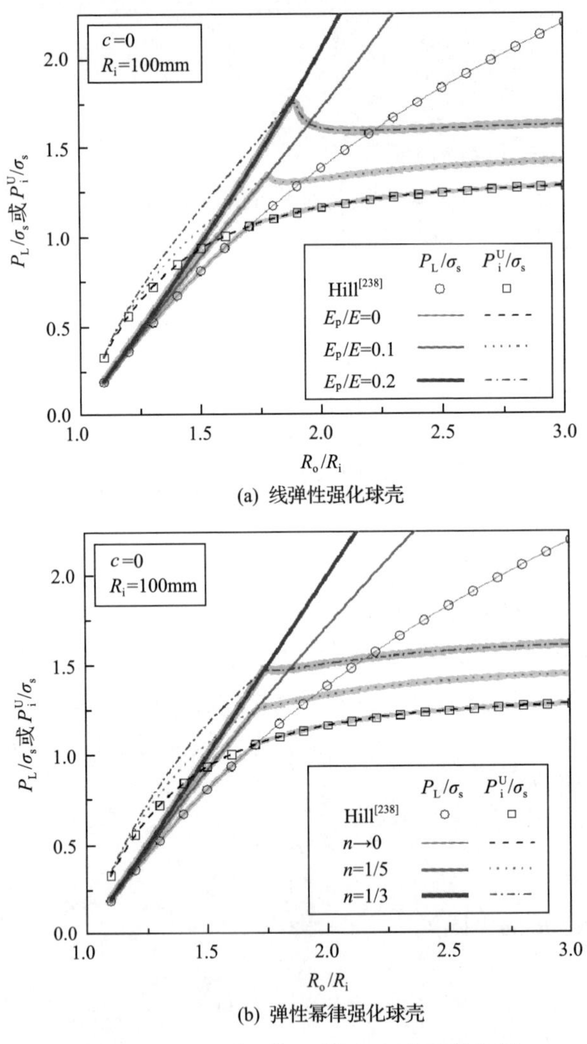

图 3.5　P_L/σ_s 和 P_i^U/σ_s 随 R_o/R_i 变化的曲线

对于不考虑应变梯度效应的幂律强化球壳，图 3.5(b)给出了 P_L/σ_s 和 P_i^U/σ_s 随 R_o/R_i 的变化曲线。当 c=0 时，图 3.5(b)中 P_L 和 P_i^U 值分别由式(3.83)和式(3.114)得到，而安定极限载荷 P_i^S 由式(3.118)得到。不同应变硬化指数 n 下，P_L 和 P_i^U 在

第一段均随 R_o/R_i 的增加而增加。此外，由图 3.5 可知，在给定 R_o/R_i 下，当 E_p/E 由 0 增加到 0.2 或 n 由 0 增加到 1/3 时，P_i^S 值随应变硬化水平的增加而增加。

可利用非线性有限元分析球壳的安定极限载荷，如利用 ABAQUS 商业软件[242]。球壳采用八节点的四次轴对称单元 CAX8 划分网格。由于几何形状和载荷的对称性，采用 1/4 轴对称模型，共 4000 个 CAX8 单元，如图 3.6 所示。材料参数见表 3.1。

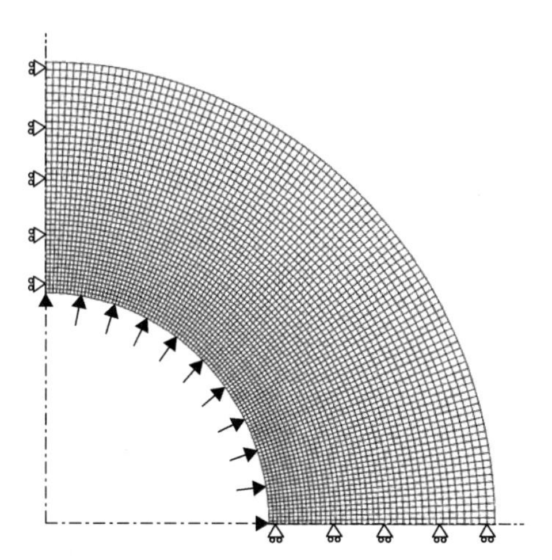

图 3.6　球壳的轴对称有限元网格模型(R_o/R_i=2)

对比 c=0 时线性强化球壳和幂律强化球壳的安定极限载荷解析解和有限元模拟结果，如图 3.7 所示。结果表明，用本节解析公式和有限元分析得到的理想

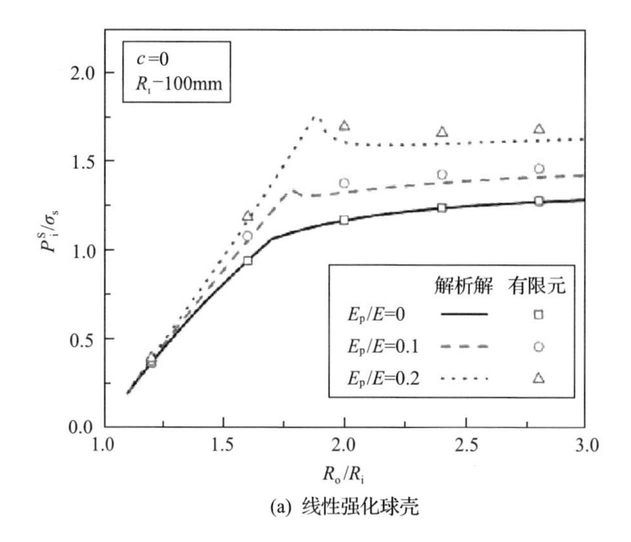

(a) 线性强化球壳

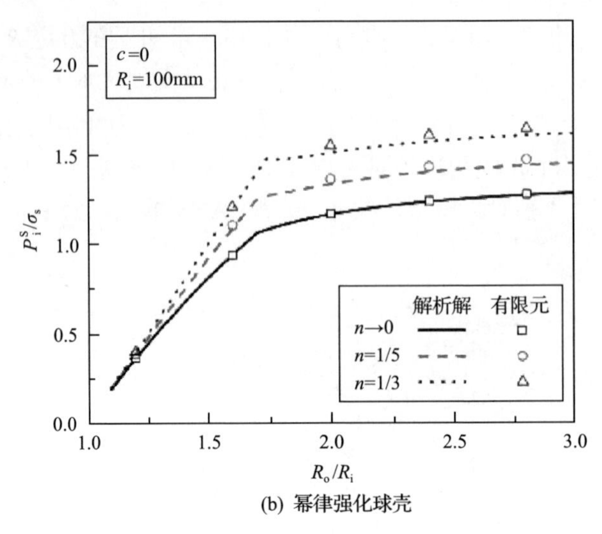

(b) 幂律强化球壳

图 3.7 基于解析公式和有限元计算的安定极限载荷

弹塑性球壳($E_p/E=0$ 或 $n=0$)的安定极限载荷相同。对于线性和幂律强化球壳，两组 P_i^S 值的偏差较小，最大误差均小于 5%，进一步验证了本节解析公式的正确性。

图 3.8 显示了由式(3.82)或式(3.83)、式(3.108)、式(3.114)和式(3.118)计算得到的 P_L、P_i^U 和 P_i^S 随内径 R_i 的变化关系，并对比了基于经典弹塑性理论的解析解。结果表明，在不同 E_p/E 或 n 值的情况下，P_i^S 均首先由 P_L 确定，然后由 P_i^U 确定。

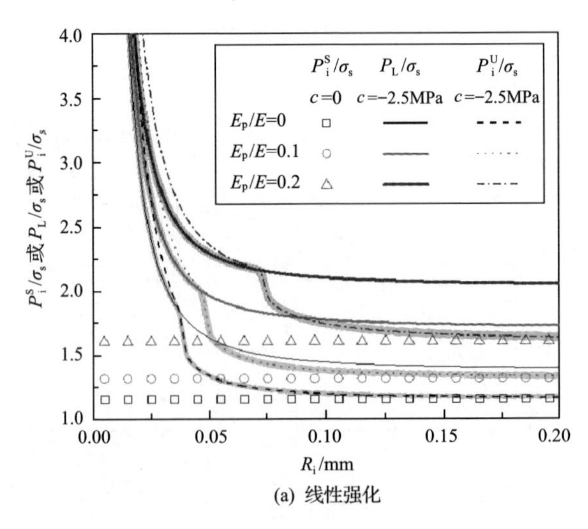

(a) 线性强化

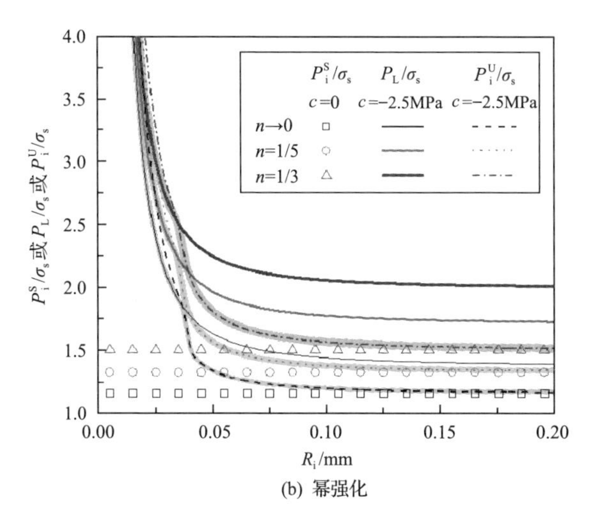

(b) 幂强化

图 3.8　球壳(R_o/R_i=2)的各种极限载荷随内径 R_i 的变化曲线

3.2　双轴应力条件下圆筒的安定性分析

3.2.1　热-机械载荷下承压圆筒自增强与安定性分析

1. 内压作用下的弹塑性应力

幂应变强化材料的应力-应变关系如图 3.9 所示，其表达式为

$$\sigma_i=\begin{cases}E\varepsilon_i, & \sigma_i \leqslant \sigma_s \\ A_n\varepsilon_i^n, & \sigma_i > \sigma_s\end{cases} \tag{3.119}$$

式中，σ_i、ε_i 分别为等效应力和应变；E 为弹性模量；σ_s 和 ε_s 为初始屈服应力和屈服应变；n 为应变硬化指数，其中，$0 \leqslant n < 1$；A_n 为材料常数，$A_n=\sigma_s/\varepsilon_s^n$。

当内压 P_i 小于弹性极限压力 P_e 时，根据拉梅方程，可计算厚圆筒在平面应变条件下的应力分量：

$$\begin{cases}\sigma_\theta=\dfrac{P_i}{k^2-1}\left(1+\dfrac{R_o{}^2}{r^2}\right) \\ \sigma_r=\dfrac{P_i}{k^2-1}\left(1-\dfrac{R_o{}^2}{r^2}\right) \\ \sigma_z=\dfrac{2\mu P_i}{k^2-1}\end{cases} \tag{3.120}$$

式中，k 为厚度比，$k=R_o/R_i$；R_i 和 R_o 分别为内、外径；μ 为泊松比。

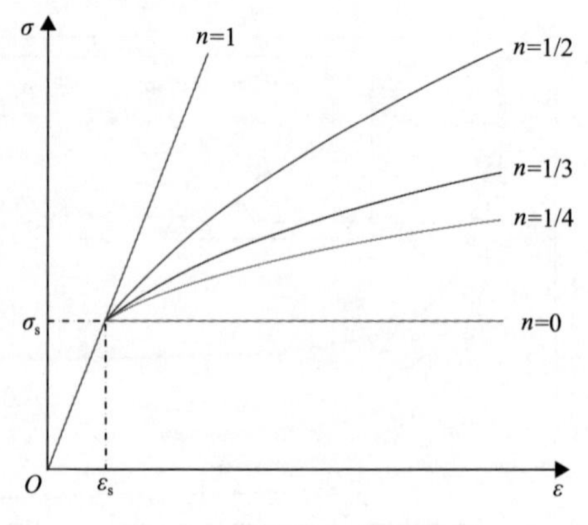

图 3.9　材料应力-应变曲线

当内压 P_i 超过弹性极限压力 P_e 时会产生塑性应变。此时，假设弹性区为承受内压 P_c、内径为 r_c、外径为 R_o 的圆筒。其中，r_c 为弹塑性界面半径。因此，将 R_c 代入式(3.120)，可得

$$\begin{cases} \sigma_\theta = \dfrac{P_c {r_c}^2}{b^2 - {r_c}^2}\left(1 + \dfrac{{R_o}^2}{r^2}\right) \\ \sigma_r = \dfrac{P_c {r_c}^2}{b^2 - {r_c}^2}\left(1 - \dfrac{{R_o}^2}{r^2}\right) \\ \sigma_z = \dfrac{2\mu P_c}{k^2 - 1} \end{cases} \tag{3.121}$$

平面应力状态下[236]弹塑性界面压力 P_c 可由式(3.122)求得，即

$$P_c = \frac{\sigma_s}{\sqrt{3}}\left(1 - \frac{{r_c}^2}{{R_o}^2}\right) \tag{3.122}$$

根据 Hencky 变形理论和 von Mises 屈服准则，塑性区域的应力分量变为

$$\begin{cases} \sigma_r = \dfrac{\sigma_s}{\sqrt{3}}\left[-\left(1 - \dfrac{{r_c}^2}{{R_o}^2}\right) + \dfrac{1}{n}\left(1 - \dfrac{{r_c}^{2n}}{r^{2n}}\right)\right] \\ \sigma_\theta = \dfrac{\sigma_s}{\sqrt{3}}\left[-\left(1 - \dfrac{{r_c}^2}{{R_o}^2}\right) + \dfrac{1}{n} + \left(2 - \dfrac{1}{n}\right)\dfrac{{r_c}^{2n}}{r^{2n}}\right] \\ \sigma_z = \dfrac{\sigma_s}{\sqrt{3}}\left[-\left(1 - \dfrac{{r_c}^2}{{R_o}^2}\right) + \dfrac{1}{n} + \left(1 - \dfrac{1}{n}\right)\dfrac{{r_c}^{2n}}{r^{2n}}\right] \end{cases} \tag{3.123}$$

式中，r_c满足内压P_i和弹塑性边界半径关系式(3.124)，即

$$P_i=\frac{\sigma_s}{\sqrt{3}}\left[\left(1-\frac{r_c^{\ 2}}{R_o^{\ 2}}\right)+\frac{1}{n}\left(\frac{r_c^{\ 2n}}{R_i^{\ 2n}}-1\right)\right] \tag{3.124}$$

平面应变条件下，塑性极限压力P_L如式(3.125)所示：

$$P_L=\frac{\sigma_s}{\sqrt{3}n}(k^{2n}-1) \tag{3.125}$$

值得注意的是，当自增强压力P_A大于塑性极限压力P_L时，圆筒没有自增强效应[243]。

假设材料遵从随动强化规律，残余应力不产生反向屈服。在这种情况下，卸载过程是纯弹性的。残余应力可由自增强产生的弹塑性应力场减去卸载过程的弹性应力场得到。结合式(3.120)、式(3.123)和式(3.124)，塑性区引起的残余应力为

$$\begin{cases}\sigma_r^{\text{res}}=\dfrac{\sigma_s\left[(nr_c^{\ 2}-nR_o^{\ 2}+R_o^{\ 2})(r^2-R_i^{\ 2})-r_i^2(r^2-R_o^{\ 2})(r_c/R_i)^{2n}-r^2(R_o^{\ 2}-R_i^{\ 2})(r_c/r)^{2n}\right]}{\sqrt{3}r^2n(R_o^{\ 2}-R_i^{\ 2})}\\[2ex] \sigma_\theta^{\text{res}}=\dfrac{\sigma_s\left[(nr_c^{\ 2}-nR_o^{\ 2}+R_o^{\ 2})(r^2+R_i^{\ 2})-R_i^2(r^2+R_o^{\ 2})(r_c/R_i)^{2n}+(2n-1)r^2(R_o^{\ 2}-R_i^{\ 2})(r_c/r)^{2n}\right]}{\sqrt{3}r^2n(R_o^{\ 2}-R_i^{\ 2})}\\[2ex] \sigma_z^{\text{res}}=\dfrac{\sigma_s\left[nr_c^{\ 2}-nR_o^{\ 2}+R_o^{\ 2}-R_i^2(r_c/R_i)^{2n}+(n-1)(R_o^{\ 2}-R_i^{\ 2})(r_c/r)^{2n}\right]}{\sqrt{3}n(R_o^{\ 2}-R_i^{\ 2})}\end{cases} \tag{3.126}$$

结合式(3.120)～式(3.122)和式(3.124)，弹性区引起的残余应力分量为

$$\begin{cases}\sigma_r^{\text{res}}=\dfrac{\sigma_s(r^2-R_o^{\ 2})\left[nr_c^{\ 2}-nR_i^{\ 2}-R_i^{\ 2}(r_c/R_i)^{2n}+R_i^{\ 2}\right]}{\sqrt{3}r^2n(R_o^{\ 2}-R_i^{\ 2})}\\[2ex] \sigma_\theta^{\text{res}}=\dfrac{\sigma_s(r^2+R_o^{\ 2})\left[nr_c^{\ 2}-nR_i^{\ 2}-R_i^{\ 2}(r_c/R_i)^{2n}+R_i^{\ 2}\right]}{\sqrt{3}r^2n(R_o^{\ 2}-R_i^{\ 2})}\\[2ex] \sigma_z^{\text{res}}=\dfrac{\sigma_s\left[nr_c^{\ 2}-nR_i^{\ 2}-R_i^{\ 2}(r_c/R_i)^{2n}+R_i^{\ 2}\right]}{\sqrt{3}n(R_o^{\ 2}-R_i^{\ 2})}\end{cases} \tag{3.127}$$

式中，r_c可由式(3.124)求得。

2. 弹性热应力

假定圆筒内外表面温度分别为T_i和T_o，稳定状态下的温度梯度为[244]

$$T=\frac{(T_{\mathrm{i}}-T_{\mathrm{o}})}{\ln k}\left(\ln\frac{R_{\mathrm{o}}}{r}\right)+T_{\mathrm{o}} \tag{3.128}$$

式中，k 为厚度比。

为了简化分析，进行如下假设：

(1) 材料属性与温度无关；

(2) 圆筒的热应力取决于通过壁面的温度梯度，假定外部温度 T_{o}=0℃，内部温度 $T_{\mathrm{i}}=\Delta T$ 。

稳定状态下，通过壁面的温度梯度可以化简为

$$T=\frac{\Delta T}{\ln k}\left(\ln k-\ln\frac{r}{R_{\mathrm{i}}}\right)$$

由上述假设，末端固定圆筒径向、环向和轴向的弹性热应力分量 σ_r^{t}、$\sigma_\theta^{\mathrm{t}}$ 和 σ_z^{t} 分别为[245]

$$\begin{cases}\sigma_r^{\mathrm{t}}=H\left[-\ln\dfrac{R_{\mathrm{o}}}{r}+\dfrac{\ln k}{k^2-1}\left(\dfrac{{R_{\mathrm{o}}}^2}{r^2}-1\right)\right]\\ \sigma_\theta^{\mathrm{t}}=H\left[1-\ln\dfrac{R_{\mathrm{o}}}{r}-\dfrac{\ln k}{k^2-1}\left(\dfrac{{R_{\mathrm{o}}}^2}{r^2}+1\right)\right]\\ \sigma_z^{\mathrm{t}}=\mu H\left(1-\dfrac{2}{\mu}\ln\dfrac{R_{\mathrm{o}}}{r}-\dfrac{2\ln k}{k^2-1}\right)\end{cases} \tag{3.129}$$

式中，$H=\dfrac{\alpha E\Delta T}{2(1-\mu)\ln k}$，其中 α 为热膨胀系数。

工作压力 P_{w} 下，使圆筒内外表面的等效应力相等的温度梯度定义为自增强的极限热载荷。当温度梯度超过自增强的极限热载荷时，自增强没有实际意义。为简化分析，假定 P_{w} 远小于弹性极限压力。值得注意的是，当 $r=R_{\mathrm{i}}$ 时，由于多种热-机械载荷组合，三种主应力的最大和最小值分量会发生变化。然而，圆筒外表面的环向应力将随热载荷的增加而增加。在这种情况下，主应力分量的最大值和最小值总是分别为环向应力和径向应力。因此，当 $r=R_{\mathrm{o}}$ 时，Tresca 等效应力为

$$\sigma^{\mathrm{Tre}}\Big|_{r=R_{\mathrm{o}}}=\sigma_\theta-\sigma_r=\frac{2P_{\mathrm{w}}}{k^2-1}+H\left(1-\frac{2\ln k}{k^2-1}\right) \tag{3.130}$$

由于内壁处的最大和最小主应力分量随载荷条件变化，需分别研究可能产生的三个不同的 Tresca 等效应力。

当环向应力和径向应力分别为最大值和最小值时，内壁处的 Tresca 等效应力为

$$\sigma^{\mathrm{Tre}}\Big|_{r=R_{\mathrm{i}}}=\sigma_\theta-\sigma_r=\frac{2k^2P_{\mathrm{w}}}{k^2-1}+H\left(1-\ln k-\frac{k^2+1}{k^2-1}\ln k\right) \tag{3.131}$$

结合式(3.130)和式(3.131)，极限热载荷为

$$\Delta T_{\mathrm{L}}^{\theta r}=C_1P_{\mathrm{w}} \tag{3.132}$$

式中，$C_1=\dfrac{2(1-\mu)}{E\alpha}$。

当环形应力和轴向应力相等时，相应的热载荷 ΔT_{rz} 变为

$$\Delta T_{rz}=C_2P_{\mathrm{w}} \tag{3.133}$$

式中，$C_2=\dfrac{2(1-\mu)(k^2+2\mu-1)}{E\alpha[2(k^2+\mu-1)\ln k-(k^2-1)\mu]}$。

当 $T_{\mathrm{i}}\geqslant\Delta T_{rz}$ 时，轴向应力为最小应力分量。此时，内壁处的 Tresca 等效应力为

$$\sigma^{\mathrm{Tre}}\Big|_{r=R_{\mathrm{i}}}=\sigma_\theta-\sigma_z=\frac{1-2\mu+k^2}{k^2-1}P_{\mathrm{w}}+H\left(1-\mu+\ln k-\frac{1-2\mu+k^2}{k^2-1}\ln k\right) \tag{3.134}$$

结合式(3.130)与式(3.134)，极限热载荷变 $\Delta T_{\mathrm{L}}^{\theta z}$ 为

$$\Delta T_{\mathrm{L}}^{\theta z}=C_3P_{\mathrm{w}} \tag{3.135}$$

式中，$C_3=\dfrac{2(1-\mu)(1+2\mu-k^2)\ln k}{E\alpha\mu(1+2\ln k-k^2)}$。

当环形应力分量等于径向应力时，对应的极限热载荷 $\Delta T_{r\theta}$ 为

$$\Delta T_{r\theta}=C_4P_{\mathrm{w}} \tag{3.136}$$

式中，$C_4=\dfrac{4(1-\mu)k^2\ln k}{E\alpha(2k^2\ln k-k^2+1)}$。

当 $T_{\mathrm{i}}>\Delta T_{r\theta}$ 时，当径向应力和轴向应力分别为最大和最小应力分量。圆筒内壁的 Tresca 等效应力为

$$\sigma^{\mathrm{Tre}}\Big|_{r=R_{\mathrm{i}}}=\sigma_r-\sigma_z=-P_{\mathrm{w}}\left(1+\frac{2\mu}{k^2-1}\right)+H\left(2\ln k-\mu+\frac{2\mu\ln k}{k^2-1}\right) \tag{3.137}$$

结合式(3.130)和式(3.137)，极限热载荷为

$$\Delta T_{\mathrm{L}}^{rz}=C_5P_{\mathrm{w}} \tag{3.138}$$

式中，$C_5=\dfrac{2(1-\mu)(1+2\mu+k^2)\ln k}{E\alpha[2(1+\mu)\ln k+(k^2-1)(2\ln k-1-\mu)]}$。

类似地，末端开口条件下厚壁圆筒的极限热载荷为

$$\Delta T_{\mathrm{L}}^{\theta r}=C_1P_{\mathrm{w}}=\frac{2(1-\mu)}{E\alpha}P_{\mathrm{w}} \tag{3.139}$$

$$\Delta T_{rz}=C_2P_{\mathrm{w}}=\frac{2(1-\mu)(k^2-1)\ln k}{E\alpha(2k^2\ln k-k^2+1)}P_{\mathrm{w}} \tag{3.140}$$

$$\Delta T_{\mathrm{L}}^{\theta z}=C_3P_{\mathrm{w}}=\frac{2(1-\mu)(k^2-1)\ln k}{E\alpha(k^2-1-2\ln k)}P_{\mathrm{w}} \tag{3.141}$$

$$\Delta T_{r\theta}=C_4P_{\mathrm{w}}=\frac{4(1-\mu)k^2\ln k}{E\alpha(2k^2\ln k-k^2+1)}P_{\mathrm{w}} \tag{3.142}$$

$$\Delta T_{\mathrm{L}}^{rz}=C_5P_{\mathrm{w}}=\frac{(1-\mu)(1+k^2)\ln k}{E\alpha[(k^2+1)\ln k-k^2+1]}P_{\mathrm{w}} \tag{3.143}$$

自增强极限热载荷取决于工作压力 P_{w} 和厚度比 k。为了说明自增强极限热载荷的特性，根据表 3.2 中的材料参数，分别计算了末端闭口和开口条件下温度系数 $C_1\sim C_5$ 与厚度比 k 的关系，如图 3.10 所示。图 3.10(a)表明，当厚度比 k 为 1.2～1.35 时，式(3.132)用于计算极限热载荷，可以得到稳定温度系数 C_1=0.57；当厚度比 k 为 1.35～1.68 时，式(3.135)可以用于计算极限热载荷。对于末端开口条件的情况，极限热载荷可由式(3.141)求得，此时厚度比 k 为 1.2～3.4，如图 3.10(b)所示。值得注意的是，平面应变条件下 k 大于 1.68 时和开口条件下 k 大于 3.4 时，C_5 总小于 C_4。这表明圆筒内表面的 Tresca 等效应力总比圆筒外表面的大，且不存在自增强极限热载荷。此时，自增强行为总是有利于提高厚壁圆筒的弹性承载能力。因此，在热-机械载荷作用下，厚壁圆筒自增强的有效区域为阴影区，如图 3.10 所示。特别地，当温度梯度大于自增强极限热载荷时，自增强行为反而会削弱结构的承载能力。

表 3.2　材料性能及几何特性

E/MPa	μ	α/(1/℃)	σ_s/MPa	n	P_{w}	R_i/mm	R_o/mm
1.84×10^5	0.3	1.335×10^{-5}	465	1/4	$0.8P_e$	300	450

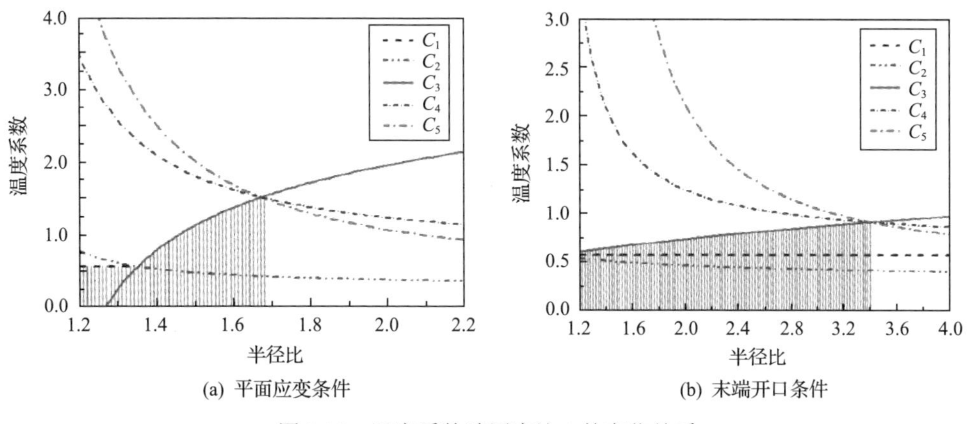

图 3.10　温度系数随厚度比 k 的变化关系

为验证解析解的有效性，采用 ANSYS 9.0 软件模拟自增强极限热载荷进行对比分析。值得注意的是，有限元模拟采用 von Mises 屈服准则。根据表 3.2 中的材料参数和 PLANE42 轴对称单元，模拟幂应变硬化厚壁圆筒。约束两端轴向位移来模拟平面应变条件，设置两端平面条件以模拟开口条件。在极限热载荷作用下，厚圆筒内外表面的 Tresca 和 von Mises 等效应力的差异如图 3.11 所示，图中采用了归一化应力 $\left(\sigma_{\mathrm{eq}}^{\mathrm{Tre}}\big|_{r=a}-\sigma_{\mathrm{eq}}^{\mathrm{Tre}}\big|_{r=b}\right)\Big/\sigma_{\mathrm{eq}}^{\mathrm{Tre}}\big|_{r=a}$ 和 $\left(\sigma_{\mathrm{eq}}^{\mathrm{von}}\big|_{r=a}-\sigma_{\mathrm{eq}}^{\mathrm{von}}\big|_{r=b}\right)\Big/\sigma_{\mathrm{eq}}^{\mathrm{von}}\big|_{r=a}$ 。

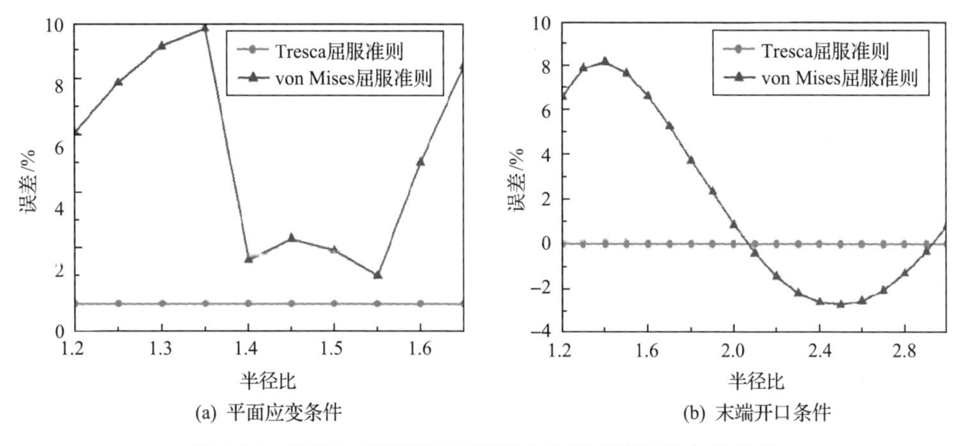

图 3.11　极限热载荷作用下圆筒内外表面等效应力的差值

图 3.11 中，$\sigma_{\mathrm{eq}}^{\mathrm{Tre}}$ 和 $\sigma_{\mathrm{eq}}^{\mathrm{von}}$ 分别为 Tresca 和 von Mises 的等效应力。结果表明，极限热载荷的封闭解与有限元结果吻合良好。此外，内表面和外表面的 von Mises 等效应力之差仍然相对较小，在平面应变条件下小于 9.87%，在末端开口条件下小于 8.2%。这表明本节的解析解可用于估算基于 von Mises 屈服准则的极限热载荷，且具有较好的精度。

3. 热-机械载荷下的自增强优化分析

在热-机械载荷作用下，自增强圆筒的总应力分量等于残余应力与工作应力之和。应当注意的是，圆筒壁面的最大等效应力位于弹塑性界面处，这是分析最佳自增强压力的目标函数。为获得 $r=\rho$ 处的最大等效应力，总应力分量计算如下：

$$\begin{cases}\sigma_r^{\text{tot}}=\sigma_r+\sigma_r^{\text{t}}+\sigma_r^{\text{res}}\\ \quad =\dfrac{(r_{\text{c}}^{2}-R_{\text{o}}^{2})\left[3nP_{\text{w}}+\sqrt{3}\sigma_{\text{s}}(n(r_{\text{c}}/r_{\text{i}})^{2}-(r_{\text{c}}/R_{\text{i}})^{2n}-n+1)\right]}{3r^{2}n(k^{2}-1)}+H\left[-\ln\dfrac{R_{\text{o}}}{r_{\text{c}}}+\dfrac{\ln k}{k^{2}-1}\left(\dfrac{R_{\text{o}}^{2}}{r_{\text{c}}^{2}}-1\right)\right]\\ \sigma_\theta^{\text{tot}}=\sigma_\theta+\sigma_\theta^{\text{t}}+\sigma_\theta^{\text{res}}\\ \quad =\dfrac{(r_{\text{c}}^{2}+R_{\text{o}}^{2})\left[3nP_{\text{w}}+\sqrt{3}\sigma_{\text{s}}(n(r_{\text{c}}/R_{\text{i}})^{2}-(r_{\text{c}}/R_{\text{i}})^{2n}-n+1)\right]}{3r_{\text{c}}^{2}n(k^{2}-1)}+H\left[1-\ln\dfrac{R_{\text{o}}}{r_{\text{c}}}-\dfrac{\ln k}{k^{2}-1}\left(\dfrac{R_{\text{o}}^{2}}{r_{\text{c}}^{2}}+1\right)\right]\\ \sigma_z^{\text{tot}}=\sigma_z+\sigma_z^{\text{t}}+\sigma_z^{\text{res}}\\ \quad =\dfrac{2\mu r_{\text{c}}^{2}\left[3nP_{\text{w}}+\sqrt{3}\sigma_{\text{s}}(n(r_{\text{c}}/R_{\text{i}})^{2}-(r_{\text{c}}/R_{\text{i}})^{2n}-n+1)\right]}{3r_{\text{c}}^{2}n(k^{2}-1)}+\mu H\left(1-\dfrac{2}{\mu}\ln\dfrac{R_{\text{o}}}{r_{\text{c}}}-\dfrac{2\ln k}{k^{2}-1}\right)\end{cases}\tag{3.144}$$

假定 $\sigma_z=(\sigma_r+\sigma_\theta)/2$ ，von Mises 等效应力可以化简为

$$\sigma_{\text{eq}}^{\text{von}}=\frac{\sqrt{3}}{2}(\sigma_\theta^{\text{tot}}-\sigma_r^{\text{tot}})\tag{3.145}$$

将式(3.144)代入式(3.145)， $r=\rho$ 处的 von Mises 等效应力为

$$\begin{aligned}\sigma_{\text{eq}}^{\text{von}}\Big|_{r=r_{\text{c}}}=&\frac{2R_{\text{o}}^{2}\left\{\sqrt{3}nP_{\text{w}}+\sigma_{\text{s}}\left[n(r_{\text{c}}/R_{\text{i}})^{2}-(r_{\text{c}}/R_{\text{i}})^{2n}-n+1\right]\right\}}{\sqrt{3}r_{\text{c}}^{2}n(k^{2}-1)}\\&+\frac{E\alpha T_{\text{i}}}{2(1-\mu)\ln k}\left[1-\frac{2R_{\text{o}}^{2}}{(k^{2}-1)r_{\text{c}}^{2}}\ln k\right]\end{aligned}\tag{3.146}$$

最佳自增强半径 $r_{\text{c}}^{\text{opt}}$ 可以根据优化函数 $\mathrm{d}\sigma_{\text{eq}}^{\text{von}}/\mathrm{d}r_{\text{c}}=0$ 计算得出。将其代入式(3.146)可得

$$r_{\text{c}}^{\text{opt}}=R_{\text{i}}\left[1+\frac{\sqrt{3}n\left(P_{\text{w}}-\dfrac{\alpha ET_{\text{i}}}{2(1-\mu)}\right)}{\sigma_{\text{s}}(1-n)}\right]^{1/2n}\tag{3.147}$$

结合式(3.124)和式(3.147)，热-机械载荷下厚壁圆筒的最佳自增强压力为

$$P_{\mathrm{A}}=\frac{\sigma_{\mathrm{s}}}{\sqrt{3}}\left[\left(1+\frac{\sqrt{3}\left(P_{\mathrm{w}}-\frac{\alpha E T_{\mathrm{i}}}{2(1-\mu)}\right)}{\sigma_{\mathrm{s}}(1-n)}\right)-\frac{1}{k^{2}}\left(1+\frac{\sqrt{3}n\left(P_{\mathrm{w}}-\frac{\alpha E T_{\mathrm{i}}}{2(1-\mu)}\right)}{\sigma_{\mathrm{s}}(1-n)}\right)^{1/n}\right] \tag{3.148}$$

为验证所提出的模型，利用 ANSYS 9.0 软件进行了自增强优化分析。采用多线性随动强化模型和 PLANE42 轴对称单元模拟幂应变硬化的空心圆筒，材料参数如表 3.2 所示，约束条件与前面相同。在优化过程中，将最大 von Mises 等效应力和自增强压力分别定义为目标函数和设计变量。另外，将子问题近似法(subproblem approximation method)和全局扫描优化法(global sweeps optimization method)相结合，提高最佳自增强压力的优化精度。厚壁圆筒自增强压力优化有限元分析命令流程详见附录 3。在不考虑热载荷情况下，将有限元分析(FEM)、式(3.148)计算(理论值)与 Hojjati 等[246]推导的结果进行对比，如图 3.12 所示。

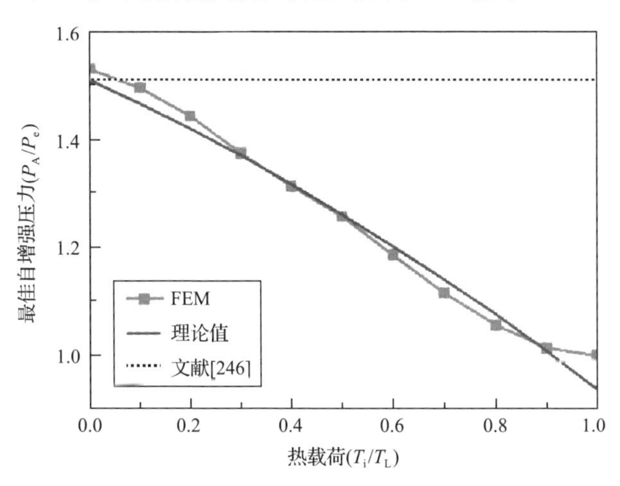

图 3.12　厚壁圆筒的最佳自增强压力与热载荷的关系

图3.12中将计算所得自增强压力和热载荷分别采用弹性极限压力 P_e 和相应的极限热载荷 T_L 进行无因次处理。结果表明，式(3.148)的计算结果与有限元分析数据基本一致。相比文献[23]中的封闭解可知，热载荷显著降低了最佳自增强压力，特别是当热梯度大于或等于极限热载荷时，最佳自增强压力可能会减小到弹性极限压力。因此，在实际工程中应考虑热载荷对最佳自增强压力的影响。否则，不合理的自增强压力，会增大内外表面的等效应力差和筒壁的最大等效应力，从而降低圆筒的承载能力。为了证实式(3.148)对末端开口圆筒最佳自增强压力的适

用性，利用有限元法和式(3.148)对比了末端开口和闭口两种状况下的厚壁圆筒最佳自增强压力，如图 3.13 所示。结果表明，两种情况下的最佳自增强压力十分接近，最大值偏差仅为 1.87%。式(3.148)适用于计算末端开口和闭口圆筒的最佳自增强压力。

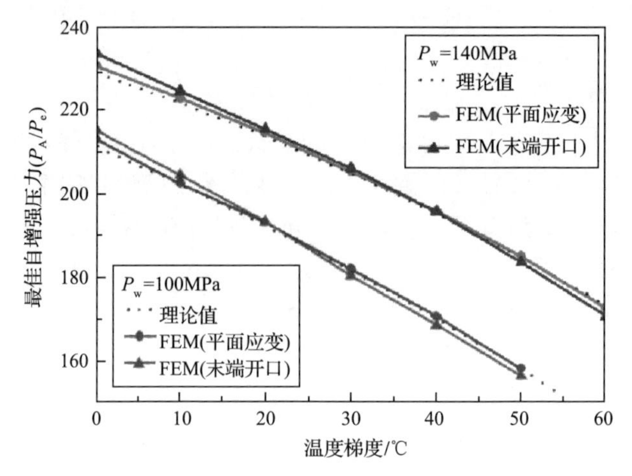

图 3.13　不同端部条件下最佳自增强压力随温度梯度的变化关系

应变硬化指数 n 和厚度比 k 对最佳自增强压力的影响分别如图 3.14 和图 3.15 所示。研究应变硬化指数 n 的影响时，选厚度比 k=2。结果表明，当相对热载荷 T_i/T_L 小于 0.8 时，自增强压力先随应变硬化指数 n 增加而增加，然后随着应变硬化指数增加而减少。讨论厚度比的影响时，选取应变硬化指数 n=1/4。结果表明，当相对热载荷 T_i/T_L 小于 0.4 时，自增强压力随厚度比增加而增加，而当 T_i/T_L 大于 0.4 时，自增强压力随着厚度比增加而减小。

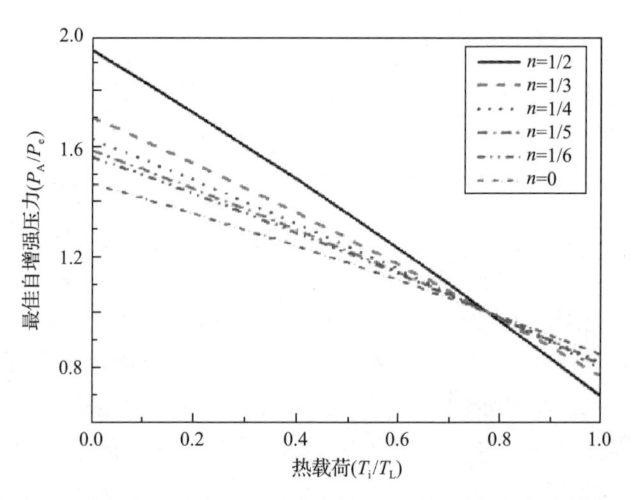

图 3.14　不同应变硬化指数 n 下自增强压力随热载荷的变化规律(k=2)

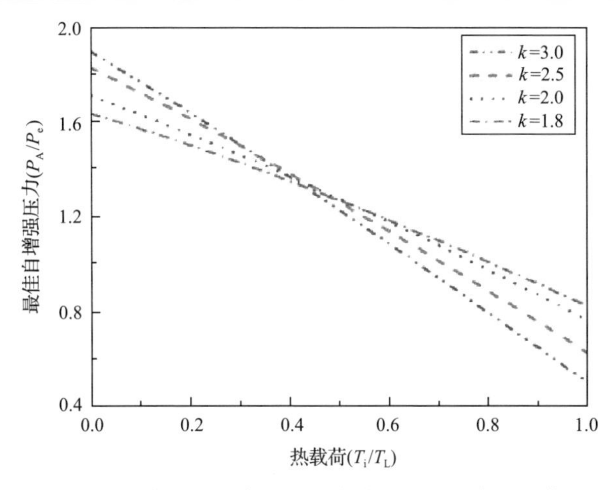

图 3.15　不同厚度比 k 下自增强压力随热载荷的变化规律(n=1/4)

4. 自增强对安定行为的影响

为研究稳定工作压力和循环热载荷下自增强厚壁圆筒的弹性安定行为，本书采用逐次循环(cycle-by-cycle)法，50 多个热-机械载荷组合，分别计算每个载荷在 250 个循环后圆筒的塑性应变累积，以得到安定极限载荷。所用材料和结构参数如表 3.2 所示。自增强圆筒与非自增强圆筒的安定极限对比如图 3.16 所示。结果表明，自增强对安定极限载荷没有影响。因为自增强产生的残余应力本质上是自平衡应力场，并满足 Melan 静力安定定理。

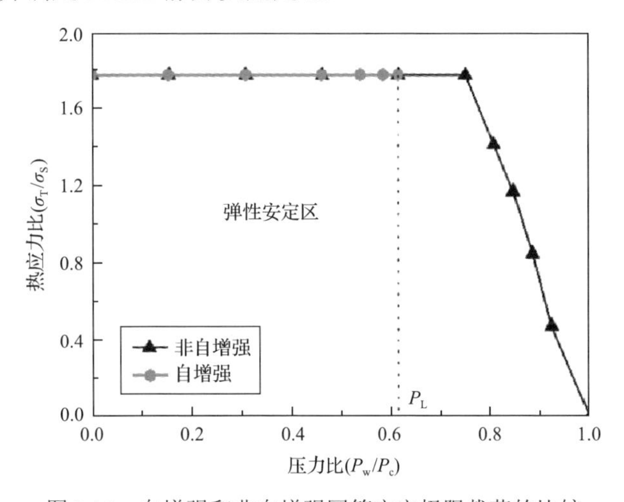

图 3.16　自增强和非自增强圆筒安定极限载荷的比较

为进一步说明自增强残余应力对循环热-机械载荷作用下安定性的影响，图 3.17 给出了不同自增强压力下残余应力随循环数的变化规律。结果表明，自增强残余应力在前 3～5 个加载循环内迅速松弛。另外，由于自增强压力不同，在多次加载循环后得到稳定残余应力也不同，这表明自增强压力影响结构的总应变，但不影响安定行为。

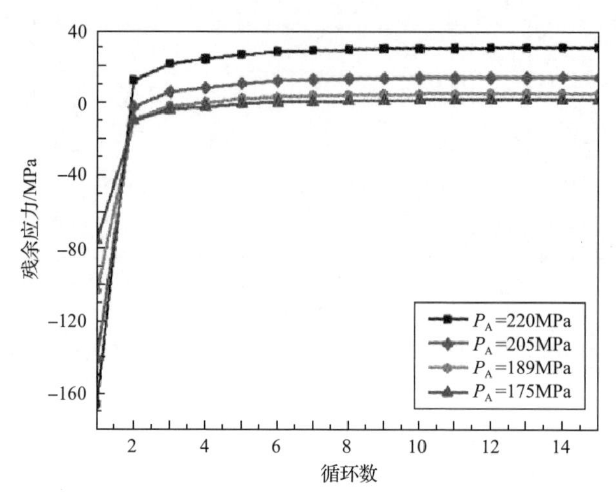

图 3.17　循环热-机械载荷下厚圆筒自增强残余应力松弛情况

3.2.2　拉-弯-扭复合载荷下承压圆筒的安定性分析

1. 内压和循环热载荷下拉伸圆筒的棘轮极限载荷

假设压力管道为理想弹塑性材料，遵从小应变和 von Mises 屈服准则。根据非循环方法，将循环载荷组合分为稳定载荷和随时间变化的循环荷载，则结构横截面的剩余等效承载力可表示为

$$\left(\tilde{\sigma}_{\mathrm{r}}(t)+\frac{1}{2}\Delta\tilde{\sigma}_{\mathrm{c}}(t)\right)_{\mathrm{eq}}=R_{\mathrm{el}} \tag{3.149}$$

式中，$\tilde{\sigma}_{\mathrm{r}}(t)$ 为结构的剩余强度；$\Delta\tilde{\sigma}_{\mathrm{c}}(t)$ 为厚度方向的循环应力幅张量；R_{el} 为屈服强度；下标 eq 代表 von Mises 等效应力。

在剩余强度条件下，结构对稳定载荷的极限承载能力可表示为

$$\int_{\Omega}\left(\tilde{\sigma}_{\mathrm{s}}(t)\right)_{\mathrm{eq}}\mathrm{d}\Omega=\int_{\Omega}\left(\tilde{\sigma}_{\mathrm{r}}(t)\right)_{\mathrm{eq}}\mathrm{d}\Omega \tag{3.150}$$

式中，$\tilde{\sigma}_{\mathrm{s}}(t)$ 为厚度方向的稳定应力张量；Ω 为结构的横截面，该稳定载荷对应结构在剩余强度下的极限载荷，也是相应循环载荷下的棘轮极限载荷。

在稳定内压 P_{i} 和循环的线性温度梯度 ΔT 作用下，两端封闭的压力管道如图 3.18 所示。对于承受线性温度梯度载荷且两端封闭的压力管道，假设热应力呈

现等双轴应力状态，且圆筒壁的屈服是由循环热应力引起的。当循环热应力沿整个厚度保持弹性时，即内、外表面的热应力小于屈服强度，这时环向热应力 $\sigma_{\mathrm{th}}^{\theta}(r)$ 和轴向热应力 $\sigma_{\mathrm{th}}^{z}(r)$ 可表示为

$$\sigma_{\mathrm{th}}^{\theta}(r)=\sigma_{\mathrm{th}}^{z}(r)=\frac{\Delta\sigma_{\mathrm{th}}(2r-R_{\mathrm{o}}-R_{\mathrm{i}})}{2(R_{\mathrm{o}}-R_{\mathrm{i}})},\quad R_{\mathrm{i}}\leqslant r\leqslant R_{\mathrm{o}} \tag{3.151}$$

式中，$\Delta\sigma_{\mathrm{th}}=\dfrac{E\alpha\Delta T}{2(1-\mu)}$，其中 E、α 和 μ 分别为弹性模量、热膨胀系数和泊松比；r 为管道的任意半径；R_{o} 和 R_{i} 为外径与内径；上标 θ 和 z 代表环向和轴向。

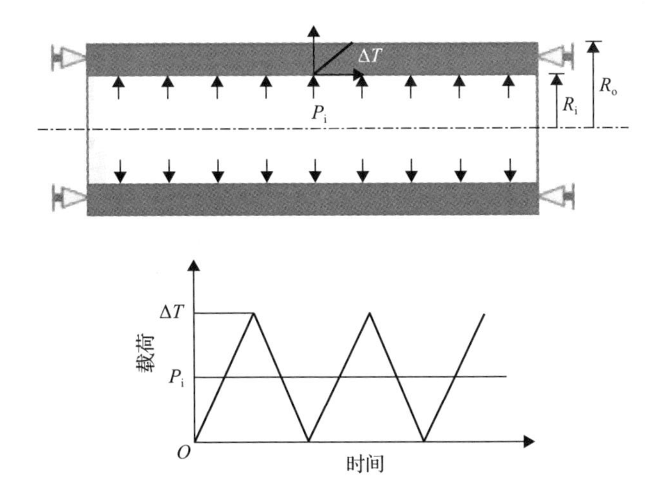

图 3.18　稳定内压和循环温度梯度下压力管道

线性分布的温度梯度产生的径向热应力很小，可以忽略不计，而环向热应力和轴向热应力是相等的，由 von Mises 屈服准则计算的等效热应力 $\sigma_{\mathrm{th}}^{\mathrm{eq}}(r)$ 为

$$\sigma_{\mathrm{th}}^{\mathrm{eq}}(r)=\left|\frac{\Delta\sigma_{\mathrm{th}}(2r-R_{\mathrm{o}}-R_{\mathrm{i}})}{2(R_{\mathrm{o}}-R_{\mathrm{i}})}\right| \tag{3.152}$$

由式(3.151)可知，内、外表面处热应力最大。随着温度梯度的增加，内、外表面会出现屈服，则环向热应力和轴向热应力分别为

$$\begin{cases}\sigma_{\mathrm{th}}^{\theta}(r)=\sigma_{\mathrm{th}}^{z}(r)=\dfrac{\sigma_{\mathrm{s}}}{r_{\mathrm{ep}}}\left(r-\dfrac{R_{\mathrm{i}}+R_{\mathrm{o}}}{2}\right), & \dfrac{R_{\mathrm{i}}+R_{\mathrm{o}}}{2}-r_{\mathrm{ep}}<r<\dfrac{R_{\mathrm{i}}+R_{\mathrm{o}}}{2}+r_{\mathrm{ep}}\\ \sigma_{\mathrm{th}}^{\theta}(r)=\sigma_{\mathrm{th}}^{z}(r)=\sigma_{\mathrm{s}}, & R_{\mathrm{i}}\leqslant r\leqslant\dfrac{R_{\mathrm{i}}+R_{\mathrm{o}}}{2}-r_{\mathrm{ep}},\ \dfrac{R_{\mathrm{i}}+R_{\mathrm{o}}}{2}+r_{\mathrm{ep}}\leqslant r\leqslant R_{\mathrm{o}}\end{cases} \tag{3.153}$$

式中，r_{ep} 为弹塑性边界厚度的一半。

根据 von Mises 屈服准则，该条件下沿厚度方向的等效热应力 $\sigma_{\text{th}}^{\text{eq}}(r)$ 为

$$\sigma_{\text{th}}^{\text{eq}}(r)=\left|\frac{\sigma_{\text{s}}}{r_{\text{ep}}}\left(r-\frac{R_{\text{i}}+R_{\text{o}}}{2}\right)\right| \tag{3.154}$$

对于承受稳定内压的薄壁筒体，环向应力 $\sigma_{\text{m}}^{\theta}$ 和轴向应力 σ_{m}^{z} 分别为

$$\begin{cases}\sigma_{\text{m}}^{\theta}=\dfrac{P_{\text{i}}(R_{\text{o}}+R_{\text{i}})}{2(R_{\text{o}}-R_{\text{i}})}\\[2ex]\sigma_{\text{m}}^{z}=\dfrac{P_{\text{i}}(R_{\text{o}}+R_{\text{i}})}{4(R_{\text{o}}-R_{\text{i}})}\end{cases} \tag{3.155}$$

稳定内压下圆筒的 von Mises 等效应力 $\sigma_{\text{m}}^{\text{eq}}$ 为

$$\sigma_{\text{m}}^{\text{eq}}=\frac{\sqrt{3}}{2}\sigma_{\text{m}}^{\theta}=\frac{\sqrt{3}P_{\text{i}}(R_{\text{o}}+R_{\text{i}})}{4(R_{\text{o}}-R_{\text{i}})} \tag{3.156}$$

当循环热应力沿整个厚度保持弹性时，将式(3.152)和式(3.156)代入式(3.149)和式(3.150)，则有

$$\int_{R_{\text{i}}}^{R_{\text{o}}}\frac{\sqrt{3}\pi P_{\text{i}}(R_{\text{o}}+R_{\text{i}})r}{2(R_{\text{o}}-R_{\text{i}})}\mathrm{d}r=\int_{R_{\text{i}}}^{R_{\text{o}}}2\pi\left[\sigma_{\text{s}}-\left|\frac{\Delta\sigma_{\text{th}}(2r-R_{\text{o}}-R_{\text{i}})}{2(R_{\text{o}}-R_{\text{i}})}\right|\right]r\mathrm{d}r \tag{3.157}$$

该情况下的棘轮极限载荷为

$$\bar{\sigma}_{\text{m}}^{\theta}=\frac{2}{\sqrt{3}}\left(1-\frac{\Delta\bar{\sigma}_{\text{th}}}{4}\right) \tag{3.158}$$

式中，无量纲参数定义为 $\bar{\sigma}_{\text{m}}^{\theta}=\sigma_{\text{m}}^{\theta}/\sigma_{\text{s}}$； $\Delta\bar{\sigma}_{\text{th}}=\Delta\sigma_{\text{th}}/\sigma_{\text{s}}$ 。

当外表面屈服时，将式(3.154)和式(3.156)代入式(3.149)和式(3.150)，则有

$$\int_{R_{\text{i}}}^{R_{\text{o}}}\frac{\sqrt{3}\pi P_{\text{i}}(R_{\text{o}}+R_{\text{i}})r}{2(R_{\text{o}}-R_{\text{i}})}\mathrm{d}r=\int_{\frac{R_{\text{o}}+R_{\text{i}}}{2}-r_{\text{ep}}}^{\frac{R_{\text{o}}+R_{\text{i}}}{2}+r_{\text{ep}}}2\pi\left[\sigma_{\text{s}}-\left|\frac{\sigma_{\text{s}}}{r_{\text{ep}}}\left(r-\frac{R_{\text{i}}+R_{\text{o}}}{2}\right)\right|\right]r\mathrm{d}r \tag{3.159}$$

在这种情况下，弹塑性边界可表示为 $r_{\text{ep}}=\dfrac{(R_{\text{o}}-R_{\text{i}})\sigma_{\text{s}}}{\Delta\sigma_{\text{th}}}$。因此，其棘轮极限载荷为

$$\bar{\sigma}_{\text{m}}^{\theta}=\frac{2}{\sqrt{3}\Delta\bar{\sigma}_{\text{th}}} \tag{3.160}$$

循环线性温度梯度和稳定内压组合载荷下，管道沿厚度方向的棘轮极限载荷为式(3.158)和式(3.160)，如图 3.19 所示。应当指出的是，这个棘轮极限载荷与

Bree 解是一致的。不同的是，经典 Bree 模型基于 Tresca 屈服准则，而这里基于 von Mises 屈服准则。

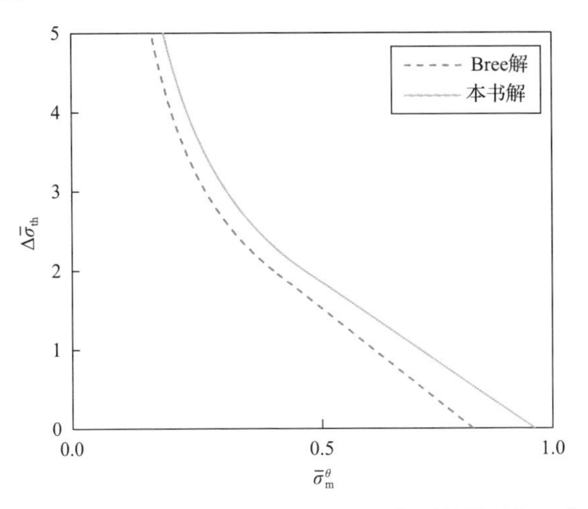

图 3.19　稳定内压和循环热载荷下压力管道的棘轮极限载荷

2. 内压和循环热载荷下轴向压缩圆筒的棘轮极限载荷

在实际应用中，循环热-机械载荷作用下承压圆筒可能有不同的端面条件。大多数承压圆筒承受轴向拉伸载荷，但是部分圆筒，如焦炭塔壳体等，由于自身重力和设备配件重力可能产生轴向压缩应力。目前尚缺乏该情况下薄壁圆筒棘轮极限的理论解。

假设压力圆筒承受循环热-机械组合载荷，如图 3.20 所示。组合载荷由稳定内压 P_i、循环温度梯度 ΔT 和轴向压力 P_z 组成。

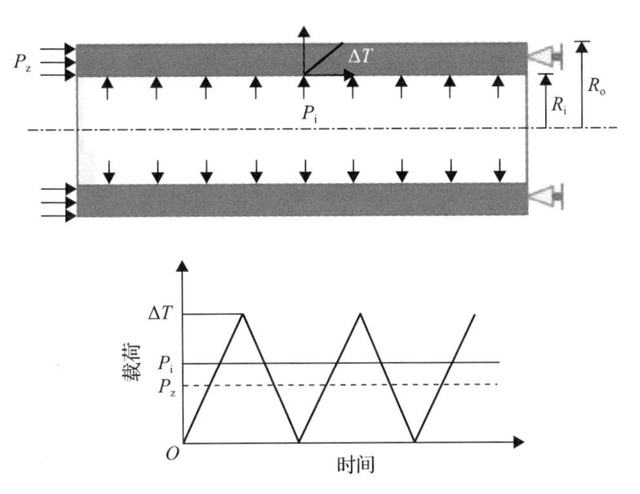

图 3.20　稳定内压和循环温度梯度下压缩薄壁管道

假定温度沿壁厚线性分布，弹性和弹塑性状态下等双轴热应力分别与式(3.151)和式(3.153)相同，相对应的 von Mises 等效热应力与式(3.152)和式(3.154)相同。

当压力管道承受稳定内压 P_{i} 和轴向压力 P_{z} 时，对应的环向应力 $\sigma_\theta^{\mathrm{m}}$ 和轴向应力 σ_z^{m} 为

$$\begin{cases} \sigma_\theta^{\mathrm{m}} = \dfrac{P_{\mathrm{i}}(R_{\mathrm{o}}+R_{\mathrm{i}})}{2(R_{\mathrm{o}}-R_{\mathrm{i}})} \\ \sigma_z^{\mathrm{m}} = \dfrac{P_{\mathrm{i}}(R_{\mathrm{o}}+R_{\mathrm{i}})}{4(R_{\mathrm{o}}-R_{\mathrm{i}})} + P_{\mathrm{z}} \end{cases} \tag{3.161}$$

其 von Mises 等效应力 $\sigma_{\mathrm{eq}}^{\mathrm{m}}$ 为

$$\sigma_{\mathrm{eq}}^{\mathrm{m}} = \sqrt{\frac{3}{4}\sigma_\theta^{\mathrm{m}2} + P_{\mathrm{z}}^{\ 2}} = \sqrt{\frac{3P_{\mathrm{i}}^2(R_{\mathrm{o}}+R_{\mathrm{i}})^2}{16(R_{\mathrm{o}}-R_{\mathrm{i}})^2} + P_{\mathrm{z}}^{\ 2}} \tag{3.162}$$

同样，当热循环应力保持弹性时，将式(3.152)、式(3.162)代入式(3.149)、式(3.150)，则有

$$\int_{R_{\mathrm{i}}}^{R_{\mathrm{o}}} 2\pi\sqrt{\frac{3P_{\mathrm{i}}^2(R_{\mathrm{o}}+R_{\mathrm{i}})^2}{16(R_{\mathrm{o}}-R_{\mathrm{i}})^2} + P_{\mathrm{z}}^{\ 2}}\, r\mathrm{d}r = \int_{R_{\mathrm{i}}}^{R_{\mathrm{o}}} 2\pi\left[\sigma_{\mathrm{s}} - \left|\frac{\Delta\sigma^{\mathrm{t}}(2r-R_{\mathrm{o}}-R_{\mathrm{i}})}{2(R_{\mathrm{o}}-R_{\mathrm{i}})}\right|\right] r\mathrm{d}r \tag{3.163}$$

因此，其棘轮极限载荷为

$$\bar{\sigma}_\theta^{\mathrm{m}} = \frac{2}{\sqrt{3+4m^2}}\left(1 - \frac{\Delta\bar{\sigma}^{\mathrm{t}}}{4}\right) \tag{3.164}$$

式中，无量纲参数 m 定义为轴向压力与环向应力的比值，$m = P_{\mathrm{z}}/\sigma_\theta^{\mathrm{m}}$ 。

当外表面屈服时，将式(3.154)、式(3.162)代入式(3.149)、式(3.150)，则

$$\int_{R_{\mathrm{i}}}^{R_{\mathrm{o}}} 2\pi\sqrt{\frac{3P_{\mathrm{i}}^2(R_{\mathrm{o}}+R_{\mathrm{i}})^2}{16(R_{\mathrm{o}}-R_{\mathrm{i}})^2} + P_{\mathrm{z}}^{\ 2}}\, r\mathrm{d}r = 2\pi\int_{\frac{R_{\mathrm{o}}+R_{\mathrm{i}}}{2}-r_{\mathrm{c}}}^{\frac{R_{\mathrm{o}}+R_{\mathrm{i}}}{2}+r_{\mathrm{c}}} \left(\sigma_{\mathrm{s}} - \left|\frac{\sigma_{\mathrm{s}}}{r_{\mathrm{c}}}\left(r - \frac{R_{\mathrm{i}}+R_{\mathrm{o}}}{2}\right)\right|\right) r\mathrm{d}r \tag{3.165}$$

弹塑性边界可表示为 $r_{\mathrm{c}} = \dfrac{(R_{\mathrm{o}}-R_{\mathrm{i}})\sigma_{\mathrm{s}}}{\Delta\sigma^{\mathrm{t}}}$ 。

其棘轮极限载荷为

$$\bar{\sigma}_\theta^{\mathrm{m}} = \frac{2}{\sqrt{3+4m^2}\,\Delta\bar{\sigma}^{\mathrm{t}}} \tag{3.166}$$

式(3.164)和式(3.166)分别是循环温度梯度和稳定内压组合载荷下压缩薄壁圆筒的棘轮极限载荷。不同轴向压缩应力下，圆筒的棘轮极限载荷如图 3.21 所示。结果表明，压力管道的棘轮极限随轴向压缩应力增加而显著降低。

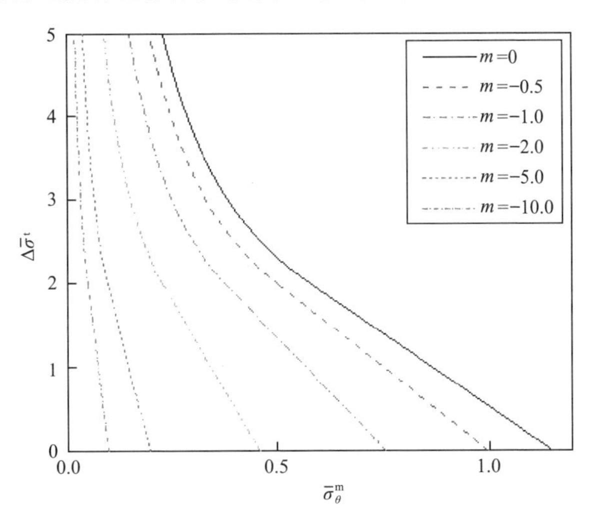

图 3.21　轴向压缩应力对承压圆筒热棘轮极限的影响

为了得到一般性的规律，这里定义无量纲稳定载荷和无量纲温度载荷分别为 $m_{\mathrm{p}}=\sigma_{\theta}^{\mathrm{p}}/\sigma_{\mathrm{s}}$、$m_z=\sigma_z^{\mathrm{p}}/\sigma_{\mathrm{s}}$ 和 $m_{\mathrm{t}}=\sigma^{\mathrm{T}}/\sigma_{\mathrm{s}}$。其中，$\sigma_{\theta}^{\mathrm{p}}$、$\sigma_z^{\mathrm{p}}$ 分别是总的环向应力和轴向应力，σ^{T} 是虚拟最大热应力的绝对值。三者之间的关系为 $m_z/m_{\mathrm{p}}=q$。那么，式(3.164)和式(3.166)可变化为

$$m_{\mathrm{t}}=4\left[1-m_{\mathrm{p}}\sqrt{(q-0.5)^2+0.75}\right],\quad \frac{1}{2\sqrt{(q-0.5)^2+0.75}}\leqslant m_{\mathrm{p}}\leqslant\frac{1}{\sqrt{(q-0.5)^2+0.75}} \tag{3.167}$$

$$m_{\mathrm{t}}=\frac{1}{m_{\mathrm{p}}\sqrt{(q-0.5)^2+0.75}},\quad 0\leqslant m_{\mathrm{p}}\leqslant\frac{1}{2\sqrt{(q-0.5)^2+0.75}} \tag{3.168}$$

经典的 Bree 解可表示为

$$m_{\mathrm{t}}=4\left(1-m_{\mathrm{p}}\right),\quad 0.5\leqslant m_{\mathrm{p}}\leqslant 1.0 \tag{3.169}$$

$$m_{\mathrm{t}}=\frac{1}{m_{\mathrm{p}}},\quad 0\leqslant m_{\mathrm{p}}\leqslant 0.5 \tag{3.170}$$

由式(3.167)和式(3.168)可得，轴向压缩条件下承压圆筒在循环热-机械载荷下的热棘轮极限载荷，如图 3.22 所示。

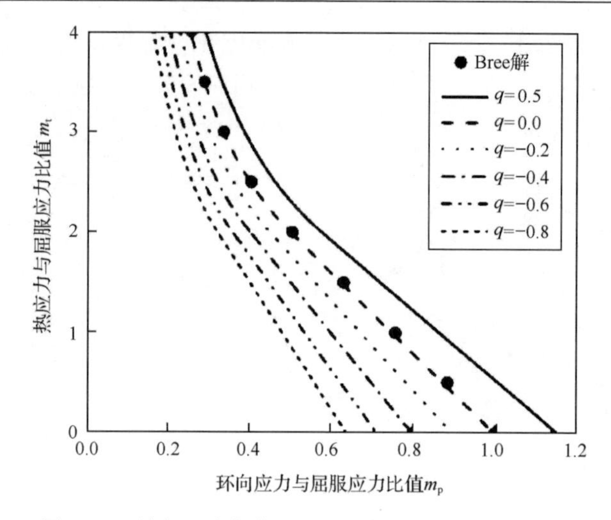

图 3.22　轴向压缩条件下承压圆筒的热棘轮极限载荷

由图 3.22 可知，当 q=0 时，式(3.167)、式(3.168)分别可以简化为式(3.169)、式(3.170)。这种情况下的理论解与经典 Bree 解一致。经典 Bree 解忽略了轴向应力的作用。对两端封闭且承受轴向拉应力的圆筒形管道或容器，采用 Bree 图进行热棘轮设计是偏于保守的，但是对于承受轴向压缩应力的情况，Bree 图明显偏于危险。压力管道的棘轮极限会因轴向应力而降低。另外，圆筒形管道或容器在热棘轮作用下由于环向塑性变形的累积，会导致其产生径向膨胀。由于泊松效应，轴向拉伸应力会抑制其径向膨胀，而轴向压缩应力会加速其径向膨胀。由此可见，轴向拉伸应力有利于抑制热棘轮，而轴向压缩应力有利于促进热棘轮，这也能解释了图 3.22 中热棘轮极限随轴向压缩应力增大而减小的现象。因此，采用经典的 Bree 图评价承受轴向拉伸作用的圆筒形容器或管道的安定性时，可获得保守的结果，而用其评价承受轴向压缩作用的情况时，则偏于危险。式(3.167)、式(3.168)适用于双轴载荷下压力管道的棘轮极限设计，囊括了轴向拉伸和轴向压缩的情况，拓展了 Bree 图的适用范围。

为了验证解析解的正确性，采用有限元法进行对比验证。压力管道的几何模型和边界条件都具有轴对称特征，在 ANSYS 有限元软件中选用 PLANE42 单元进行建模，将模型简化为平面轴对称模型，如图 3.23 所示。取一段筒体进行分析，其中筒体的内径和壁厚分别为 $R_i = 200\ \text{mm}$、$t = 10\ \text{mm}$，高度 $H = 1\ \text{mm}$。其材料参数如表 3.3 所示。

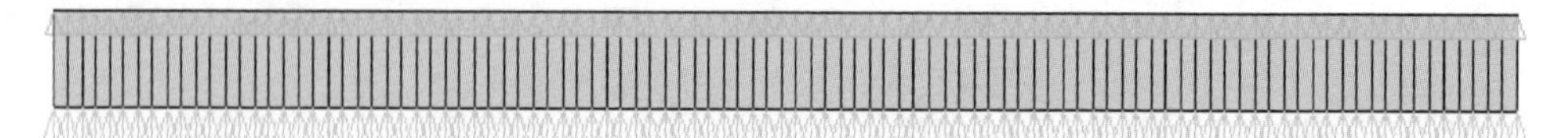

图 3.23　压缩端压力管道平面有限元模型

表 3.3　压缩端压力管道材料参数

热膨胀系数/K^{-1}	泊松比	弹性模量/MPa	屈服极限/MPa
1.17×10^{-5}	0.3	2.1×10^{5}	245

采用有限元分析和非循环法的过程如下。

(1) 将组合载荷分为稳定分量和循环分量两个类型；

(2) 在 ANSYS 有限元软件中建立如图 3.23 所示模型，根据循环热载荷计算 von Mises 等效应力；

(3) 计算屈服强度 σ_s 与 von Mises 等效应力的差值，将该差值设为各节点的剩余等效应力；

(4) 根据剩余强度值修正各个节点的屈服强度，再施加稳定载荷进行极限分析，计算出结构的棘轮极限。

由图 3.24 可知，有限元结果和本书得到的结果基本一致，说明该设计方法可用于评估承受压缩或拉伸管道在循环热-机械载荷下的安定性。

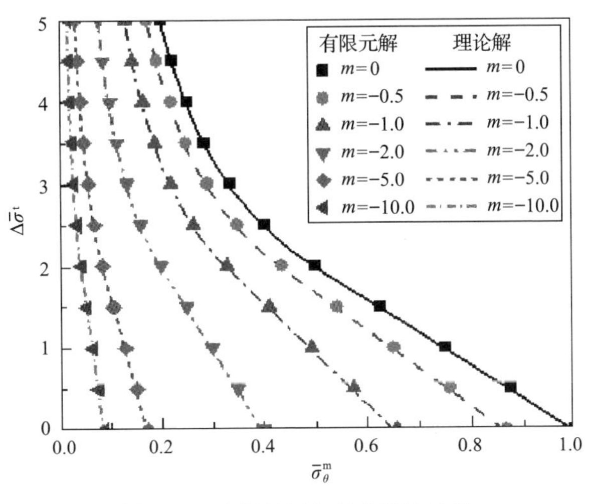

图 3.24　有限元解和理论解的对照

3. 稳定弯矩和循环热载荷下压力管道的棘轮极限载荷

承受稳定弯矩 M 和循环线性温度梯度 ΔT 下的薄壁管道，如图 3.25 所示。假定线性温度梯度是等双轴的，其弹性和弹塑性状态下热应力分别与式(3.151)和式(3.153)相同。相对应的 von Mises 等效热应力同式(3.152)和式(3.154)。承受弯矩管道的弯曲应力为

$$\sigma_z^{\mathrm{m}}=\frac{My}{I_z}=\frac{Mr\sin\theta}{I_z} \tag{3.171}$$

式中，I_z 为惯性矩，空心圆柱的惯性矩 $I_z = \dfrac{\pi(D^4 - d^4)}{64}$。

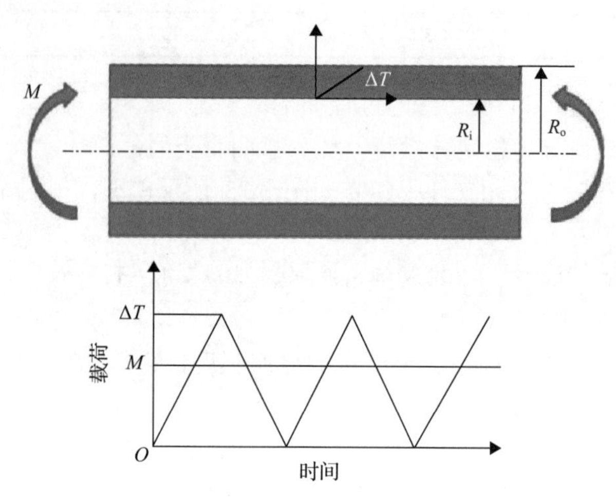

图 3.25　稳定弯矩和循环温度梯度下封闭端的薄壁管道

稳定弯矩作用下的 von Mises 等效应力 $\sigma_{\text{eq}}^{\text{m}}$ 为

$$\sigma_{\text{eq}}^{\text{m}} = \left|\sigma_z^{\text{m}}\right| = \left|\frac{Mr\sin\theta}{I_z}\right| \tag{3.172}$$

当热循环应力沿整个厚度保持弹性时，将式(3.152)、式(3.172)代入式(3.149)、式(3.150)，则有

$$\iint_{\Omega}\left|\frac{Mr\sin\theta}{I_z}\right|\mathrm{d}\Omega = \iint_{\Omega}\left[\sigma_{\text{s}} - \left|\frac{\Delta\sigma^{\text{t}}(2r - R_{\text{o}} - R_{\text{i}})}{2(R_{\text{o}} - R_{\text{i}})}\right|\right]\mathrm{d}\Omega \tag{3.173}$$

那么有

$$4\int_{R_{\text{i}}}^{R_{\text{o}}}\int_0^{\pi/2}\frac{Mr^2\sin\theta}{I_z}\mathrm{d}r\mathrm{d}\theta = \int_{R_{\text{i}}}^{R_{\text{o}}}2\pi\left[\sigma_{\text{s}} - \left|\frac{\Delta\sigma^{\text{t}}(2r - R_{\text{o}} - R_{\text{i}})}{2(R_{\text{o}} - R_{\text{i}})}\right|\right]r\mathrm{d}r \tag{3.174}$$

因此，其棘轮极限载荷为

$$\bar{\sigma} = \frac{3\pi}{4}\frac{\left(k + k^2\right)}{(1 + k^2 + k)}\left(1 - \frac{\Delta\bar{\sigma}^{\text{t}}}{4}\right) \tag{3.175}$$

式中，无量纲参数定义为 $\bar{\sigma} = \sigma_{\max}/\sigma_{\text{s}}$，$\sigma_{\max} = MR_{\text{o}}/I_z$，$\Delta\bar{\sigma}^{\text{t}} = \Delta\sigma^{\text{t}}/\sigma_{\text{s}}$，

$k = R_o / R_i$。特别地，当压力管道的半径比 k 近似为 1 时，式(3.175)可以简化为

$$\bar{\sigma} = \frac{\pi}{2}\left(1 - \frac{\Delta\bar{\sigma}^{t}}{4}\right) \tag{3.176}$$

当外表面屈服时，将式(3.154)和式(3.172)代入式(3.149)和式(3.150)，则有

$$4\int_{R_i}^{R_o}\int_{0}^{\pi/2} \frac{Mr^2 \sin\theta}{I_z} \mathrm{d}r\mathrm{d}\theta = \int_{\frac{R_o+R_i}{2}-r_c}^{\frac{R_o+R_i}{2}+r_c} 2\pi\left[\sigma_s - \left|\frac{\sigma_s}{r_c}\left(r - \frac{R_i + R_o}{2}\right)\right|\right] r\mathrm{d}r \tag{3.177}$$

弹塑性边界可表示为 $r_c = \dfrac{(R_o - R_i)\sigma_s}{\Delta\sigma^{t}}$。

因此，其棘轮极限载荷为

$$\bar{\sigma} = \frac{3\pi}{4} \frac{k + k^2}{1 + k^2 + k} \frac{1}{\Delta\bar{\sigma}^{t}} \tag{3.178}$$

特别地，如果薄壁圆筒半径比 k 约等于 1，那么式(3.176)可简化为

$$\bar{\sigma} = \frac{\pi}{2\Delta\bar{\sigma}^{t}} \tag{3.179}$$

式(3.175)、式(3.178)为循环温度梯度和稳定弯矩组合载荷下薄壁圆筒的棘轮极限载荷，如图 3.26 所示。

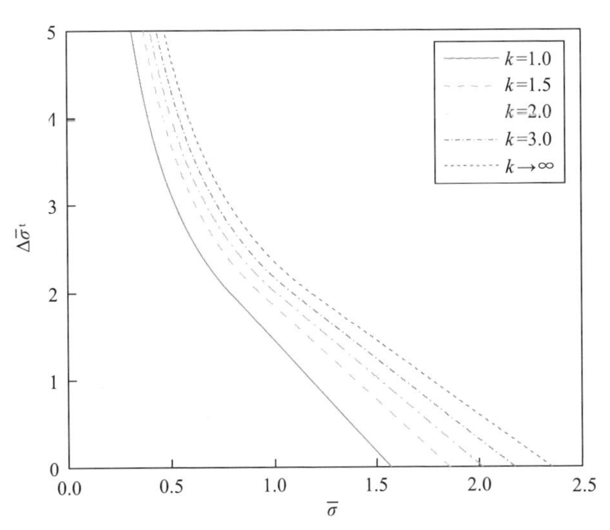

图 3.26　稳定弯矩和循环热应力下压力管道的棘轮极限载荷

4. 稳定扭矩和循环热载荷下压力管道的棘轮极限载荷

承受稳定扭矩 N 和循环的线性温度梯度 ΔT 下的薄壁管道，如图 3.27 所示。假定线性温度梯度是等双轴的，其弹性和弹塑性状态下热应力分别与式(3.151)和式(3.153)相同。相对应的 von Mises 等效热应力同式(3.152)和式(3.154)。承受扭矩的薄壁管道的切应力为

$$\tau = \frac{Nr}{I_{\mathrm{p}}} \tag{3.180}$$

式中，I_{p} 为极惯性矩，空心圆柱的极惯性矩 $I_{\mathrm{p}} = \dfrac{\pi(D^4 - d^4)}{32}$。

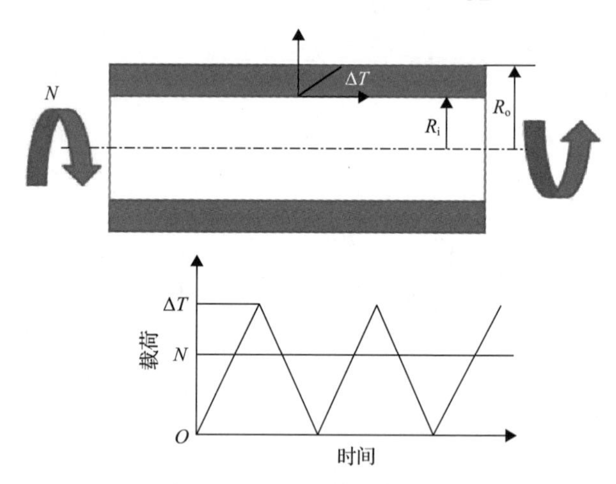

图 3.27　稳定扭矩和循环温度梯度下的薄壁管道

稳定扭矩作用下的 von Mises 等效应力 $\sigma_{\mathrm{eq}}^{\mathrm{m}}$ 为

$$\sigma_{\mathrm{eq}}^{\mathrm{m}} = \sqrt{3}\left|\frac{Nr}{I_{\mathrm{p}}}\right| \tag{3.181}$$

当热循环应力沿整个厚度保持弹性时，将式(3.152)和式(3.181)代入式(3.149)和式(3.150)，则有

$$2\pi\int_{R_{\mathrm{i}}}^{R_{\mathrm{o}}} \sqrt{3}\frac{Nr}{I_{\mathrm{p}}} r\mathrm{d}r = 2\pi\int_{R_{\mathrm{i}}}^{R_{\mathrm{o}}}\left[\sigma_{\mathrm{s}} - \left|\frac{\Delta\sigma^{\mathrm{t}}(2r - R_{\mathrm{o}} - R_{\mathrm{i}})}{2(R_{\mathrm{o}} - R_{\mathrm{i}})}\right|\right] r\mathrm{d}r \tag{3.182}$$

因此，其棘轮极限载荷为

$$\overline{\tau} = \frac{\sqrt{3}}{2}\frac{\left(k + k^2\right)}{(1 + k^2 + k)}\left(1 - \frac{\Delta\overline{\sigma}^{\mathrm{t}}}{4}\right) \tag{3.183}$$

式中，无量纲参数定义为 $\bar{\tau}=\tau_{\max}/\sigma_{\mathrm{s}}$ 。特别地，薄壁圆筒的半径比 k 近似为 1 时，则

$$\bar{\tau}=\frac{\sqrt{3}}{3}\left(1-\frac{\Delta\bar{\sigma}^{\mathrm{t}}}{4}\right) \tag{3.184}$$

当外表面屈服时，将式(3.154)和式(3.181)代入式(3.149)和式(3.150)，则有

$$2\pi\int_{R_{\mathrm{i}}}^{R_{\mathrm{o}}}\sqrt{3}\frac{Tr}{I_{\mathrm{p}}}r\mathrm{d}r=2\pi\int_{\frac{R_{\mathrm{o}}+R_{\mathrm{i}}}{2}-r_{\mathrm{c}}}^{\frac{R_{\mathrm{o}}+R_{\mathrm{i}}}{2}+r_{\mathrm{c}}}\left[\sigma_{\mathrm{s}}-\left|\frac{\sigma_{\mathrm{s}}}{r_{\mathrm{c}}}\left(r-\frac{R_{\mathrm{i}}+R_{\mathrm{o}}}{2}\right)\right|\right]r\mathrm{d}r \tag{3.185}$$

弹塑性边界可表示为 $r_{\mathrm{c}}=\dfrac{(R_{\mathrm{o}}-R_{\mathrm{i}})\sigma_{\mathrm{s}}}{\Delta\sigma^{\mathrm{t}}}$ 。

因此，其棘轮极限载荷为

$$\bar{\tau}=\frac{\sqrt{3}}{2}\frac{\left(k+k^{2}\right)}{(1+k^{2}+k)}\frac{1}{\Delta\bar{\sigma}^{\mathrm{t}}} \tag{3.186}$$

特别地，当薄壁圆筒半径比 k 约等于 1 时，式(3.186)可简化为

$$\bar{\tau}=\frac{\sqrt{3}}{3\Delta\bar{\sigma}^{\mathrm{t}}} \tag{3.187}$$

根据式(3.183)和式(3.186)，可获得该组合载荷下薄壁圆筒的棘轮极限载荷，如图 3.28 所示。

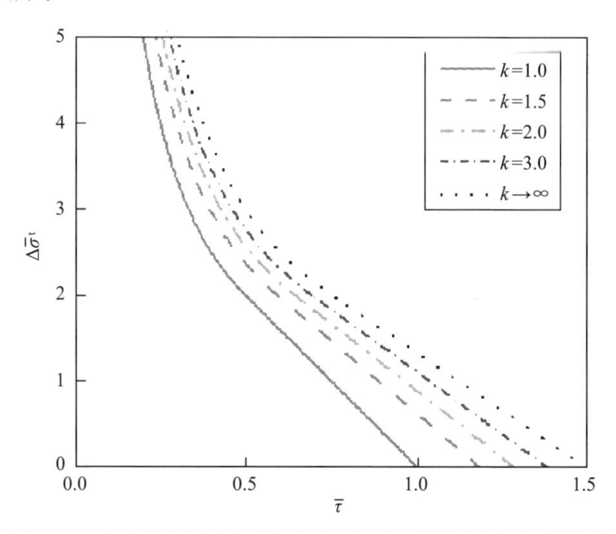

图 3.28　稳定扭矩和循环热应力下压力管道的棘轮极限载荷

5. 稳定弯扭和循环热载荷下压力管道的棘轮极限载荷

承受稳定弯扭 M 、稳定扭矩 N 和循环线性温度梯度 ΔT 下的薄壁管道，如图 3.29 所示。假定线性温度梯度是等双轴的，弹性和弹塑性状态下热应力分别与式(3.151)和式(3.153)相同。相对应的 von Mises 等效热应力同式(3.152)和式(3.154)。

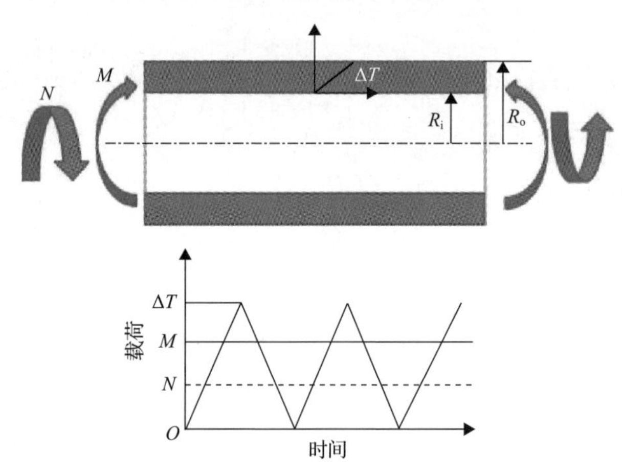

图 3.29　承受稳定弯扭和循环温度梯度的压力管道

弯扭组合下 von Mises 等效应力 $\sigma_{\mathrm{eq}}^{\mathrm{m}}$ 为

$$\sigma_{\mathrm{m}}^{\mathrm{eq}}=\sqrt{\sigma^2+3\tau^2}=\frac{r}{R_{\mathrm{o}}}\sqrt{\sigma_{\max}^2\sin^2\theta+3\tau_{\max}^2} \tag{3.188}$$

式中，$\sigma_{\max}=\left(MR_{\mathrm{o}}\right)/I_z$ ；$\tau_{\max}=\left(NR_{\mathrm{o}}\right)/I_{\mathrm{p}}$ 。

当热循环应力沿整个厚度保持弹性时，将式(3.152)和式(3.188)代入式(3.149)和式(3.150)，则有

$$\int_{R_{\mathrm{i}}}^{R_{\mathrm{o}}}\int_0^{2\pi}\left(\frac{r^2}{R_{\mathrm{o}}}\sqrt{\sigma_{\max}^2\sin^2\theta+3\tau_{\max}^2}\right)\mathrm{d}r\mathrm{d}\theta=\int_{R_{\mathrm{i}}}^{R_{\mathrm{o}}}2\pi\left[\sigma_{\mathrm{s}}-\left|\frac{\Delta\sigma^{\mathrm{t}}(2r-R_{\mathrm{o}}-R_{\mathrm{i}})}{2(R_{\mathrm{o}}-R_{\mathrm{i}})}\right|\right]r\mathrm{d}r \tag{3.189}$$

因此，其棘轮极限载荷为

$$Z=4-\frac{16\left(k^2+k+1\right)}{3\pi k\left(k+1\right)}\sqrt{X^2+3Y^2}\,E\left(\sqrt{\frac{X^2}{X^2+3Y^2}}\right) \tag{3.190}$$

式中，$Z=\Delta\sigma^{\mathrm{t}}/\sigma_{\mathrm{s}}$ ；$X=\sigma_{\max}/\sigma_{\mathrm{s}}$ ；$Y=\tau_{\max}/\sigma_{\mathrm{s}}$ ；$E\left(\sqrt{\dfrac{X^2}{X^2+3Y^2}}\right)$ 为第二类完全

椭圆积分函数，$E\left(\sqrt{\dfrac{X^2}{X^2+3Y^2}}\right)=\int_0^{\pi/2}\sqrt{1-\dfrac{X^2}{X^2+3Y^2}\sin^2\theta}\mathrm{d}\theta$。

当外表面屈服时，将式(3.154)和式(3.188)代入式(3.149)和式(3.150)，则有

$$\int_{R_\mathrm{i}}^{R_\mathrm{o}}\int_0^{2\pi}\left(\frac{r^2}{R_\mathrm{o}}\sqrt{\sigma_{\max}^2\sin^2\theta+3\tau_{\max}^2}\right)\mathrm{d}r\mathrm{d}\theta=\int_{R_\mathrm{i}+r_\mathrm{c}}^{R_\mathrm{o}-r_\mathrm{c}}2\pi\left[\sigma_\mathrm{s}-\left|\frac{\sigma_\mathrm{s}}{r_\mathrm{c}}\left(r-\frac{R_\mathrm{i}+R_\mathrm{o}}{2}\right)\right|\right]r\mathrm{d}r \quad (3.191)$$

弹塑性边界可表示为

$$r_\mathrm{c}=\frac{(R_\mathrm{o}-R_\mathrm{i})\sigma_\mathrm{s}}{\Delta\sigma^\mathrm{t}}$$

因此，其棘轮极限载荷为

$$Z=\frac{3\pi k(k+1)}{4(k^2+k+1)}\frac{1}{\sqrt{X^2+3Y^2}E\left(\sqrt{\dfrac{X^2}{X^2+3Y^2}}\right)} \quad (3.192)$$

式(3.190)和式(3.192)是循环温度梯度和稳定弯扭组合载荷下压力管道的棘轮极限载荷。当扭矩为零时，即 $Y=0$，式(3.190)和式(3.192)可以退化为式(3.175)和式(3.178)，相应的棘轮极限载荷如图 3.26 所示；当弯矩为零时，即 $X=0$，式(3.190)和式(3.192)可以退化为式(3.183)和式(3.186)，相应的棘轮极限载荷如图 3.28 所示；当弯矩和扭矩都不为零时，即 $X\neq0$、$Y\neq0$，由式(3.190)和式(3.192)可知，当管道的半径比不变时，X、Y、Z 之间的关系可以得到。取 $k=1.1$ 时，恒定扭矩和循环热应力下压力管道的棘轮极限载荷如图 3.30 所示。由 3.30(a)可知，式(3.190)和式(3.192)得到的两个曲面相切于一条交线。以交线为边界，取各个曲面上的有效部分(加粗黑色线标记的曲面)，如图 3.30(b)所示。

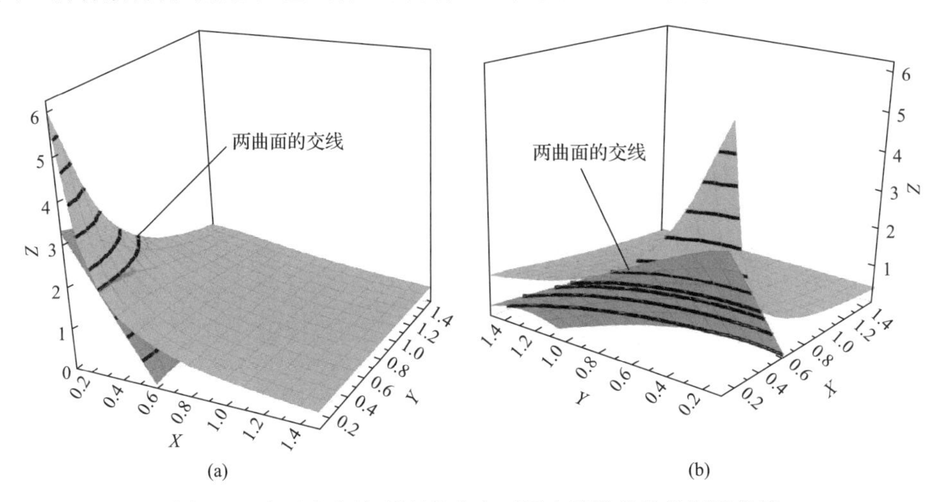

图 3.30　恒定扭矩和循环热应力下压力管道的棘轮极限载荷

6. 稳定弯矩和循环扭矩下压力管道的棘轮极限载荷

承受稳定弯矩 M 和循环扭矩 N 组合载荷的压力管道，如图 3.31 所示。弹性和弹塑性状态下的应力分布如图 3.32 所示。

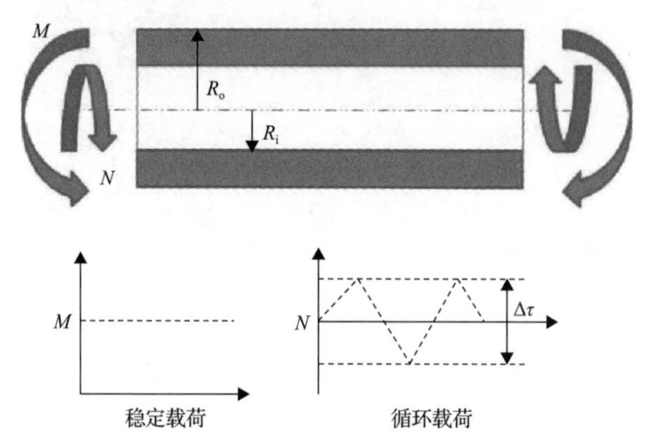

图 3.31　承受稳定弯矩和循环扭矩的压力管道

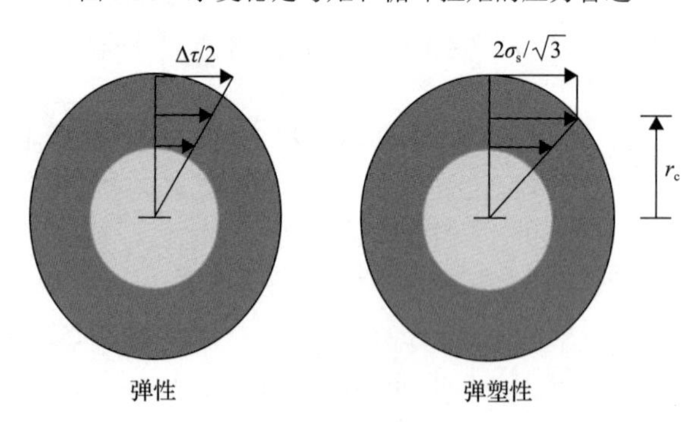

图 3.32　管道承受扭矩后的应力分布

如果循环扭矩引起的应力范围小于材料屈服强度，那么截面的平衡方程为

$$\iint_{\Omega} \frac{Mr\sin\theta}{I_z} \mathrm{d}\Omega = 2\pi \int_{R_i}^{R_o} \sqrt{\sigma_s^2 - \frac{3}{4}\Delta\tau^2 \left(r/R_o\right)^2} r\mathrm{d}r \tag{3.193}$$

因此，弹性区的棘轮极限载荷为

$$\bar{\sigma} = \frac{\pi}{2\Delta\bar{\tau}^2} \frac{k^3}{k^3 - 1} \left\{ \left[1 - \left(\Delta\bar{\tau}/k \right)^2 \right]^{3/2} - \left(1 - \Delta\bar{\tau}^2 \right)^{3/2} \right\} \tag{3.194}$$

式中，$\bar{\sigma} = \sigma_{\max}/\sigma_s$；$\sigma_{\max} = MR_o/I_z$；$\Delta\bar{\tau} = \sqrt{3}\Delta\tau/(2\sigma_s)$。

在循环载荷作用下，圆柱壳沿壁厚部分进入塑性状态。假设弹塑性交界面半径为 r_c，则平衡方程为

$$\iint_{\Omega} \frac{Mr\sin\theta}{I_z} \mathrm{d}\Omega = 2\pi \int_{R_\mathrm{i}}^{r_\mathrm{c}} \sqrt{\sigma_\mathrm{s}^2 - \sigma_\mathrm{s}^2 \left(r/r_\mathrm{c}\right)^2} r\mathrm{d}r \tag{3.195}$$

弹塑性边界和外半径之间的比例为

$$\frac{r_\mathrm{c}}{R_\mathrm{o}} = \frac{2\sigma_\mathrm{s}}{\sqrt{3}\Delta\tau} \tag{3.196}$$

因此，塑性区的棘轮极限载荷为

$$\bar{\sigma} = \frac{\pi}{2\Delta\bar{\tau}^2} \frac{k^3}{k^3 - 1} \left[1 - \left(\Delta\bar{\tau}/k\right)^2\right]^{3/2} \tag{3.197}$$

式(3.194)和式(3.197)是循环扭矩和稳定弯矩组合载荷下薄壁圆筒的棘轮极限载荷，如图 3.33 所示。当 k 趋近于无限大时，可以得到循环扭矩和稳定弯矩组合载荷下实心圆柱体的棘轮极限载荷。

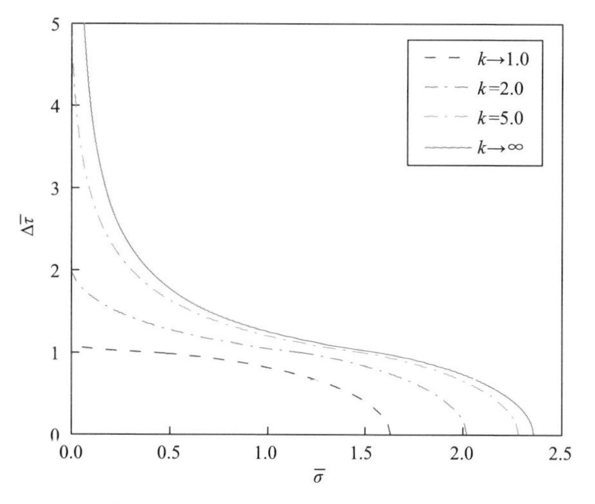

图 3.33　循环扭矩和稳定弯矩下薄壁圆筒的棘轮极限载荷

7. 稳定内压和循环扭矩组合载荷下压力管道的棘轮极限载荷

承受稳定内压 P_i 和循环扭矩 N 下的压力管道如图 3.34 所示。

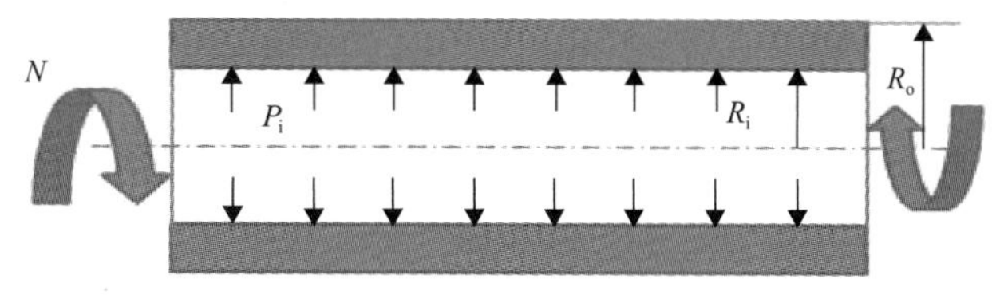

图 3.34　承受循环扭矩和稳定内压组合载荷的压力管道

如果循环扭矩引起的等效应力范围小于屈服强度，则截面的平衡方程为

$$\int_{R_\mathrm{i}}^{R_\mathrm{o}} \frac{\sqrt{3}\pi P_\mathrm{i}(R_\mathrm{o}+R_\mathrm{i})r}{2(R_\mathrm{o}-R_\mathrm{i})}\mathrm{d}r = 2\pi\int_{R_\mathrm{i}}^{R_\mathrm{o}} \sqrt{\sigma_\mathrm{s}^2 - \frac{3}{4}\Delta\tau^2\left(r/R_\mathrm{o}\right)^2}\, r\mathrm{d}r \tag{3.198}$$

因此，弹性区的棘轮极限载荷为

$$\bar{\sigma}_\theta^\mathrm{m} = \frac{4}{3\sqrt{3}\Delta\bar{\tau}^2}\frac{k^2}{k^2-1}\left\{\left[1-\left(\Delta\bar{\tau}/k\right)^2\right]^{3/2} - \left(1-\Delta\bar{\tau}^2\right)^{3/2}\right\} \tag{3.199}$$

式中，$\Delta\bar{\tau}=\sqrt{3}\Delta\tau\big/(2\sigma_\mathrm{s})$ 。

在循环载荷作用下，圆柱壳沿壁厚会部分进入塑性状态。假设弹塑性交界面半径为 r_c，则平衡方程为

$$\int_{R_\mathrm{i}}^{R_\mathrm{o}} \frac{\sqrt{3}\pi P_\mathrm{i}(R_\mathrm{o}+R_\mathrm{i})r}{2(R_\mathrm{o}-R_\mathrm{i})}\mathrm{d}r = 2\pi\int_{R_\mathrm{i}}^{r_\mathrm{c}} \sqrt{\sigma_\mathrm{s}^2 - \sigma_\mathrm{s}^2\left(r/r_\mathrm{c}\right)^2}\, r\mathrm{d}r \tag{3.200}$$

弹塑性边界和外半径之间的比例关系为

$$\frac{r_\mathrm{c}}{R_\mathrm{o}} = \frac{2\sigma_\mathrm{s}}{\sqrt{3}\Delta\tau} \tag{3.201}$$

因此，塑性区的棘轮极限载荷为

$$\bar{\sigma}_\theta^\mathrm{m} = \frac{4}{3\sqrt{3}\Delta\bar{\tau}^2}\frac{k^2}{k^2-1}\left[1-\left(\Delta\bar{\tau}/k\right)^2\right]^{3/2} \tag{3.202}$$

式(3.199)和式(3.202)是循环扭矩和稳定内压组合载荷下压力管道的棘轮极限载荷，如图 3.35 所示。特别地，当 k 趋近于无限大时，可以得到循环扭矩和稳定内压组合载荷下实心圆柱体的棘轮极限载荷。

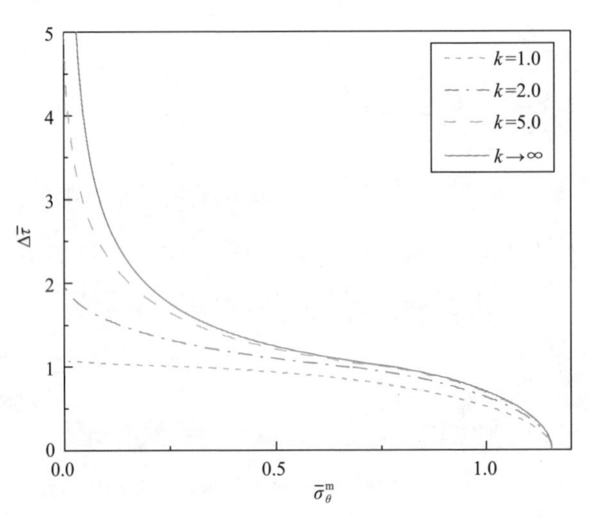

图 3.35　循环扭矩和稳定内压下管道的棘轮极限载荷

8. 循环弯矩和稳定扭矩组合载荷下压力管道的棘轮极限载荷

承受稳定扭矩 N 和循环弯矩 M 下的压力管道，如图 3.36 所示。

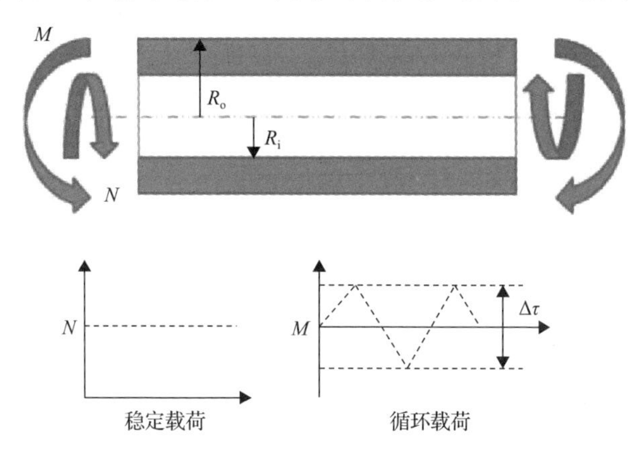

图 3.36　承受稳定扭矩和循环弯矩的压力管道

若循环弯曲应力($\Delta\sigma_M$)沿整个厚度保持弹性，则

$$2\pi\int_{R_i}^{R_o}\sqrt{3}\frac{Nr}{I_p}r\mathrm{d}r=\iint_A\left(\sigma_s-\left|\frac{\Delta\sigma_M r\sin\theta}{2R_o}\right|\right)\mathrm{d}A \tag{3.203}$$

于是，有

$$\frac{2\pi\tau_{\max}\left(R_o^3-R_i^3\right)}{\sqrt{3}R_o}=\Omega_1\sigma_s-2\frac{\Delta\sigma_M}{R_o}\Omega_2 \tag{3.204}$$

式中，$\Omega_1=\int_{R_i}^{R_o}2\pi r\mathrm{d}r=\pi\left(R_o^2-R_i^2\right)$，$\Omega_2=\int_{R_i}^{R_o}r^2\mathrm{d}r\int_0^{\pi/2}\sin\theta\mathrm{d}\theta$。

因此，其棘轮极限载荷为

$$\bar{\tau}=\frac{\sqrt{3}\left(k^2+k\right)}{2\left(k^2+k+1\right)}\left[1-\Delta\bar{\sigma}_M\frac{2\left(k^2+k+1\right)}{3\pi\left(k^2+k\right)}\right] \tag{3.205}$$

式中，无量纲参数定义为 $\bar{\tau}=\tau_{\max}/\sigma_s$；$\Delta\bar{\sigma}_M=\Delta\sigma_M/\sigma_s$；$k=R_o/R_i$。

当外表面发生屈服时，弹塑性边界与外半径的关系为

$$\frac{r_c}{R_o}=\frac{2\sigma_s}{\Delta\sigma_M} \tag{3.206}$$

根据 r_c 的取值范围，可以分为如下两种情况。

(1) 当 $R_i < r_c \leqslant R_o$，即 $2 \leqslant \Delta\bar{\sigma}_M < 2k$ 时，沿厚度方向的平衡方程为

$$2\pi\int_{R_i}^{R_o}\sqrt{3}\frac{Nr}{I_p}r\mathrm{d}r = \sigma_s\Omega_3 - \frac{2\Delta\sigma_M}{R_o}\Omega_4 \tag{3.207}$$

式中，$\Omega_3 = 4\left(\int_0^{\pi/2}\mathrm{d}\theta\int_{R_i}^{R_o}r\mathrm{d}r - \int_{r_c}^{R_o}\mathrm{d}y\int_0^{\sqrt{R_o^2-y^2}}\mathrm{d}x\right)$；$\Omega_4 = \left(\int_0^{R_i}\mathrm{d}y\int_{\sqrt{R_i^2-y^2}}^{\sqrt{R_o^2-y^2}}y\mathrm{d}x + \int_{R_i}^{r_c}\mathrm{d}y\int_0^{\sqrt{R_o^2-y^2}}y\mathrm{d}x\right)$。

将式(3.206)代入式(3.207)，则棘轮极限载荷为

$$\bar{\tau} = \frac{\sqrt{3}k^3}{\pi\left(k^3-1\right)}\left(F_1 - \frac{\pi}{2k^2} - F_2\right) \tag{3.208}$$

式中，$F_1 = \frac{2}{\Delta\bar{\sigma}_M}\sqrt{1-(2/\Delta\bar{\sigma}_M)^2} + \arcsin(2/\Delta\bar{\sigma}_M)$；$F_2 = \frac{\Delta\bar{\sigma}_M}{3}\left\{1-1/k^3-\left[1-(2/\Delta\bar{\sigma}_M)^2\right]^{\frac{3}{2}}\right\}$。

(2) 当 $0 < r_c \leqslant R_i$，即 $\Delta\bar{\sigma}_M \geqslant 2k$ 时，沿厚度方向的平衡方程为

$$2\pi\int_{R_i}^{R_o}\sqrt{3}\frac{Nr}{I_p}r\mathrm{d}r = \sigma_s\Omega_5 - 2\frac{\Delta\sigma_M}{R_o}\Omega_6 \tag{3.209}$$

式中，$\Omega_5 = 4\int_0^{y_p}\mathrm{d}y\int_{\sqrt{R_i^2-y^2}}^{\sqrt{R_o^2-y^2}}\mathrm{d}x$；$\Omega_6 = \int_0^{y_p}\mathrm{d}y\int_{\sqrt{R_i^2-y^2}}^{\sqrt{R_o^2-y^2}}y\mathrm{d}x$。

将式(3.206)代入式(3.209)，则棘轮极限载荷为

$$\bar{\tau} = \frac{\sqrt{3}k^3}{\pi\left(k^3-1\right)}(F_3 + F_4 - F_5) \tag{3.210}$$

式中，$F_3 = \frac{2}{\Delta\bar{\sigma}_M}\left[\sqrt{1-(2/\Delta\bar{\sigma}_M)^2} - \sqrt{1/k^2-(2/\Delta\bar{\sigma}_M)^2}\right]$；$F_4 = \arcsin(2/\Delta\bar{\sigma}_M) - \arcsin(2k/\Delta\bar{\sigma}_M)/k^2$；$F_5 = \frac{\Delta\bar{\sigma}_M}{3}\left\{\left[1/k^2-(2/\Delta\bar{\sigma}_M)^2\right]^{\frac{3}{2}} - \left[1-(2/\Delta\bar{\sigma}_M)^2\right]^{\frac{3}{2}} - 1/k^3 + 1\right\}$。

联立式(3.205)、式(3.208)和式(3.210)，可得到压力管道热弯曲的棘轮极限载荷交互图，如图 3.37 所示。

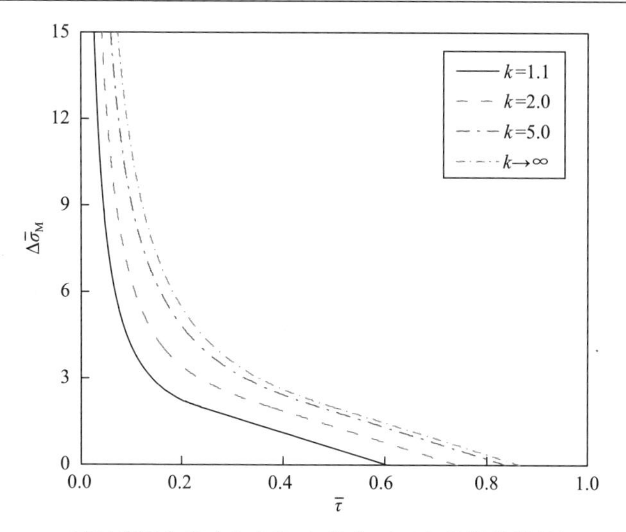

图 3.37　循环弯矩和稳定扭矩组合载荷下压力管道的棘轮极限载荷

9. 循环弯矩载荷下承压直管的棘轮极限载荷

承受稳定内压 P_i 和循环弯矩 M 作用下且两端封闭的压力管道，如图 3.38 所示。

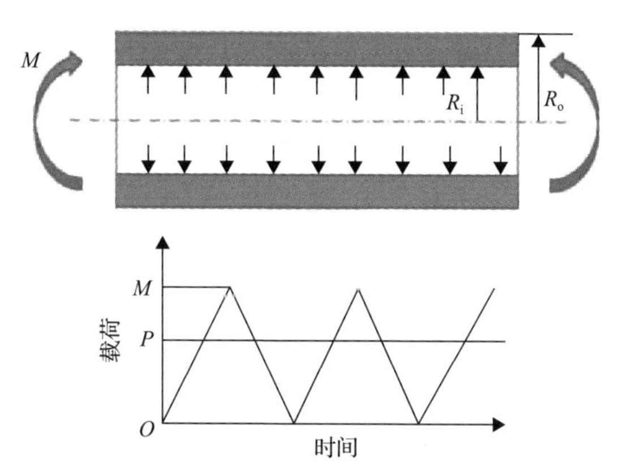

图 3.38　承受稳定内压和循环弯矩下的压力管道

当弯曲应力沿整个壁厚保持弹性时，则有

$$\pi\left(R_o^2-R_i^2\right)\sigma_{eq}^{m}=\iint_{\Omega}\left(\sigma_s-\left|\frac{\Delta\sigma_M y}{2R_o}\right|\right)\mathrm{d}\Omega \tag{3.211}$$

式中，Ω 为管道的横截面积。

于是，有

$$\pi\left(R_{\mathrm{o}}^{2}-R_{\mathrm{i}}^{2}\right)\sigma_{\mathrm{eq}}^{\mathrm{m}}=\Omega_{1}\sigma_{\mathrm{s}}-\frac{2\Delta\sigma_{\mathrm{M}}}{R_{\mathrm{o}}}\Omega_{2} \tag{3.212}$$

式中，$\Omega_{1}=\int_{R_{\mathrm{i}}}^{R_{\mathrm{o}}}2\pi r\mathrm{d}r=\pi\left(R_{\mathrm{o}}^{2}-R_{\mathrm{i}}^{2}\right)$；$\Omega_{2}=\int_{R_{\mathrm{i}}}^{R_{\mathrm{o}}}r^{2}\mathrm{d}r\int_{0}^{\pi/2}\sin\theta\mathrm{d}\theta$。

因此，其棘轮极限载荷为

$$X=\frac{2}{\sqrt{3}}\left[1-Y\frac{2\left(1+k^{2}+k\right)}{3\pi\left(k+k^{2}\right)}\right] \tag{3.213}$$

式中，无量纲参数为 $X=\sigma_{\theta}^{\mathrm{m}}/\sigma_{\mathrm{s}}$；$Y=\Delta\sigma_{\mathrm{M}}/\sigma_{\mathrm{s}}$。

当外表面发生屈服时，弹塑性边界与外半径之间的关系为

$$\frac{r_{\mathrm{c}}}{R_{\mathrm{o}}}=\frac{2\sigma_{\mathrm{s}}}{\Delta\sigma_{\mathrm{M}}} \tag{3.214}$$

根据 r_{c} 的取值范围，可以分为如下两种情况。

(1) 当 $R_{\mathrm{i}}<r_{\mathrm{c}}\leqslant R_{\mathrm{o}}$，即 $2\leqslant Y<2k$ 时，沿厚度方向的平衡方程为

$$\pi\left(R_{\mathrm{o}}^{2}-R_{\mathrm{i}}^{2}\right)\sigma_{\mathrm{m}}^{\mathrm{eq}}=\sigma_{\mathrm{s}}\Omega_{3}-\frac{2\Delta\sigma_{\mathrm{M}}}{R_{\mathrm{o}}}\Omega_{4} \tag{3.215}$$

式中，$\Omega_{3}=4\left(\int_{0}^{\pi/2}\mathrm{d}\theta\int_{R_{\mathrm{i}}}^{R_{\mathrm{o}}}r\mathrm{d}r-\int_{r_{\mathrm{c}}}^{R_{\mathrm{o}}}\mathrm{d}y\int_{0}^{\sqrt{R_{\mathrm{o}}^{2}-y^{2}}}\mathrm{d}x\right)$；$\Omega_{4}=\int_{0}^{R_{\mathrm{i}}}\mathrm{d}y\int_{\sqrt{R_{\mathrm{i}}^{2}-y^{2}}}^{\sqrt{R_{\mathrm{o}}^{2}-y^{2}}}y\mathrm{d}x+\int_{R_{\mathrm{i}}}^{r_{\mathrm{c}}}\mathrm{d}y\int_{0}^{\sqrt{R_{\mathrm{o}}^{2}-y^{2}}}y\mathrm{d}x$。

在这种情况下，其棘轮极限荷载为

$$X=\frac{2}{\sqrt{3}\pi\left(k^{2}-1\right)}\left(2k^{2}f_{1}-f_{2}-\pi\right) \tag{3.216}$$

式中，$f_{1}=(2/Y)\left(1-4/Y^{2}\right)^{1/2}+\arcsin(2/Y)$；$f_{2}=\frac{2Y}{3}\left\{k^{2}\left[1-\left(1-\frac{4}{Y^{2}}\right)^{3/2}\right]-\frac{1}{k}\right\}$。

(2) 当 $0<r_{\mathrm{c}}\leqslant R_{\mathrm{i}}$，即 $Y\geqslant 2k$ 时，沿厚度方向的平衡方程为

$$\pi\left(R_{\mathrm{o}}^{2}-R_{\mathrm{i}}^{2}\right)\sigma_{\mathrm{eq}}^{\mathrm{m}}=\sigma_{\mathrm{s}}\Omega_{5}-\frac{2\Delta\sigma_{\mathrm{M}}}{R_{\mathrm{o}}}\Omega_{6} \tag{3.217}$$

式中，$\Omega_5=4\int_0^{r_c}\mathrm{d}y\int_{\sqrt{R_i^2-y^2}}^{\sqrt{R_o^2-y^2}}\mathrm{d}x$；$\Omega_6=\int_0^{r_c}\mathrm{d}y\int_{\sqrt{R_i^2-y^2}}^{\sqrt{R_o^2-y^2}}y\mathrm{d}x$。

将式(3.213)代入式(3.216)，其棘轮极限载荷为

$$X=\frac{2}{\sqrt{3}\pi\left(k^2-1\right)}\left[2\left(f_3+f_4\right)-f_5\right] \tag{3.218}$$

式中，$f_3=\frac{2k}{Y}\left[k\left(1-4/Y^2\right)^{1/2}-\left(1-4k^2/Y^2\right)^{1/2}\right]$；$f_4=k^2\arcsin(2/Y)-\arcsin(2k/Y)$；$f_5=\frac{2Y}{3k}\left[\left(1-4k^2/Y^2\right)^{3/2}-k^3\left(1-4/Y^2\right)^{3/2}-1+k^3\right]$。

式(3.213)、式(3.215)和式(3.217)描述了不同的壁厚下，压力管道在稳定内压和循环弯矩组合载荷下的棘轮极限载荷，如图 3.39 所示。

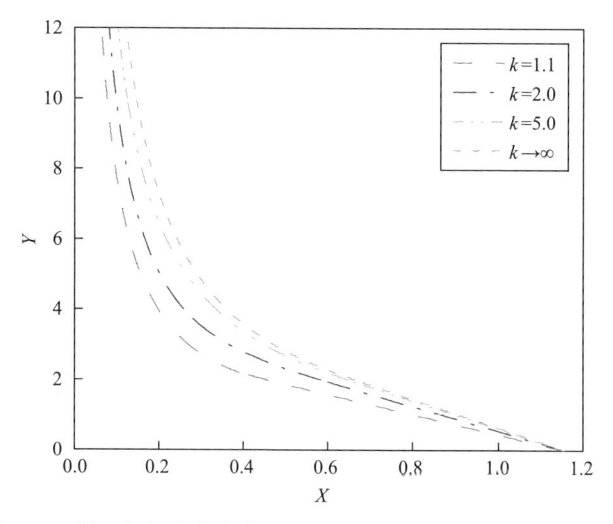

图 3.39　循环弯矩和稳定内压组合载荷下压力管道棘轮极限载荷

当仅考虑循环弯矩载荷下压力管道的棘轮极限载荷时，即内压为零，则棘轮极限载荷退化为

$$Y=\frac{3\pi\left(k+k^2\right)}{2\left(1+k^2+k\right)} \tag{3.219}$$

对循环弯矩载荷下压力管道棘轮极限评估(图 3.40)，有三个经验理论，即 KTA/ASME 规范、RCC-MRx 有效应力图规则和 C-TDF 方法。

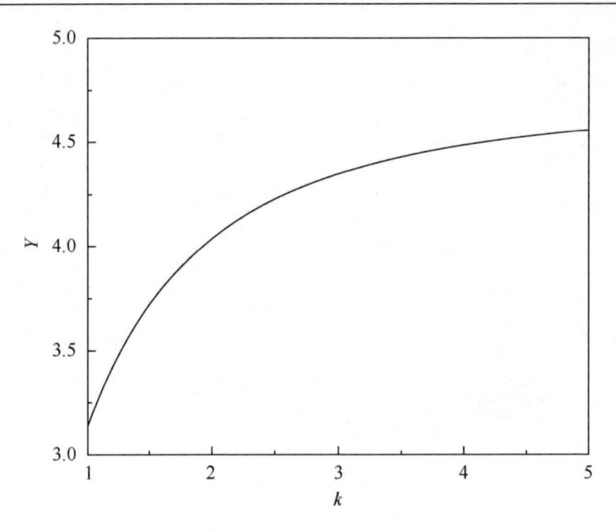

图 3.40　循环弯矩载荷下压力管道棘轮极限载荷

为了便于比较，统一规定稳定内压在圆筒中产生的薄膜应力为一次薄膜应力，循环弯矩载荷产生的正应力为二次应力。定义如下：

$$X = \frac{\sigma_\theta^{\mathrm{m}}}{\sigma_{\mathrm{s}}} \tag{3.220}$$

$$Y = \frac{\Delta\sigma_{\mathrm{M}}}{\sigma_{\mathrm{s}}} \tag{3.221}$$

根据 ASME 规范 N-47，在不考虑二次峰值应力情况下，对于任意的几何形状及载荷的结构，其棘轮极限载荷如下：

$$Y = 3.25(1-X) + 1.33(1-X)^3 + 1.38(1-X)^5, \quad X \leqslant 1 \tag{3.222}$$

在 RCC-MRx 这种规范中，有效应力是依据一次应力及二次应力来定的，由材料的设计应力强度来限定有效应力，从而保证结构的安定性。当构件中不存在一次弯曲应力时，根据式(3.222)来确定二次应力和一次薄膜应力的比值：

$$\mathrm{SR}_1 = \frac{\Delta\sigma_{\mathrm{M}}}{\sigma_\theta^{\mathrm{m}}} \tag{3.223}$$

根据式(3.223)确定一次薄膜应力与有效应力的比值：

$$v_1 = \frac{\sigma_\theta^{\mathrm{m}}}{\sigma_{\mathrm{eff1}}} \tag{3.224}$$

同样地，根据试验结果 v_1 与 SR_1 的关系为

$$
v_1 = \begin{cases} 1, & \mathrm{SR}_1 \leqslant 0.46 \\ 1.093 - 0.926\mathrm{SR}_1^2 \big/ (1+\mathrm{SR}_1)^2, & 0.46 < \mathrm{SR}_1 < 4 \\ 1\big/\sqrt{\mathrm{SR}_1}, & \mathrm{SR}_1 \geqslant 4 \end{cases} \tag{3.225}
$$

根据式(3.223)可以计算得到有效应力为

$$
\sigma_{\mathrm{eff1}} = \frac{\sigma_\theta^{\mathrm{m}}}{v_1} \tag{3.226}
$$

则安定限制条件为

$$
\sigma_{\mathrm{eff1}} \leqslant 1.2 S_{\mathrm{m}} \tag{3.227}
$$

为了与 ASME 给的棘轮极限载荷进行比较，将法国规范 RCC-MRx 给出的有效应力图法进行转换，当构件中不存在一次弯曲应力时，其棘轮极限载荷为

$$
Y = \begin{cases} \dfrac{0.64}{X}, & 0 < X \leqslant 0.4 \\ X\dfrac{\sqrt{1.093 - 1.25X}}{1.25X - 0.167}\left(\sqrt{1.093 - 1.25X} + \sqrt{0.926}\right), & 0.4 < X \leqslant 0.8 \end{cases} \tag{3.228}
$$

天津大学陈旭教授采用准三点弯曲试验装置，在多轴疲劳试验机上，确定了弯曲载荷作用下内压直管的棘轮边界[247]。试验中所用管子规格为 Φ 76mm×4mm，先计算半径比 $k=1.12$，然后代入本书所算的解析解式(3.213)、式(3.215)和式(3.217)中，可以得到相应的理论解。图 3.41 为各个方法所得棘轮极限载荷与理论解的对比。

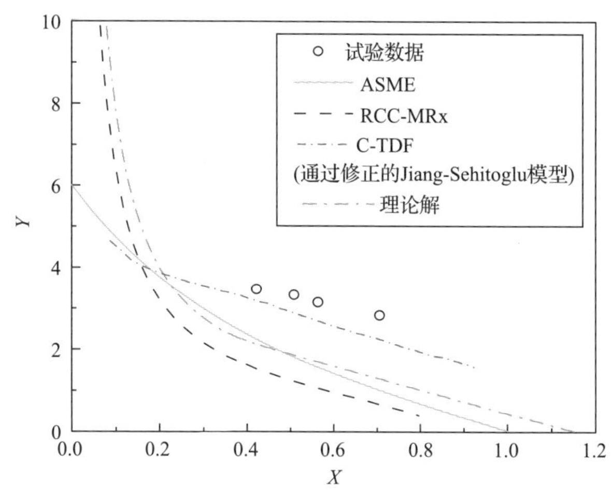

图 3.41 循环弯矩和稳定内压组合载荷下压力管道棘轮极限载荷对比图

3.3　承压壳体开孔部位的安定性分析

3.3.1　循环内压下球形封头开孔接管的安定性分析方法

球形封头是以球壳的球冠部分所形成的封头，有半球形封头和无折边球形封头两类。承受高压的压力容器多采用半球形封头作为端封头，其优点是在同样容积下表面积最小，相同承压条件下需要的厚度最薄，从节省材料和强度上看是最合理的。球形封头由于其优良特性，在工业上得到大量应用。球形封头开孔会造成局部应力集中，开孔处最易造成损坏，故有必要研究球形封头开孔局部的安定性。

1. 球形封头开孔模型

球形封头开孔模型球形封头直径为 500mm，球形封头壁厚为 5mm，筒体直径为 500mm，筒体壁厚为 10mm，几何图形尺寸如图 3.42 所示。

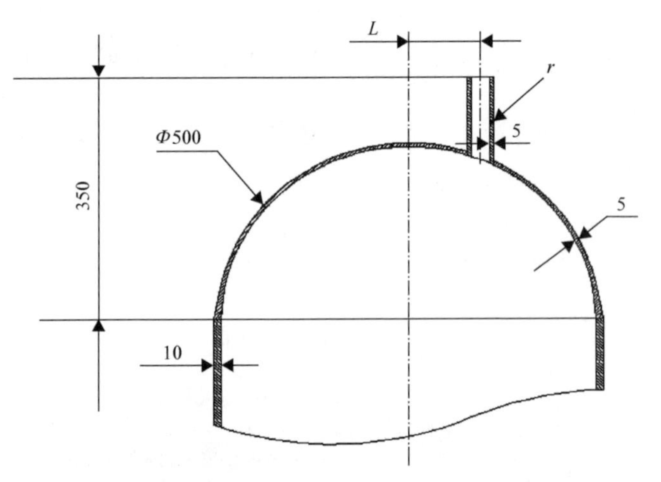

图 3.42　球形封头开孔几何模型(单位：mm)

假定封头为理想弹塑性材料，弹性模量为 210GPa，泊松比为 0.3，屈服应力为 200MPa。使用平面约束筒体下端面及管道上端面，将筒体下端面的耦合点设置为固定约束。筒体及封头内部施加均布压力载荷，管道平面施加轴向应力。有限元网格划分模型如图 3.43 所示。

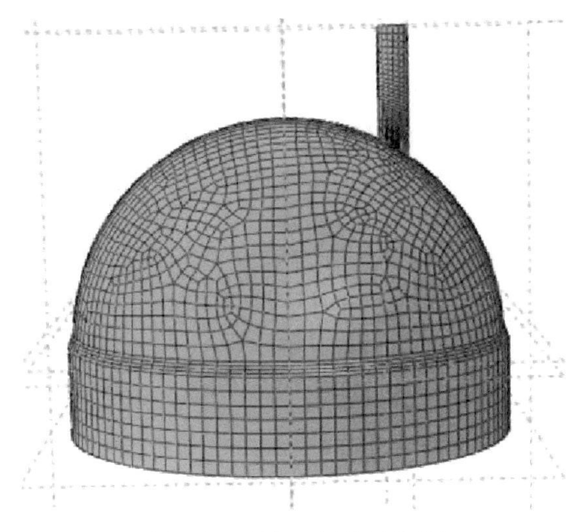

图 3.43　有限元网格划分模型

2. 弹性安定极限载荷分析方法

1) Abdalla 方法

利用有限元节点应力叠加，获得满足 Melan 静力安定定理的最大残余应力场，其有限元算法步骤如下：

(1) 将温度载荷 T_{ref} 单调加载并进行弹性分析，得到弹性应力 σ_{E}；

(2) 将稳定载荷和循环载荷进行弹塑性分析。第一步施加稳定载荷 P，第二步将温度载荷 T_i 分为 N 步渐增式加载，此时的最大应力必须超过材料屈服强度，第 i 个载荷 T_i 对应的弹塑性应力为 $\sigma_{\text{r}i}$；

(3) 计算所有节点的残余应力分量：

$$\sigma_{\text{r}i} = \sigma_{\text{EP}i} - \sigma_{\text{E}} T_i / T_{\text{ref}} \tag{3.229}$$

并计算 von Mises 等效残余应力：

$$\sigma_{\text{r}}^{\text{eq}} = \frac{1}{\sqrt{2}}\left[(\sigma_1 - \sigma_2)^2 + (\sigma_2 - \sigma_3)^2 + (\sigma_3 - \sigma_1)^2\right]^{1/2} \tag{3.230}$$

(4) 输出所有等效残余应力大于屈服强度的载荷值，查找最小载荷值对应解的增量步 i，则第 i–1 步载荷为安定极限载荷。

2) $\min\{P_{\text{L}}, 2P_{\text{e}}\}$ 方法

比例加载结构的弹性安定极限压力可简化为

$$P_{\text{s}} = \min\{P_{\text{L}}, 2P_{\text{e}}\} \tag{3.231}$$

式中，P_e为弹性极限压力。

采用 ABAQUS 编制如下四步算法：

(1) 计算弹性安定极限载荷；

(2) 根据理想弹塑性分析计算结构的塑性极限压力 P_L；

(3) 计算任一个比例载荷 P_i 下的最大弹性等效应力，记为$|\sigma_{ei}|_{max}$；

(4) 由线弹性关系计算：

$$2P_e = 2\sigma_s / |\sigma_{ei}|_{max} \tag{3.232}$$

则弹性安定极限压力为

$$P_s = \min\{P_L, 2P_e\} \tag{3.233}$$

3. 弹性安定极限载荷结果

在改变开孔半径下，由 Abdalla 方法与 $\min\{P_L, 2P_e\}$方法求得的弹性安定极限载荷如图 3.44 所示。图中 r 为开孔半径，R 为筒体半径，由两种方法求出的安定极限载荷十分接近，且均随开孔直径增大而逐渐降低。相对于 Abdalla 方法的复杂，$\min\{P_L, 2P_e\}$方法更加简便，且具有良好的精度。为了系统研究开孔半径与开孔位置对结构的安定极限载荷，这里分别计算了开孔半径为 25mm、50mm、62.5mm、87.5mm 和 L=0～137.5mm 条件下的安定极限载荷，如图 3.45 所示。

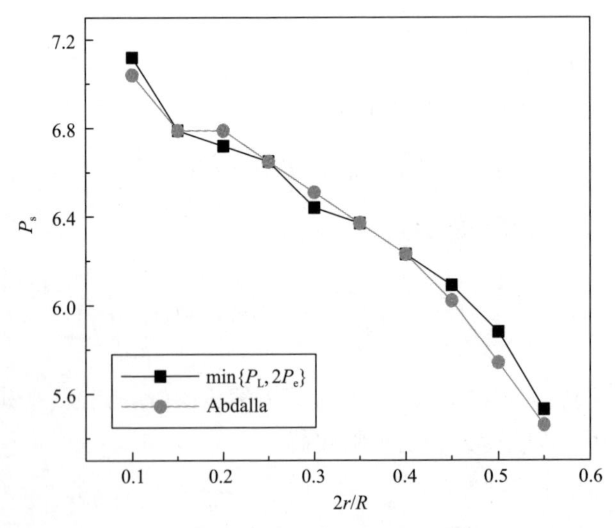

图 3.44　L=62.5mm 时不同开孔半径条件下的弹性安定极限载荷

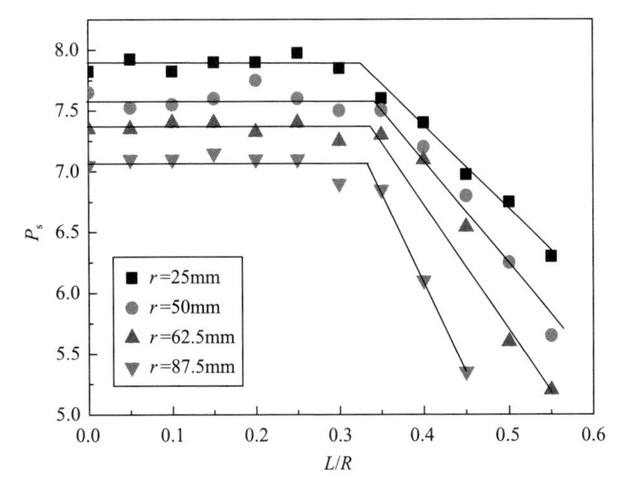

图 3.45 不同开孔条件下球形封头的弹性安定极限载荷

对图 3.45 进行数据拟合，有

$$
\begin{cases}
r=25\text{mm};\quad P_{\text{s}}=\begin{cases}7.89, & \dfrac{L}{R}\leqslant 0.35\\ -6.85\times\dfrac{L}{R}+10.12, & 0.35<\dfrac{L}{R}\leqslant 0.55\end{cases}\\
r=50\text{mm};\quad P_{\text{s}}=\begin{cases}7.57, & \dfrac{L}{R}\leqslant 0.35\\ -8.39\times\dfrac{L}{R}+10.44, & 0.35<\dfrac{L}{R}\leqslant 0.55\end{cases}\\
r=62.5\text{mm};\quad P_{\text{s}}=\begin{cases}7.36, & \dfrac{L}{R}\leqslant 0.35\\ -10.27\times\dfrac{L}{R}+10.82, & 0.35<\dfrac{L}{R}\leqslant 0.55\end{cases}\\
r=87.5\text{mm};\quad P_{\text{s}}=\begin{cases}7.07, & \dfrac{L}{R}\leqslant 0.35\\ -14.71\times\dfrac{L}{R}+11.97, & 0.35<\dfrac{L}{R}\leqslant 0.55\end{cases}
\end{cases}
\tag{3.234}
$$

根据上述计算数据，可得 $r/R\leqslant 0.35$ 时，开孔半径比 r/R 与弹性安定极限载荷的关系如图 3.46 所示。

由图 3.46 拟合经验公式为

$$
P_{\text{s}}=8.22-3.32\times\frac{r}{R},\qquad \frac{L}{R}\leqslant 0.35 \tag{3.235}
$$

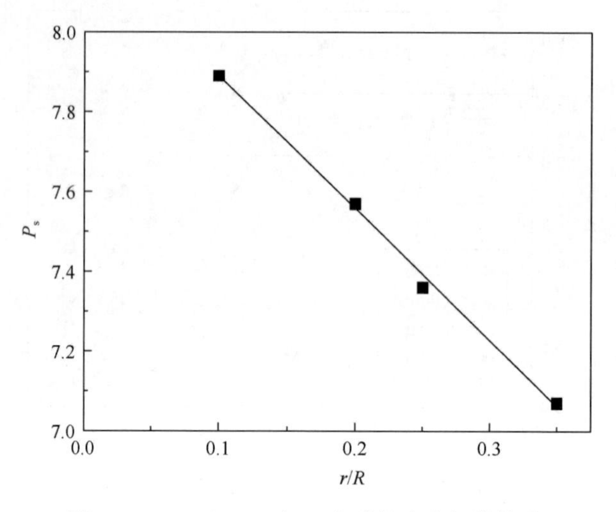

图 3.46　$L/R \leqslant 0.35$ 时 r/R 与弹性安定解的关系

由图 3.45 可知，$L/R > 0.35$ 时，弹性安定值与开孔半径 r、开孔位置 L 均有关，其拟合关系式为

$$P_s = 11.76 - 5.31 \times \frac{r}{R} - 9.19 \times \frac{L}{R}, \qquad \frac{L}{R} > 0.35 \tag{3.236}$$

为了验证上述拟合公式的可靠性，将 r=37.5mm 时安定极限载荷的数值解与式(3.235)和式(3.236)进行比较，如图 3.47 所示。结果表明，有限元分析的结果与本书经验公式的评估结果匹配良好，证明了该安定性评估方法的可靠性。

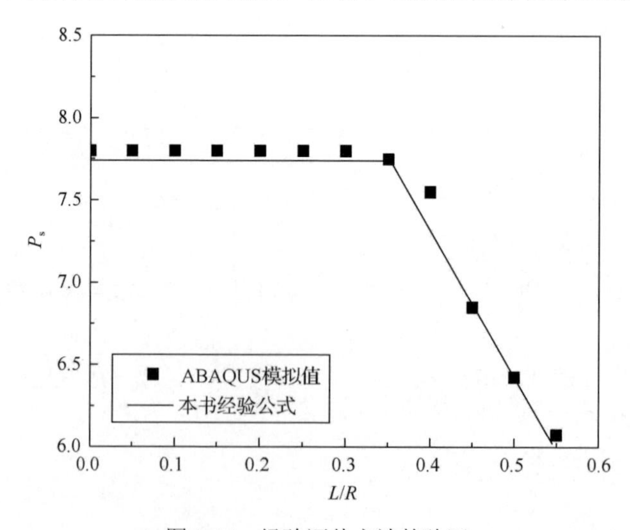

图 3.47　经验评估方法的验证

3.3.2　循环热-机械载荷下开孔圆筒的安定性分析

1. 开孔圆筒的有限元模型

承受恒定内压及循环热梯度载荷的厚壁径向开孔圆筒是典型的局部不连续结构，其几何模型如图 3.48 所示。图中，r_i 为径向开孔半径，R_i 和 R_o 分别为厚壁圆筒的内径和外径，L 为厚壁圆筒的长度。为便于比较，本章所有模型均采用相同的内径 R_i=300mm 及长度 L=800mm 进行分析，而不同的厚度比则通过修改外径 R_o 实现。

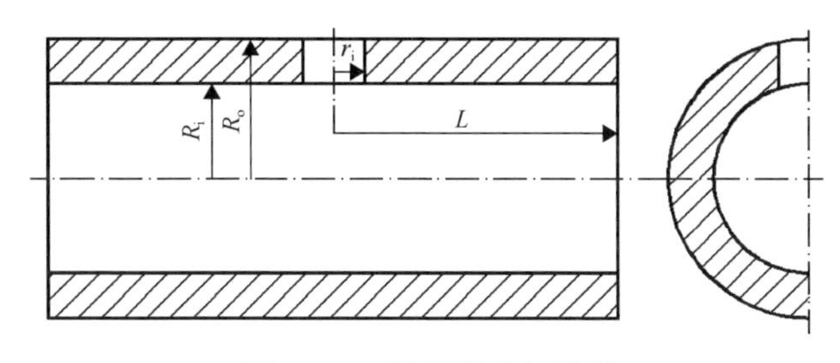

图 3.48　开孔圆筒几何模型

对于厚壁径向开孔圆筒有限元模型，采用八节点体单元 SOLID45 划分网格。同时，考虑到结构的对称性，本书采用 1/4 对称模型进行建模(沿环向和轴向对称)，共 3024 个单元，如图 3.49 所示。假设结构承受恒定内压及沿厚度线性分布的循环温度载荷，则边界条件为：圆筒内壁和开孔内壁均承受内压作用，封闭末端(设置平面约束和等效轴向拉力)，对称面设置对称位移约束，且圆筒从内壁到外壁施加线性温度梯度载荷。另外，为防止计算过程中产生刚体位移，在圆筒末端的某个节点上约束全部位移。根据圣维南原理，该局部约束仅影响局部应力状态，对整体应力状态(远离局部约束区)影响很小。值得注意的是，忽略该轴向拉伸力可以得到相对保守的结果，故分析时不考虑开孔接管轴向力的影响。

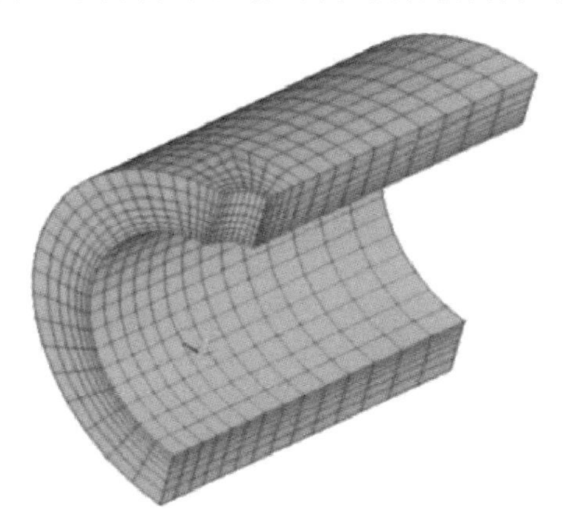

图 3.49　有限元分析模型

现有压力容器与管道相关的设计规范均采用理想弹塑性模型评估结构的安定行为，为适于工程应用，这里根据理想弹塑性模型、von Mises 屈服准则及关联的流动准则进行分析。为便于比较，本书采用文献[247]中的材料参数进行计算，如表 3.4 所示。因此，采用通用软件 ANSYS 进行有限元分析时，选择 Prager 双线性随动硬化模型且设置剪切模量为 0MPa。

表 3.4　材料参数[247]

α /(1/℃)	μ	E/MPa	σ_s/MPa
1.335×10^{-5}	0.3	1.84×10^5	465

2. 开孔直径对整体安定行为的影响

分别选取开孔半径比为 r_i/R_i =1/10、1/5、3/10 和 2/5 的情况进行研究。每种情况均采用不少于 60 个载荷组合进行分析，并在弹性安定/塑性安定极限载荷、弹性安定/棘轮极限载荷及塑性安定/棘轮极限载荷附近减小热载荷增量步，以便获得较为合理的安定极限载荷。内压和热载荷均采用归一化形式，即对内压与未开孔圆筒的极限压力进行归一化处理，弹性热载荷 $\sigma^t = E\alpha\Delta T / [2(1-\mu)]$ 采用屈服应力进行归一化处理。另外，为便于比较，分析结果也给出了经典的 Bree 解和极限载荷。值得注意的是，经典 Bree 图中横坐标采用环向应力与屈服应力的比值，而这里采用内压与极限压力的比值。不同开孔半径条件下的计算结果如图 3.50(a)～(d)所示。图中 R 表示棘轮区；P 表示塑性安定区；E 表示弹性安定区。

为进一步说明开孔半径对安定/棘轮边界的影响，图 3.50(a)～(d)中各安定极限载荷如图 3.51 所示。结果表明，循环热-机械载荷下，径向开孔显著减小弹性安定和交变塑性边界，值得一提的是，弹性安定和交变塑性边界并不随开孔半径的增大而降低，而随开孔半径的减小而降低直至收敛，且当 $r_i/R_i \leqslant 1/5$ 时，弹性安定和交变塑性边界收敛于 σ^t/σ^s =1.2。另外，随着开孔半径的增加，棘轮极限载荷显

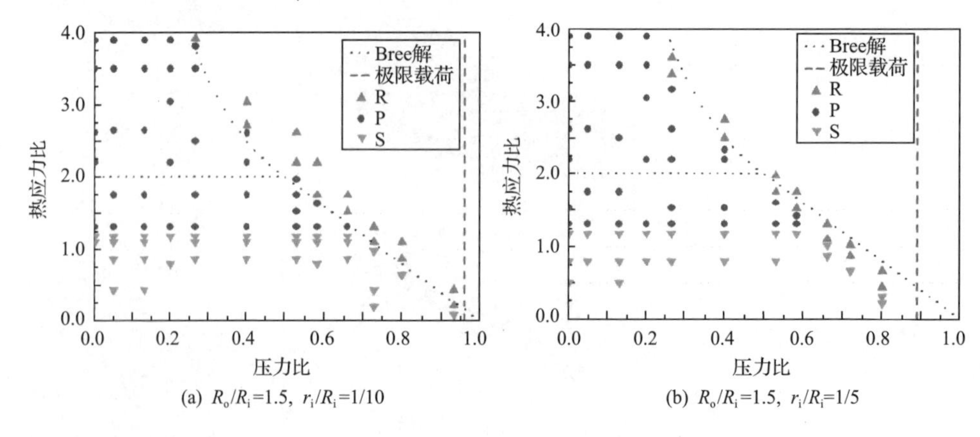

(a) R_o/R_i=1.5，r_i/R_i=1/10　　(b) R_o/R_i=1.5，r_i/R_i=1/5

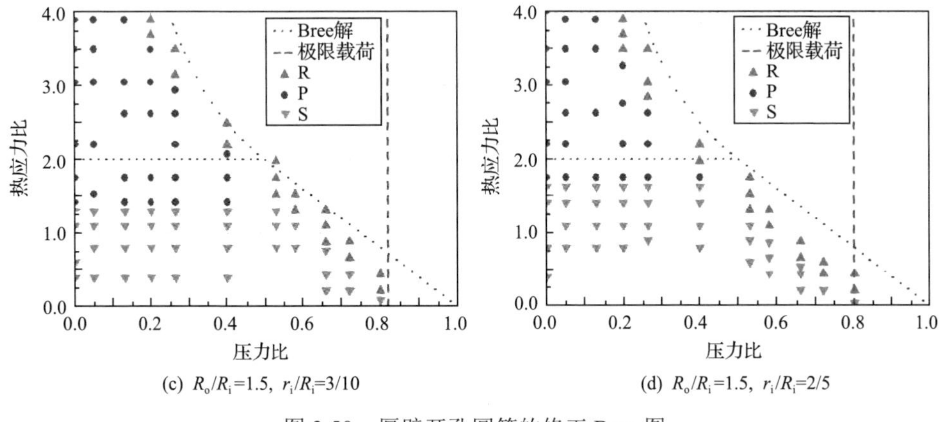

(c) R_o/R_i=1.5, r_i/R_i=3/10　　(d) R_o/R_i=1.5, r_i/R_i=2/5

图 3.50　厚壁开孔圆筒的修正 Bree 图

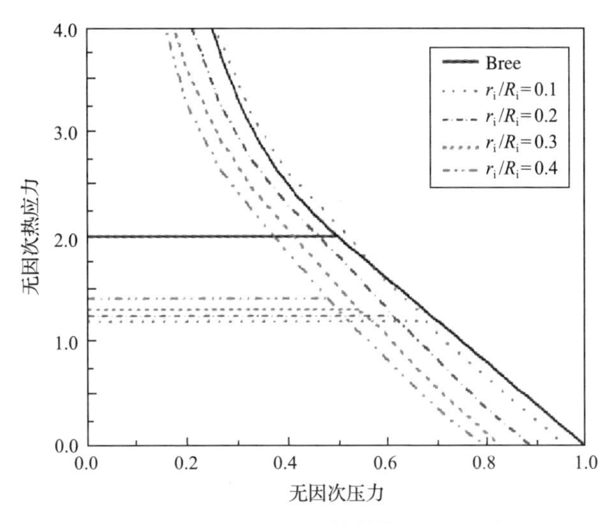

图 3.51　厚壁开孔圆筒的修正 Bree 图

著减小。特别地，当 $r_i/R_i \leqslant 1/10$ 时，开孔对棘轮极限影响很小，棘轮极限评估时可不考虑小开孔的影响。弹性安定和塑性安定极限载荷显著降低，表明小开孔显著减小结构的弹性安定区，并增大塑性安定区，这也在一定程度上说明了小开孔会增大结构低周疲劳失效的风险，安全评定时需重点校核结构的低周疲劳强度。

3. 安定性分析方法的可靠性评价

这里选用逐次循环法(cycle-by-cycle)进行分析。在循环分析过程中，本书根据 50 次循环载荷后的塑性应变趋势判断结构的安定状态：若总体趋势是收敛的，则为弹性安定；若总体趋势是交变的，则为塑性安定；若总体趋势是累积的，则为棘轮状态。另外，分析过程中保持内压不变，逐步增加热载荷进行计算分析，通过判断各载荷组合下结构的安定状态来逼近其安定极限载荷。

为验证有限元方法(FEM)的可靠性，以 Bree 模型分析了薄壁圆筒在循环热-机械载荷下的安定极限载荷，其中 R_i =300mm，R_o =320mm。采用轴对称单元 PLANE42 进行分析，计算结果如图 3.52 所示，有限元分析结果与 Bree 解匹配良好。

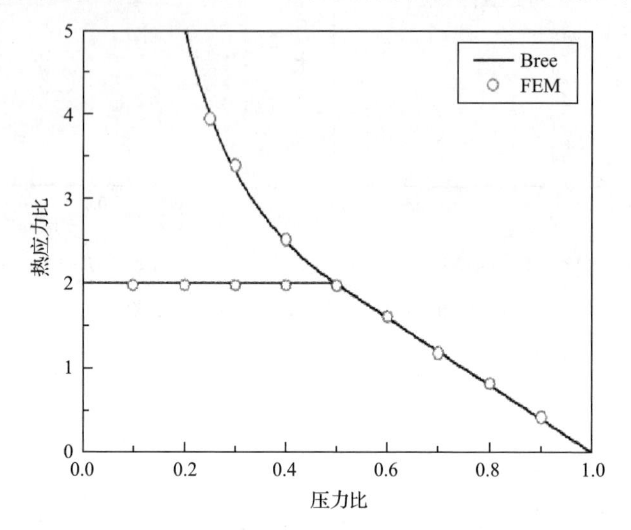

图 3.52 薄壁圆筒安定极限载荷的有限元结果与 Bree 解比较

4. 圆筒壁厚对安定行为的影响

为研究厚度对开孔圆筒安定性的影响，这里取相同开孔条件下 r_i/R_i =0.1 时，R_o/R_i 分别为 1.3、1.5 和 2 的情况。针对不同厚度比，本小节有限元建模时采用内径不变而增大外径的方法，计算结果如图 3.53 所示。注意 r_i/R_i =0.1、R_o/R_i =1.5 的分析结果如图 3.53(a)所示。为详细描述圆筒厚度对结构安定性的影响，图 3.54 给出了不同厚度下的修正 Bree 图，结果表明三种情况的安定极限载荷基本一致。

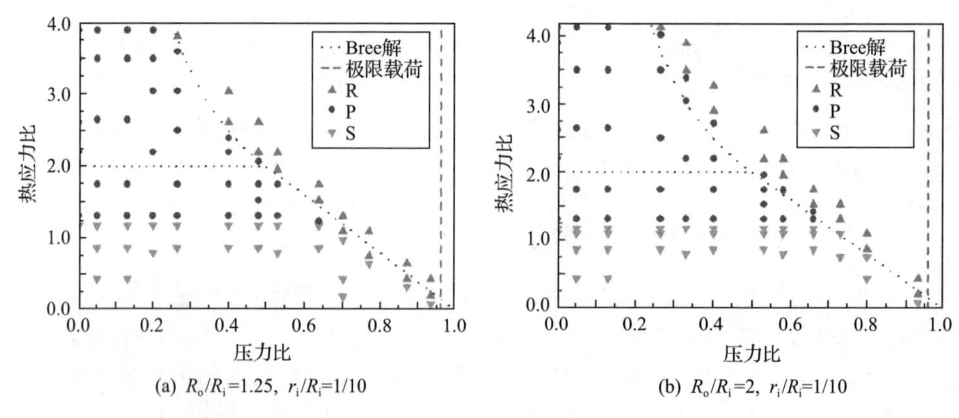

(a) R_o/R_i=1.25, r_i/R_i=1/10

(b) R_o/R_i=2, r_i/R_i=1/10

图 3.53 开孔圆筒的修正 Bree 图

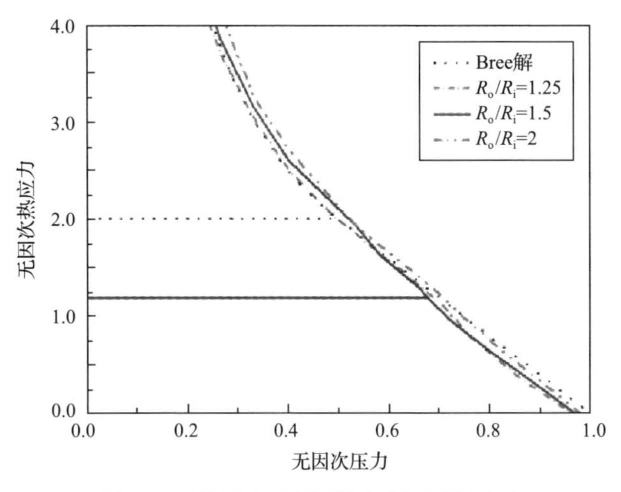

图 3.54　壁厚对开孔圆筒安定区域的影响

由于在修正 Bree 中横坐标为内压与未开孔极限压力的比值，而未开孔圆筒的极限载荷随厚度增加，说明安定极限载荷随厚度的增加而变大。另外，本书修正 Bree 图可用于不同厚度开孔圆筒的安定性评估，这与 Camilleri 等[24]提出的经典 Bree 图可用于不同厚度圆筒安定性评估的结论一致。

5. 轴向应力对安定行为的影响

在实际工程中，承受循环热-机械载荷的圆筒形压力容器可能具有不同的轴向应力条件。例如，储罐和压缩机等筒体具有封闭末端，在内压作用下结构主体承受轴向拉应力；而塔设备筒体在自重及附件重力作用下承受轴向压应力。不同的轴向应力条件会显著影响结构的安定极限载荷，尤其是具有明显应力集中的径向开孔圆筒。为研究不同轴向应力对开孔圆筒安定行为的影响，本小节比较了封闭末端、开口末端和不同轴向压缩应力下结构的安定行为（$\sigma_z = -0.2\sigma_s$ 和 $\sigma_z = -0.5\sigma_s$）。

开孔圆筒 R_o/R_i =1.5，r_i/R_i =1/10 在$-0.5\sigma_s$轴向压缩应力下的安定行为如图 3.55 所示。不同轴向力条件尽管并不影响弹性安定与塑性安定边界，而图 3.50 中的安定区域较图 3.51 (a) 明显减少，这说明轴向压缩应力显著减小结构的棘轮极限载荷。值得注意的是，在轴向压缩应力条件下，当操作压力大于 80%极限载荷时开孔圆筒的热棘轮极限迅速减小为 0，这说明当循环热载荷较小时也会导致结构棘轮失效。因此，在轴向压缩条件下需重点评估结构的棘轮极限。

这里有限元分析是基于厚壁圆筒及 von Mises 屈服准则，而 Bree 解是根据薄壁理论和 Tresca 屈服准则，故后者会得到相对保守的极限载荷。为统一有限元模型与 Bree 解，本小节以 Bree 模型的极限压力为标准，并将 R_o/R_i =1.5、r_i/R_i =0.1 时不同轴向应力条件下的操作压力与之进行归一化处理，如图 3.56 所示。

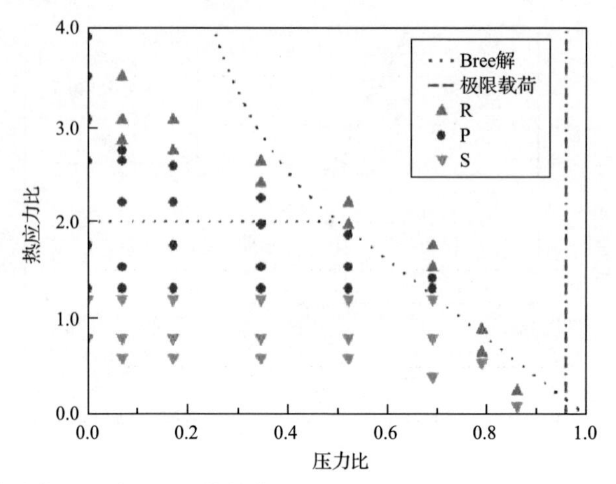

图 3.55　轴向压缩载荷下厚壁开孔圆筒的修正 Bree 图（$R_o/R_i=1.5$，$r_i/R_i=1/10$，$\sigma_z=-0.5\sigma_s$）

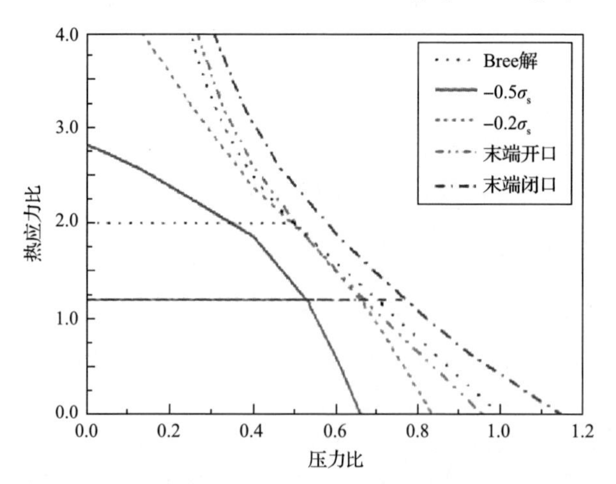

图 3.56　不同轴向载荷下厚壁开孔圆筒的修正 Bree 图（$R_o/R_i=1.5$，$r_i/R_i=0.1$）

分析结果表明，尽管圆筒存在小开孔条件（$r_i/R_i\leqslant 0.1$），但在循环热-机械载荷下开口末端条件的安定极限载荷与经典的 Bree 解基本一致，而封闭末端条件的安定极限载荷比经典的 Bree 解大。由于循环热-机械载荷下小开孔（$r_i/R_i\leqslant 0.1$）对圆筒的安定极限载荷影响很小，因此在修正 Bree 图中安定极限载荷与圆筒厚度无关。这说明基于薄壁理论的 Bree 解可较好评估开口末端条件下厚壁小开孔（$r_i/R_i\leqslant 0.1$）圆筒的安定性，而评估闭口末端条件下厚壁小开孔（$r_i/R_i\leqslant 0.1$）圆筒的安定行为时偏于保守，可采用因子 $2/\sqrt{3}$ 加以修正。另外，图 3.56 表明开孔圆筒安定极限载荷随轴向压缩应力的增大而显著减小。这说明采用经典 Bree 解评估轴向压缩状态下开孔圆筒的安定行为是不安全的，需详细分析结构的安定范围。图 3.57 显示了轴向压缩应力为$-0.5\sigma_s$时不同开孔半径下的安定极限载荷，结果表明轴向压缩状态下安定极限载荷随开孔半径增大而减小。

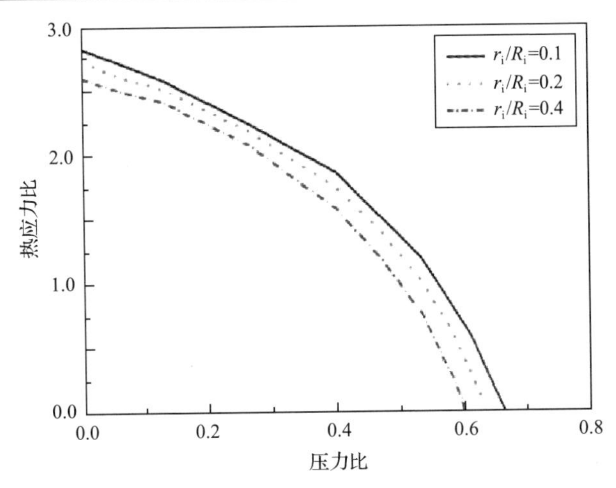

图 3.57 轴向压缩载荷下开孔半径对安定区域的影响

6. 厚壁开孔圆筒安定性评估的简化方法

ASME 锅炉与压力容器设计规范允许结构在弹性安定及满足低周疲劳强度的塑性安定状态下工作，而不允许产生渐增塑性变形。在实际工程中，结构的安定性评估应包括弹性安定区及塑性安定区。目前，在安定性评估的工程方法上，仅有一些简单结构(薄壁圆筒、单梁和双梁等)可通过理想弹塑性分析而获得安定极限载荷的解析解(如工程上常用的 Bree 图)，但对于含有开孔接管等局部几何不连续的复杂结构难以获得安定极限载荷的解析解，工程上常基于应力分类法、经典的安定定理或有限元直接循环法评估这类复杂结构的安定行为。但基于弹性分析的应力分类法并不总能保证结构的安全，而采用经典的安定定理或有限元直接循环法进行数值计算时往往计算量偏大，耗时很长，安定性评估过程十分烦琐。因此，建立复杂结构的简化安定性评估方法或经验公式十分必要。

在开孔圆筒的修正 Bree 图中，弹性安定边界和塑性安定边界在各种开孔半径和筒体厚度条件下均变化很小，且收敛于 $\sigma_t/\sigma_s=1.2$，故本书采用 $\sigma_t/\sigma_s=1.2$ 保守评估开孔圆筒的弹性安定边界和塑性安定边界。另外，Dixon 等[248]在研究开孔圆筒极限载荷时，提出了剩余强度因子(remaining strength factor，RSF)的概念，且定义为 $\text{RSF}=P_L^c/P_L$，该变量用于表征开孔圆筒的静态设计压力因子，其中 P_L^c 和 P_L 分别为开孔和未开孔圆筒的极限压力。剩余强度因子与本书修正 Bree 图中归一化极限载荷概念一致，且安定极限载荷随开孔半径的增大而显著减小，与剩余强度因子近似呈比例关系，如图 3.51 所示。因此，不同开孔半径下圆筒的安定极限载荷可以通过 Bree 解乘以相应的剩余强度因子获得。基于以上分析，不同开孔条件下的安定极限载荷如图 3.58 所示。分析结果表明，该简化方法可有效地评估各种开孔半径条件下的安定极限载荷，而在修正 Bree 图中厚度对安定极限载荷影响很小，故该简化方法也可近似评估各种厚度情况下开孔圆筒的安定性。另外，在开孔半径相同时，剩余强度因子随厚度的增加而略有增加，这说明相同开孔半径条件下，采用简化方法得到的薄壁圆筒修正 Bree 图可用于保守评估较厚圆筒的安定性。

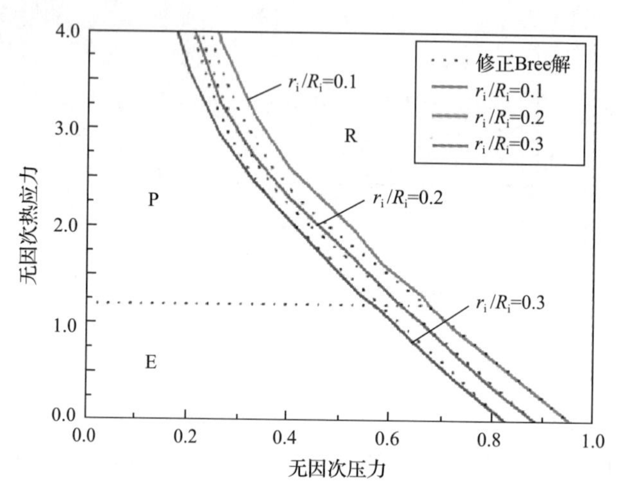

图 3.58　相同壁厚和不同开孔半径条件下厚壁开孔圆筒安定性评估方法

该方法虽可方便评估各种开孔半径和壁厚条件下的安定极限载荷，但不能在修正 Bree 图中直观地表征开孔半径和圆筒厚度对安定极限载荷的影响，下面将介绍另一个简化评估方法。这里，定义另一个修正 Bree 图，其中 x 轴定义为 σ_θ/σ_s，而 y 轴的归一化热应力与前面相同，σ_θ 为基于薄壁理论的环向应力且 $\sigma_\theta = P_w R_i/t$，$P_w$ 为操作压力。考虑到不同厚度的影响，开孔圆筒的安定极限载荷采用厚度因子 M_t 进行修正。其中，厚度因子 M_t 为

$$M_t = 2\ln(R_o/R_i)/[\sqrt{3}(R_o/R_i - 1)] \tag{3.237}$$

值得注意的是，厚度因子可以修正开孔或未开孔条件下圆筒的安定极限载荷。另外，考虑到不同开孔半径的影响，这里仍沿用前面的剩余强度因子 RSF 进行修正。那么，循环热-机械载荷下开孔圆筒的安定极限载荷等于经典 Bree 解乘以厚度因子 M_t 及剩余强度因子 RSF。假定采用形状因子 M_{tr} 来表征不同开孔半径和厚度条件对结构安定极限载荷的影响，则

$$M_{tr} = = 2\mathrm{RSF}\ln(R_o/R_i)/[\sqrt{3}(R_o/R_i - 1)] \tag{3.238}$$

那么，结构的安定极限载荷可表示为经典 Bree 解乘以形状因子 M_{tr}。如果仍采用前面 σ_t/σ_s =1.2 保守评估开孔圆筒的安定极限载荷，则循环热-机械载荷下开

孔圆筒的安定极限载荷如图3.59所示。为详细描述不同开孔半径和厚度条件下的安定极限载荷，图中选取了$R_o/R_i=1.25$、$r_i/R_i=0.1$，$R_o/R_i=1.5$、$r_i/R_i=0.1$和$R_o/R_i=1.5$、$r_i/R_i=0.3$三种情况进行比较研究。结果表明，该修正Bree图能直观地表征开孔半径和圆筒厚度对安定极限载荷的影响，即相同开孔半径条件下($r_i/R_i=0.1$)，安定极限载荷随厚度的增大($R_o/R_i=1.25$和$R_o/R_i=1.5$)而左移；相同厚度条件下($R_o/R_i=1.5$)，安定极限载荷随开孔半径的增大($r_i/R_i=0.1$和$R_o/R_i=0.3$)而左移。另外，各种开孔半径和壁厚条件下安定极限载荷的有限元解与近似解匹配良好，说明修正Bree图能有效评估热-机械载荷下厚壁开孔圆筒的安定性，是一种较好的工程评估方法。

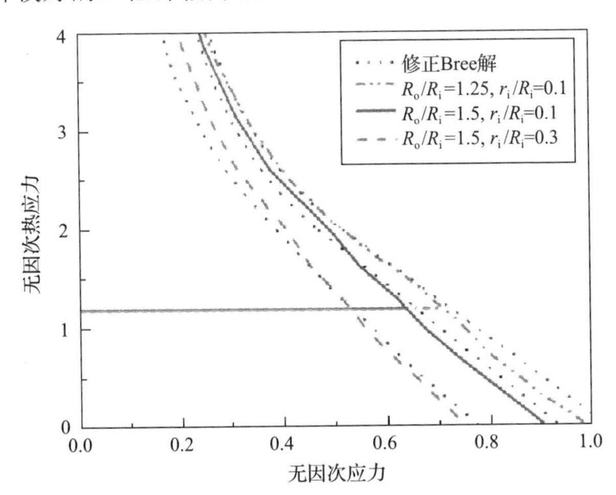

图3.59　不同壁厚和开孔半径条件下厚壁开孔圆筒安定评估方法

3.3.3　循环热-机械载荷下承压斜接管的安定性分析方法

1. 承压斜接管的有限元模型

由于工艺设计的要求和安装的限制，在某些情况下需要使用斜接管。与正交接管相比，斜接管可以在相同的载荷和几何条件下产生更高的应力和应变分布。在复杂条件下，该部件更容易产生累积的塑性应变，即棘轮效应。因此，为了避免棘轮行为引起的结构失效，有必要研究斜接管的安定极限载荷。

带有倾斜接管的压力管道的有限元分析模型，如图3.60(a)和(b)所示。图3.60(b)中，斜接管的角度(φ_0)定义为主管和倾斜接管之间的锐角。该模型的主要几何参数见表3.5。考虑到模型的对称性，在ABAQUS CAE中建立了1/2模型，并采用20节点单元C3D20R。斜接管压力管道的有限元模型由8416个单元和45812个节点组成，如图3.60(a)所示。假设模型承受稳定内压P_i和内外表面循环温差ΔT的综合作用。为简化分析，假定压力管道外表面的温度T_0为零，采用LMM插件分析安定极限载荷。

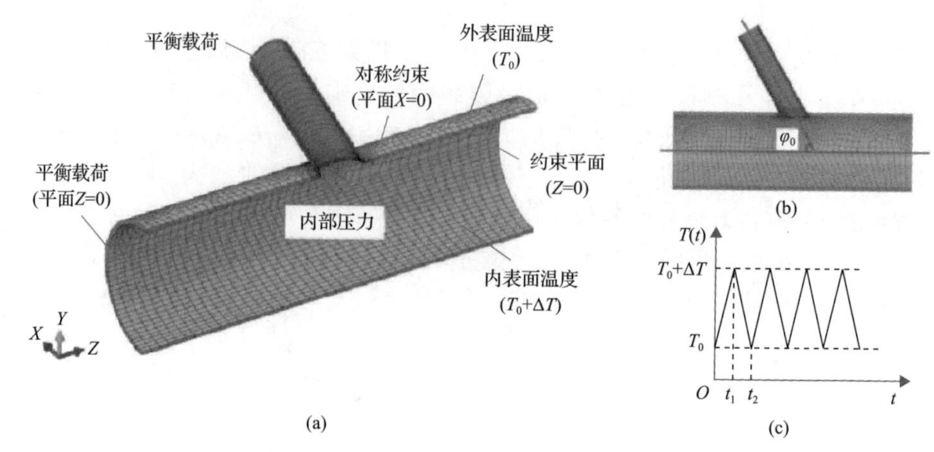

图 3.60　高温斜接管压力管道有限元模型

表 3.5　斜接管的几何参数

部件	参数	尺寸值
主管道	直径 D_p /mm	349
	厚度 t_p /mm	20
斜接管	角度 φ_0 /(°)	60
	直径 D_z /mm	219
	厚度 t_z /mm	10
角焊缝	外表面半径 R /mm	10
	内表面半径 r /mm	5

有限元模型的主要边界条件如下(图 3.60)：

(1)模型的切割平面 $X=0$ 施加对称约束；

(2)主管的两个切割面施加平面约束；

(3)平衡载荷施加在倾斜接管的切割平面及主管的左切割平面，由轴向平衡载荷为

$$\sigma_{\text{bl}}=\frac{P_{\text{i}}D_{\text{i}}^{2}}{D_{\text{o}}^{2}-D_{\text{i}}^{2}} \tag{3.239}$$

式中，σ_{bl}为平衡载荷(拉应力)；P_{i}为内压；D_{i}和D_{o}分别为主管和支管的内径和外径。

斜接管的材料属性包括：弹性模量 E=190GPa，泊松比 $\mu=0.3$，温度相关的屈服应力 σ_{s}(图 3.61)，热导率 $k=1.63\times10^{-2}$W/(m·℃)，热膨胀系数 $\alpha=1.60\times10^{-5}$℃$^{-1}$。

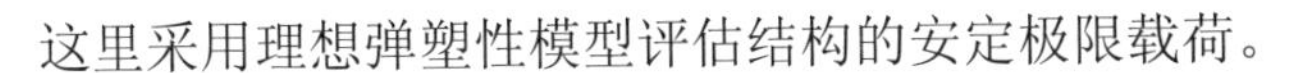

这里采用理想弹塑性模型评估结构的安定极限载荷。

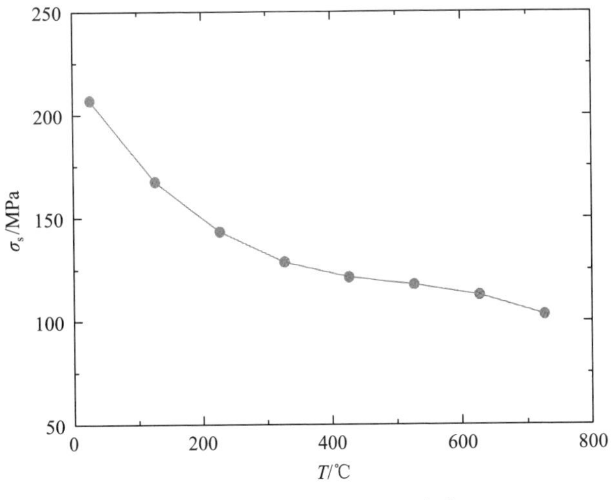

图 3.61　温度相关的屈服应力

2. 斜接管的安定评定图

图 3.62 提供了用于评定斜接管安定性的修正 Bree 图，即安定和棘轮极限曲线。图中分别采用无因次内压 P_i/P_L 和无因次温度范围 $\Delta T/T_0$ 分别作为横坐标和纵坐标。参考温度 T_0=100℃，参考内压为 P_L = 9.4MPa，即极限内压。在修正 Bree 图中包含安定、交变塑性和棘轮效应三种不同的失效机制。值得注意的是，下面重点讨论安定极限。

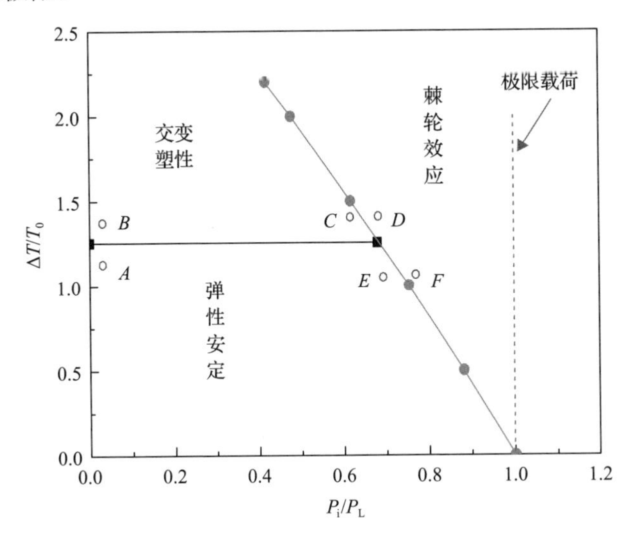

图 3.62　恒定内压和循环温差下斜接管的修正 Bree 图

在纯机械载荷作用下和纯循环热载荷作用下，无因次等效塑性应变分布如图 3.63 所示。对于纯机械载荷的情况，如图 3.63(a)所示，其最大等效塑性应变集中在主管与斜接管交界的中轴线上。在纯循环热载荷条件下，最大等效塑性应变位于主管与斜接管的交界处，并与主管中轴线呈一定的偏离角度 α，如图 3.63(b)所示。

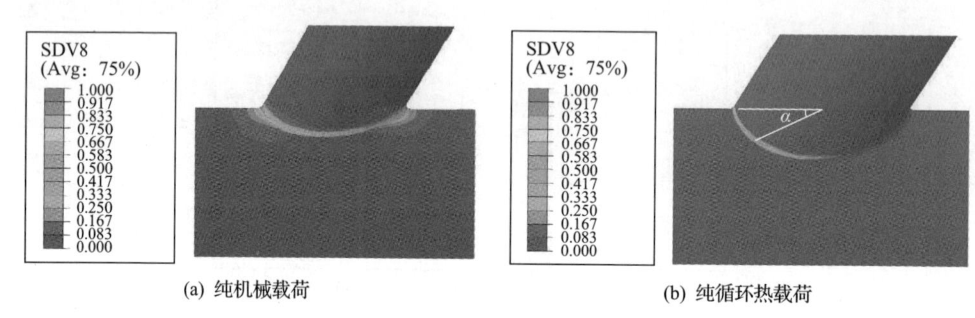

(a) 纯机械载荷　　(b) 纯循环热载荷

图 3.63　等效塑性应变分布

为了验证 LMM 插件分析结果的正确性，采用 ABAQUS 进行逐次循环分析。选择加载组合的若干点(图 3.62 中的点 A、B、C、D、E 和 F)作为对比点。对于接近塑性安定极限载荷的载荷点 A 和 B，等效塑性应变曲线随循环次数的变化关系如图 3.64(a)所示。对于载荷点 A，初始塑性应变后，等效塑性应变没有进一步增加，而载荷点 B 下产生稳定的交变塑性行为。对于接近棘轮极限的载荷点 C、D、E 和 F，等效塑性应变随循环次数的变化关系如图 3.64(b)和(c)所示。对于载荷点 C、E，观察到稳定的交变塑性行为，而载荷点 D 和 F 可以清楚地观察到棘轮行为。因此，采用 LMM 插件计算得到的交变塑性和棘轮极限是准确的。

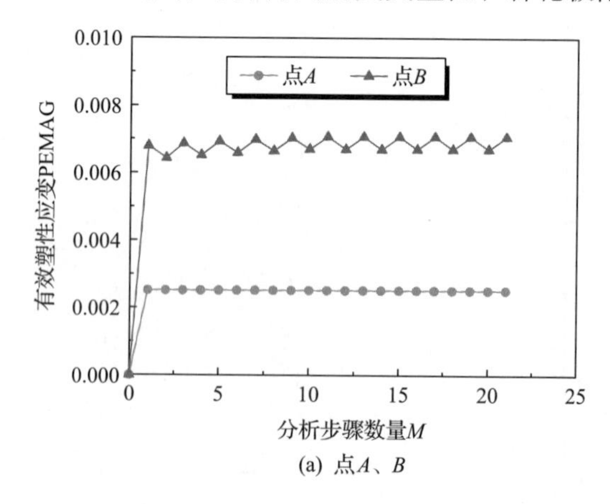

(a) 点A、B

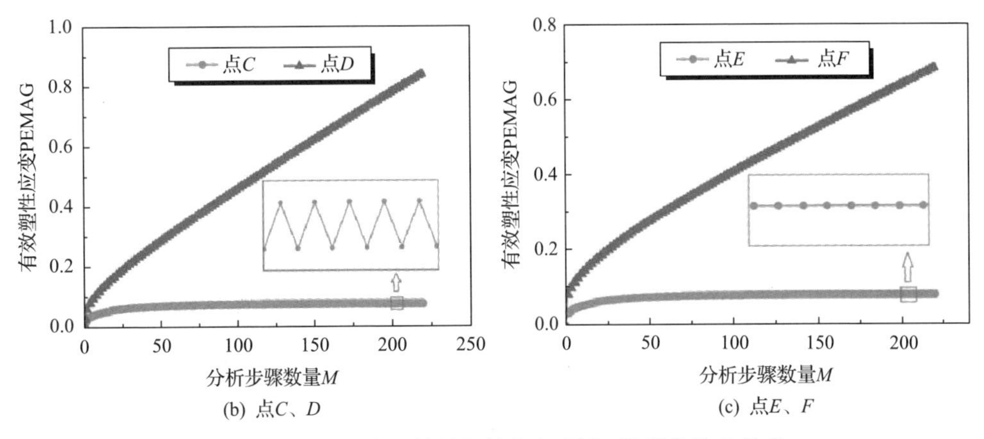

(b) 点C、D　　(c) 点E、F

图 3.64　各种载荷下等效塑性应变随循环次数的演化关系

3. 安定极限载荷的参数研究

在本节中，主要研究斜接管的倾斜角、斜接管的直径与厚度比、主管的直径与厚度比及主管与倾斜接管之间的圆角半径等参数。

1) 斜接管角度

选择斜接管的三个典型角度进行分析，即夹角 $\varphi_0 = 45°$、60°和 90°。图 3.65 给出了安定极限载荷。结果表明，倾斜角对斜接管的交变塑性极限影响相对较小，而显著影响其棘轮极限，且棘轮极限载荷随倾斜角的增大而显著增加。

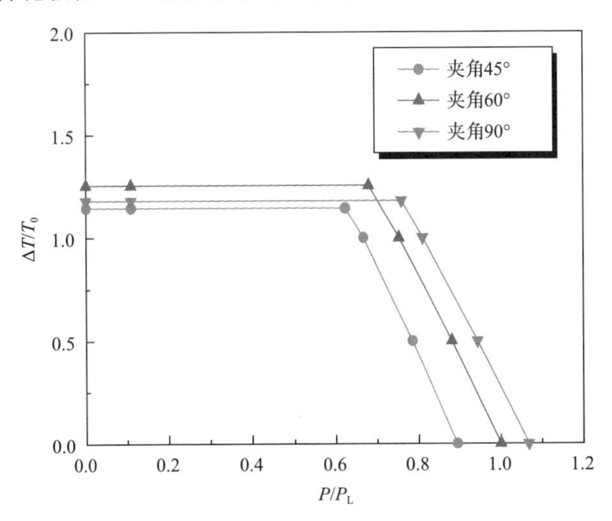

图 3.65　不同角度斜接管的安定极限载荷

图 3.66 和图 3.67 分别显示了仅在机械载荷和仅在循环热载荷条件下，不同角度的斜接管的等效塑性应变云图。结果表明，对于上述三个角度的斜接管，纯机

械载荷情况下的等效塑性应变均集中在主管与斜接管交界的中轴线处；在纯循环热载荷条件下，最大等效塑性应变仍位于主管与斜接管的交界处，但不在中轴线处，而是与其呈一定的夹角(图 3.67)。当倾斜角度提高至 90°时，最大塑性变形的位置垂直于主管道中轴线。

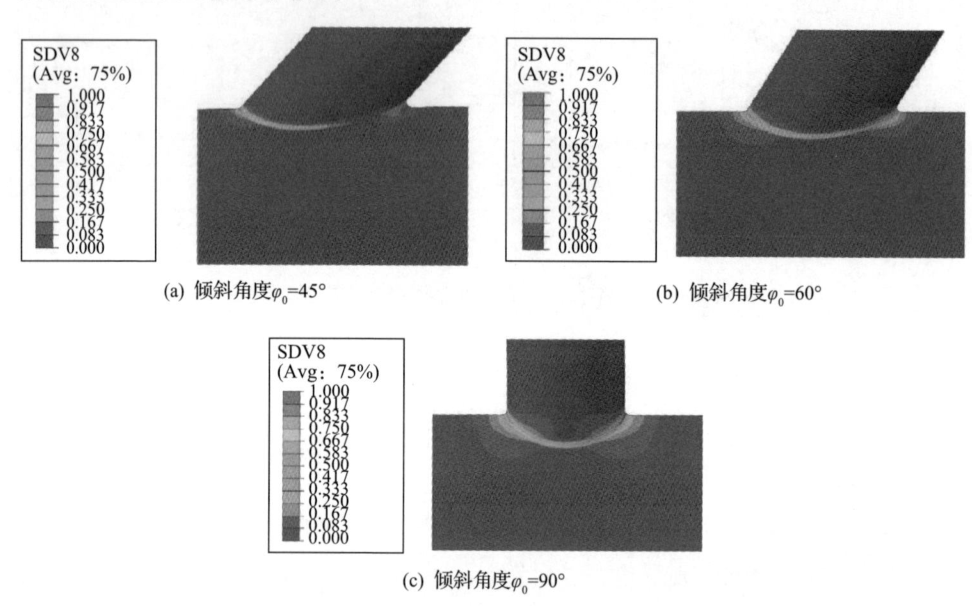

(a) 倾斜角度φ_0=45°　　(b) 倾斜角度φ_0=60°

(c) 倾斜角度φ_0=90°

图 3.66　斜接管在纯机械载荷作用下的等效塑性应变云图

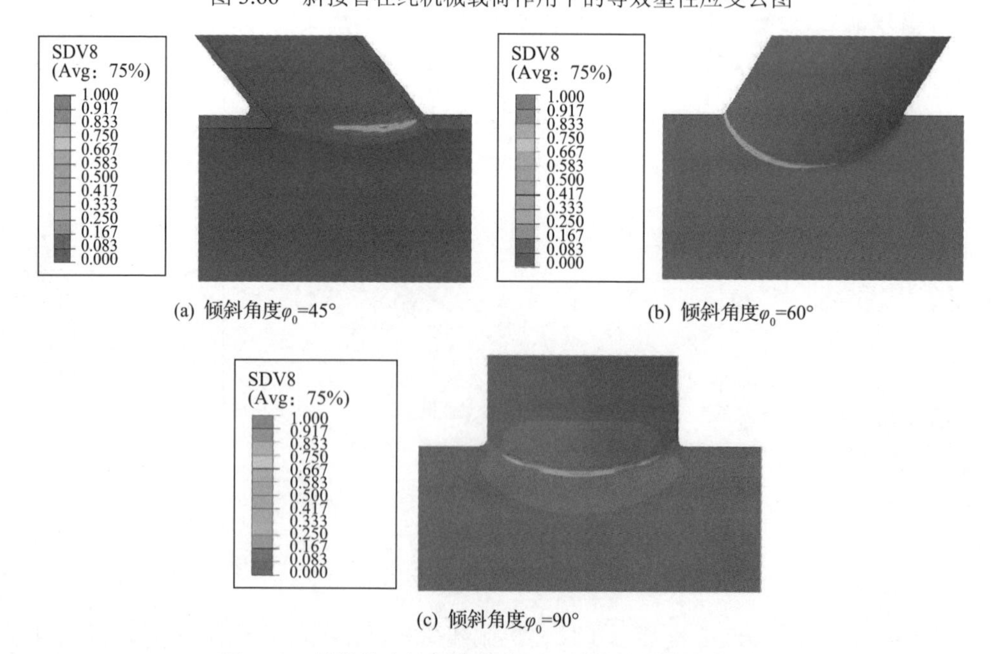

(a) 倾斜角度φ_0=45°　　(b) 倾斜角度φ_0=60°

(c) 倾斜角度φ_0=90°

图 3.67　斜接管在纯热载荷作用下的等效塑性应变云图

2) 斜接管直径与厚度比

图 3.68 给出了斜接管直径与厚度比为 3 时结构的安定极限载荷，即 D_z/t_z=10.95、21.9 和 43.8。结果表明，斜接管的直径与厚度比对交变塑性和棘轮极限载荷均有显著影响，随着直径与厚度比的增加，结构的交变塑性和棘轮极限载荷显著降低。

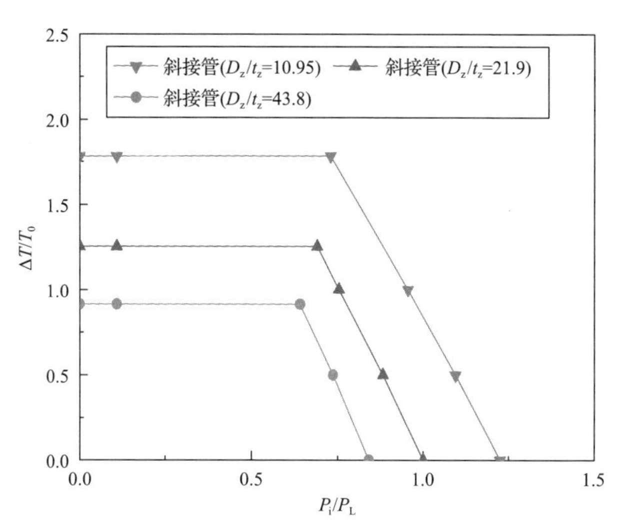

图 3.68　不同直径与厚度比的斜接管的安定极限载荷曲线

图 3.69 和图 3.70 分别显示了仅在机械载荷和仅在循环热载荷条件下，不同直径与厚度比的斜接管的等效塑性应变云图。结果表明，纯机械载荷下最大等效塑性应变均集中在主管与接管交界的中轴线处；在纯循环热载荷条件下，上述三种直径与厚度比的斜接管的最大等效塑性应变的位置存在一定差异。直径与厚度之比较高(如 D_z/t_z=43.8)时，最大等效塑性应变位于接头的内表面，且位于主管道的中轴线附近，而直径与厚度比很小(如 D_z/t_z=10.95)时，最大塑性变形的位置垂直于主管道中轴线。

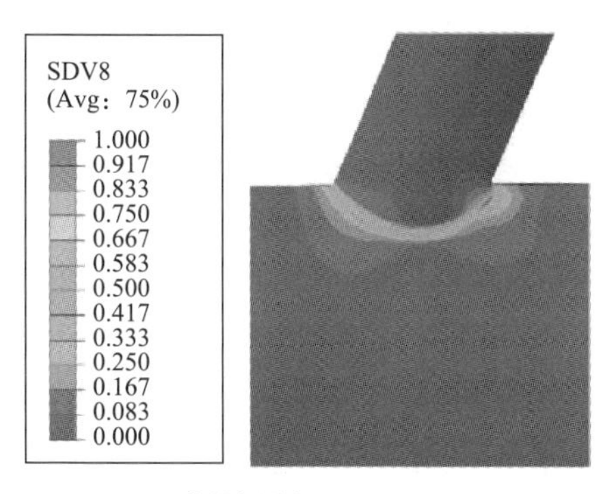

(a) 直径与厚度之比D_z/t_z=10.95

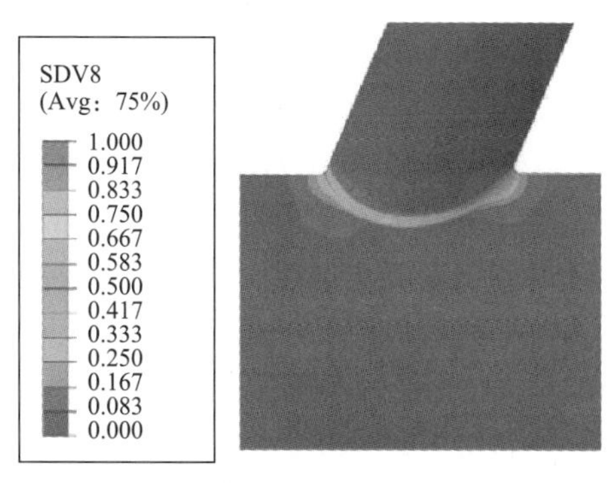

(b) 直径与厚度之比D_z/t_z=21.9

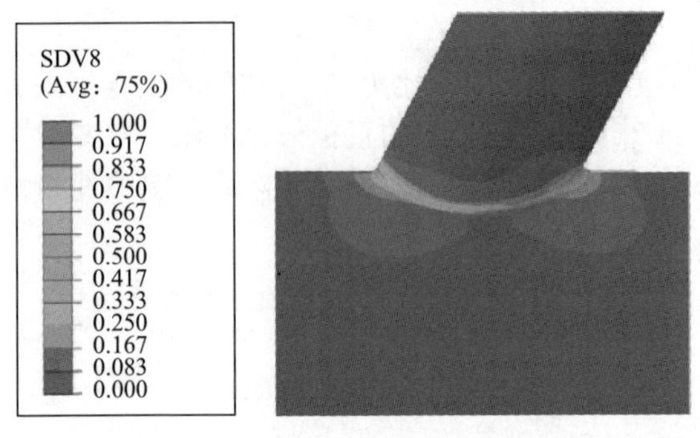

(c) 直径与厚度之比D_z/t_z=43.8

图 3.69　斜接管在纯机械载荷下的等效塑性应变云图

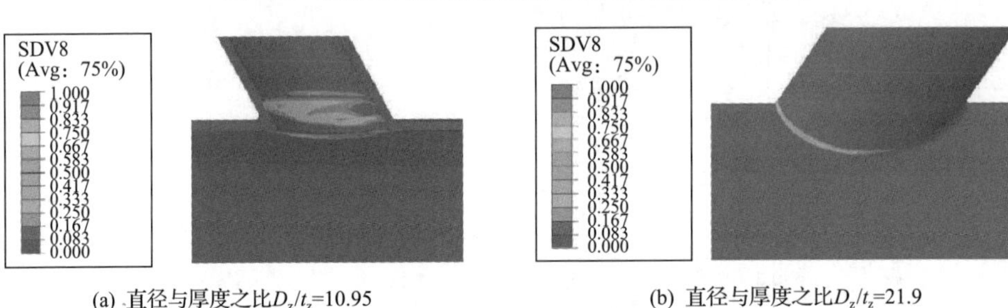

(a) 直径与厚度之比D_z/t_z=10.95　　(b) 直径与厚度之比D_z/t_z=21.9

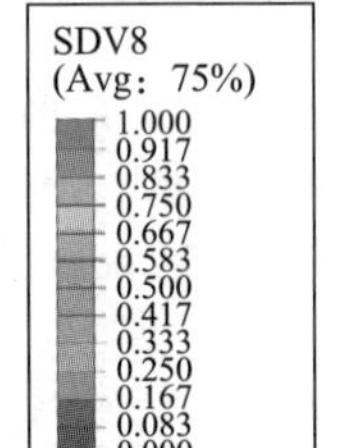

(c) 直径与厚度之比D_z/t_z=43.8

图 3.70　斜接管在纯热载荷下的等效塑性应变云图

3) 主管直径与厚度比

采用三种直径与厚度比，即 D_p/t_p=8.73、17.45 和 34.9，并在图 3.71 中显示了相应的安定极限载荷。结果表明，当增大管径厚度比时，结构的棘轮极限载荷显著降低，而交变塑性极限载荷显著提高。

仅在机械载荷和仅在循环热载荷条件下，不同主管直径与厚度比的无因次等效塑性应变云图分别如图 3.72 和图 3.73 所示。结果表明，对于三种主管直径与厚度比的斜接管，纯机械载荷情况下最大等效塑性应变位于主管与接管交界的中轴线处；在纯循环热载荷条件下，三种直径与厚度比的等效塑性应变分布存在一定的差异。对于大径厚比(如 D_p/t_p=34.9)，最大等效塑性应变位于主管的内表面，而对于小径厚比(如 D_p/t_p=8.73 和 17.45)，其主要位于接头外表面。

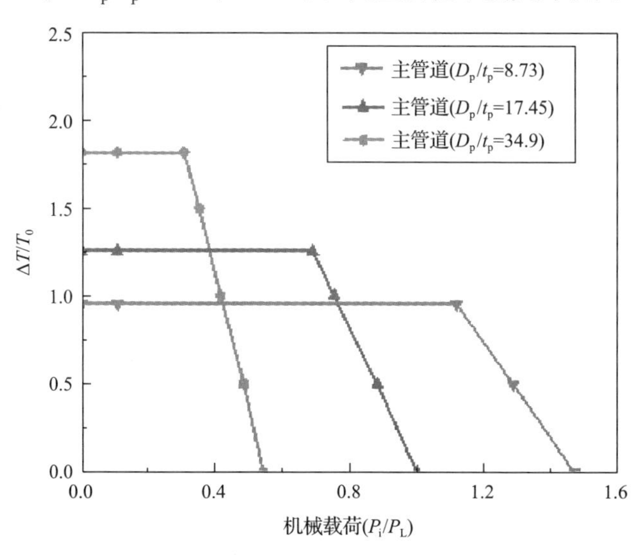

图 3.71　不同管径/厚度比条件下斜接管的安定极限载荷

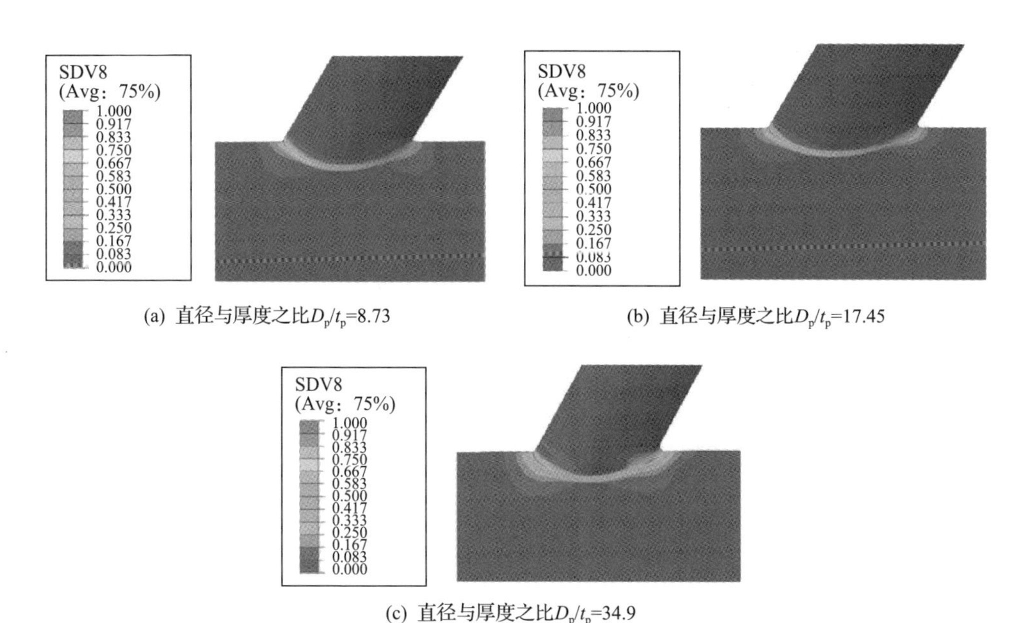

(a) 直径与厚度之比D_p/t_p=8.73

(b) 直径与厚度之比D_p/t_p=17.45

(c) 直径与厚度之比D_p/t_p=34.9

图 3.72　纯机械载荷下的等效塑性应变分布

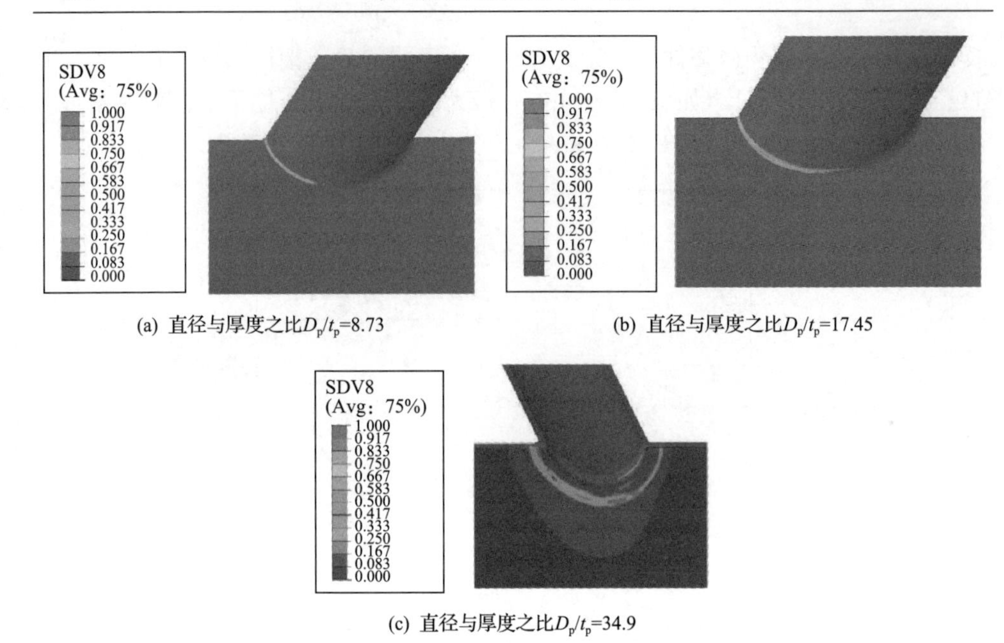

(a) 直径与厚度之比D_p/t_p=8.73　(b) 直径与厚度之比D_p/t_p=17.45

(c) 直径与厚度之比D_p/t_p=34.9

图 3.73　纯热载荷作用下的等效塑性应变分布

4) 主管和斜接管的过渡圆半径

图 3.74 显示了三个过渡圆半径与接管厚度比(R/t_z=0.5、1.0 和 1.5)条件下结构的安定极限载荷。值得注意的是，这里的过渡圆半径指接头外表面的过渡圆半径。结果表明，过渡圆半径对所有加载条件下结构的交变塑性和棘轮极限载荷都影响很小。另外，考虑到不同过渡圆半径对最大等效塑性应变分布位置影响很小，这里不做进一步分析。

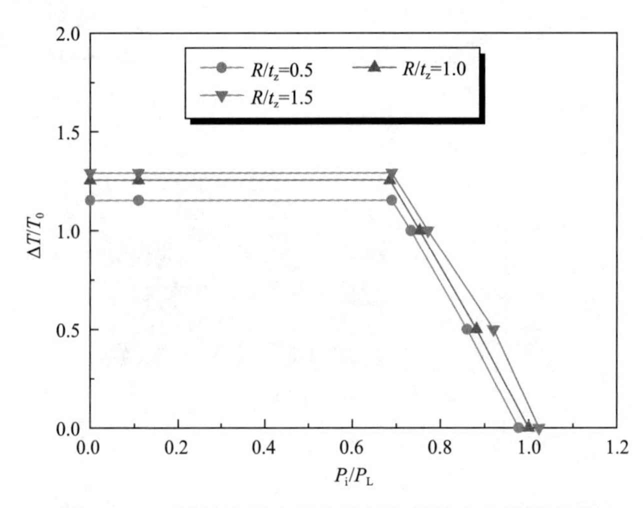

图 3.74　不同过渡圆半径的带斜接管的安定极限载荷

4. 交变塑性极限载荷的评估方法

由上述数值分析可知，斜接管角度、斜接管与主管的直径/厚度比是影响结构交变塑性极限载荷和棘轮极限载荷的主要因素。考虑到斜接管角度是有代表性的变量，这里将进行重点讨论。极限载荷与斜接管角度之间的关系如图 3.75(a)所示。结果表明，随着斜接管角度的增加，结构的极限载荷先快速增加，然后达到一个稳定值，其斜接管的临界角约为 φ_0=60°。这表明角度高于临界值时，极限载荷对斜接管角度不敏感。极限载荷和斜接管角度之间的关系为

$$\frac{P_{\mathrm{i}}}{P_{\mathrm{L}}}=f(\varphi)=a_{\mathrm{M}}\varphi^2+b_{\mathrm{M}}\varphi+c_{\mathrm{M}}+\cdots \tag{3.240}$$

式中，a_{M}、b_{M}、c_{M} 均为材料常数，其值分别为-8.0×10^{-5}、0.0145、0.4036；P_{L} 为极限内压，其值为 9.369MPa。

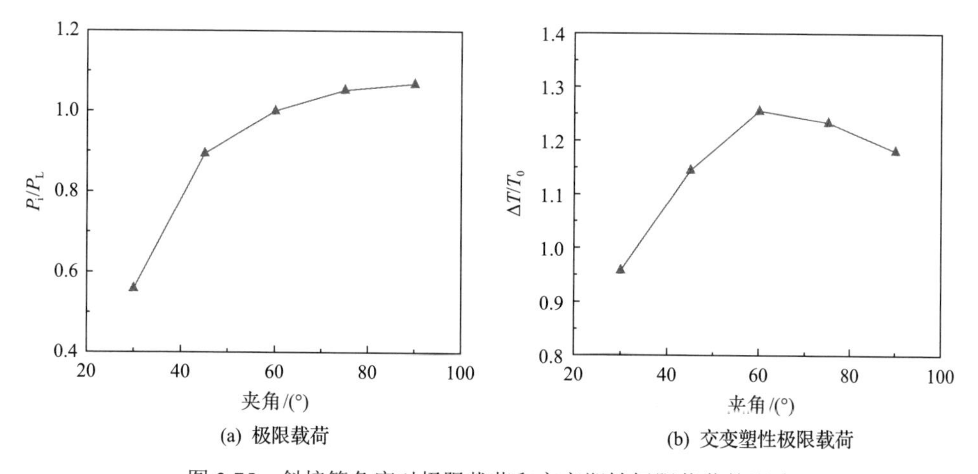

图 3.75　斜接管角度对极限载荷和交变塑性极限载荷的影响

图 3.75(b)给出了交变塑性极限载荷与斜接管角度之间的关系。结果表明，结构的交变塑性极限载荷最初随斜接管角度的增加而增加，而当斜接管角度达到 60°时，结构的交变塑性极限载荷呈现减小的趋势。这说明斜接管角度达到 60°时，结构件具有最大交变塑性极限载荷。交变塑性极限载荷与斜接管角度之间的关系为

$$\frac{\Delta T}{T_0}=f(\varphi)=a_{\mathrm{T}}\varphi^2+b_{\mathrm{T}}\varphi+c_{\mathrm{T}}+\cdots \tag{3.241}$$

式中，a_{T}、b_{T}、c_{T} 均为材料常数，其值分别为-2.0×10^{-4}、0.0268 和 0.3296；T_0 为参考温差 100℃。因此，确定斜接管角度时，设计者应折中考虑部件的极限载荷和交变塑性极限载荷。

3.3.4　移动热-机械载荷下压力管道弯头的安定性分析

1. 弯头有限元分析模型

弯头结构的几何模型如图 3.76 所示。图 3.76 中，L 表示直管段长度，R 表示弯头半径，r 表示直管段内径，t 表示壁厚。其中，弯头结构的几何参数如表 3.6 所示，弯头结构的材料参数如表 3.7 所示。

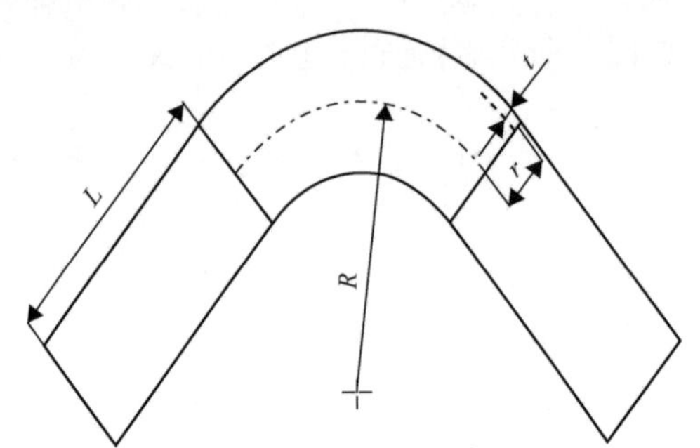

图 3.76　弯头结构的几何模型

表 3.6　弯头结构的几何参数

L /mm	R /mm	r /mm	t /mm
400	240	47.5	10

表 3.7　弯头结构的材料参数

E / MPa	μ	α /(1/℃)	σ_s / MPa	C_i /[W/(m^2·K)]	C_o /[W/(m^2·K)]	H /[W/(m^2·K)]
1.94×10^5	0.264	1.3×10^{-5}	72	8177.2	817.2	41.5

注：E 为弹性模量；μ 为泊松比；α 为热膨胀系数；σ_s 为屈服应力；C_i 为内表面传热系数；C_o 为外表面传热系数；H 为导热系数。

考虑到弯头在组合热-机械载荷下受力状态的对称性，本书采用 1/2 模型进行计算，分析单元采用 2070 个热-结构耦合单元 SOLID70。为保证计算的精确性，在弯头应力集中的部位网格加密，如图 3.77 所示。

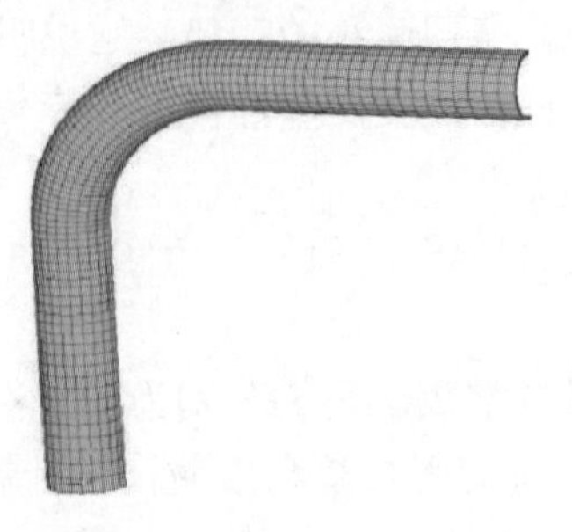

图 3.77　弯头有限元模型

为具体描述移动热载荷在弯管内的运动情况，假定弯头承受热流体高速移动和低速移动两个极端条件时的热冲击载荷。其中，高速移动条件下的热载荷分布如图3.78(a)所示，热流运动速度很快，热载荷来不及传递，故温度载荷前沿呈阶跃式分布；低速移动条件下的温度载荷前沿分布如图3.78(b)所示，热流运动速度很慢，热载荷可进行充分传递，故温度载荷前沿为渐进式分布。

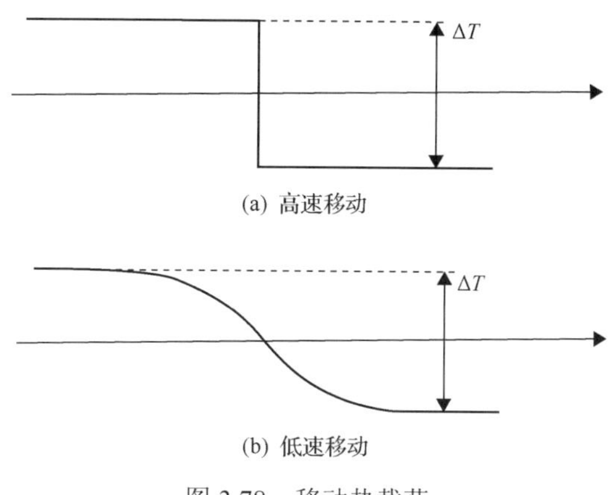

(a) 高速移动

(b) 低速移动

图3.78　移动热载荷

分析过程中，管内热流体为恒定温度 T，内表面传热系数为 C_i，管外温度为0℃，外表面传热系数为 C_o，且热载荷在管内沿轴向移动。在对称面上设置对称约束，内表面施加恒定内压，弯头一端设置为固定约束，另一端设定刚性平面约束，且承受内压引起的轴向拉力。

2. 弹性安定分析结果

当热流在直管段高速移动且温度 T=100℃时，温度前沿的环向应力分布如图3.79所示。由图可知，由于温度前沿处为阶跃式温度梯度，该处存在明显的应力集中，很可能导致内壁应力进入屈服状态，而在循环移动热载荷条件下也可能导致棘轮失效。为避免该条件下的失效问题，在工程设计过程中应进行安定性评估。

事实上，温度前沿在弯头的不同部位时其最大等效应力不同。为找出不同移动速度及移动位置条件下的危险工况，图3.80给出了弯管工作压力 P_i 为10%弯头极限压力 P_L^e，且热流温度 T=100℃时温度前沿在不同弯头部位时的应力分布。结果表明，低速流动时，弯头的最大等效应力与温度前沿位置基本无关，而在高速流动条件下会产生较大的应力突变，特别是温度前沿位置在弯头的15°～75°时，等效应力最大且最大等效应力值与温度前沿的位置无关。这说明热流低速移动时，温度前沿的位置对弯管应力影响较小，即可选取任何位置作为危险工况；热流高速移动时，温度前沿的位置对弯管应力影响很大，且温度前沿在弯头的15°～75°的任何位置均可作为危险工况。

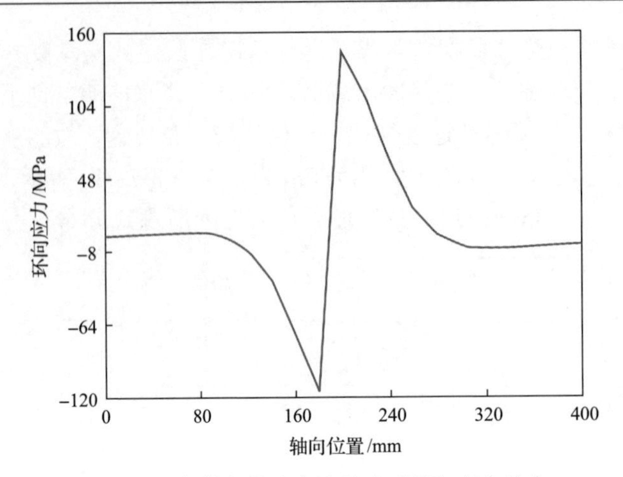

图 3.79　直管段热流高速移动时环向应力分布

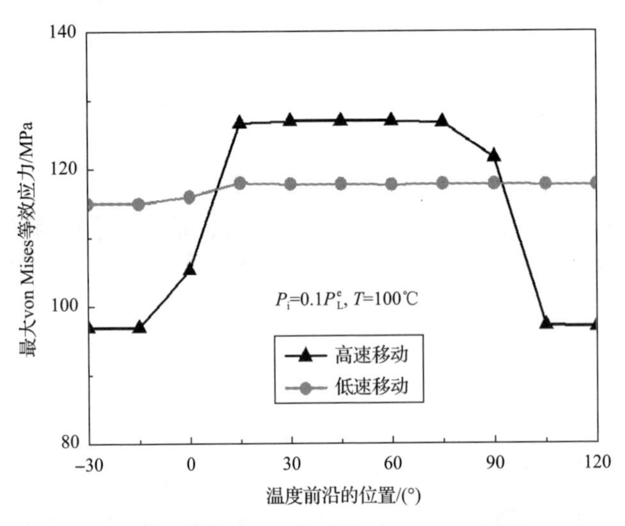

图 3.80　温度前沿在弯头处的 von Mises 最大等效应力

为比较移动热载荷和稳定热载荷条件下弯管安定域的差异，图 3.81 首先给出了稳定热载荷状态时弯管的弹性安定极限载荷，其中 P_i 为工作压力，P_L 为极限压力，P_L^e 为弯管极限压力，P_L^s 为直管极限压力。结果表明，在稳态循环热载荷条件下弯管的弹性安定极限载荷小于直管的弹性安定极限载荷；若直管和弯管的内压分别采用 P_i / P_L^s 和 P_i / P_L^e 进行归一化处理，那么二者的弹性安定域基本一致。因此，采用弯管的极限载荷代替直管的极限载荷，即可得到弯管的弹性安定评定图。

图 3.82 给出了热流分别以不同速度流经弯头段和直管段时的安定极限载荷。结果表明，热流在移动时的安定域比稳态热载荷条件下的安定域小，那么采用稳态热载荷条件下的安定极限载荷评估移动热载荷条件下安定性则偏于危险，这里提出的移动热载荷条件下弯管的安定性评估图具有较好的工程价值。另外，热流在

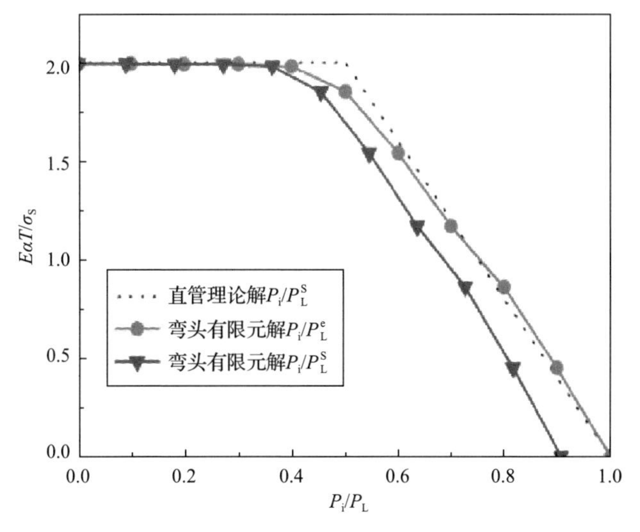

图 3.81　稳定循环热载荷下弯管弹性安定极限载荷

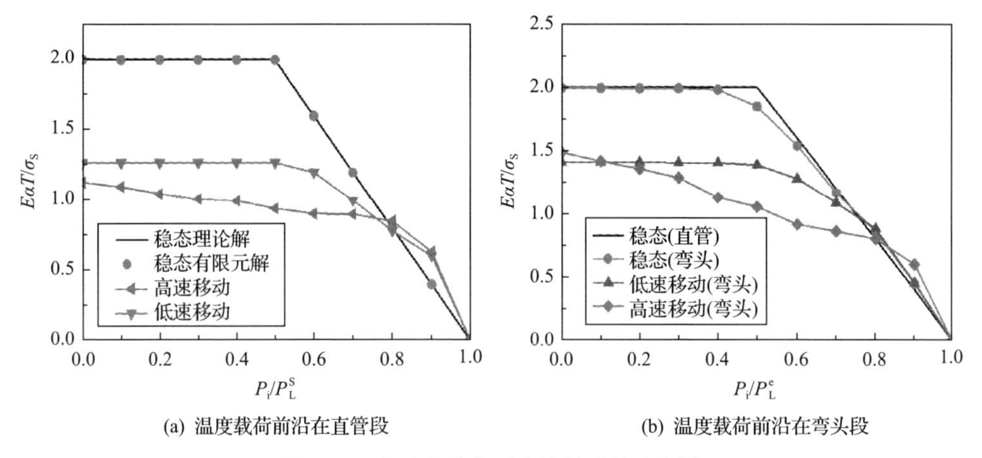

图 3.82　移动热载荷下弯管的弹性安定域

弯头段和直管段高速移动时的安定域均较低速移动时小，也验证了温度载荷高速移动时的热应力较其低速移动时大。温度载荷低速移动时直管段和弯管段的弹性安定极限载荷基本一致，这说明温度载荷低速移动时直管和弯头可采用统一的安定评定图。

3.4　热-机械载荷下承压壳体的棘轮极限载荷与低周疲劳评定

3.4.1　有限元分析模型及方法

采用由核电站中使用的 X2CrNiMo17-12-2 钢制成的典型承压壳作为案例，如

图 3.83 所示。壳体承受复杂的热-机械疲劳载荷，包括恒定内压 P_i 和轴向力 F_a，循环热梯度 ΔT 和弯矩 ΔM。为简化分析，外表面的温度假定为零，并且内表面温度在 0℃～T 交替变化。通过 ABAQUS 稳态热分析，获得不规则几何壳体的温度分布。这里将几何不连续点附近的局部网格加密，以提高模拟结果的准确性，并减少计算工作量，如图 3.83 所示。在有限元模型中，采用 6050 C3D20R 单元进行网格划分。

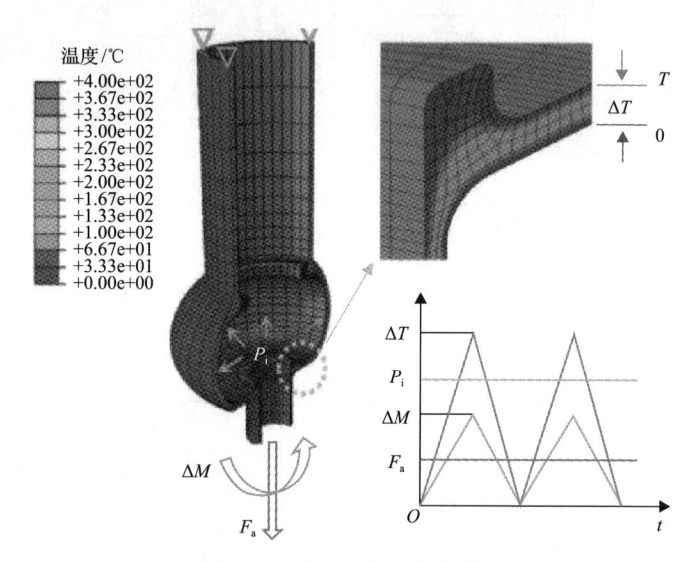

图 3.83　受压壳体的载荷历史

LMM DSCA 方法可以精确计算理想弹塑性(EPP)模型和 Ramberg-Osgood (RO)模型，其中 RO 模型用于表征应变硬化行为。对于没有明显应变硬化的材料，EPP 模型通常具有较好的精度和较高的计算效率。为了讨论应变硬化对疲劳寿命评估的影响，本小节对比分析了 EPP 模型和 RO 模型的计算结果。基于弹塑性方法，可以根据总稳态应变范围进行疲劳寿命评估。为计算总应变范围，应采用循环稳态应力-应变关系。考虑到工作温度对疲劳寿命有显著影响，这里采用温度相关的材料属性。在 RCC-MRx 规范中，X2CrNiMo17-12-2 钢温度相关的循环稳态应力-应变关系可描述为

$$\Delta\bar{\varepsilon}_t = 100 \times \frac{2(1+\mu)}{3E}\Delta\bar{\sigma} + \left(\frac{\Delta\bar{\sigma}}{K(T)}\right)^{\frac{1}{\beta(T)}} \tag{3.242}$$

式中，$\Delta\bar{\varepsilon}_t$ 为循环稳态应变，%；$\Delta\bar{\sigma}$ 为循环稳态应力；$K(T)$ 和 $\beta(T)$ 均为与材料相关的参数。

式(3.242)可改写为 RO 公式，即

$$\frac{\Delta\bar{\varepsilon}_{\rm t}}{2}=\frac{\Delta\bar{\sigma}}{2\bar{E}}+\left(\frac{\Delta\bar{\sigma}}{2A(T)}\right)^{\frac{1}{\beta(T)}} \tag{3.243}$$

式中，$A(T)=2^{\beta(T)-1}\times100^{\beta(T)}K(T)$。

表 3.8 列出了相应的材料参数。值得注意的是，100℃和 200℃条件下的 $\beta(T)$ 参数是根据 RCC-MRx 中的数据线性插值获得的。根据循环稳态应力-应变曲线中产生 0.2%残余塑性应变的应力 ($R_{\rm p0.2}(T)$)，可以获得 EPP 模型中温度相关的屈服应力。可以看出，X2CrNiMo17-12-2 钢在循环应力-应变曲线中的弹性模量与温度无关，如图 3.84 所示。

表 3.8　X2CrNiMo17-12-2 钢的温度依赖性材料参数

温度/℃	$R_{\rm p0.2}(T)$/MPa	E/MPa	$\beta(T)$	$K(T)$/MPa	$\bar{E}$/MPa	$A(T)$/MPa
20	258		0.351	711.9		2286
100	252		0.339	691		2082
200	248	1.88×10^5	0.325	664.8	2.17×10^5	1860
300	240		0.31	638.7		1650
400	240		0.31	638.7		1650

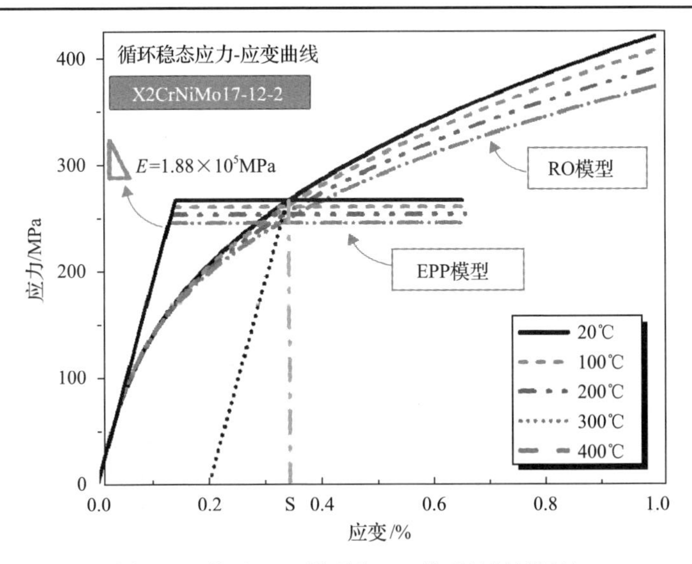

图 3.84　基于 EPP 模型和 RO 模型的材料属性

3.4.2　棘轮极限载荷与疲劳寿命分析

根据 LMM DSCA 方法，可以直接计算温度相关的总应变范围、弹性应变范围、塑性应变范围和棘轮应变范围。为了清楚地描述载荷情况，参考弯矩 $M_{\rm r}$=

18.6kN·m，参考温度 T_r=400℃，且采用归一化的弯矩范围 $\Delta\bar{M}=\Delta M/M_r$ 和温度范围 $\Delta\bar{T}=\Delta T/T_r$。其中，$\Delta\bar{M}=0.4$，$\Delta\bar{T}=0.6$，$P_i=0.5\text{MPa}$，$F_a=32.5\text{kN}$。图 3.85 给出了 RO 模型的 LMM DSCA 迭代过程。结果表明，虽然温度相关材料参数的迭代次数几乎是温度无关材料参数迭代次数的两倍，但 LMM DSCA 方法仍可高效率地计算总应变范围。总应变范围和棘轮应变云图如图 3.86 所示。结果表明，最大总应变范围和棘轮应变发生在承压壳体与管道连接的局部区附近，最大总应变范围和棘轮应变分别为 1.32%和 0.83%。

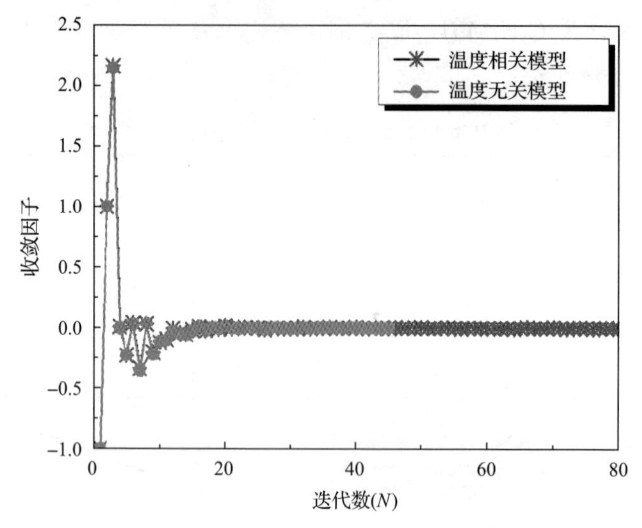

图 3.85　基于 LMM DSCA 方法的迭代过程

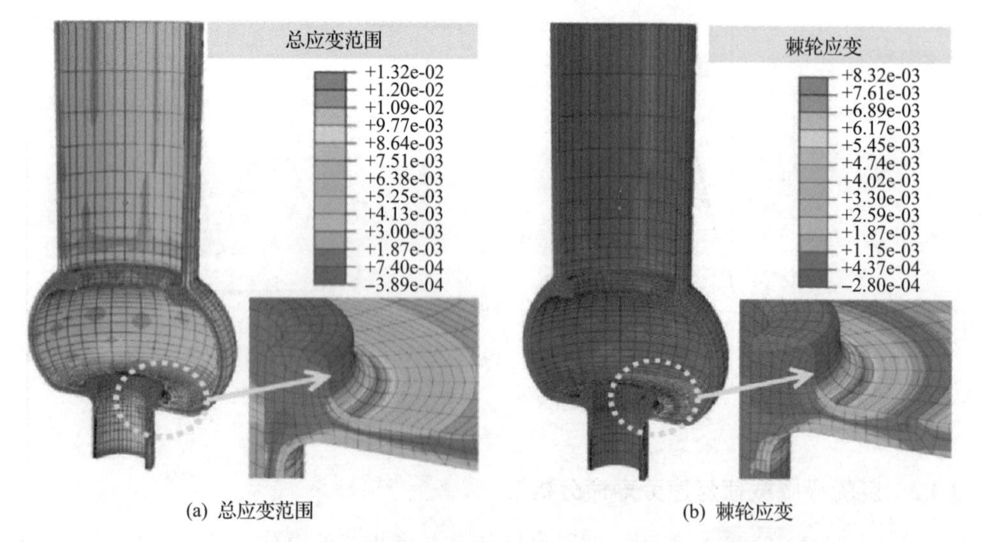

(a) 总应变范围　　(b) 棘轮应变

图 3.86　基于温度相关 RO 模型的承压壳的应变云图

值得注意的是，这里的棘轮应变指的是结构棘轮，与材料棘轮不同。工程设计中，结构棘轮在每个载荷循环中以恒定的塑性应变增量增加，但材料棘轮指通过圆棒试样或其他拉伸试样进行循环拉伸测试获得的棘轮变形，通常具有可变的塑性应变累积率。测试材料棘轮时，采用均匀应力场，而结构棘轮主要由非均匀的应力场引起。表征材料棘轮时通常考虑随动强化、等向强化、加载速率等因素的影响，而结构棘轮通常采用简化模型(如 EPP 模型或 RO 模型)进行分析。如果构件受到循环均匀分布的应力场，则不会发生结构棘轮，而仅产生材料棘轮效应。

考虑到循环弯矩和温度梯度对承壳体塑性变形和疲劳寿命的影响，提取了最大总应变范围、弹性应变范围、塑性应变范围和棘轮应变，如图 3.87 所示。为考虑塑性模型的影响，图中对比了 EPP 模型和 RO 模型的计算结果。结果表明，在大多数加载条件下，基于 RO 模型的应变略大于基于 EPP 模型的应变。然而，当归一化循环热载荷大于 0.8 时，RO 模型获得的应变更小，如图 3.87 所示。根据 RCC-MRx—2015 规范中的疲劳曲线(图 3.88)，可以估算各种载荷下的疲劳寿命，如图 3.89 所示。应该强调的是，大多数情况下 RO 模型评估的疲劳寿命小于 EPP 模型估计的疲劳寿命。这与通常的理解不同，一般认为采用 EPP 模型进行工程设计是偏于保守的。这可以通过图 3.84 中描述的循环稳态应力-应变关系来解释。由 0.2%屈服极限定义的 EPP 模型的屈服应力大于 RO 模型的弹性极限，这是由于 X2CrNiMo17-12-2 钢具有显著的应变硬化效应。由图 3.84 可知，在 0.2%屈服应力下已经产生了明显的塑性变形，这意味着如果加载相对较小，则基于 RO 模型计算的应变范围更大。然而，当载荷足够大时，RO 模型计算的应变范围更小，这是由于应变硬化行为产生了更高的承载能力。因此，实际工程中采用 EPP 模型进行疲劳寿命评估并不总是保守的，特别是对具有显著应变硬化效应的材料。在这种情况下，当应变范围相对较小时，宜采用 RO 模型进行疲劳寿命评估，

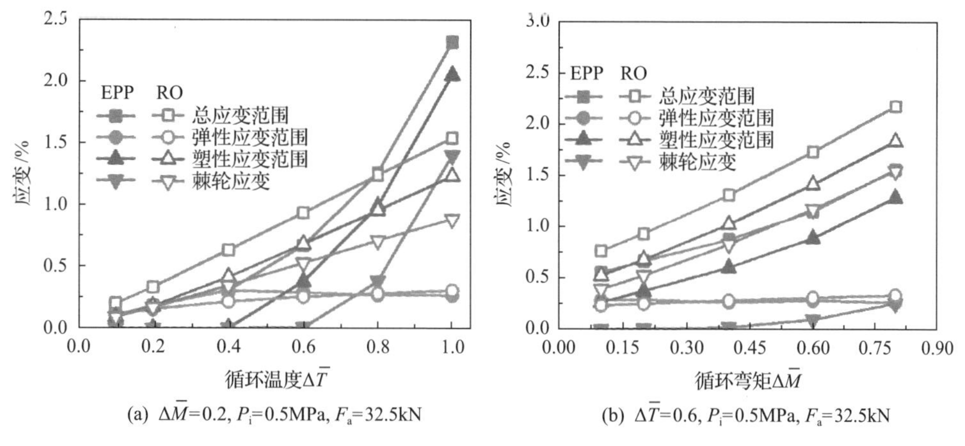

(a) $\Delta\bar{M}=0.2$, $P_i=0.5\text{MPa}$, $F_a=32.5\text{kN}$　(b) $\Delta\bar{T}=0.6$, $P_i=0.5\text{MPa}$, $F_a=32.5\text{kN}$

图 3.87 基于温度相关的 RO 模型和 EPP 模型的应变计算

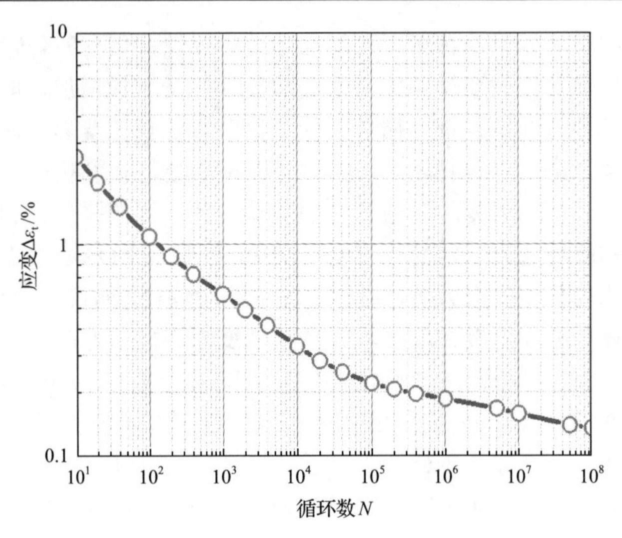

图 3.88　X2CrNiMo17-12-2 钢在 450℃下的疲劳寿命曲线

以获得更高的预测精度。应该注意的是，可通过等效弹性模量来修正 EPP 模型的弹性模量，该修正的弹性模量可定义为 0.2%屈服极限与相应总应变的比值，使得采用修正的 EPP 模型进行疲劳评估时始终具有保守性。

为了说明温度相关的屈服应力对疲劳寿命的影响，根据温度无关的屈服应力(沿壁厚在最高温度下的屈服应力)进行了寿命评估，如图 3.89 所示。结果表明，由温度无关的屈服应力获得的疲劳寿命略小于由温度相关条件计算的数据。这是由于温度小于 400℃时，温度对 X2CrNiMo17-12-2 钢的屈服应力影响很小，如表 3.8 和图 3.84 所示。然而，根据温度相关和无关的屈服应力所估计疲劳寿命的差异随着载荷的增加而变大，如图 3.89(b)所示。考虑到低周疲劳寿命与塑性应变范围有关，这种现象可以通过图 3.90 中描述的塑性应变范围来解释。值得注意的是，

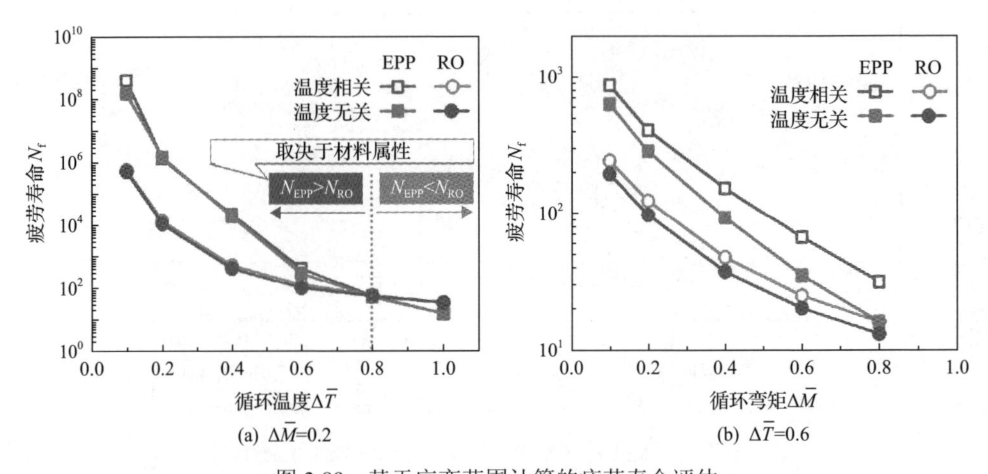

图 3.89　基于应变范围计算的疲劳寿命评估

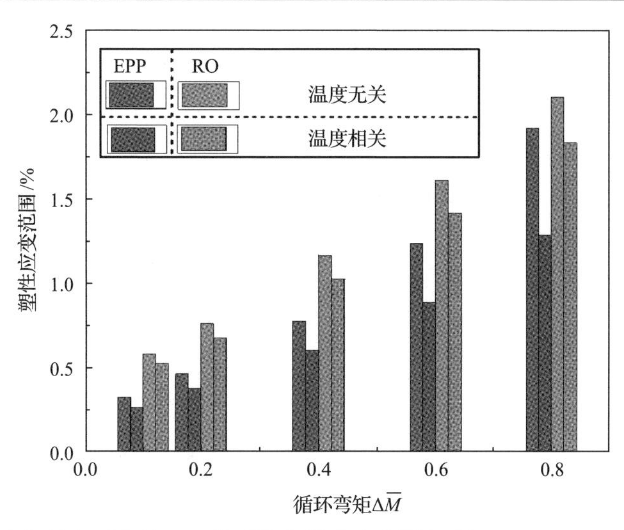

图3.90　基于温度相关和无关的EPP模型的塑性应变范围（$\Delta\overline{T}=0.6, P_{\mathrm{i}}=0.5\mathrm{MPa}, F_{\mathrm{a}}=32.5\mathrm{kN}$）

如果屈服应力随温度升高而显著降低，则由温度无关的屈服应力估算的疲劳寿命将非常保守，特别是在高温条件下。在这种情况下，应采用温度相关RO模型来提高疲劳寿命的评估精度。

3.4.3　基于安定性分析的结构疲劳试验载荷确定

在实际工程中，通常对部件或复杂试样进行低周疲劳试验，以进行安全性或裂纹萌生评估。对于具有预定疲劳寿命范围的低周疲劳试验，试验中所施加的循环载荷水平非常重要且通常难以获得。在这种情况下，交变塑性直接法(RPDM)可用于定义循环载荷水平。作为说明交变塑性直接法的案例，基于LMM分析了承压壳体在$\Delta\overline{T}/\Delta\overline{M}=10$、$P_{\mathrm{i}}=0.5\mathrm{MPa}$和恒定轴向力$F_{\mathrm{a}}$下的安定和棘轮极限载荷，如图3.91所示。其中，归一化轴向力F_{a}为所施加的轴向力与参考力32.5kN的比值。

结果表明，图3.91中有三个区域包括弹性安定区(ESD)、交变塑性区(RPD)和棘轮区(RD)。如果载荷水平小于弹性安定极限载荷，则一般发生高周疲劳，而当载荷水平大于棘轮极限时，结构将在较少的循环之后发生棘轮失效。因此，对于低周疲劳寿命，则在RPD中设计载荷水平。对于RPD中的任何载荷水平，可以基于LMM DSCA方法计算总应变范围，并通过疲劳寿命曲线获得低周疲劳寿命，如图3.91所示。如果先前的加载水平不满足低周疲劳寿命要求，则可以选择其他的载荷水平计算应变范围，直到达到预期值。值得注意的是，只要RPD中的载荷水平适用，通常在几次试算后可获得满足要求的载荷水平。因此，建议采用交变塑性直接方法设计具有预定疲劳寿命范围的低周疲劳试验的载荷水平，特别是对复杂的部件或试样。

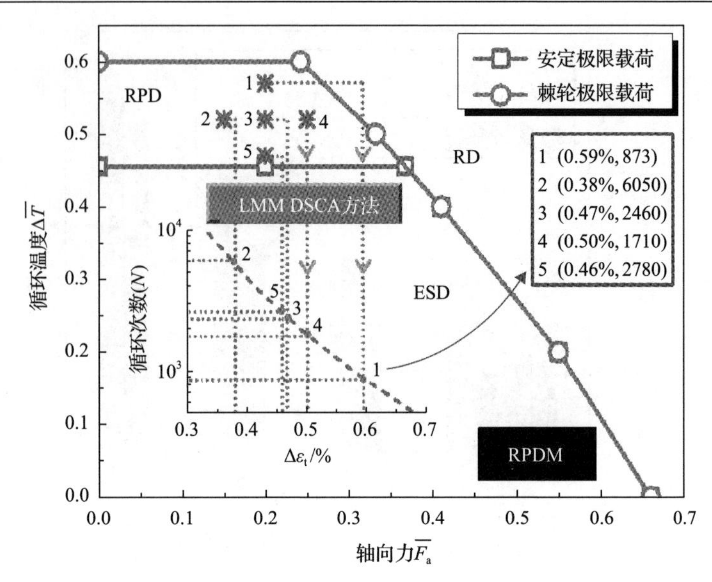

图 3.91　基于交变塑性直接法的低周疲劳试验的载荷水平设计方法（$\Delta\overline{T}/\Delta\overline{M}=10, P_i=0.5$MPa）

1～5 后括号内的数据分别为应变和疲劳寿命

3.5　本 章 小 结

本章针对复杂本构、载荷和几何条件下承压壳体的安定极限载荷进行了系统分析，并提出了相应的工程简化设计方法，主要结论如下：

(1)基于应变梯度塑性理论和经典弹塑性理论，详细推导了理想弹塑性和应变硬化承压球壳、圆筒在热-机械载荷下的最佳自增强压力及其在循环热-机械载荷下的安定极限载荷，壳体在循环热-机械载荷下安定极限载荷的解析解。

(2)现行设计规范中尚缺乏圆筒形管道或容器在循环双轴载荷下的安定极限载荷解析解，本章系统推导了循环热梯度、轴向拉伸、压缩、弯矩和扭矩的任意组合下承压管道或筒体安定极限载荷的解析解，并给出了相应的修正 Bree 图，拓展了经典 Bree 图的应用范围。特别地，当存在轴向压缩应力时，采用经典 Bree 图进行管道或容器的热棘轮设计明显是偏于危险的，对于典型结构如承受重力和循环热-机械载荷的焦炭塔筒体，本章提出的修正 Bree 图可有效解决这类问题。

(3)针对承压壳体的几何不连续效应，系统分析了常见承压筒体、球壳及其封头在开孔、接管等几何不连续结构在循环热-机械载荷下的安定极限载荷，并考虑了温度相关的材料参数，构建了相应工程结构的安定评定方法，为工程上常见承压设备安定性设计提供了理论依据，也是弹性分析法(应力分类法)的有益补充。

第4章　热-机械载荷下焊接接头的安定与棘轮极限载荷分析

焊接是承压设备最重要的成型制造工艺，焊接接头是电力、石油化工等行业中压力容器、压力管道等承压设备的常见结构。焊接制造工艺自身特点导致了焊接接头存在复杂的材料构成，包括母材区(PM)、焊接区(WM)和热影响区(HAZ)，以及双U型、X型、U型、单面焊、V型等多种焊接坡口型式，成为承压设备中最典型的几何、材料不连续部位和应力集中部位，加之熔焊区不可避免存在气孔、夹杂、晶粒粗大等宏观和微观缺陷，焊接接头往往是承压设备的弱点和薄弱环节[249, 250]。工程经验表明，尽管焊接接头的静强度通常高于母材，但动载荷作用下的疲劳寿命则显著低于母材，因此其安全性评估往往还是承压设备的核心与关键。人们针对焊接接头的疲劳损伤和断裂已开展了相对充分的研究[251-254]，但对于其安定性和棘轮极限载荷仍缺乏研究和了解[255, 256]。

本章针对热-机械载荷下焊接接头的安定性和棘轮极限载荷，系统介绍其分析原理和方法，构建简化的安定性评估方法。其中，4.1节介绍承压壳体或管道中对焊接接头的几何和有限元建模，涉及双U型、X型、U型、单面焊、V型等多种焊接坡口类型；4.2节采用逐次弹塑性循环法导出其安定极限载荷，并与有限元结果分析对比；4.3节系统研究焊接坡口型式、焊接厚度、材料屈服应力、弹性模量及热膨胀系数对安定极限载荷的影响；最后，建立考虑各种因素后统一的焊接结构安定极限载荷评价方法。

4.1　焊接接头安定性分析的有限元模型

压力容器和压力管道中焊接接头的典型几何结构，其有限元模型一般简化成二维轴对称模型，如图4.1所示。其中，L为管道长度，R为管道内径，t为厚度，b、c、h、r、β、γ分别为焊接坡口尺寸，e为热影响区厚度(表4.1)。

图4.1中的焊接接头包括母材区、焊接区和热影响区三部分。其中，三个区域的泊松比μ和传热系数k相同，具体的材料属性如表4.2所示。其中，下标p、w、h分别表示母材、焊材材料和热影响区。

压力管道内壁承受内压P_{i}的作用，内压在轴向方向上产生的拉应力为$q = P_{\mathrm{i}}R^2/(2Rt+t^2)$。考虑到热应力仅与温差有关，这里假定环境温度$T_0$为0℃，

内外壁温差为 ΔT，如图 4.2 和图 4.3 所示。由于焊材与母材的材料属性差异，内压或内外壁温差都会影响焊接接头的应力场。

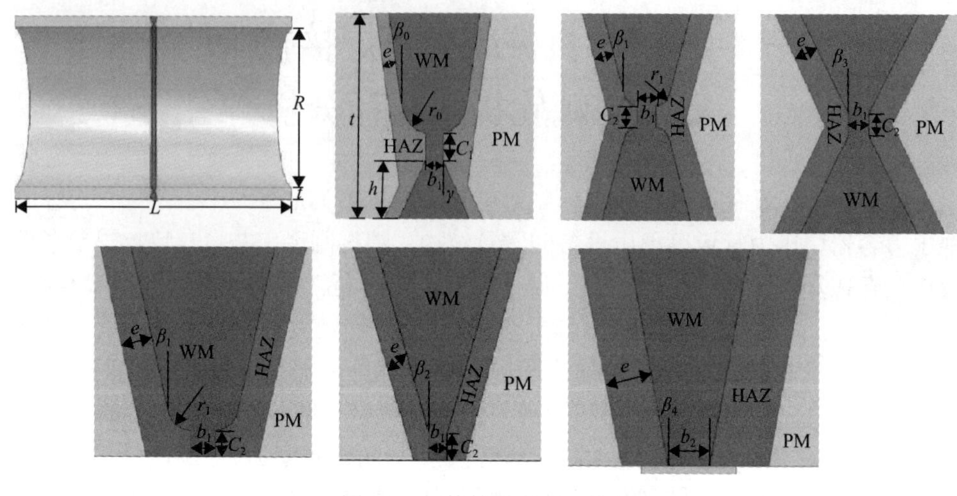

图 4.1　焊接管道有限元模型

表 4.1　典型焊接接头几何参数

L/mm	R/mm	P_i/mm	R_1/mm	b_1/mm	b_2/mm	r/mm	t/mm	h/mm
1000	280	2	6	2	7	6	40	10
b/mm	c/mm	e/mm	β_0/(°)	β_1/(°)	β_2/(°)	β_3/(°)	β_4/(°)	γ/(°)
2	3	2.5	10	6	25	27.5	20	35

表 4.2　焊接接头材料属性

区域	参数	参数值
母材区（PM）	弹性模量 E_p/GPa	200
	屈服应力 σ_{sp}/MPa	230
	热膨胀系数 α_p/（10^{-5}/℃）	1.1
热影响区（HAZ）	弹性模量 E_h/GPa	280
	屈服应力 σ_{sh}/MPa	250
	热膨胀系数 α_h/（10^{-5}/℃）	1.1
焊材区（WM）	弹性模量 E_w/GPa	280
	屈服应力 σ_{sw}/MPa	250
	热膨胀系数 α_w/（10^{-5}/℃）	1.3
PM、HAZ、WM	传热系数 k/[W/(m·℃)]	15
	泊松比 μ	0.3

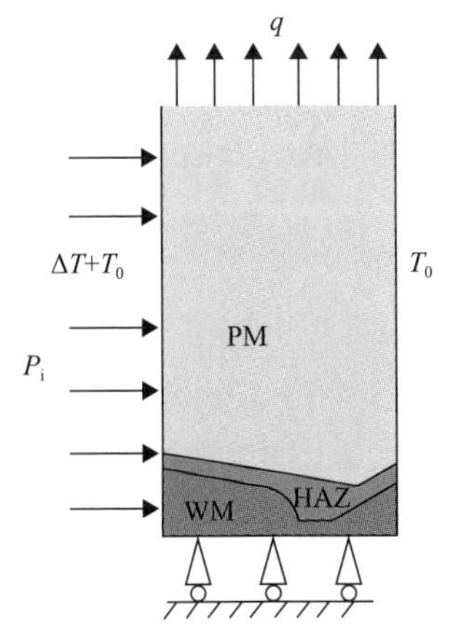

图 4.2　有限元模型及边界条件

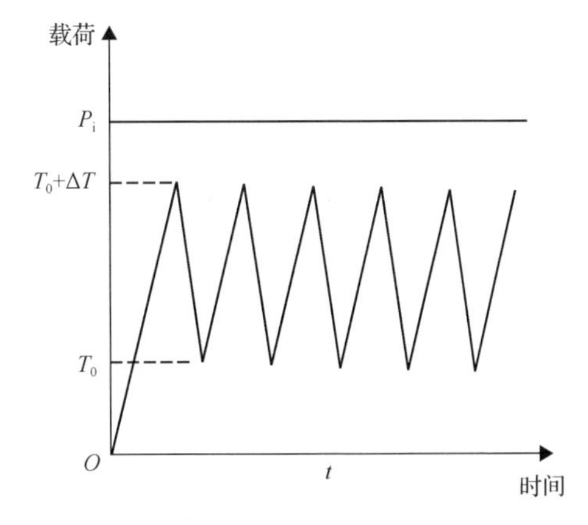

图 4.3　恒定内压和循环热载荷

图 4.4 为不同焊接接头的有限元模型，且焊接处网格加密，便于精确分析焊接接头的温度场和应力场。本章有限元模型进行了网格密度收敛性分析，选取计算结果与前一次结果相差不足 2%，满足计算结果与网格无关，且具有较高的计算效率。

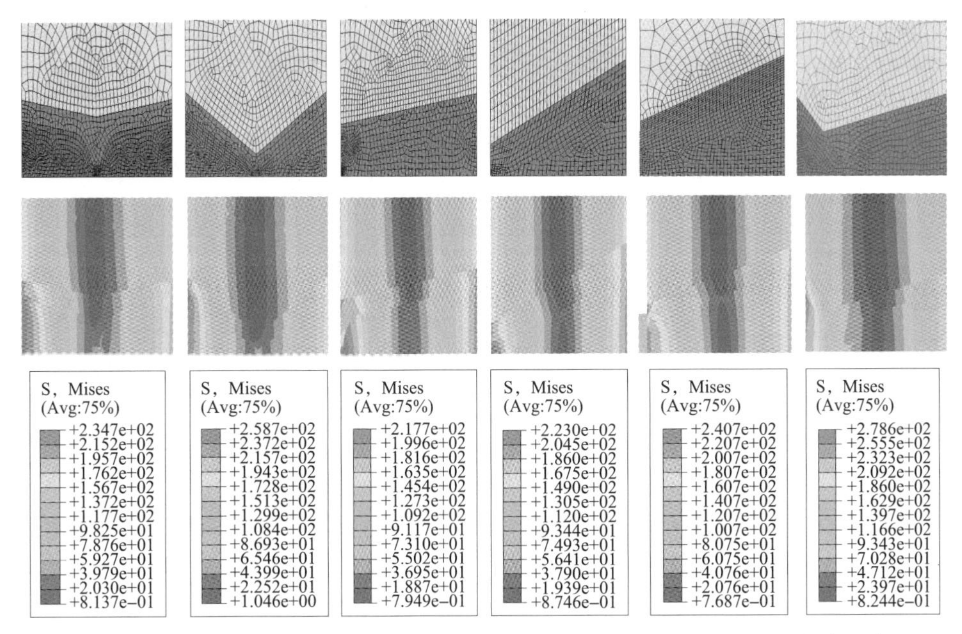

图 4.4　不同焊接接头(双 U 型、X 型、U 型、单面焊、V 型)的网格及应力分布

(P_i=10MPa，ΔT=100℃)

在传热分析中，采用 DCAX8 单元，而在应力分析中，采用 CAX8R 单元。为研究不同焊接坡口型式对安定性的影响，本章选取工程设计中常用的六种焊接接头进行研究。当 P_i=10MPa、ΔT=100℃时的等效应力场如图 4.4 所示。由于焊材区

几何和材料不连续，加之焊材强度并没有明显强于母材强度，故塑性变形首先发生在焊接区的内壁附近。为便于分析，这里假定压力载荷稳定，而温度从 0℃到最大值之间循环变化。特别地，焊接残余应力是自平衡残余应力场，并不影响结构的安定域，故本章分析中不考虑焊接残余应力。

4.2 基于弹性安定极限载荷的模型验证

图 4.5 为 UV 型坡口焊接接头在循环热-机械载荷作用下的安定极限载荷，且采用非线性叠加法进行计算。图中水平线部分为弹/塑性安定载荷，斜线部分为弹性安定/棘轮载荷。其中，纵坐标为 $\Delta\overline{T}=\Delta T/\Delta T_{\mathrm{c}}$，横坐标为 $\overline{P}=P_{\mathrm{i}}/P_{\mathrm{L}}$，$P_{\mathrm{L}}$ 是不考虑焊接接头效应的圆筒的极限载荷，且焊接接头效应对圆筒的极限载荷影响很小；ΔT_{c} 表示等圆筒在弹性安定域内的温度最大值。

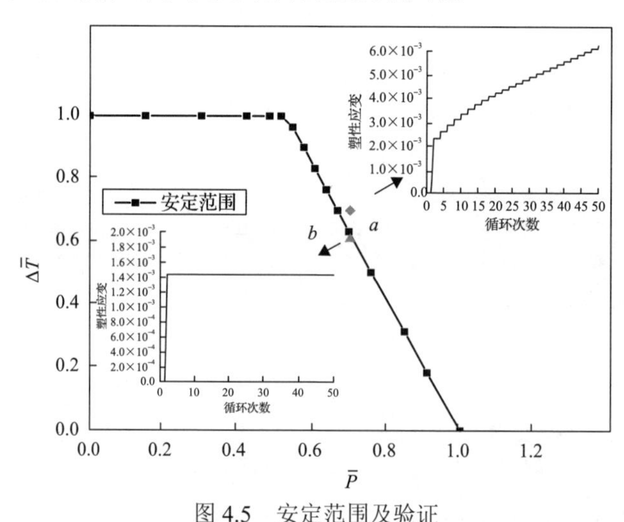

图 4.5 安定范围及验证

为验证本章非线性叠加法计算结果的正确性，图 4.5 中进一步采用逐次循环分析法进行验证，通过多次循环分析并观察塑性应变的累积情况来判定其是否安定。施加图 4.5 中 *a* 点所对应的载荷时，其塑性变形随着载荷循环次数的增加而变大，产生明显的棘轮效应；对于 *b* 点所对应的载荷，其在第一个循环加载后仅产生弹性响应，即弹性安定。这充分验证了本书计算结果的可靠性。

4.3 焊接接头安定性分析结果与讨论

4.3.1 坡口型式对焊接接头安定极限载荷的影响

在焊接管道中，焊接接头的坡口形式通常根据焊接管道的壁厚来选择，如壁厚较厚时，筒常选用 U 型或 V 型坡口。本书研究的管道壁厚为 t=20mm、40mm、80mm，并选取工程中常用的对焊焊接坡口进行对比分析。为方便比较不同坡口形式下的安定性，本节均采用 R/t=7.5。对六种焊接接头分别进行安定性分析，得到不同厚度下焊接接头的安定极限载荷，如图 4.6(a)～(c)分别给出了管道壁厚度为 20mm、40mm 和 80mm 时不同焊接接头的安定极限载荷。

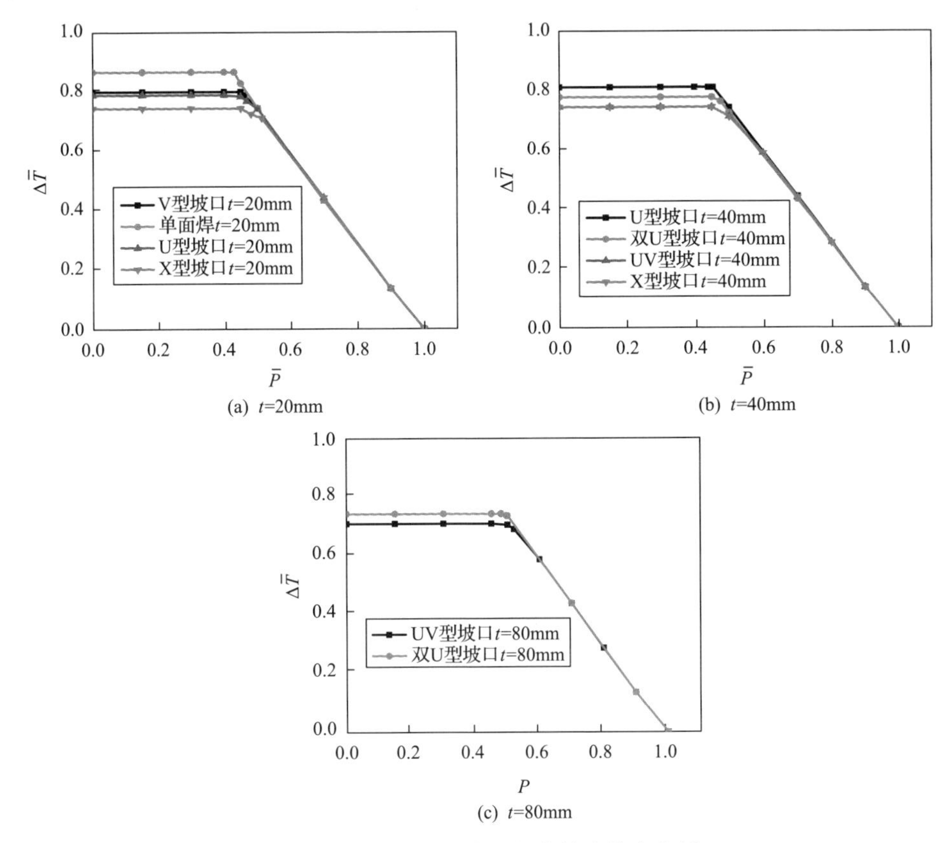

图 4.6　不同焊接厚度下焊接接头的安定域

图 4.6(a)表明，当厚度为 20mm 时，单面焊的安定域最大，这是由焊接垫板的加强作用所致，而其他结构的安定域基本一致；图 4.6(b)表明，当厚度为 40mm 时，U 型接头的安定域最大；图 4.6(c)表明，当厚度为 80mm 时，双 U 型接头的安定域较大。综上，采用 U 型坡口的焊接接头具有较好的承载能力。

4.3.2　管道厚度对焊接接头安定极限载荷的影响

为研究同种坡口在不同厚度下的安定性，对厚度为 30mm、40mm、80mm、120mm 的 UV 型焊接接头进行分析，如图 4.7 所示。结果表明，热-机械载荷下不同厚度焊接管道的无因次弹/塑性安定极限载荷基本一致，而无因次棘轮极限载荷随管道厚度的增加而显著增大。因此，无因次弹/塑性安定极限载荷适用于不同厚度下管道焊接接头的安定评定。

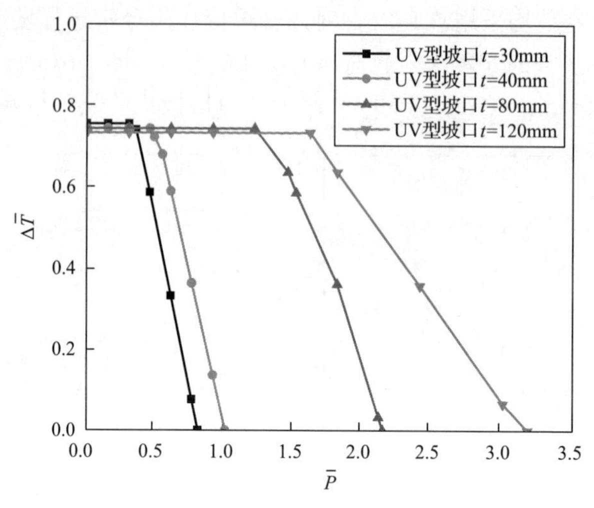

图 4.7　不同厚度下 UV 型坡口焊接接头的安定极限载荷

4.3.3　焊材屈服应力对焊接接头安定极限载荷的影响

焊材是影响焊接结构安定性的重要因素，特别是焊材的屈服应力对其影响较大。焊材的屈服应力对弹/塑性极限载荷和安定/棘轮极限载荷的影响是不一样的。因此，下面分别研究材料屈服应力对弹/塑性极限载荷和安定/棘轮极限载荷的影响，如图 4.8 所示。图 4.8(a)给出了不同焊材屈服应力下 U 型焊接接头的安定极限载荷。分别取安定极限载荷 $\bar{P}$=0.1、0.5 和 0.7 进行比较可知(图 4.8(b))，焊材的屈服应力对弹/塑性极限载荷影响较大，而对弹性安定/棘轮极限载荷影响很小。

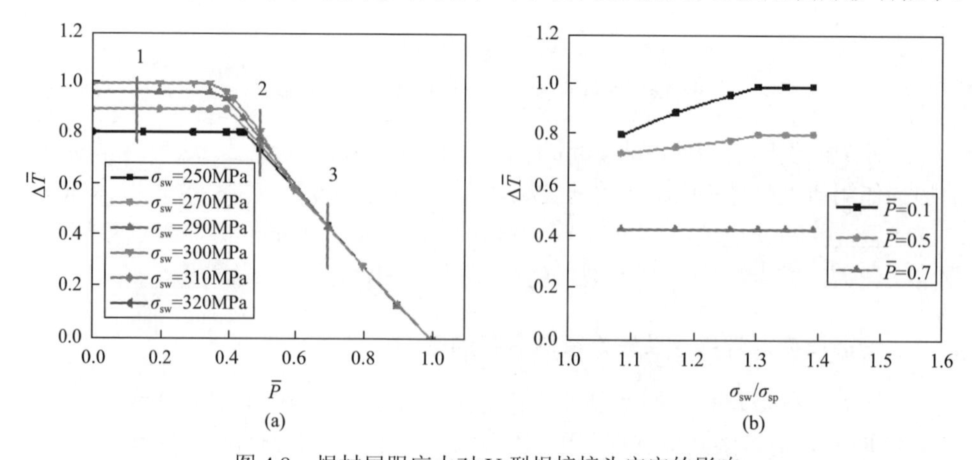

图 4.8　焊材屈服应力对 U 型焊接接头安定的影响

焊材的屈服应力变化时，首先发生棘轮的区域也会随之变化。以 U 型焊接接头为例，当焊材的屈服应力 σ_{sw} 增大为母材屈服应力 σ_{sp} 的 1.3 倍时，首先发生棘轮的区域由焊接区(WM)变为母材区(PM)。因此，焊接接头的安定极限载荷要取焊接区、母材区和热影响区中安定极限载荷的较小值，即 $P_s=\min\{P_s^p,P_s^w,P_s^h\}$。由图 4.9 可知，弹/塑性边界随焊材屈服应力的变化存在一个“拐点”，该“拐点”将其分为两个区域，斜线部分表示首先发生棘轮的区域是焊接区，水平线部分表示棘轮首先发生在母材区。不同的焊接坡口形式，母材区的弹/塑性边界会有差别，即水平线部分的值会有差异。

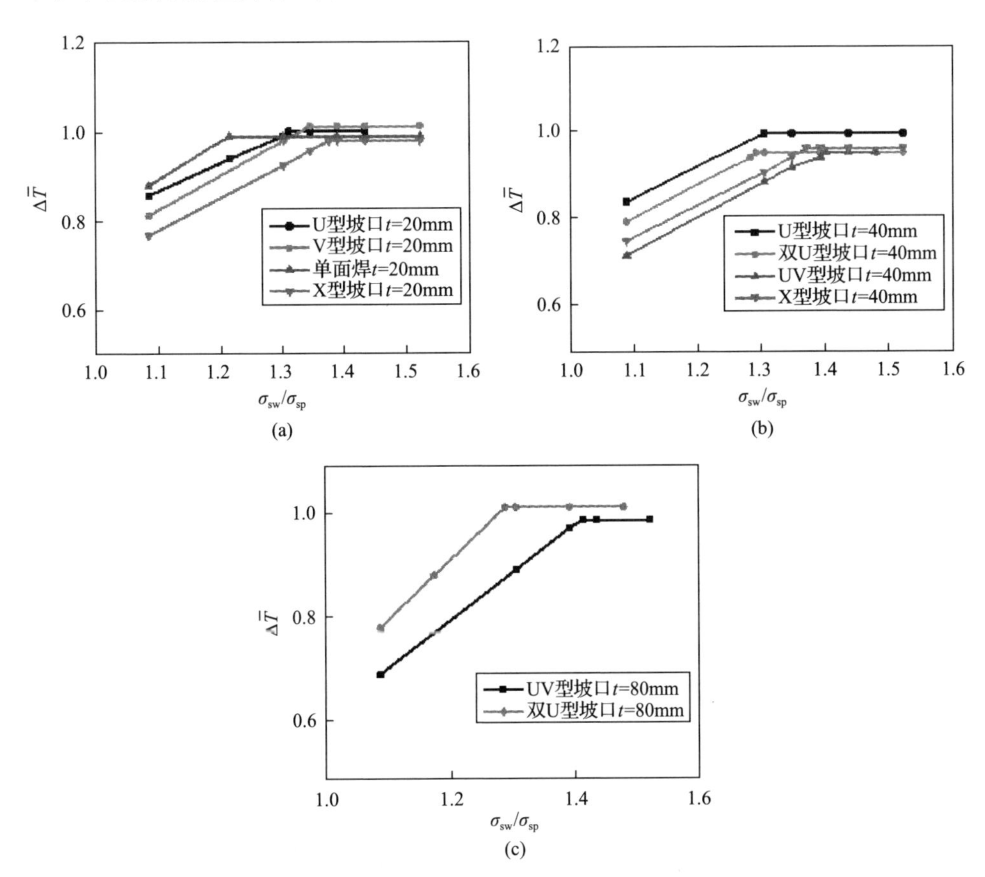

图 4.9　焊材屈服应力对弹/塑性安定边界的影响

若焊材的屈服应力过小，则棘轮首先发生在焊接区，加之焊接区不可避免地存在微孔洞、微裂纹等内部缺陷，使焊接接头更容易发生失效。因此，在选取焊材焊接时，应选取图 4.9 中水平线处焊材的屈服应力，即焊材屈服应力 σ_{sw} 与母材屈服应力 σ_{sp} 的比值应大于“拐点”值。

为比较不同坡口形式的焊接接头的“拐点”，图 4.9 给出了不同坡口形式下，弹/塑性边界随焊材屈服应力变化的情况。当焊接管道厚度 t=20mm 时，单面焊坡口对焊材屈服应力的要求最低，σ_{sw}/σ_{sp} 约为 1.2，而 X 型坡口对焊材屈服应力的要求最高，σ_{sw}/σ_{sp} 约为 1.4，如图 4.9(a)所示。由图 4.9(b)、(c)可知，当 t=40mm、80mm 时，双 U 型坡口对焊材屈服应力的要求较低，而 UV 型坡口对焊材屈服应力的要求较高。

“拐点”对焊材的选取有重要意义，为研究弹/塑性安定极限载荷和棘轮极限载荷处“拐点”的变化情况，选取厚度 t=40mm 时不同的坡口型式进行研究，如图 4.10 所示。结果表明，弹/塑性安定极限载荷的“拐点”不变。由于应力场的变化，棘轮极限载荷的“拐点”在初始阶段变小，但随后都趋于稳定，并且四种坡口形式棘轮极限载荷的“拐点”都趋近于一个稳定值。以 U 型坡口为例，U 型坡口对应折线的下方表示棘轮首先发生在焊接区(WM)，而折线的上方表示棘轮首先发生在母材区(PM)。值得注意的是，棘轮首先发生在母材区时，有利于提高焊接接头的安全性。

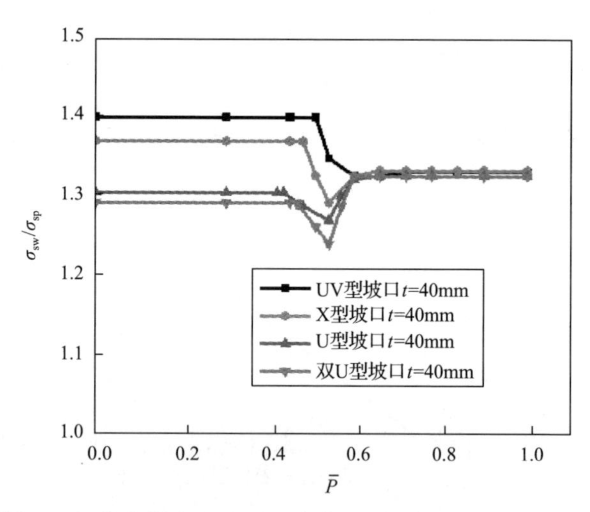

图 4.10　弹/塑性安定边界和棘轮边界的“拐点”变化关系

4.3.4　焊材弹性模量和热膨胀系数对焊接接头安定极限载荷的影响

由于热-机械载荷下焊接接头的弹性模量和热膨胀系数都会影响其应力场，进而影响焊接接头的安定性，如图 4.11 所示。结果表明，在一定范围内，焊接接头的弹/塑性安定极限载荷随焊材弹性模量呈线性变化，而随焊材热膨胀系数呈非线性变化。

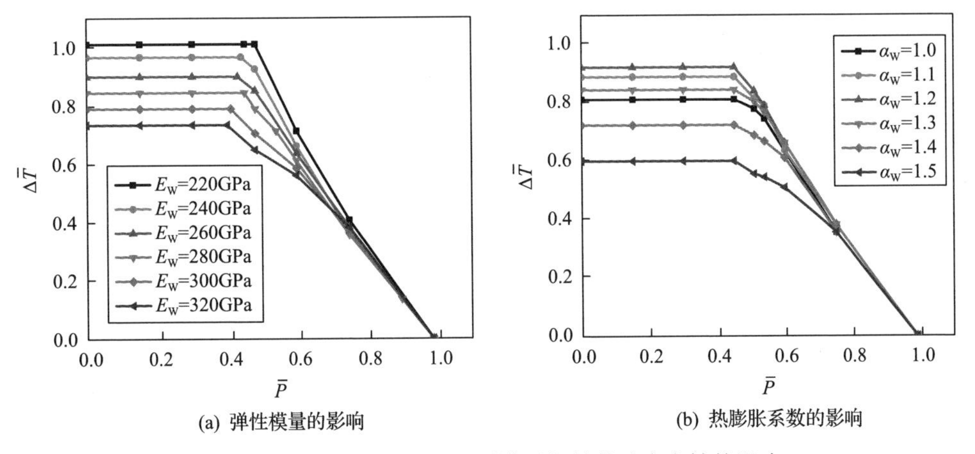

(a) 弹性模量的影响　　(b) 热膨胀系数的影响

图 4.11　弹性模量和热膨胀系数对焊接接头安定性的影响

4.4　焊接接头安定性的简化评估方法

4.4.1　焊接接头的应力集中系数

由于几何和材料的不连续效应，在焊接接头部位会出现应力集中现象。应力场的分布状态会直接影响到焊接接头的安定性，而应力集中系数能反映焊接接头应力场的分布，为构建焊接接头安定性评估方法，这里引入焊接接头的应力集中系数 k。焊接接头的应力集中系数定义为热-机械载荷下焊接接头处的最大应力与总体薄膜应力的比值，可通过有限元模拟获得。

对于 U 型坡口的对焊焊接接头，其应力集中系数可表示为

$$k_U = 5.906(\bar{\alpha} - 1.036)^2 + 0.504 + 0.486\bar{E} \tag{4.1}$$

对于 X 型坡口的对焊焊接接头，其应力集中系数则为

$$k_X = 0.714 - 0.654\bar{E} + (-0.308 + 1.24\bar{E})\bar{\alpha} \tag{4.2}$$

式 (4.1) 和式 (4.2) 中，$\bar{E}$ 表示焊材与母材弹性模量的比值，取值范围为 $1.1 \leqslant \bar{E} \leqslant 1.6$；$\bar{\alpha}$ 表示焊材与母材的热膨胀系数比，取值范围为 $1.0 \leqslant \bar{\alpha} \leqslant 1.35$。当应力集中系数 $k \leqslant 1.1$ 时，棘轮首先发生在母材区，此时 $\Delta\bar{T} = 1.0$。

4.4.2　弹/塑性安定极限载荷及拐点值的确定

为便于评估焊接接头的安定性，这里关联了无焊缝和有焊缝两种情况下管道的安定极限载荷，而无焊缝管道的安定极限载荷有相应的解析解(Bree 解)。该关联式可用于焊接接头的安定性评定。

由前面分析可知,"拐点"能区分棘轮变形首先发生的区域。当棘轮变形区域发生变化时,屈服应力对安定性的影响也会发生变化。应力集中系数 k 是影响"拐点"的主要因素。

对于 U 型坡口,"拐点"可表征为

$$r_{gU}^{\sigma}=0.037+0.9557k_{U} \tag{4.3}$$

对于 X 型坡口,"拐点"可表征为

$$r_{gX}^{\sigma}=0.297+0.7198k_{X} \tag{4.4}$$

双 U 型、UV 型、V 型坡口沿用 X 型坡口的"拐点"值,即

$$\Delta\overline{T}_{U}=\begin{cases}(-0.0428+1.0747/k_{U})r^{\sigma}+0.1145-0.1556/k_{U}, & 1.0\leqslant r_{U}^{\sigma}<r_{gU}^{\sigma}\\ 1, & r_{U}^{\sigma}\geqslant r_{gU}^{\sigma}\end{cases} \tag{4.5}$$

$$\Delta\overline{T}_{X}=\begin{cases}(0.086+1.2079/k_{X})r^{\sigma}-0.1122-0.1737/k_{X}, & 1.0\leqslant r_{X}^{\sigma}<r_{gX}^{\sigma}\\ 1, & r_{X}^{\sigma}\geqslant r_{gX}^{\sigma}\end{cases} \tag{4.6}$$

当$1.0\leqslant r^{\sigma}<r_{g}^{\sigma}$时,双 U 型、UV 型、V 型坡口的弹/塑性安定边界与 X 型坡口的弹/塑性安定极限载荷相近且变化规律一致,可采用统一的修正系数来评估其弹/塑性安定极限载荷,如式(4.7)所示。当$r^{\sigma}\geqslant r_{g}^{\sigma}$时,对于不同坡口的焊接接头,其母材区的安定极限载荷非常相近,近似等于无焊接管道的安定极限载荷。为简化评估方法,这种情况下均可采用无焊接管道的安定极限载荷进行评定:

$$\Delta\overline{T}=\begin{cases}0.98\Delta\overline{T}_{X}, & \text{UV型坡口}\\ 1.06\Delta\overline{T}_{X}, & \text{UU型坡口}\\ 1.0735\Delta\overline{T}_{X}, & \text{V型坡口}\end{cases} \tag{4.7}$$

4.4.3 安定/棘轮极限载荷的确定

由前面分析可知,随着内压的增大,安定/棘轮极限载荷呈线性减小,而当内压增大至极限载荷的 70%时,焊接管道就与无焊接管道的安定/棘轮极限载荷一致。因此,焊接接头的安定/棘轮极限载荷可近似为

$$\Delta\overline{T}_{P}=\begin{cases}\Delta\overline{T}, & 0\leqslant\overline{P}\leqslant0.45\\ (4-4\Delta\overline{T})\overline{P}-1.8+2.8\Delta\overline{T}, & 0.45<\overline{P}\leqslant0.7\\ 1, & 0.7<\overline{P}\leqslant1.0\end{cases} \tag{4.8}$$

为验证本章焊接接头安定性简化评估方法的可靠性，采用该方法随机分析了不同坡口下焊接接头的安定极限载荷，并与有限元分析(FEA)的结果进行了对比，如图 4.12 所示。结果表明，由本章焊接接头安定性简化评估方法得到的结果与有限元仿真结果的最大误差小于 3%，这说明该简化评估方法是可靠的。

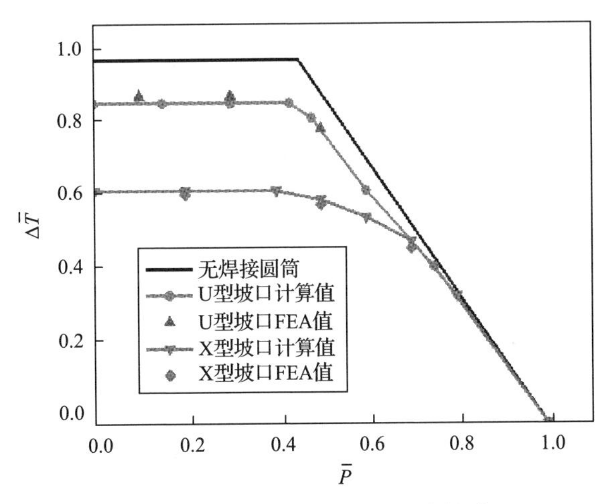

图 4.12　推荐的安定性评估方法的验证

4.5　本 章 小 结

本章研究了典型承压容器或管道对焊焊接接头在循环热-机械载荷作用下的安定极限载荷，并系统讨论了焊接接头不同部位(母材区、焊接区和热影响区)、焊接接头型式(双 U 型、X 型、U 型、单面焊、V 型)、焊接厚度、材料属性(屈服应力、热膨胀系数)等因素对焊接接头安定极限载荷的影响。基于详细的分析数据，建立了不同条件下焊接接头应力集中系数与弹/塑性安定极限载荷的关联式，进而构建了考虑不同焊接因素时焊接接头统一的安定极限载荷工程评估方法。为验证本书方法的可靠性，并采用有限元分析对随机的多组焊接条件进行了对比。结果表明，本书推荐的焊接接头统一安定性评估方法具有良好的预测精度。

第5章　复杂条件下多层膜-基结构的安定性分析

多层膜-基结构是微纳器件、传感、集成电路、涡轮机和内燃机[257]等的典型结构形式，用于避免结构直接承受磨损、腐蚀或温度等作用而失效。多层膜-基结构通常承受热、电、机及其循环组合等复杂载荷，特别是循环热-机械载荷作用。例如，热障涂层(TBC)主要用于高温条件下的复杂结构。典型的热障涂层由四层组成，包括 TBC、超合金基底、TBC 与基底之间的黏结层、黏结层与 TBC 之间的氧化物(TGO)。不同层之间的热机性能不匹配会导致较大的热应力，易发生界面层开裂或剥落等现象。

针对弹塑性机制下的残余应力问题，国内外众多学者进行了广泛而深入的研究。Hsueh[258]和 Zhang[259]探讨了多层系统在热载荷下的弹性解析解；Zhang 等[260]研究了热-机械载荷下弹塑性线性硬化多层梁残余应力、应变的解析解，但并没有考虑蠕变行为的影响；Limarga 等[261]、Chen 等[262, 263]研究了多层系统在弹性-蠕变条件下的残余应力场；Mao 等[264]进一步研究了多层结构在循环热载荷条件下的应力和变形行为，但其研究对象为理想弹塑性模型，并未考虑复杂循环塑性行为的影响；Nakane 等[265]采用更精确的塑性本构方程研究了铅焊多层结构在循环弹-塑条件下变形行为，但并未考虑循环保载阶段的蠕变行为。

当多层系统的工作温度超过一定范围时，蠕变变形不可避免。此时，在变形控制的载荷下(如温度、位移载荷)产生应力松弛，而在应力控制的载荷下产生蠕变应变。如不考虑密封等功能性要求，应变控制下的应力松弛会降低结构的内应力，从而增加结构的安定极限载荷，但应力控制下的蠕变应变随时间累积且不可回复，易导致结构因过大的塑性变形而失效。高温用钢往往具有较好的力学性能，过于保守的设计方法并不能充分利用结构的承载能力。因此，引入真实的塑性行为进行安定性分析是亟待解决的问题。

另外，蠕变条件下结构的应力、应变会随运行时间而变化，显得相对复杂。特别地，在循环弹-塑-蠕变条件下，过大的机械应力或热应力会导致多层系统产生皱缩、涂层或覆层剥落、过度塑性变形及界面裂纹等失效形式，这就必须在设计过程中考虑蠕变因素，以保证多层结构在运行过程中满足安全性和功能性的要求。Chen 等[262, 263]、Limarga 等[261]和 Li 等[266]推导了弹性-蠕变条件多层系统的蠕变变形和应力状态。Mahbadi 等[77]基于线性 Prager 随动硬化模型以及 Nakane 等[267]基于非线性随动应变硬化模型分别描述了弹-塑-蠕变条件下多层系统的循环应力-应变关系。然而，上述研究均未考虑循环载荷下界面缺陷对多层系统开裂和分层的影响。Huang 等[268, 269]考虑了界面缺陷的影响，并研究了多层系统的应力分布。Karlsson 等[270]证实了热循环可导致多层系统缺陷附近的塑性变形。Mumm 等[271]进一步发现循环热-机械载荷下界面缺陷附近的棘轮变形是导致 TBC 开裂的主要原因。Gralewicz 等[272]、Ptaszek 等[273]和 Netzelmann 等[274]发展了热源成像技术，分别研究了多层系统界面的分层行为。这些工作对于解释多层系统的失效机制，建立循环热载荷下 TBC 的安全评估方法奠定了基础。虽然人们已厘清了多层系统缺陷附近的棘轮变形是导致 TBC 开裂和分层的主要因素，但尚缺乏含界面缺陷 TBC 的安定性分析和相应的评价方法。

随着塑性变形的发展，材料往往涉及微裂纹或微孔的萌生、生长及合并等延性损伤的演化，导致材料力学属性的退化。现行 ASME 和 EN 13445 设计规范均采用理想弹塑性模型评估结构的安定性，并没有考虑应变硬化或循环硬化等更真实的材料特征。另外，经典的安定理论仅认为结构的塑性变形有限即安定，并没有考虑材料损伤与退化的影响。事实上，延展性良好的金属材料在循环加载过程中会产生显著的应变硬化特征，结构达到安定状态时的塑性变形将远大于材料的初始屈服应变，这可能导致结构满足安定条件而不满足功能性要求。连续损伤力学采用细观力学方法研究材料在外部因素作用下的不可逆热力学耗散过程及其对材料性质的影响，引入损伤力学进行安定性评估，可以清晰解释结构在变载作用下安定或破坏的发展过程。另外，过大塑性变形是结构的不安全因素，这可通过延性损伤因子加以限定。因此，研究材料退化及结构约束条件下的安定性，具有重要的理论价值和工程意义。

围绕上述问题，本章将系统研究复杂载荷、几何及材料本构条件下多层系统的安定极限载荷及其评定方法。其中，5.1 节分析循环弹-塑-蠕变条件下循环硬化多层膜-基结构的累积变形及安定性；5.2 节研究含界面缺陷多层系统的安定极限载荷及其评价方法，并讨论界面缺陷对多层系统安全性的影响；5.3 节研究纳入延性损伤效应后多层系统的安定极限载荷及其评价方法。

5.1　弹-塑-蠕变条件下多层膜-基结构的安定性分析

5.1.1　弹-塑-蠕变条件下多层膜-基结构的安定极限方程

1. 随动硬化模型

假定循环塑性模型遵循 von Mises 屈服准则如下：

$$f(\boldsymbol{\sigma}-\boldsymbol{\alpha})=\sqrt{\frac{3}{2}(\boldsymbol{S}-\boldsymbol{X}):(\boldsymbol{S}-\boldsymbol{X})}-\sigma_{\mathrm{s}} \tag{5.1}$$

式中，$\boldsymbol{\sigma}$ 和 $\boldsymbol{\alpha}$ 表示应力和背应力张量；$\boldsymbol{S}$ 和 $\boldsymbol{X}$ 表示应力和背应力偏量；σ_s 为初始屈服强度；f 为屈服函数；(:)表示二阶张量之间的内积。

若假定塑性应变张量 $\boldsymbol{\varepsilon}^p$ 及背应力张量是屈服函数的内变量，则塑性演化方程可分为流动准则和应变硬化模型。

1) 流动准则

$$\mathrm{d}\boldsymbol{\varepsilon}^{\mathrm{p}} = \frac{1}{H}\left\langle \frac{\partial f}{\partial \boldsymbol{\sigma}} \mathrm{d}\boldsymbol{\sigma} \right\rangle \frac{\partial f}{\partial \boldsymbol{\sigma}}，\ 且\ \frac{\partial f}{\partial \boldsymbol{\sigma}} = \frac{3(\boldsymbol{S}-\boldsymbol{X})}{2\sigma_{\mathrm{s}}} \tag{5.2}$$

式中，H 为塑性模量，角括号含义为 $\langle x \rangle = \frac{1}{2}(|x| + x)$。

2) Ohno-Abdel-Karim 非线性随动硬化模型[96]

$$\boldsymbol{X} = \sum_{i=1}^{M} \boldsymbol{X}_i \tag{5.3}$$

$$\boldsymbol{X}_i = \xi_i \left[\frac{2}{3} r_i \dot{\boldsymbol{\varepsilon}}^{\mathrm{p}} - \mu_i \boldsymbol{X}_i \dot{p} - H(f_i)\left\langle \dot{\lambda}_i \right\rangle \boldsymbol{X}_i \right] \tag{5.4}$$

$$f_i = \frac{3}{2} \boldsymbol{X}_i : \boldsymbol{X}_i - r_i^2 \tag{5.5}$$

$$\dot{\lambda}_i = \dot{\boldsymbol{\varepsilon}}^{\mathbf{p}} : \frac{\boldsymbol{X}_i}{r_i} - \mu_i \dot{p} \tag{5.6}$$

$$\dot{p} = (2/3 \dot{\boldsymbol{\varepsilon}}^{\mathbf{p}} : \dot{\boldsymbol{\varepsilon}}^{\mathbf{p}})^{1/2} \tag{5.7}$$

2. 弹-塑-蠕变机制下的多层梁弯曲方程

考虑到梁模型相对简单，工程设计中常以梁模型为基础分析结构的安全行为，而多层梁结构可进一步考虑结构约束的影响，也是许多工程结构的简化模型，本节以多层梁结构为例研究弹-塑-蠕变条件下结构的安定行为。典型多层梁系统如图 5.1(a)所示，其中循环热载荷历程如图 5.1(b)所示。为便于分析，本章进行以下假设：

(1) 各层梁的长度和宽度相等，而其他尺寸和物理参数不同；

(2) 若多层梁系统各向同性且温度沿高度线性梯度分布；

(3) 多层梁的共面截面在弹塑性变形后仍保持为平面；

(4) 基体为弹性梁，其余各层为弹-塑-蠕变梁。

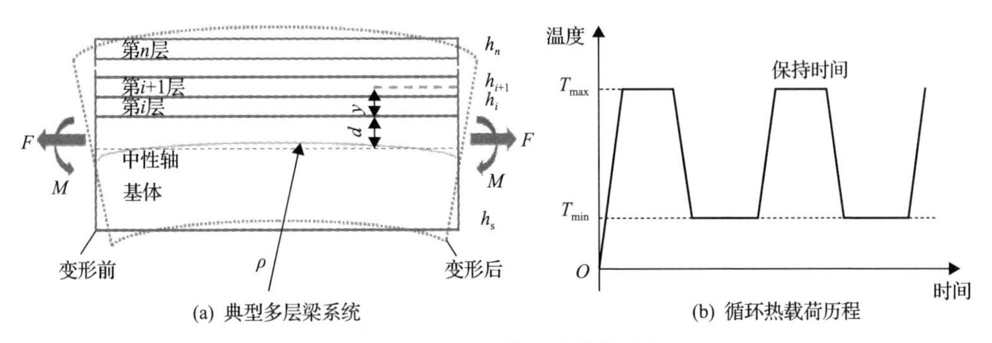

(a) 典型多层梁系统　(b) 循环热载荷历程

图 5.1　多层梁结构及热载荷路径

$T_{\max}$ 和 $T_{\min}$ 分别为循环热载荷中的最高和最低温度；F 和 M 分别为轴向力和弯矩；h_i 为第 i 层梁的厚度；h_s 为基体的厚度

那么，考虑到弹-塑-蠕变效应，各层梁的 x 向总应变可表示为

$$\begin{cases} \varepsilon_{\text{sb}} = \dfrac{\sigma_{\text{sb}}}{E_{\text{sb}}} + \alpha_{\text{sb}} \Delta T_{\text{sb}}(y) \\ \varepsilon_i = \dfrac{\sigma_i}{E_i} + \varepsilon_i^{\text{p}} + \varepsilon_i^{\text{c}} + \alpha_i \Delta T_i(y), \quad i = 1, 2, \cdots, n \end{cases} \tag{5.8}$$

式中，下标 sb 和 i 分别为基体和第 i 层膜；ε 为 x 向总应变；ε^{p} 和 ε^{c} 分别为 x 向的塑性应变和蠕变应变；α 和 ΔT 分别为热膨胀系数和温度梯度。

如果定义多层梁中性轴到 x 坐标轴的距离为 d(图 5.1) 且中性轴曲率为 ρ，则 x 向应变沿高度的分布为

$$\varepsilon(y) = \left[(\rho + d + y)\text{d}\theta - \rho \text{d}\theta\right] / (\rho \text{d}\theta) \tag{5.9}$$

式中，$\text{d}\theta$ 为两个横截面的相对转角；y 为多层梁在坐标系中的高度。类似地，第 1 层和第 2 层梁间界面的 x 向应变为

$$\varepsilon_0 = \left[(\rho + d)\text{d}\theta - \rho \text{d}\theta\right] / (\rho \text{d}\theta) \tag{5.10}$$

将式(5.10)代入式(5.9)，则多层梁的 x 向应变为

$$\varepsilon(y) = \varepsilon_0 + y / \rho \tag{5.11}$$

将式(5.11)代入式(5.8)，则多层梁的 x 向应力为

$$\begin{cases} \sigma_{\text{sb}}(y,t) = E_{\text{sb}}[\varepsilon_0(t) + k(t)y - \alpha_{\text{sb}} \Delta T_{\text{sb}}(y)] \\ \sigma_i(y,t) = E_i[\varepsilon_0(t) + k(t)y - \varepsilon_i^{\text{p}}(y) - \varepsilon_i^{\text{c}}(y,t) - \alpha_i \Delta T_i(y)], \quad i = 1, 2, \cdots, n \end{cases} \tag{5.12}$$

考虑到边界条件，多层梁系统的平衡方程可表示为

$$\begin{cases}\int_{-h_1}^{0}\sigma_{\text{sb}}(y,t)b\mathrm{d}y+\sum_{i=1}^{n}\int_{y_{i-1}}^{y_i}\sigma_i(y,t)b\mathrm{d}y=F\\ \int_{-h_1}^{0}\sigma_{\text{sb}}(y,t)by\mathrm{d}y+\sum_{i=1}^{n}\int_{y_{i-1}}^{y_i}\sigma_i(y,t)by\mathrm{d}y=M,\quad i=1,2,\cdots,n\end{cases}\tag{5.13}$$

式中，h 和 b 分别为多层梁系统的高度和长度；F 和 M 分别为轴向载荷和弯矩。

将式(5.12)代入式(5.13)，可得

$$\begin{cases}\varepsilon_0(0)=(CK-AH)/(BC-A^2)\\ k(0)=(BH-AK)/(BC-A^2)\end{cases}\tag{5.14}$$

考虑到蠕变效应的影响，式(5.14)随时间的变化率为

$$\begin{cases}\dot{\varepsilon}_0(t)=(CL-AN)/(BC-A^2)\\ \dot{k}(t)=(BN-AL)/(BC-A^2)\end{cases}\tag{5.15}$$

其中

$$A=-E_{\text{sb}}\,bh_{\text{sb}}^2/2\ +E_ibh_i\left(\sum_{j=0}^{i-1}h_j+h_i/2\right)$$

$$B=E_{\text{sb}}bh_{\text{sb}}+\sum_{i=1}^{n}E_ibh_i$$

$$C=E_{\text{sb}}\,bh_{\text{sb}}^3/3\ +E_ibh_i\left[\left(\sum_{j=0}^{i-1}h_j+h_i/2\right)^2+h_i^2/12\right]$$

$$L=\sum_{i=1}^{n}\int_{y_{i-1}}^{y_i}E_i\dot{\varepsilon}_i^{\text{c}}(y,t)\mathrm{d}y$$

$$N=\sum_{i=1}^{n}\int_{y_{i-1}}^{y_i}E_i\dot{\varepsilon}_i^{\text{c}}(y,t)y\mathrm{d}y$$

$$K=E_{\text{sb}}\alpha_{\text{sb}}\int_{-h_{\text{sb}}}^{0}T_{\text{sb}}(y)\mathrm{d}y+\sum_{i=1}^{n}\int_{y_{i-1}}^{y_i}E_i\alpha_iT_i(y)\mathrm{d}y+\sum_{i=1}^{n}\int_{y_{i-1}}^{y_i}E_i[\varepsilon_i^{\text{p}}(y)+\varepsilon_i^{\text{c}}(y,t)]\mathrm{d}y+F/b$$

$$H=E_{\text{sb}}\alpha_{\text{sb}}\int_{-h_{\text{sb}}}^{0}T_{\text{sb}}(y)y\mathrm{d}y+\sum_{i=1}^{n}\int_{y_{i-1}}^{y_i}E_i\alpha_iT_i(y)y\mathrm{d}y$$
$$+\sum_{i=1}^{n}\int_{y_{i-1}}^{y_i}E_i[\varepsilon_i^{\text{p}}(y)+\varepsilon_i^{\text{c}}(y,t)]y\mathrm{d}y+M/b$$

式(5.15)中的 $h_0 = 0$ 且 $(\cdot)$ 表示变量对时间的导数。假定机械加载阶段不产生蠕变，则机械载荷产生的 x 向应力、应变可表示为

$$\begin{cases} \varepsilon(0) = \varepsilon_0(0) + k(0)y \\ \sigma_{\mathrm{sb}}(y,0) = E_{\mathrm{sb}}[\varepsilon_0(0) + k(0)y - \alpha_{\mathrm{sb}}\Delta T_{\mathrm{sb}}(y)] \\ \sigma_i(y,0) = E_i[\varepsilon_0(0) + k(0)y - \varepsilon_i^{\mathrm{p}}(y) - \alpha_i \Delta T_i(y)], \quad i = 1,2,\cdots,n \end{cases} \tag{5.16}$$

值得注意的是，式(5.16)中 $\varepsilon_i^{\mathrm{c}}(y,0) = 0$。

联立式(5.11)、式(5.12)和式(5.16)可得到 x 向总应力率和应变率表达式为

$$\begin{cases} \dot{\varepsilon}(y,t) = \dot{\varepsilon}_0(t) + \dot{k}(t)y \\ \dot{\sigma}_{\mathrm{sb}}(y,t) = E_{\mathrm{sb}}[\dot{\varepsilon}_0(t) + \dot{k}(t)y] \\ \dot{\sigma}_i(y,t) = E_i[\dot{\varepsilon}_0(t) + \dot{k}(t)y - \dot{\varepsilon}_i^{\mathrm{c}}(y,t)], \quad i = 1,2,\cdots,n \end{cases} \tag{5.17}$$

在弹-塑-蠕变阶段，x 向总应力、应变随保载时间而变化，即

$$\begin{cases} \varepsilon(y,t+\Delta t) = \varepsilon(y,t) + \dot{\varepsilon}(y,t)\Delta t \\ \sigma_{\mathrm{sb}}(y,t+\Delta t) = \sigma_{\mathrm{sb}}(y,t) + \dot{\sigma}_{\mathrm{sb}}(y,t)\Delta t \\ \sigma_i(y,t+\Delta t) = \sigma_i(y,t) + \dot{\sigma}_i(y,t)\Delta t, \quad i = 1,2,\cdots,n \end{cases} \tag{5.18}$$

而机械应变 $\varepsilon^{\mathrm{m}}(y)$ 可定义为

$$\varepsilon_i^{\mathrm{m}}(y,t) = \varepsilon(y,t) - \alpha_i \Delta T_i(y), \quad i = 1,2,\cdots,n \tag{5.19}$$

于是，蠕变发生后机械应变随时间变化为

$$\begin{cases} \varepsilon_{\mathrm{sb}}^{\mathrm{m}}(y,t+\Delta t) = \varepsilon(y,t+\Delta t) - \alpha_{\mathrm{sb}}\Delta T_{\mathrm{sb}}(y) \\ \varepsilon_i^{\mathrm{m}}(y,t+\Delta t) = \varepsilon(y,t+\Delta t) - \alpha_i \Delta T_i(y), \quad i = 1,2,\cdots,n \end{cases} \tag{5.20}$$

5.1.2　Si-Cu 双层梁分析

1. Si-Cu 梁基本弹塑性方程

假设 Si 为弹性基体，Cu 膜为弹-塑-蠕变材料，且温度均匀分布，则式(5.16)～式(5.20)可简化为

$$\begin{cases} \varepsilon_0(0)=\dfrac{1}{12h'}\Bigg[4(E_1h_1^3+E_sh_s^3)\left(E_1\alpha_1h_1\Delta T+E_s\alpha_sh_s\Delta T+E_1\displaystyle\int_0^{h_1}\varepsilon_1^{\rm p}(y)+\varepsilon_1^{\rm c}(y,0){\rm d}y+F/b\right) \\ \qquad -3(E_1h_1^2-E_sh_s^2)\left(E_1\alpha_1h_1^2\Delta T-E_s\alpha_sh_s^2\Delta T+2E_1\displaystyle\int_0^{h_1}\varepsilon_1^{\rm p}(y)y+\varepsilon_1^{\rm c}(y,0)y{\rm d}y+M/b\right)\Bigg] \\ k(0)=\dfrac{1}{2h'}\Bigg[(E_1h_1+E_sh_s)\left(E_1\alpha_1h_1^2\Delta T-E_s\alpha_sh_s^2\Delta T+2E_1\displaystyle\int_0^{h_1}\varepsilon_1^{\rm p}(y)y+\varepsilon_1^{\rm c}(y,0)y{\rm d}y+M/b\right) \\ \qquad -(E_1h_1^2-E_sh_s^2)\left(E_1\alpha_1h_1\Delta T+E_s\alpha_sh_s\Delta T+E_1\displaystyle\int_0^{h_1}\varepsilon_1^{\rm p}(y)+\varepsilon_1^{\rm c}(y,0){\rm d}y+F/b\right)\Bigg] \\ \dot\varepsilon_0(t)=\dfrac{1}{6h'}\left[2(E_1h_1^3+E_sh_s^3)\displaystyle\int_0^{h_1}E_1\dot\varepsilon_1^{\rm c}(y,t){\rm d}y-3(E_1h_1^2-E_sh_s^2)\int_0^{h_1}E_1\dot\varepsilon_1^{\rm c}(y,t)y{\rm d}y\right] \\ \dot k(t)=\dfrac{1}{2h'}\left[2(E_1h_1+E_sh_s)\displaystyle\int_0^{h_1}E_1\dot\varepsilon_1^{\rm c}(y,t)y{\rm d}y-(E_1h_1^2-E_sh_s^2)\int_0^{h_1}E_1\dot\varepsilon_1^{\rm c}(y,t){\rm d}y\right] \end{cases} \tag{5.21}$$

式中，$h'=\dfrac{1}{3}(E_1h_1+E_sh_s)(E_1h_1^3+E_sh_s^3)-\dfrac{1}{4}(E_1h_1^2+E_sh_s^2)^2$。

假设 Cu 膜的蠕变演化方程为

$$\dot\varepsilon_1^{\rm c}={\rm sign}[\sigma_1(y,t)]A\sigma_1^n(y,t)\exp\left(-\frac{Q'}{RT}\right) \tag{5.22}$$

式中，A、n 和 Q'分别为材料常数、蠕变应力指数和蠕变激活能；R 和 T 分别为气体常数和温度。

在蠕变阶段，多层结构的总应力、总应变是时间相关的函数，故式(5.17)的积分形式为

$$\begin{cases} \varepsilon(y,t)=\displaystyle\int_0^t[\dot\varepsilon_0(t)+\dot k(t)y]{\rm d}t+\varepsilon(y,0) \\ \sigma_{\rm sb}(y,t)=\displaystyle\int_0^t E_{\rm sb}[\dot\varepsilon_0(t)+\dot k(t)y]{\rm d}t+\sigma_{\rm sb}(y,0) \\ \sigma_1(y,t)=\displaystyle\int_0^t E_1[\dot\varepsilon_0(t)+\dot k(t)y-\dot\varepsilon_1{}^{\rm c}(y,t)]{\rm d}t+\sigma_1(y,0) \end{cases} \tag{5.23}$$

式中，$\varepsilon(y,0)$、$\sigma_{\rm sb}(y,0)$ 和 $\sigma_1(y,0)$ 为蠕变初始条件，可通过弹塑性分析计算。因此，将式(5.21)、式(5.22)代入式(5.23)可得 Si-Cu 梁的总应力和应变。

2. Si-Cu 梁材料参数

Cu 膜的蠕变演化方程如式(5.22)所示，其材料常数可通过试验数据[275, 276]拟合得到。值得注意的是，结果数据表明操作温度显著影响 Cu 的蠕变行为，如

图5.2所示。结果表明，当温度高于215℃时，蠕变应力指数约为4，且随温度的降低而显著增加。由试验数据可得，蠕变激活能Q'=113053J/mol，广义气体常数R=8.314J/(mol·K)，而蠕变应力指数n和材料常数A定义为温度相关的函数，如式(5.24)和式(5.25)所示：

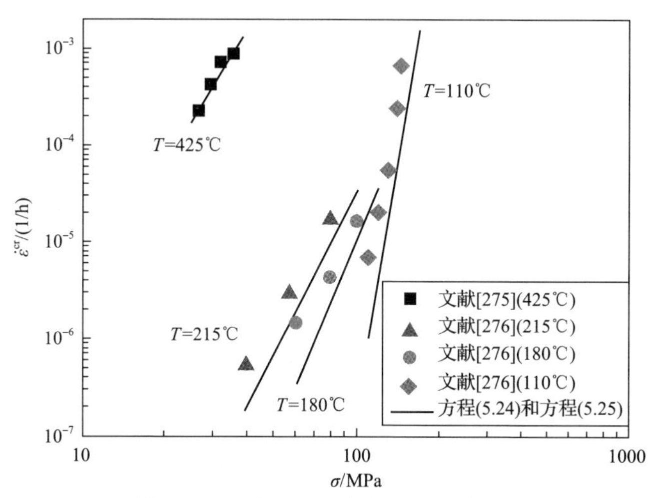

图5.2　Cu在不同温度场下的蠕变行为

$$n(T)=134742\exp\left(-\frac{T}{41}\right)+4.7 \tag{5.24}$$

$$\ln A(T)=-587752\exp\left(-\frac{T}{41}\right)-4.3 \tag{5.25}$$

将材料参数代入蠕变演化方程式(5.22)所得计算结果如图5.2所示。结果表明，本章的材料参数可较好拟合Cu的蠕变行为。

Si-Cu梁的弹塑性参数见表5.1[267]。值得注意的是，本书中不仅选取了Cu膜的非线性随动硬化模型，也考虑了循环硬化效应。

表5.1　Si-Cu梁的弹塑性材料参数

材料	弹性常数			随动硬化参数			循环硬化参数
	弹性模量E/GPa	热膨胀系数α/K^{-1}	屈服应力σ_s^0/MPa	$\xi_1\sim\xi_5$	$r_1^0\sim r_5^0$/MPa	μ	
Si	164	3.0×10^{-6}	—				
Cu	123	17×10^{-6}	13.91	$\xi_1=1.1\times10^4$ $\xi_2=3.61\times10^3$ $\xi_3=1.49\times10^3$ $\xi_4=9.2\times10^2$ $\xi_5=2.56\times10^4$	$r_1^0=7.8$ $r_2^0=6.6$ $r_3^0=4.9$ $r_4^0=3.6$ $r_5^0=11.2$	0.2	$f(p)=1.0+1.81[1.0-\exp(-9.41p)]$

3. 数值计算方法

本小节采用数值迭代算法计算前面的双层梁模型，并在保载阶段根据式(5.23)进行相应的积分计算，以分析结构的蠕变变形行为。根据前面的分析，本小节的数值迭代程序包括弹性变形、塑性变形和蠕变计算，计算流程如图 5.3 所示。具体算法如下[277]：

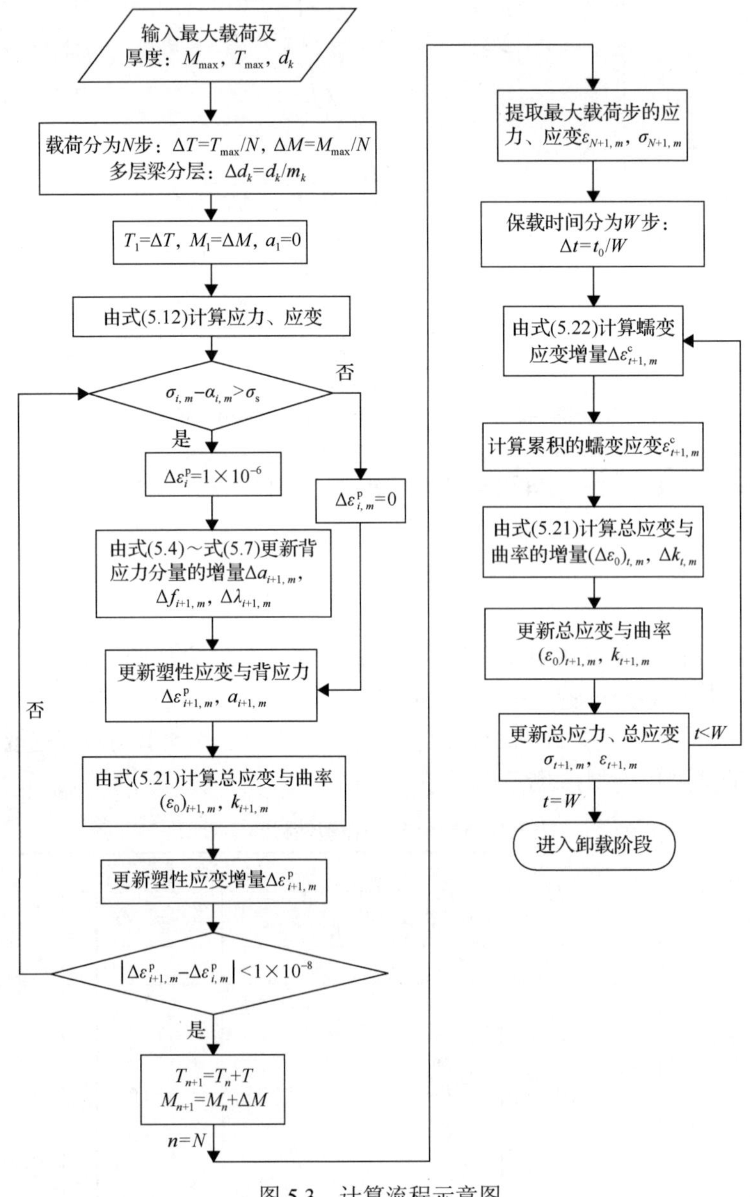

图 5.3 计算流程示意图

(1) 将热-机械载荷路径分为 N 个载荷步；

(2) 将第 k (k=1, 2) 层梁均匀分为 m_k 份；

(3) 定义第 2 层梁的初始塑性应变增量、背应力增量为零；

(4) 热-机械载荷步增加 1 步，根据式(5.12)计算结构的应力、应变；

(5) 判断式(5.1)，若弹塑性梁中的屈服条件存在 $\sigma_{i,m}-\alpha_{i,m}>\sigma_{\mathrm{s}}$，则令该塑性变形部分的初始塑性应变增量等于 1×10^{-6}，否则初始塑性应变增量定义为零；

(6) 累加塑性应变增量，计算总塑性应变，即 $\varepsilon_{i+1,m}^{\mathrm{p}}=\varepsilon_{i,m}^{\mathrm{p}}+\Delta\varepsilon_{i,m}^{\mathrm{p}}$；

(7) 根据式(5.4)～式(5.7)计算各背应力分量的增量 $\Delta f_{i+1,m}$，$\Delta\lambda_{i+1,m}$，$\Delta a_{i+1,m}$；

(8) 累加背应力增量，计算总背应力；

(9) 根据式(5.21)计算界面处 x 向总应变 $(\varepsilon_0)_{i+1,m}$ 和中性面曲率 $k_{i+1,m}$；

(10) 更新结构的 x 向总应力 $\sigma_{i+1,m}$、总应变 $\varepsilon_{i+1,m}$；

(11) 利用流动准则方程式(5.2)更新塑性应变增量；

(12) 重复第(4)步～第(11)步，直到塑性应变增量收敛，即 $\left|\Delta\varepsilon_{i+1,m}^{\mathrm{p}}-\Delta\varepsilon_{i,m}^{\mathrm{p}}\right|<1\times10^{-8}$；

(13) 根据收敛的塑性应变增量计算累积的等效塑性应变及机械应力与应变；

(14) 热机载荷步增加 1 步并重复第(4)步～第(13)步，直到最大载荷步，即第 N+1 步；

(15) 提取最大载荷步对应的应力与应变，即 $\varepsilon_{N+1,m}$ 和 $\sigma_{N+1,m}$；

(16) 将峰值保载时间分为 W 步，即时间增量为 $\Delta t=t_0/W$，t_0 为总保载时间；

(17) 由式(5.22)计算蠕变应变率 $\dot{\varepsilon}_{t,m}^{\mathrm{c}}$，则蠕变应变增量为 $\Delta\varepsilon_{t,m}^{\mathrm{c}}=\dot{\varepsilon}_{t,m}^{\mathrm{c}}\Delta t$；

(18) 计算累积的蠕变应变 $\varepsilon_{t+1,m}^{\mathrm{c}}=\varepsilon_{t,m}^{\mathrm{c}}+\Delta\varepsilon_{t,m}^{\mathrm{c}}$；

(19) 由式(5.21)计算界面处 x 向总应变与中性面曲率的演化率 $(\dot{\varepsilon}_0)_{t,m}$、$\dot{k}_{t,m}$，则其对应的增量分别为 $(\Delta\varepsilon_0)_{t,m}=(\dot{\varepsilon}_0)_{t,m}\Delta t$ 和 $\Delta k_{t,m}=\dot{k}_{t,m}\Delta t$；

(20) 更新累积的界面处 x 向总应变与中性面曲率 $(\varepsilon_0)_{t+1,m}=(\varepsilon_0)_{t,m}+(\Delta\varepsilon_0)_{t,m}$，$k_{t+1,m}=k_{t,m}+\Delta k_{t,m}$；

(21) 更新结构的 x 向总应力 $\sigma_{t+1,m}$、总应变 $\varepsilon_{t+1,m}$；

(22) 时间步增加 1 步并重复第(17)步～第(21)步，直到最大加载时间步。

值得注意的是，在卸载阶段仍采用相同的塑性-蠕变叠加算法，但在峰值保载阶段的末端建立与加载阶段坐标系方向相反的新坐标系。因此，各背应力分量可表示为 $\mathrm{d}\boldsymbol{X}_i=\xi_i\left[\frac{2}{3}r_i\mathrm{d}\boldsymbol{\varepsilon}^{\mathrm{p}}-(-1)^{\mathrm{cir}}\mu_i\boldsymbol{X}_i\dot{p}-(-1)^{\mathrm{cir}}H(f_i)\left\langle\mathrm{d}\lambda_i\right\rangle\boldsymbol{X}_i\right]$，其中 cir 为半循环数。因此，最终的残余应力、残余应变结果等于两个坐标系的叠加值。

循环热-机械载荷下双梁弹-塑-蠕变数值迭代分析的 Matlab 程序详见附录 4。

4. 棘轮与安定性分析结果与讨论

为验证本书算法的正确性，图 5.4 比较了迭代算法所得的随动硬化滞后环与试验数据，分析结果表明，本书结果与试验数据匹配良好，说明本书算法适于模拟各种非线性随动硬化模型。

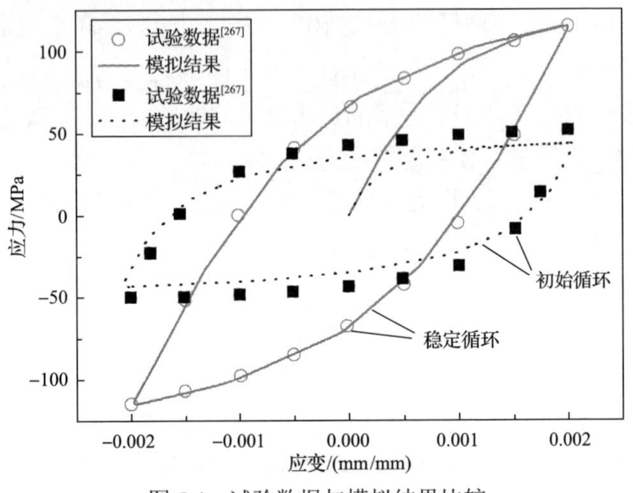

图 5.4　试验数据与模拟结果比较

图 5.5(a)和(b)分别描述了 Si-Cu 双层梁在循环加温—保载—降温作用下 Cu 膜界面和中面处的应力-应变曲线。其中，温度范围为 20～200℃，且在最高温度 200℃处保载 1000h。结果表明，在前 20 次循环内，应力松弛明显，随后应力松弛现象基本消失，且应力-应变曲线也趋于收敛，形成稳定的滞回环。这说明一定循环后，结构表现为塑性安定。

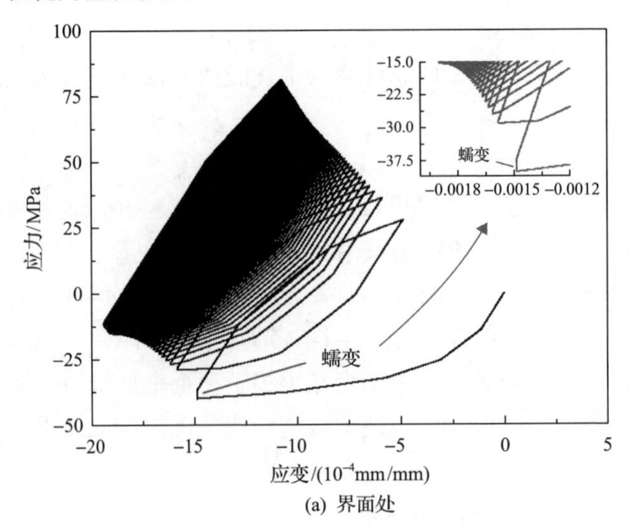

(a) 界面处

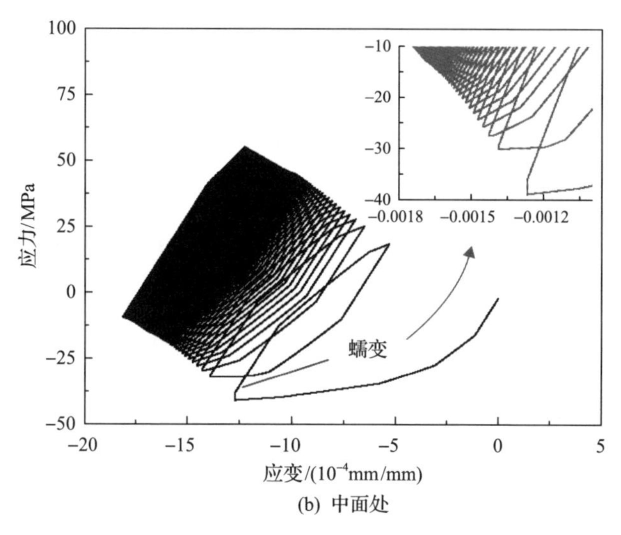

(b) 中面处

图 5.5　循环热载荷下 Cu 膜的应力-应变曲线

图 5.6(a)和(b)分别显示了 Si-Cu 双层梁在循环热载荷及恒定弯曲组合载荷作用下 Cu 膜界面和中面处的应力-应变曲线。其中,循环温度载荷的变化范围为 20～200℃，在最高温度 200℃处保载 1000h，且恒定弯矩为 0.001N·mm。结果表明，除循环硬化效应更加明显外，应力-应变曲线及应力松弛效应的变化趋势与前面循环热载荷情况基本一致，即一定热循环加载后，结构表现为塑性安定，且应力松弛行为也随循环数增加而趋于收敛。

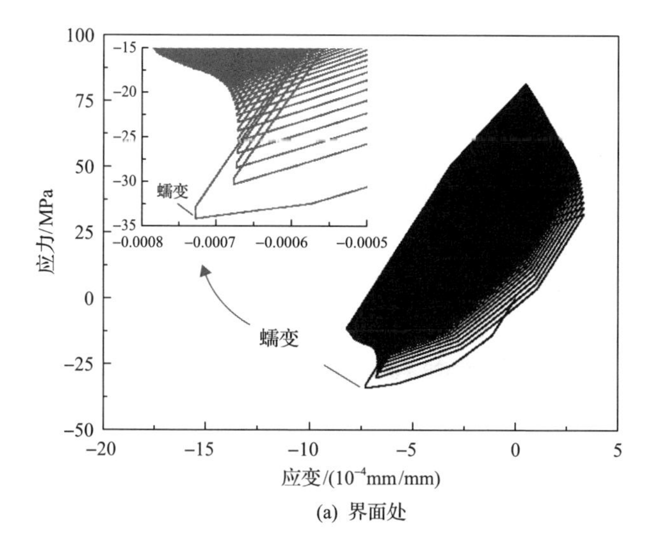

(a) 界面处

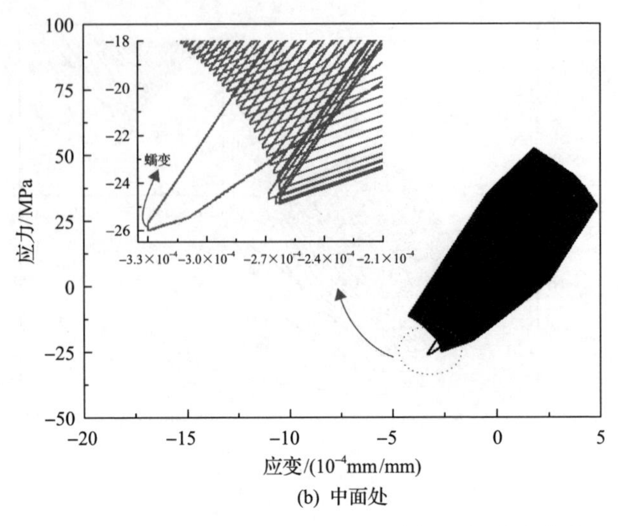

(b) 中面处

图 5.6　循环温度和恒定弯矩下 Cu 膜的应力-应变曲线

图 5.7 显示了两种载荷情况下塑性应变的演化。结果表明，100 次循环后塑性应变增量趋于稳定。这说明在循环热应力控制的载荷条件下，由于保载阶段产生的应力松弛效应，弹-塑-蠕变状态的多层结构最终趋于安定。另外，应力控制的循环载荷在保载阶段产生蠕变累积，导致结构的棘轮失效，本书并未考虑该操作工况。值得注意的是，由于材料具有较好的应变硬化及循环硬化属性，结构在安定前产生的塑性变形远大于材料的弹性极限，故不能保证结构完整性的要求。

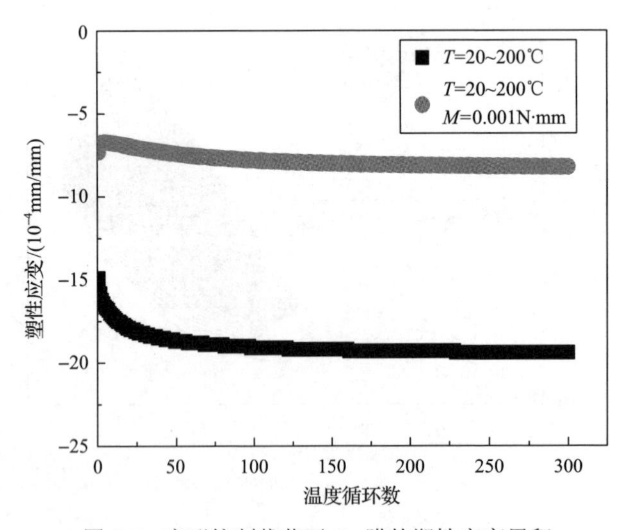

图 5.7　变形控制载荷下 Cu 膜的塑性应变累积

上述两种载荷条件下 Cu 膜的残余应力随热应力循环数的演化趋势如图 5.8(a)和(b)所示。为便于描述，图 5.8 中横坐标采用无量纲厚度，即 0.0 和 1.0 分别表示 Cu 膜的底面(双层梁界面)和顶面。图 5.8(a)表明，在循环热载荷下，尽管保载阶段存在应力松弛，由于材料循环硬化效应，Cu 膜的残余应力仍然随循环数增加而逐渐增加，而增加速率逐渐减小直至收敛，这说明循环硬化逐渐发展到饱和状态。但是，在恒定弯矩和循环热载荷下，当无量纲厚度小于 0.75 时 Cu 膜的残余应力随循环数增加而逐渐增加，而当无量纲厚度小于 0.75 时 Cu 膜的残余应力随循环数增加而逐渐减小。特别地，两种情况下界面应力显著大于顶面应力，且顶面应力收敛速度更快(约 30 次循环后即收敛)。这表明 Si-Cu 双层梁界面是结构的主要失效部位，而循环硬化效应对多层结构界面处的安全评估十分重要。

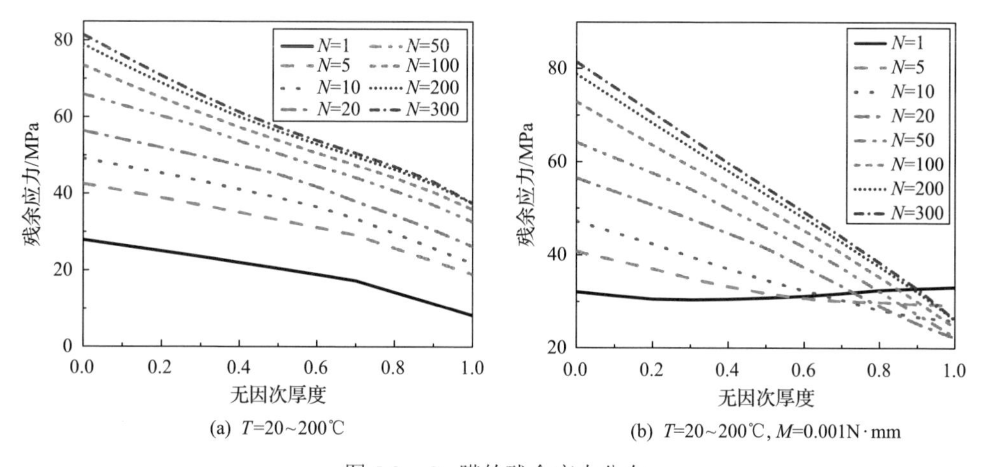

(a) T=20~200℃

(b) T=20~200℃, M=0.001N·mm

图 5.8　Cu 膜的残余应力分布

热应力循环数对两种载荷条件下 Si-Cu 双层梁中性轴的影响如图 5.9 所示。由于中性轴在弹性基体中，图 5.9 中横坐标采用无量纲厚度，即 0.0 和 1.0 分别表示 Si 层的底面和顶面(双层梁界面)。分析结果表明，在循环热载荷下，中性轴随循环数增加而向底部移动，且前 50 次循环变化较大(中性轴位置约从 0.43 减小到 0.40)，而随后变化较小直至收敛。但是，恒定弯矩和循环热载荷下，Si-Cu 双层梁中性轴随循环数变化很小且呈非单调变化趋势，即随循环数的增加，中性轴在前 10 次循环内朝底面移动，随后向界面移动。

图 5.10 显示了 Si-Cu 双层梁在两种载荷条件下的变形路径。结果表明，50 次循环后结构变形趋于稳定。从保证结构功能的角度，尽管循环热应力控制时结构在弹-塑-蠕变状态下最终趋于安定，但必须进行棘轮变形分析，务必使最大变形满足功能需求，尤其是具有循环硬化或软化属性的材料。

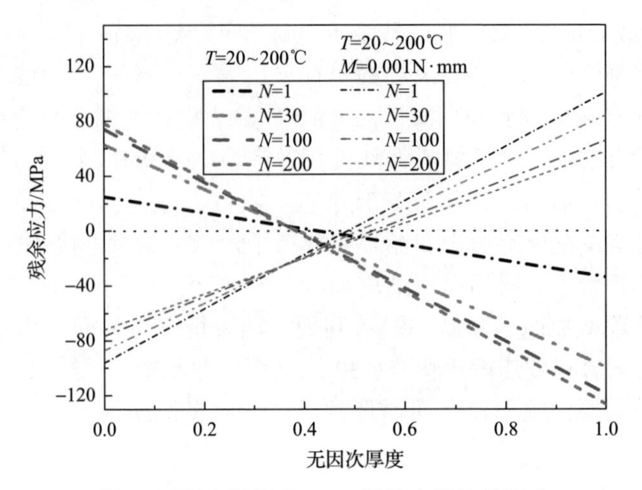

图 5.9　温度循环对 Si-Cu 梁的中性轴的影响

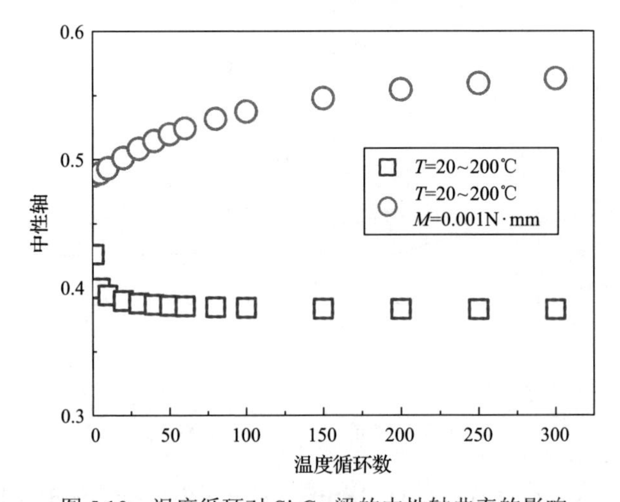

图 5.10　温度循环对 Si-Cu 梁的中性轴曲率的影响

5.2　缺陷对多层膜-基结构安定极限载荷的影响

5.2.1　考虑温度相关屈服应力的 LMM 基本理论

根据线性匹配法(LMM)，假设黏结层材料满足理想弹塑性和 von Mises 屈服准则，TGO 层和基体为线弹性材料，且黏结层温度相关的屈服应力为 $\sigma_y^{bc}(T)$。为了实现温度相关的屈服应力随加载温度 T 的变化，在迭代计算中不断更新屈服应力 $\sigma_y^{bc}(T)$。

假设在整个基体内施加循环温度场 $\lambda\theta(x_i,t)$，在指定区域 S_T 施加表面载荷

$\lambda P_i(x_i,t)$。其中，λ 表示载荷因子，用于分析所有的加载条件。在没有表面载荷的情况下，位移 $S_{\mathrm{r}}=0$。此外，如果能求解温度载荷 $\theta(x_i,t)$ 下的弹性热应力场 $\tilde{\sigma}_{ij}^{\theta}$ 和表面载荷 $P_i(x_i,t)$ 下的弹性机械应力场 $\tilde{\sigma}_{ij}^{\mathrm{p}}$，则可通过叠加原理计算结构在热-机械载荷下的弹性应力场：

$$\lambda\tilde{\sigma}_{ij}=\lambda\tilde{\sigma}_{ij}^{\theta}+\lambda\tilde{\sigma}_{ij}^{\mathrm{p}} \tag{5.26}$$

循环温度载荷下，在循环周期 $0\leqslant t\leqslant\Delta t$ 内的应力历程为

$$\sigma_{ij}(x_i,t)=\lambda\tilde{\sigma}_{ij}(x_i,t)+\bar{\sigma}_{ij}(x_i)+\tilde{\sigma}_{ij}^{\mathrm{r}}(x_i,t) \tag{5.27}$$

式中，$\tilde{\sigma}_{ij}^{\mathrm{r}}(x_i,t)$ 为随时间变化的残余应力分量；$\bar{\sigma}_{ij}^{\mathrm{r}}(x_i)$ 为与区域 S_{T} 承受外部载荷相平衡的稳定残余应力。在安定状态下，$\tilde{\sigma}_{ij}^{\mathrm{r}}(x_i,t)=0$。因此，安定状态下的循环应力场可表示为

$$\sigma_{ij}(x_i,t)=\lambda\tilde{\sigma}_{ij}(x_i,t)+\bar{\sigma}_{ij}(x_i) \tag{5.28}$$

考虑到与温度相关的屈服准则，应变率 $\dot{\varepsilon}_{ij}^{\mathrm{i}}$、剪切模量 G 和温度相关的屈服应力之间的关系为

$$\sigma_{\mathrm{y}}^{\mathrm{bc}}(T)=\frac{3}{2}G\bar{\dot{\varepsilon}}^{\mathrm{i}} \tag{5.29}$$

式中，$\bar{\dot{\varepsilon}}^{\mathrm{i}}$ 为等效应变率，且 $\bar{\dot{\varepsilon}}^{\mathrm{i}}=\sqrt{\frac{2}{3}\dot{\varepsilon}_{ij}^{\mathrm{i}}\dot{\varepsilon}_{ij}^{\mathrm{i}}}$。

对于给定的剪切模量 G，结构在稳定残余应力场 $\bar{\sigma}_{ij}^{\mathrm{f}}$ 的作用下保持不可压缩性，即

$$(\dot{\varepsilon}_{ij}^{\mathrm{f}})'=\frac{1}{G(t)}(\lambda_{\mathrm{UB}}^{\mathrm{i}}\tilde{\sigma}_{ij}+\bar{\sigma}_{ij}^{\mathrm{f}})',\quad \dot{\varepsilon}_{kk}^{\mathrm{f}}=0 \tag{5.30}$$

式中，载荷因子 $\lambda_{\mathrm{UB}}^{\mathrm{i}}$ 为 $\dot{\varepsilon}_{ij}^{\mathrm{i}}$ 的上限。稳定残余应力场 $\bar{\sigma}_{ij}^{\mathrm{f}}$ 可以采用整个循环中的积分式(5.30)获得。

因此，整个循环中的塑性应变增量 $\Delta\varepsilon_{ij}^{\mathrm{f}}$ 和 $\bar{\sigma}_{ij}^{\mathrm{f}}$ 具有以下线性关系：

$$\Delta\dot{\varepsilon}_{ij}'^{\mathrm{f}}=\frac{1}{\bar{G}}(\sigma_{ij}'^{\mathrm{in}}+\bar{\sigma}_{ij}'^{\mathrm{f}}),\quad \Delta\varepsilon_{kk}^{\mathrm{f}}=0 \tag{5.31}$$

式中，$\sigma_{ij}'^{\mathrm{in}}=\bar{G}\left\{\int_0^{\Delta t}\frac{1}{G(t)}\lambda_{\mathrm{UB}}^{\mathrm{i}}\tilde{\sigma}_{ij}'(t)\mathrm{d}t\right\}$，且 $\frac{1}{\bar{G}}=\int_0^{\Delta t}\frac{1}{G(t)}\mathrm{d}t$。

因此，可以得到安定极限的上限为

$$\lambda_{\mathrm{UB}}^{\mathrm{f}}=\frac{\int_V\int_0^{\Delta t}\sigma_{\mathrm{y}}^{\mathrm{bc}}(T)\cdot\bar{\dot{\varepsilon}}\cdot\dot{\varepsilon}_{ij}^{\mathrm{f}}\mathrm{d}t\mathrm{d}V}{\int_V\int_0^{\Delta t}\tilde{\sigma}_{ij}\cdot\dot{\varepsilon}_{ij}^{\mathrm{f}}\mathrm{d}t\mathrm{d}V} \tag{5.32}$$

重复上述过程，可以得到安定载荷的最小上限。为便于分析具有复杂缺陷的多层热障涂层系统的安定极限载荷，利用 UMAT 用户子程序将上述数值计算方法嵌入商业软件 ABAQUS 中。

该方法的详细数值迭代过程如下[196]。

(1)迭代次数 k=1 时，定义 $\tilde{\sigma}_{ij}(t_n)=\tilde{\sigma}_{ij}(t_n)_{\mathrm{ext}}$ 为加载过程中的 n 个极大值，且 $\bar{\mu}=1$。通过线性计算得到加载过程中极大值对应的弹性应力场 $\tilde{\sigma}_{ij}(t_n)_{\mathrm{ext}}$。

(2)迭代次数为 k+1 时，有

$$\lambda^{k+1}=\lambda_{\mathrm{UB}}^{k},\quad \mu_n^{k+1}=\frac{\sigma_{\mathrm{y}}(T)}{\bar{\varepsilon}_n^k} \tag{5.33}$$

式中，$\bar{\varepsilon}_n^k=\bar{\varepsilon}(\Delta\varepsilon_{ij}^{nk})$；$\dfrac{1}{\bar{\mu}_n^{k+1}}=\sum_{n=1}^{r}\dfrac{1}{\mu_n^{k+1}}$。通过计算 $\bar{\mu}^{k+1}$ 可得到雅可比矩阵 $\boldsymbol{J}^{k+1}$。

这里定义

$$\sigma_{ij}^{\mathrm{in}^{k+1}}=\bar{\mu}^{k+1}\left(\sum_{n=1}^{r}\frac{\lambda^{k+1}\tilde{\sigma}_{ij}(t_n)}{\mu_n^{k+1}}\right) \tag{5.34}$$

然后，可以计算恒定残余应力场：

$$\bar{\sigma}_{ij}^{\mathrm{r}^{k+1}}=\boldsymbol{J}^{k+1}\Delta\varepsilon_{ij}^{k+1}-\sigma_{ij}^{\mathrm{in}\,k+1} \tag{5.35}$$

获得加载过程中极大值对应的应变率：

$$\Delta\varepsilon_{ij}^{n^{k+1}}=\boldsymbol{C}_n^{k+1}\left(\bar{\sigma}_{ij}^{\mathrm{r}^{k+1}}+\bar{\sigma}_{ij}^{k+1}(t_n)\right) \tag{5.36}$$

式中，$\boldsymbol{C}_n^{k+1}$ 为从 μ_n^{k+1} 得到的刚度矩阵。通过计算有限元模型中每个高斯积分点的等效应变增量 $\bar{\varepsilon}_n^{k+1}$，从能量输出文件中可以确定体积积分 $\int_V\left(\sigma_{\mathrm{y}}(T)\sum_{n=1}^{r}\bar{\varepsilon}_n^{k+1}\right)\mathrm{d}V$ 和 $\int_V\left(\sum_{n=1}^{r}\Delta\bar{\varepsilon}_{ij}^{n^{k+1}}\bar{\sigma}(t_n)\right)\mathrm{d}V$。

(3)得到安定极限的上限解为

$$\lambda_{\mathrm{UB}}^{k+1}=\frac{\int_V\left(\sigma_{\mathrm{y}}(T)\sum_{n=1}^{r}\bar{\varepsilon}_n^{k+1}\right)\mathrm{d}V}{\int_V\left(\sum_{n=1}^{r}\Delta\varepsilon_n^{n^{k+1}}\bar{\sigma}_{ij}(t_n)\right)\mathrm{d}V} \tag{5.37}$$

5.2.2　含缺陷热障涂层系统有限元模型

Mumm 等[271]发现循环热-机械载荷下界面缺陷附近的棘轮变形是导致热障涂层(TBC)开裂的主要原因，如图 5.11 所示。由于安定极限载荷是限制结构棘轮变形的重要指标，这里将系统分析含界面缺陷的多层 TBC 的安定性。

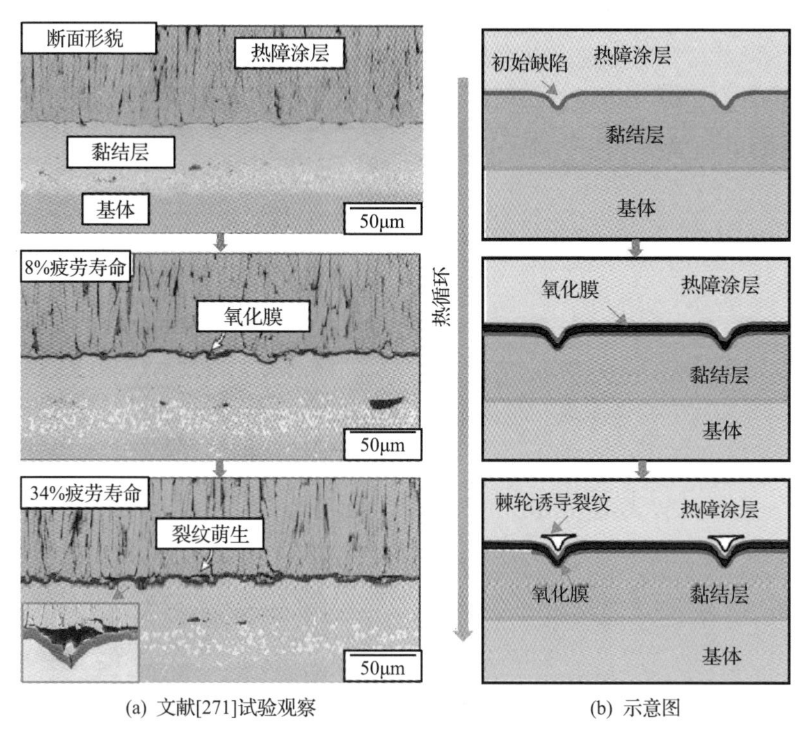

(a) 文献[271]试验观察　　(b) 示意图

图 5.11　棘轮变形引起的 TBC 损伤机制

热障涂层是典型的多层系统，主要有 TBC 本身、超合金基底、黏结层和 TGO 四层。考虑到 TBC 的硬度相对较低，忽略其对安定行为的影响。因此，多层 TBC 系统可以简化为超合金基底、黏结层和 TGO 三层系统，其几何模型如图 5.12 所示。根据热障涂层试验观察发现，TGO 厚度 h_0 一般为 1～8μm，黏结层的厚度为 50μm，其几何参数如表 5.2 所示，表中 $R/h_0=0$ 和 $H/R=0$ 表示在 TGO 和黏结层的界面处无缺陷，如图 5.12(a)所示。

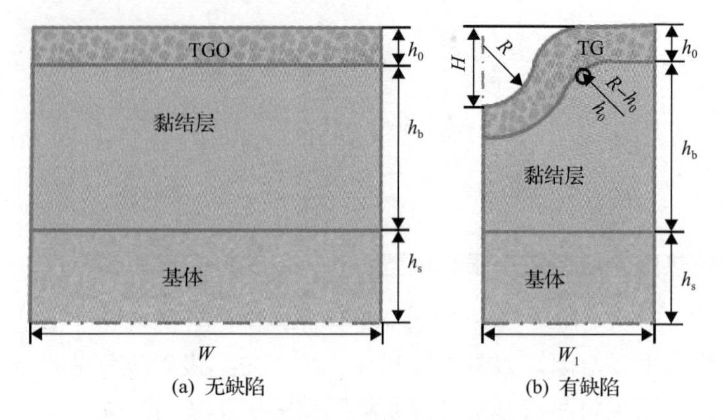

图 5.12　无缺陷和含缺陷多层膜基系统的几何模型

表 5.2　多层膜基系统的几何参数

h_0/μm	h_b/μm	h_s/μm	R/h_0	H/R	W/h_0	W_1/R
1	50	25	0	0	5	5
2	50	25	1.25	0.5	5	5
4	50	25	1.5	1	5	5
6	50	25	1.75	1.5	5	5
8	50	25	2	2	5	5

通过商业软件 ABAQUS 和基于线性匹配法的子程序实现安定极限载荷的计算。根据实际尺寸建立轴对称有限元模型，对称轴位于模型中心。TBC 和 TGO 的表面边界设为自由，因为基底足够厚可抑制整体弯曲，所以在底面设置 Y 方向的位移约束。不同几何形状的典型有限元网格模型如图 5.13 所示。

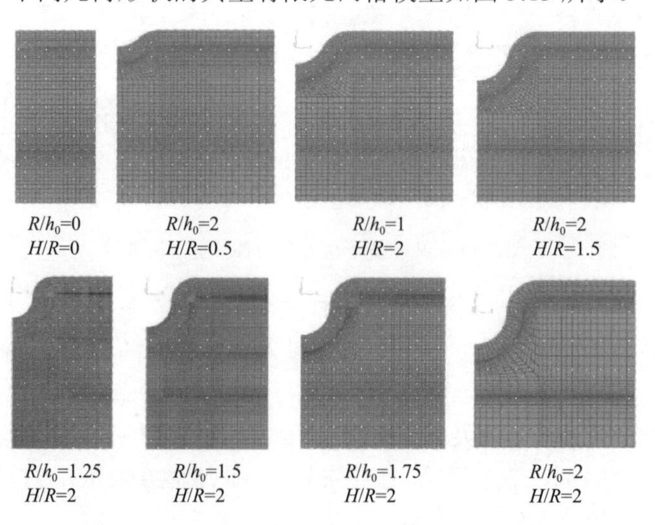

图 5.13　h_0=8μm 时不同几何形状的有限元模型

假设黏结层为理想弹塑性材料，具有明显的温度相关性，且基底和 TGO 为线弹性。需要强调的是，TGO 的增长简化为厚度效应，这里将 TGO 的厚度设置为 1～8μm。多层系统的主要材料参数如表 5.3 所示。由于假设 TGO 材料为线弹性和设定了基底的固定边界，所以 TGO 层厚度对多层 TBC 系统的安定极限载荷没有影响。由于实际 TGO 材料的弹性模量远大于黏结层材料，所以此结论也符合实际应用。

表 5.3　多层系统的主要材料参数

参数	TBC (ZrO_2/Y_2O_3)	TGO	基体	黏结层
弹性模量/GPa	5～60	380	190	190
泊松比	—	0.2	0.3	0.3
热膨胀系数/(10^{-6}/℃)	13.2	8.4	14.3	14.3

黏结层的屈服强度通常取决于温度，如图 5.14 所示。根据试验数据[272]，温度相关的屈服应力可以用玻尔兹曼函数描述如下：

$$\sigma_s^{bc}(T) = A_1 + A_2 / [1 + \exp((T - A_3)/A_4)] \tag{5.38}$$

式中，A_1=57；A_2=963；A_3=582；A_4=81。

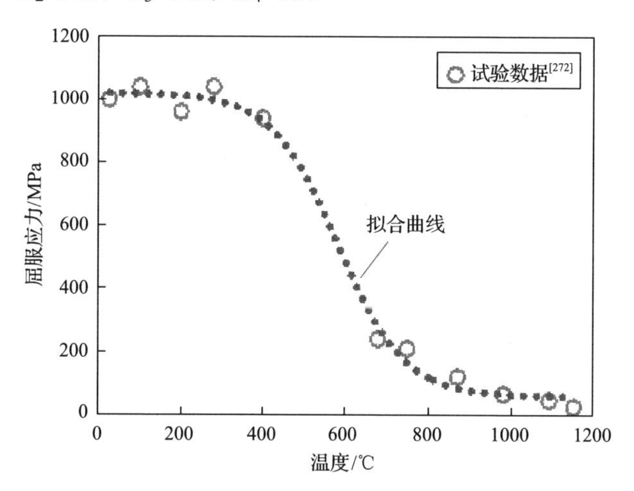

图 5.14　黏结层材料屈服强度随温度的变化关系

5.2.3　安定性分析结果与讨论

对于无界面缺陷多层 TBC 系统，因热膨胀变形受到轴向约束会产生热应力。由于每一层的热应力只受其自身热膨胀系数的影响，其计算公式如下：

$$\sigma^t(T) = E\alpha\Delta T/(1-\mu) \tag{5.39}$$

如果考虑界面缺陷，局部几何不连续部位将产生明显的应力集中现象。在缺陷附近区域，不同层之间的热膨胀系数差异对局部热应力影响很大。

基于前面提出的迭代计算方法，两种情况下安定载荷因子λ收敛过程如图5.15所示。结果表明，该方法可快速计算出热-机械载荷下含缺陷多层系统的安定极限载荷，即使考虑了温度相关的机械性能。需要注意的是，对于温度相关的材料，应用基于安定上限理论的线性匹配法进行计算时，安定载荷因子 λ 随迭代次数的增加而逐渐减小。当使用温度相关的材料时，对应不同迭代次数的安定载荷因子 λ 会出现波动。这是因为安定载荷因子 λ 的减小会导致所施加温度的降低，但屈服应力随着温度降低而明显增大，使得安定极限载荷因子λ在随后的迭代中增大。数值持续波动至最后，可得到一个稳定的安定极限载荷因子λ。

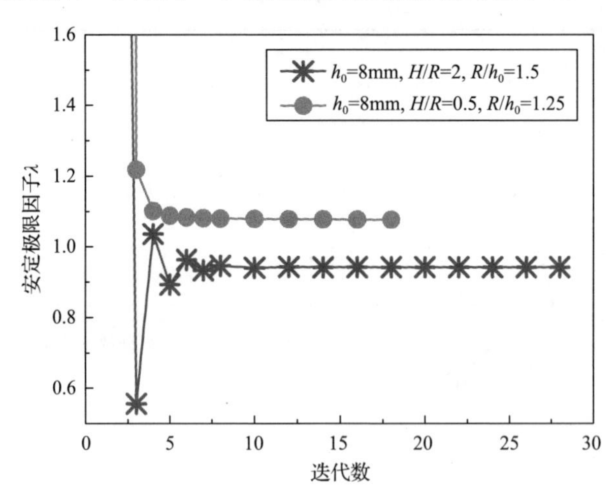

图 5.15　安定极限因子在迭代计算中的收敛过程

不同TGO厚度下含界面缺陷的多层TBC系统的安定极限载荷如图5.16所示。这里的参考温度 T_r=500℃，参考应力是与参考温度对应的屈服应力，即 σ_r=761MPa。计算得到安定极限载荷在纵坐标上以参考温度 T_r 为基准进行归一化处理，在横坐标上以参考应力 σ_r 为基准进行归一化处理。结果表明，厚度对安定极限载荷没有影响(图 5.16(a))。这是因为 TGO 为线弹性材料，并且假设了底部的固定边界。另外，TGO 的变形远小于黏结层的变形。因此，TGO 的厚度对于黏结层的应力状态和 TBC 系统的安定极限载荷几乎没有影响。然而，界面缺陷的形状对结构的安定极限载荷有明显影响，如图 5.16(b)所示。基于模拟数据，界面缺陷的几何形状对安定极限载荷的影响可用式(5.40)表示，该公式可用来评估 R/h_0=2 时的安定极限载荷：

$$T / T_r = 0.94(1 + H / R)^{-0.152} \tag{5.40}$$

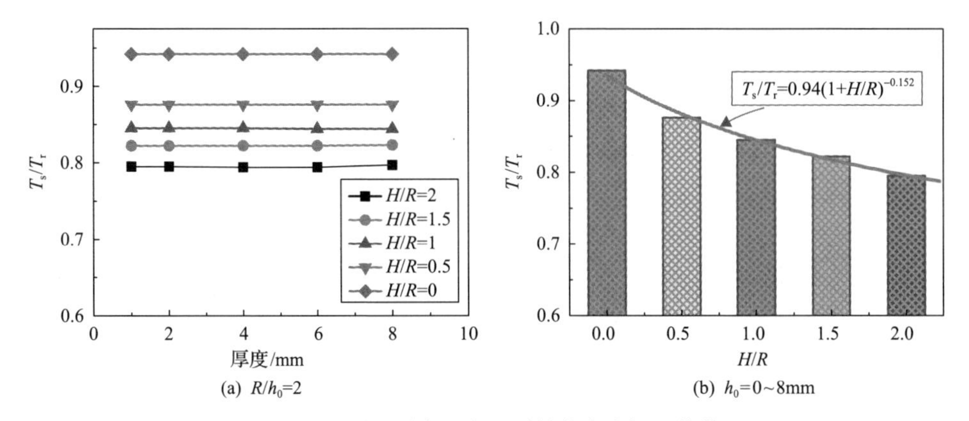

图 5.16　不同厚度下多层系统的安定极限载荷

为研究几何参数 R/h_0 对安定极限载荷的影响，进一步讨论 R/h_0 等于 1.25、1.5、1.75 和 2 的情况。每种情况下 TGO 层厚度取 8μm，其安定极限载荷如图 5.17 所示。应当指出，式(5.41)与 TGO 层的厚度无关，且适于评估厚度对安定极限载荷没有影响时含各种界面缺陷多层系统的安定性：

$$T / T_r = 0.94(1 + H / R)^{-(0.096+0.028R/h_0)} \tag{5.41}$$

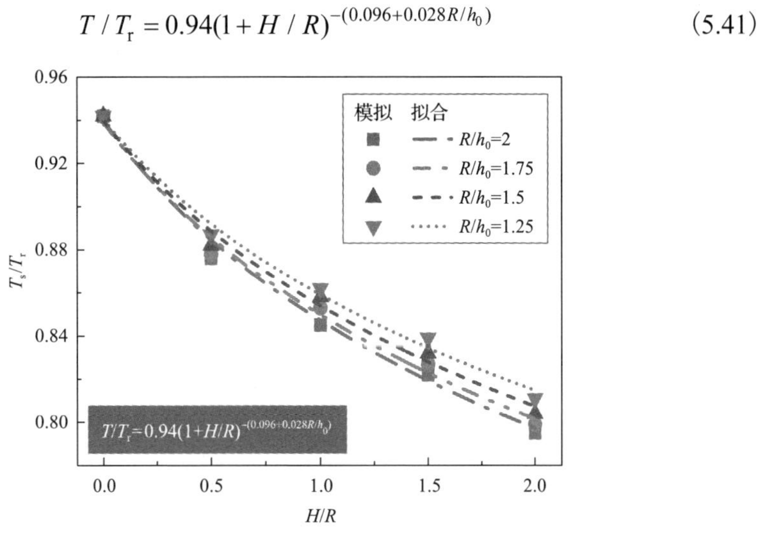

图 5.17　不同几何形状缺陷下多层 TBC 系统的安定极限载荷

由于黏结层的热膨胀系数会在一个合理的范围内变化，为考虑黏结层热膨胀系数对多层 TBC 系统的安定极限载荷的影响，这里取 0.8、0.9、1、1.1 和 1.2 五种热膨胀系数比 α/α_r 进行分析。其中，参考热膨胀系数 α_r 取 14.3×10^{-6}/℃，见表 5.3。不同热膨胀系数和不同几何参数下的安定极限载荷如图 5.18 所示。结果表明，热膨胀系数比显著影响不同 R/h_0 下多层系统的安定极限载荷。这是因为不同层之间较大热膨胀系数差异引起了严重的热不匹配，导致缺陷附近产生较高的热应力。然而，模拟结果显示几何参数 R/h_0 对安定极限载荷影响很小，而 H/R 对安定极限载荷影响很大，如图 5.19 所示。

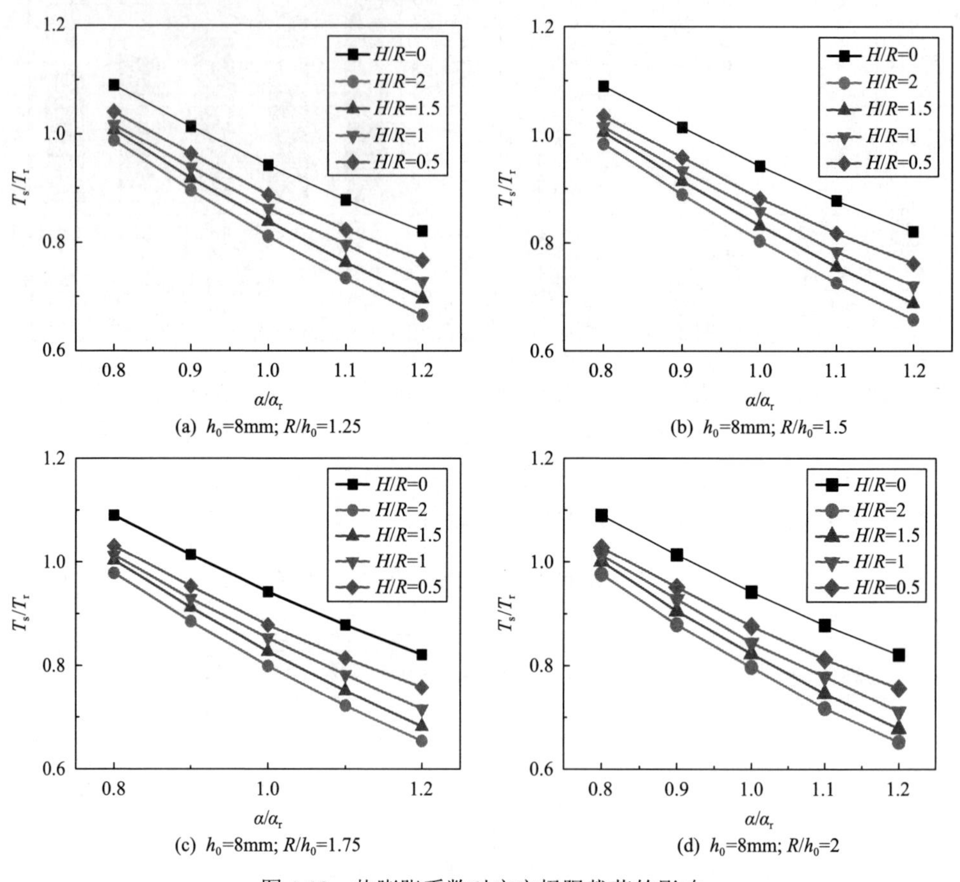

(a) h_0=8mm; R/h_0=1.25　(b) h_0=8mm; R/h_0=1.5

(c) h_0=8mm; R/h_0=1.75　(d) h_0=8mm; R/h_0=2

图 5.18　热膨胀系数对安定极限载荷的影响

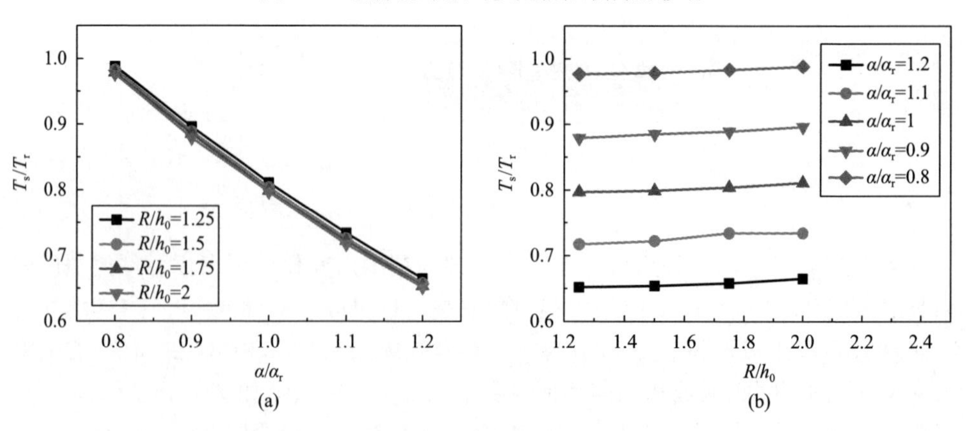

(a)　(b)

图 5.19　几何参数 R/h_0 对安定极限载荷的影响(h_0=8mm; H/R=2)

这种现象可以采用300℃、h_0=8μm和α/α_r=1条件下因几何不连续产生的弹性热应力场来解释，如图5.20所示。当H/R=2，R/h_0分别取2、1.5、1和0.5时，黏结层的最大 von Mises 等效应力分别为676.5MPa、610.9MPa、497.2MPa和382.9MPa；当R/h_0=2，H/R分别取2、1.75、1.5和1.25时，黏结层最大von Mises等效应力分别为676.5MPa、660.5MPa、643.9MPa和627.9MPa。这表明几何参数R/h_0相对于H/R对最大von Mises等效应力影响更大。此外，R/h_0从2减小到0.5时，最大von Mises等效应力的位置明显沿缺陷边界上升，但H/R从2减小到1.25时，此变化很小。这表明各种几何模型中最大 von Mises 等效应力位于缺陷表面的中间附近，并且缺陷深度是影响最大von Mises等效应力的主要因素。实际上，几何参数R/h_0对缺陷深度影响很大，但是H/R主要影响缺陷的过渡半径。结果显示，缺陷右上角附近的应力和其他区域相比明显更小，这意味着缺陷右上角的过渡半径对应力分布影响很小。由上述讨论可知，影响多层TBC系统安定极限载荷的最大von Mises等效应力随着缺陷深度R/h_0的增大而显著减小，但缺陷过渡半径H/R对其影响较小。

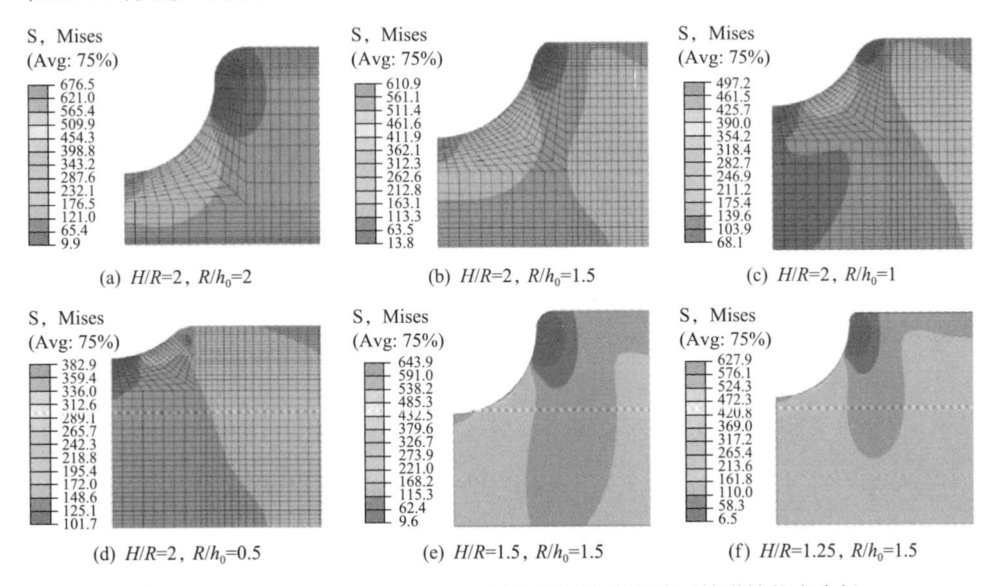

(a) H/R=2，R/h_0=2　(b) H/R=2，R/h_0=1.5　(c) H/R=2，R/h_0=1

(d) H/R=2，R/h_0=0.5　(e) H/R=1.5，R/h_0=1.5　(f) H/R=1.25，R/h_0=1.5

图5.20 300℃、h_0=8μm、α/α_r=1时含界面缺陷黏结层的弹性热应力场

为便于评估含界面缺陷多层结构的安定极限载荷，对计算得到的数据进行拟合，得到式(5.42)。因为几何参数R/h_0对安定极限载荷几乎没有影响，故式(5.42)中没有考虑R/h_0的影响。值得注意的是，式(5.41)也可用于评估其安定极限载荷，只是式(5.42)具有更高的评估精度。考虑到弹性模量对安定极限载荷的影响与热膨胀系数相同，这里不再讨论。

$$T / T_{\mathrm{r}} = (2.46 + 0.38H / R)(1 + T_{\mathrm{r}} / T)^{-(1.41+0.31H/R)} \tag{5.42}$$

图 5.21 描述了在上述几何条件下黏结层的等效塑性应变。结果表明，等效塑性应变发生在 TGO 层和黏结层之间的界面处。结合图 5.11 和图 5.21 可知，TGO 层和黏结层界面处的开裂失效主要是由反复热载荷导致该区域产生累积塑性变形所致。Karlsson 等[270]通过有限元模拟和 Mumm 等[271]通过显微试验观察都得到了类似的结论。在此次研究中，进一步计算和讨论其安定极限载荷，对多层 TBC 系统的安全评估和工程设计非常重要。

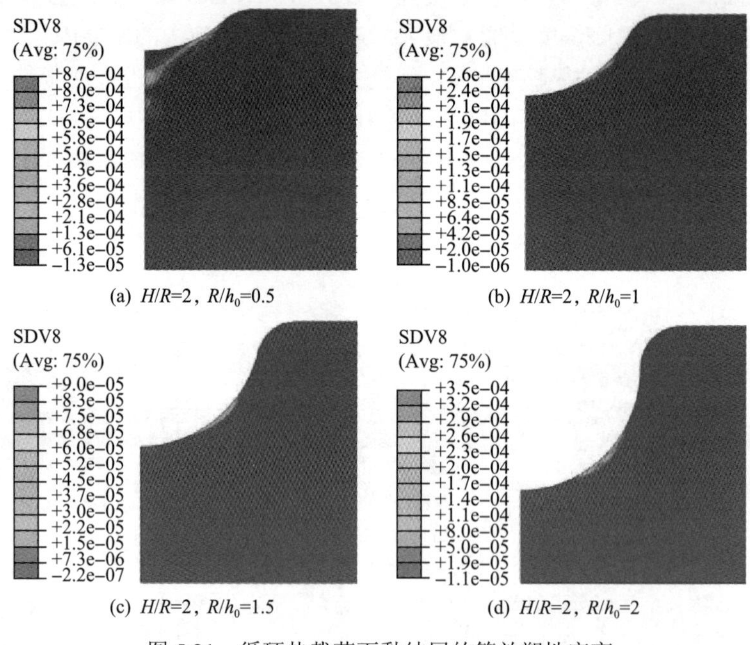

(a) H/R=2，R/h_0=0.5　(b) H/R=2，R/h_0=1

(c) H/R=2，R/h_0=1.5　(d) H/R=2，R/h_0=2

图 5.21　循环热载荷下黏结层的等效塑性应变

5.3　延性损伤对多层膜-基结构安定极限载荷的影响

5.3.1　耦合延性损伤的弹塑性理论公式

1. 弹-塑响应的基本理论

材料在弹-塑载荷下的应力-应变响应遵循如下基本公式：

$$\boldsymbol{\varepsilon}=\boldsymbol{\varepsilon}^{\mathrm{e}}+\boldsymbol{\varepsilon}^{\mathrm{p}} \tag{5.43}$$

$$\boldsymbol{\varepsilon}^{\mathrm{e}} = \frac{1+\mu}{E}\boldsymbol{\sigma} - \frac{\mu}{E}(\mathrm{tr}\boldsymbol{\sigma})\boldsymbol{I} \tag{5.44}$$

$$f = J(\boldsymbol{S} - \boldsymbol{X}) - \sigma_{\mathrm{s}} \tag{5.45}$$

$$J(\boldsymbol{S} - \boldsymbol{X}) = \sqrt{\frac{3}{2}(\boldsymbol{S} - \boldsymbol{X}):(\boldsymbol{S} - \boldsymbol{X})} \tag{5.46}$$

式中，$\boldsymbol{\varepsilon}^{\mathrm{e}}$、$\boldsymbol{\varepsilon}^{\mathrm{p}}$ 分别为弹性应变、塑性应变张量；$\boldsymbol{\sigma}$ 为应力张量；$\boldsymbol{S}$ 和 $\boldsymbol{X}$ 分别为应力和背应力偏量；σ_{s} 为初始屈服强度；f 为屈服函数；E 和 μ 分别为弹性模量和泊松比；(:)表示二阶张量的内积。

假定塑性应变张量 $\boldsymbol{\varepsilon}^{\mathrm{p}}$ 及背应力张量是屈服函数的内变量，则塑性演化方程可分为流动准则和应变硬化模型。

1) 流动准则

$$\mathrm{d}\boldsymbol{\varepsilon}^{\mathrm{p}} = \frac{3}{2}\mathrm{d}\lambda \frac{\boldsymbol{S} - \boldsymbol{X}}{J(\boldsymbol{S} - \boldsymbol{X})} \tag{5.47}$$

式中，$\mathrm{d}\lambda$ 为塑性乘子增量。

2) Armstrong-Frederick 非线性随动硬化模型[65]

$$\mathrm{d}\boldsymbol{X} = \frac{2}{3}C\mathrm{d}\boldsymbol{\varepsilon}^{\mathrm{p}} - \gamma \boldsymbol{X}\mathrm{d}\boldsymbol{p} \tag{5.48}$$

式中，C 和 γ 为材料常数；而 p 为累积的塑性应变，其演化方程为

$$\mathrm{d}p = \mathrm{d}\lambda = \sqrt{\frac{2}{3}\mathrm{d}\boldsymbol{\varepsilon}^{\mathrm{p}}:\mathrm{d}\boldsymbol{\varepsilon}^{\mathrm{p}}} \tag{5.49}$$

2. 延性损伤模型

材料在加载过程中会因过度塑性变形而产生延性损伤(如微孔洞、微裂纹及其他损伤形式)，这减少了结构的实际承载面积，应力作用于有效承载面积上，导致实际应力增大，如图 5.22 所示。

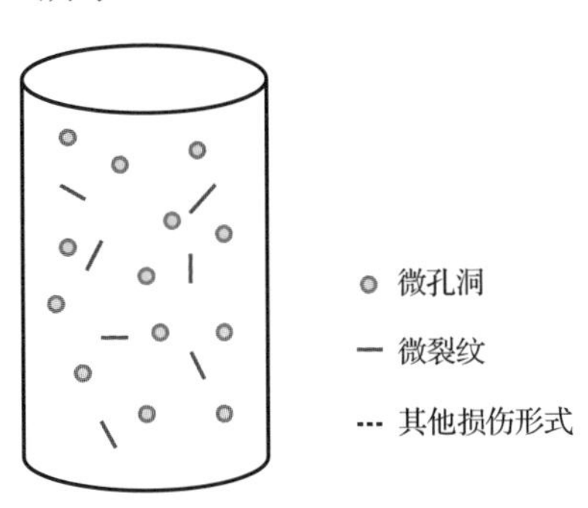

图 5.22　延性损伤示意图

对于各向同性损伤，损伤变量 D 可定义为

$$D=(S_0-S)/S_0 \tag{5.50}$$

式中，S_0 为初始无损伤材料的横截面积；S 为材料损伤后的实际承载面积。

由应变等效原理可知，实际有效应力可表示为

$$\tilde{\sigma}=\sigma/(1-D) \tag{5.51}$$

式中，$\tilde{\sigma}$ 为有效应力张量。

根据不可逆热力学理论，材料的损伤退化是不可逆的。将实际有效应力张量代替连续状态时的应力张量，即可用连续方程描述延性损伤行为。

根据各向同性延性损伤准则[64]：

$$\text{若}\ \boldsymbol{\varepsilon}^{\mathrm{p}}>\boldsymbol{\varepsilon}_{\mathrm{D}}^{\mathrm{p}}\text{，则}\ \dot{D}=\dot{\lambda}\frac{\partial F_{\mathrm{D}}}{\partial Y} \tag{5.52}$$

式中，$\boldsymbol{\varepsilon}^{\mathrm{p}}$ 为等效塑性应变；$\boldsymbol{\varepsilon}_{\mathrm{D}}^{\mathrm{p}}$ 为塑性损伤应变门槛值；$\dot{D}$ 为损伤率；$\dot{\lambda}$ 为塑性乘子率；Y 为能量密度释放率；F_{D} 为损伤势，是能量密度释放率的非线性函数。

根据连续损伤力学理论，损伤势 F_{D} 可表示为

$$F_{\mathrm{D}}=\frac{Q}{(m+1)(1-D)}\left(\frac{Y}{Q}\right)^{m+1} \tag{5.53}$$

式中，Q、m 均为材料常数。

而能量密度释放率 Y 为

$$Y=\frac{\tilde{\sigma}_{\mathrm{eq}}^2R_{\mathrm{v}}}{2E} \tag{5.54}$$

其中 R_{v} 的表达式为

$$R_{\mathrm{v}}=\frac{2}{3}(1+\mu)+3(1-2\mu)\left(\frac{\sigma_{\mathrm{H}}}{\sigma_{\mathrm{eq}}}\right)^2$$

式中，σ_{H} 为静水压力；σ_{eq} 为 von Mises 等效应力；μ 为泊松比。

有效 von Mises 等效应力 $\tilde{\sigma}_{\mathrm{eq}}$ 的表达式为

$$\tilde{\sigma}_{\mathrm{eq}}=\left[\frac{3}{2}\left(\frac{\boldsymbol{S}}{(1-D)}-\boldsymbol{X}\right)\left(\frac{\boldsymbol{S}}{(1-D)}-\boldsymbol{X}\right)\right]^{1/2} \tag{5.55}$$

将式(5.54)和式(5.53)代入式(5.52)，则多轴应力下延性损伤率 $\dot{D}$ 为

$$\dot{D} = \frac{D_c R_v}{\varepsilon_R^p - \varepsilon_D^p}\dot{p} \tag{5.56}$$

式中，ε_R^p 为断裂时的塑性应变；ε_D^p 为塑性损伤应变门槛值；D_c 为临界损伤因子。

将式(5.56)积分，则延性损伤因子的表达式为

$$D = \frac{D_c}{\varepsilon_R^p - \varepsilon_D^p}\left\langle R_v p - \varepsilon_D^p \right\rangle \tag{5.57}$$

特别地，单轴条件下延性损伤因子可表示为

$$D = \frac{D_c}{\varepsilon_R^p - \varepsilon_D^p}\left\langle p - \varepsilon_D^p \right\rangle \tag{5.58}$$

3. 耦合延性损伤的弹塑性模型

假定材料常数与温度无关，则耦合延性损伤后的 von Mises 屈服准则可用有效应力表示为

$$f(\tilde{\boldsymbol{\sigma}} - \boldsymbol{X}) = \sqrt{\frac{3}{2}(\tilde{\boldsymbol{S}} - \boldsymbol{X})(\tilde{\boldsymbol{S}} - \boldsymbol{X})} = \sigma_s \tag{5.59}$$

式中，$\tilde{\boldsymbol{S}}$ 为有效应力偏量。

引入延性损伤后，von Mises 屈服准则的演化方程变为以下两种类型。

1) 流动法则

$$\mathrm{d}\boldsymbol{\varepsilon}^p = \mathrm{d}\lambda \boldsymbol{n} \tag{5.60}$$

式中，$\mathrm{d}\lambda$ 为塑性乘子增量；$\boldsymbol{n}$ 为屈服表面的外法线方向。

考虑到延性损伤的影响，$\boldsymbol{n}$ 可表示为

$$\boldsymbol{n} = \frac{\partial f}{\partial \boldsymbol{\sigma}} = \frac{3}{2(1-D)}\frac{\boldsymbol{S}/(1-D) - \boldsymbol{X}}{\tilde{\sigma}_{eq}} \tag{5.61}$$

另外，塑性乘子增量与等效塑性应变增量的关系为

$$\mathrm{d}p = \sqrt{\frac{2}{3}\mathrm{d}\boldsymbol{\varepsilon}^p : \mathrm{d}\boldsymbol{\varepsilon}^p} = \frac{\mathrm{d}\lambda}{1-D} \tag{5.62}$$

式中，塑性乘子增量 $\mathrm{d}\lambda$ 可通过一致性条件计算得出[63]，即

$$\mathrm{d}f = \frac{\partial f}{\partial \boldsymbol{S}}\mathrm{d}\boldsymbol{S} + \frac{\partial f}{\partial \boldsymbol{X}}\mathrm{d}\boldsymbol{X} + \frac{\partial f}{\partial D}\mathrm{d}D = 0 \tag{5.63}$$

那么，有

$$\mathrm{d}\lambda = \frac{\frac{3}{2}(\tilde{\boldsymbol{S}} - \boldsymbol{X})\mathrm{d}\boldsymbol{S}}{\frac{2}{3}C\tilde{\sigma}_{\mathrm{eq}}(1-D) - \frac{3}{2}\boldsymbol{U}(\tilde{\boldsymbol{S}} - \boldsymbol{X})} \tag{5.64}$$

式中，$\boldsymbol{U} = (1-D)\gamma\boldsymbol{X} + \frac{\tilde{\boldsymbol{S}}Q}{1-D}\left(\frac{\tilde{\sigma}_{\mathrm{eq}}^2 R_{\mathrm{v}}}{2EQ}\right)^q$。

2) 考虑延性损伤的 Armstrong-Frederick 非线性随动应变硬化模型

$$\mathrm{d}\boldsymbol{X} = (1-D)(C\mathrm{d}\boldsymbol{\varepsilon}^{\mathrm{p}} - \gamma\boldsymbol{X}\mathrm{d}p) \tag{5.65}$$

5.3.2 延性损伤多层梁的安定性分析

1. 延性损伤多层梁的弹塑性模型

多层梁结构是多层系统的简化模型。这里以平面应变多层梁为研究对象，探讨延性损伤对结构安定行为的影响。典型多层梁结构在热机载荷下的示意图如图 5.23 所示。

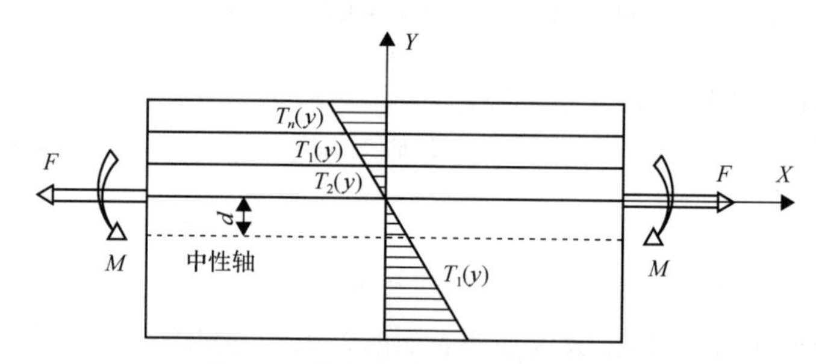

图 5.23 热机载荷下多层梁示意图

为方便计算分析，下面采用如下假设[278]：

(1) 各层梁的长度和宽度相等，而高度和物理参数不同；

(2) 若多层梁系统各向同性且温度沿高度线性梯度分布；

(3) 多层梁的共面截面在弹塑性变形后仍保持为平面；

(4) 第一层为弹性梁，其余各层为耦合延性损伤的弹塑性梁。

那么，考虑到延性损伤效应，各层梁的轴向总应变可表示为

$$\begin{cases} \varepsilon_1 = \dfrac{\sigma_1}{E_1} + \alpha_1 \Delta T_1(y) \\ \varepsilon_i = \dfrac{\tilde{\sigma}_i}{E_i} + \varepsilon_i^{\mathrm{p}} + \alpha_i \Delta T_i(y), \quad i = 2,3,\cdots,n \end{cases} \tag{5.66}$$

式中，$\tilde{\sigma}_i$ 为有效应力；$\varepsilon_i^{\mathrm{p}}$ 为轴向塑性应变；E_i、α_i 和 $\Delta T_i(y)$ 分别为弹性模量、热膨胀系数和温度梯度；下标 i 表示第 i 层梁。

如果定义多层梁中性轴到 x 坐标轴的距离为 d(图 5.23)且中性轴曲率为 ρ，则轴向应变沿高度的分布为

$$\varepsilon(y)=\left[(\rho+d+y)\mathrm{d}\theta-\rho\mathrm{d}\theta\right]/(\rho\mathrm{d}\theta) \tag{5.67}$$

式中，$\mathrm{d}\theta$ 为两个横截面的相对转角。类似地，第 1 层和第 2 层梁间界面的轴向应变为

$$\varepsilon_0=\left[(\rho+d)\mathrm{d}\theta-\rho\mathrm{d}\theta\right]/(\rho\mathrm{d}\theta) \tag{5.68}$$

将式(5.68)代入式(5.67)，则多层梁的轴向应变为

$$\varepsilon(y)=\varepsilon_0+y/\rho \tag{5.69}$$

将式(5.69)代入式(5.66)，则多层梁的轴向应力为

$$\begin{cases}\sigma_1(y)=E_1[\varepsilon_0+y/\rho-\alpha_1\Delta T_1(y)] \\ \tilde{\sigma}_i(y)=E_i[\varepsilon_0+y/\rho-\varepsilon_i^{\mathrm{p}}-\alpha_i\Delta T_i(y)], \quad i=2,3,\cdots,n\end{cases} \tag{5.70}$$

考虑到边界条件，多层梁系统的平衡方程可表示为

$$\begin{cases}\displaystyle\int_{-h_1}^{0}\sigma_1(y)\mathrm{d}y+\sum_{i=2}^{n}\int_{h_{i-1}}^{h_i}\tilde{\sigma}_i(y)\mathrm{d}y=F/b \\ \displaystyle\int_{-h_1}^{0}\sigma_1(y)y\mathrm{d}y+\sum_{i=2}^{n}\int_{h_{i-1}}^{h_i}\tilde{\sigma}_i(y)y\mathrm{d}y=M/b\end{cases}, \quad i=2,3,\cdots,n \tag{5.71}$$

式中，h 和 b 分别为多层梁系统的总高度和长度；F 和 M 分别为外加轴向载荷和弯矩。

将式(5.70)代入式(5.71)，可得

$$\begin{cases}\varepsilon_0=\dfrac{F+K-(A-E_2bH)/\rho}{Bb-E_2bG} \\ \dfrac{1}{\rho}=\dfrac{(Bb-E_2bG)(M+Q)-(A-E_2bG)(F+K)}{(Bb-E_2bG)(C-E_2bH)-(A-E_2bH)(A-E_2bG)}\end{cases} \tag{5.72}$$

其中

$$A=-E_1bh_1^2/2+E_ibh_i\left(\sum_{j=2}^{i-1}h_j+h_i/2\right) \tag{5.73}$$

$$B = E_1 h_1 + \sum_{i=2}^{n} E_i h_i \tag{5.74}$$

$$C = E_1 b h_1^3 / 3 + E_i b h_i \left[\left(\sum_{j=2}^{i-1} h_j + h_i/2 \right)^2 + h_i/12 \right] \tag{5.75}$$

$$G = \sum_{i=2}^{n} \int_{h_{i-1}}^{h_i} D_i \mathrm{d}y \tag{5.76}$$

$$H = \sum_{i=2}^{n} \int_{h_{i-1}}^{h_i} D_i y \mathrm{d}y \tag{5.77}$$

$$Q = E_1 \alpha_1 b \int_{-h_1}^{0} T_1(y) y \mathrm{d}y + E_i \alpha_i b \sum_{i=2}^{n} \int_{h_{i-1}}^{h_i} (1-D_i) T_i(y) y \mathrm{d}y + E_i b \sum_{i=2}^{n} \int_{h_{i-1}}^{h_i} (1-D_i) \varepsilon_i^{\mathrm{p}} y \mathrm{d}y \tag{5.78}$$

将 ε_0 和 ρ 代入式(5.69)可得到轴向总应变。另外，轴向机械应变 $\varepsilon^{\mathrm{m}}(y)$ 可定义为

$$\varepsilon^{\mathrm{m}}(y) = \varepsilon(y) - \alpha_i \Delta T_i(y), \quad i = 1, 2, \cdots, n \tag{5.79}$$

那么，有

$$\varepsilon^{\mathrm{m}}(y) = \frac{F + K - (A - E_2 bH) \dfrac{(Bb - E_2 bG)(M+Q) - (A - E_2 bG)(F+K)}{(Bb - E_2 bG)(C - E_2 bH) - (A - E_2 bH)(A - E_2 bG)}}{Bb - E_2 bG} + \frac{y[(Bb - E_2 bG)(M+Q) - (A - E_2 bG)(F+K)]}{(Bb - E_2 bG)(C - E_2 bH) - (A - E_2 bH)(A - E_2 bG)} - \sum_{i=1}^{n} \alpha_i \Delta T_i(y) \tag{5.80}$$

2. 安定性计算流程

为计算耦合延性损伤的多层梁弹塑性模型，本小节提出了相应的数值迭代算法，其计算流程如图 5.24 所示。为简化计算，下面仅以双层梁为例，并假设材料参数温度无关，且塑性变形产生时发生延性损伤，即塑性损伤应变门槛值 $\varepsilon_{\mathrm{D}}^{\mathrm{p}} = \varepsilon_{\mathrm{s}}$，其中 ε_{s} 为初始屈服应变。根据前面假设，第一层为弹性梁，其余各层为耦合延性损伤的弹塑性梁，故数值迭代程序包括弹性、塑性和延性损伤计算，具体算法如下：

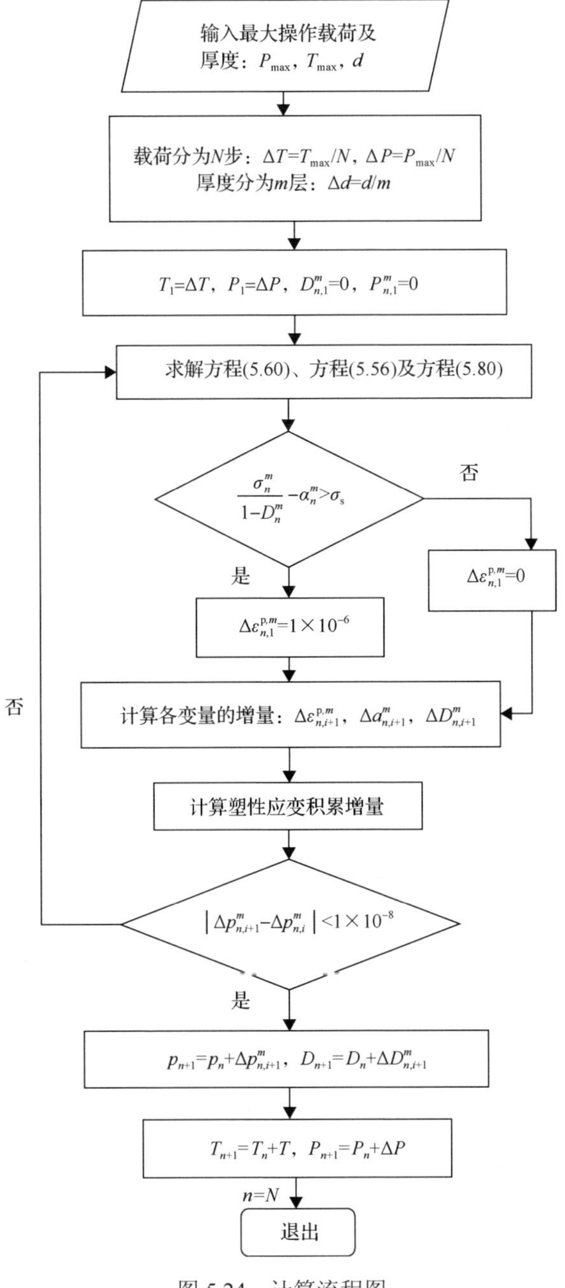

图 5.24　计算流程图

(1)将热-机械载荷路径分为 N 个载荷步；

(2)将第 $i(i=1, 2)$ 层梁均匀分为 K_i 份；

(3)定义第二层梁的初始塑性应变增量、背应力增量和损伤因子增量为零；

(4) 热-机械载荷步增加 1 步；

(5) 若第二层梁中的第 k 部分存在 $\sigma_2^m/\left(1-D_2^m\right)-\alpha_2^m>\sigma_s$，则令塑性应变增量等于 1×10^{-6}，这里 $k=1,2,\cdots,K_2+1$；

(6) 累加塑性应变增量，计算总塑性应变；

(7) 根据式(5.65)计算新的背应力增量；

(8) 累加背应力增量，计算总背应力；

(9) 计算总的轴向应力、应变；

(10) 利用流动准则式(5.60)计算新的塑性应变增量；

(11) 根据式(5.56)计算损伤因子增量；

(12) 计算累积的等效塑性应变增量和累积的损伤因子增量；

(13) 根据式(5.80)计算机械应变；

(14) 重复第(5)步～第(13)步，直到累积的等效塑性应变收敛；

(15) 根据收敛的塑性应变增量和损伤因子计算累积的等效塑性应变和损伤因子；

(16) 载荷步增加 1 步，并重复第(5)步～第(15)步进行计算，直到最大载荷步，即第 N+1 步。

结构在加载到第 N+1 步(最大载荷)后开始卸载计算。值得注意的是，在卸载阶段仍采用相同的算法，仅在加载路径的末端建立新的坐标系，即与加载阶段坐标方向相反。因此，卸载阶段的应力、应变结果仍为正值，但不同加载和卸载阶段的应力初值、应变初值和背应力初值不同，而最终的残余应力、应变结果通过叠加两个坐标系的值获得。根据应变累积及损伤因子累积即可判断结构的安定行为。

3. 安定极限载荷分析与讨论

假定机械载荷为稳定值而温度沿双层梁均匀分布且从零到最大值循环加载，故下面采用最大值表示循环热载荷。双层梁的材料参数如表 5.4 所示，而结构参数分别为 $h_1=10\mu\text{m}$，$h_2=40\mu\text{m}$，$b=100\mu\text{m}$。为便于分析，载荷均采用归一化参数形式，即归一化弯矩 m、归一化轴向载荷 f 和归一化热载荷 τ 分别为 $M/[1.5\sigma_s b(h_1+h_2)^2]$、$F/\left[\sigma_s b(h_1+h_2)\right]$ 和 $E_2\alpha_2 T/\sigma_s$。

表 5.4　双层梁的材料参数

特征	弹性模量/GPa	热膨胀系数/(1/℃)	屈服应力/MPa	C/MPa	γ	Q/MPa	q
第一层	162	2.6×10^{-5}	—	—	—	—	—
第二层	36	5.5×10^{-6}	40	10000	60	0.01	3.5

为验证本书计算模型和数值分析方法的正确性，在不考虑延性损伤的情况下，本小节将双层梁模型的计算结果与商业有限元软件包 ANSYS 的分析结果进行对比研究。在有限元分析中，考虑到模型的对称性，本小节采用平面应变单元 PLANE42 建立 1/2 轴对称模型；为保证分析结果的精度，本书在界面附近加密网格，共 720 个单元；为避免刚性移动，在轴对称横截面上施加对称约束且固定原点节点；双层梁的端面在弹塑性变形后仍保持为平面，有限元分析模型如图 5.25 所示。

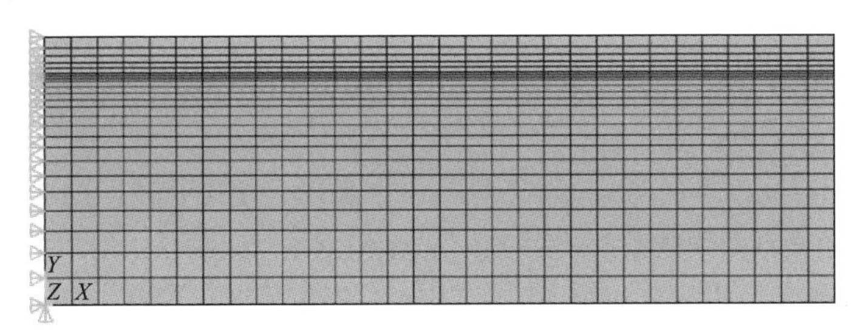

图 5.25　有限元分析模型

本小节以双层梁结构承受稳定弯矩 m=0.5 及循环热载荷 τ_{max}=2 为例，并比较两种方法计算第二层梁顶部的应力-应变曲线，如图 5.26 所示。分析表明，两种方法的计算结果有较好的一致性，这说明本书数值迭代算法能较好计算各种非线性随动硬化模型，可进一步引入延性损伤进行分析。

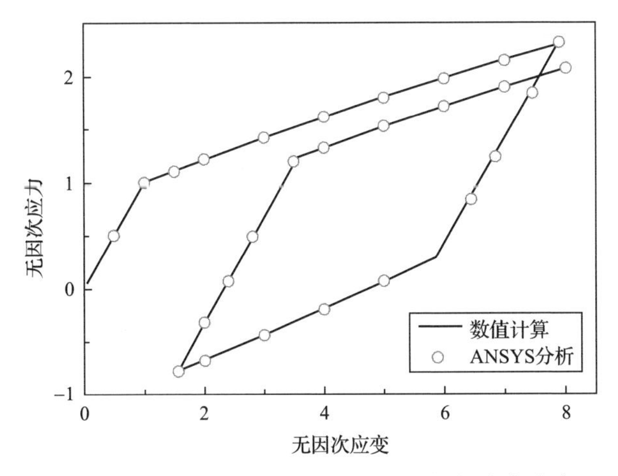

图 5.26　m=0.5 和 τ_{max}=2 时双层梁的应力-应变曲线

为分析双层梁结构在循环热-机械载荷下的安定域，本小节首先确定结构的弹性极限。根据前面的假设，第一层梁的热膨胀系数大于第二层梁，热载荷下塑性变形将始于界面处，而弹性极限热载荷 ΔT_{ini} 为[279]

$$\Delta T_{\text{ini}} = \frac{\sigma_{\text{s}}\left[E_1^2 h_1^4 + E_2^2 h_2^4 + 2E_1E_2h_1h_2\left(2h_1^2 + 3h_1h_2 + 2h_2^2\right)\right]}{E_1E_2h_1\left(E_1h_1^3 + 4E_2h_2^3 + 3E_2h_1h_2^2\right)(\alpha_1 - \alpha_2)} \tag{5.81}$$

在弯矩或轴向载荷作用下，塑性变形将始于第二层梁的上表面。根据式(5.72)和式(5.73)，可计算初始屈服轴向拉力 F_{ini} 和初始屈服弯矩 M_{ini} 为

$$F_{\text{ini}} = \frac{\sigma_{\text{s}}(BCb - A^2)}{E_2(C - Ah_2)} \tag{5.82}$$

$$M_{\text{ini}} = \frac{\sigma_{\text{s}}(BCb - A^2)}{E_2(Bbh_2 - A)} \tag{5.83}$$

联立式(5.72)、式(5.79)、式(5.80)、式(5.81)～式(5.83)，则双层梁在热-机械载荷组合下的弹性极限为

$$\begin{aligned}&[BCLb - ABNb + (B^2Nb^2 - ABLb)y - (BCb - A^2)B\alpha_2]T + (B^2by - AB)M\\&= (BCb - A^2)B\varepsilon(y)\end{aligned} \tag{5.84}$$

$$\begin{aligned}&[BCLb - ABNb + (B^2Nb^2 - ABLb)y - (BCb - A^2)B\alpha_2]T + (BC - ABy)F\\&= (BCb - A^2)B\varepsilon(y)\end{aligned} \tag{5.85}$$

式中，$L = E_1\alpha_1h_1 + E_2\alpha_2h_2$；$N = -\dfrac{1}{2}E_1\alpha_1h_1^2 + \dfrac{1}{2}E_2\alpha_2h_2^2$。

由式(5.84)和式(5.85)可知，双层梁的最大应力点随热机械载荷组合变化：当施加的机械载荷相对小而热载荷较大时，最大应力点在双层梁的界面处；而当热载荷相对小而机械载荷起主要作用时，最大应力点在第二层梁的上表面。不同载荷组合下双层两应力分布如图 5.27(a)和(b)所示。

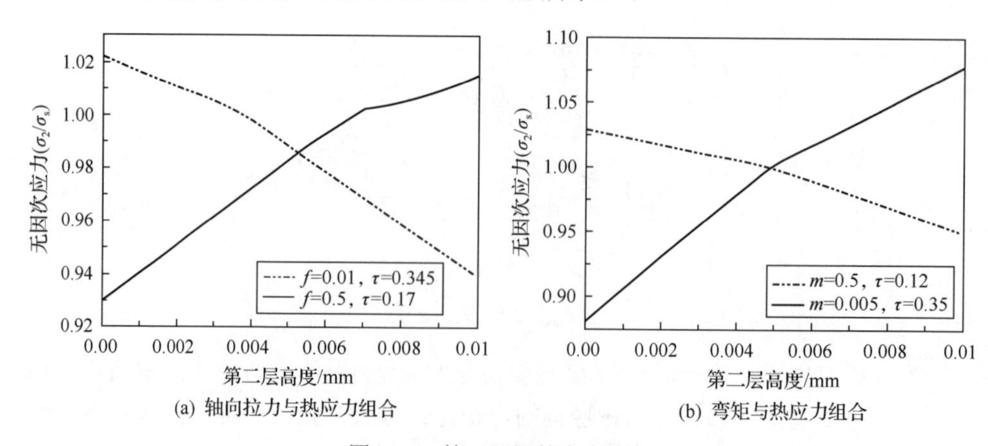

图 5.27　第二层梁的应力分布

计算不同循环载荷组合，并通过累积的塑性应变演化判断结构的安定性。另外，当热载荷与弯矩组合时，由式(5.84)可知，若归一化弯矩 $m \leqslant 0.15$，最大应力点在双层梁的界面处，该情况下仅需研究界面处的塑性变形即可分析结构的安定行为；若归一化弯矩 $m > 0.15$，最大应力点在双层梁的上表面，此时仅需要研究上表面的应力应变情况。同理，当热载荷与轴向拉力组合时，由式(5.85)可得 $f=0.25$ 时最大应力发生转变，且随着拉力增大，最大应力点从界面处向上表面转移，故安定性分析时也分两种情况进行讨论。

图 5.28(a)和(b)分别显示了结构在稳定弯曲载荷与循环热载荷组合 $m=0.1$、$\tau_{max}=0.55$ 时的应力-应变曲线与损伤因子演化。为便于描述，本小节中的应力和应变分别采用初始屈服应力和初始屈服应变进行归一化处理。结果表明，一定循环加载后，结构的应力、应变滞回环逐渐增大，说明累积的塑性应变及延性损伤因子逐渐增大，双层结构最终因连续塑性变形而失效。另外，从延性损伤的角度来讲，当损伤因子达到临界损伤极限时，结构发生宏观断裂而失效，这说明耦合延性损伤模型可防止结构因过大塑性变形而失效。经典的安定定理认为只要结构的塑性变形有限即安定，忽略了结构因应变强化产生过大塑性变形而导致结构不安全，本书损伤模型可较好解决这一问题。

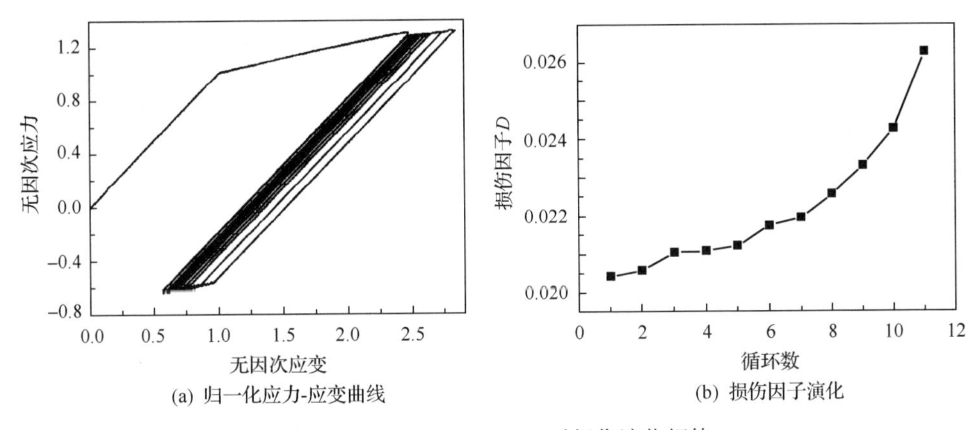

(a) 归一化应力-应变曲线　　(b) 损伤因子演化

图 5.28 $m=0.1$、$\tau_{max}=0.55$ 时损伤演化规律

图 5.29(a)和(b)分别表示结构在稳定弯曲载荷与循环热载荷组合 $m=0.5$、$\tau_{max}=0.425$ 时的应力-应变曲线与损伤因子演化。计算结果表明，一定循环加载后，双层梁结构的最大应力-应变曲线安定到线弹性状态，而且累积的塑性应变及延性损伤因子均收敛到常数，结构表现为弹性安定。另外，从延性损伤的角度来讲，损伤因子始终小于临界损伤极限，结构不会因延性损伤而失效。值得注意的是，延性损伤与累积的塑性应变相关，且具有热力学不可逆的特性，累积的塑性应变

会导致延性损伤因子累积。因此，考虑延性损伤后不存在塑性安定区，这也在一定程度上给出了相对保守的评估结果。

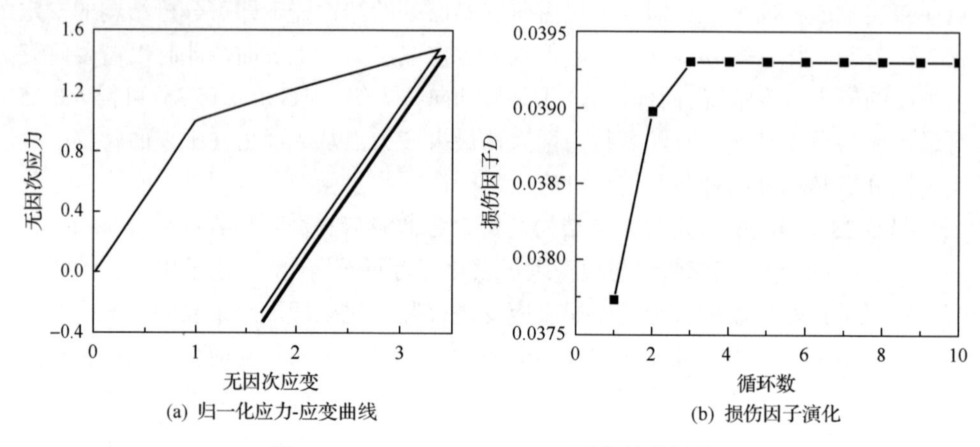

(a) 归一化应力-应变曲线　(b) 损伤因子演化

图 5.29　m=0.5、τ_{max}=0.425 时损伤演化规律

图 5.30(a)为稳定弯曲载荷与循环热载荷作用下双层梁结构的安定区域。结果表明，不考虑延性损伤时，非线性随动硬化模型计算的安定极限载荷远大于 2 倍屈服极限，这表明采用 2 倍屈服极限进行安定性评估是趋于保守的。但是，考虑延性损伤后结构的安定极限载荷显著降低，尤其在循环热载荷起主要作用时，其安定极限载荷甚至可能低于 2 倍屈服极限，表明考虑延性损伤后，2 倍屈服极限进行安定性评估也可能是趋于不安全的。图 5.30(b)为稳定轴向拉伸与循环热载荷作用下双层梁结构的安定区域，其变化趋势与图 5.30(a)基本一致，这里不重复描述。

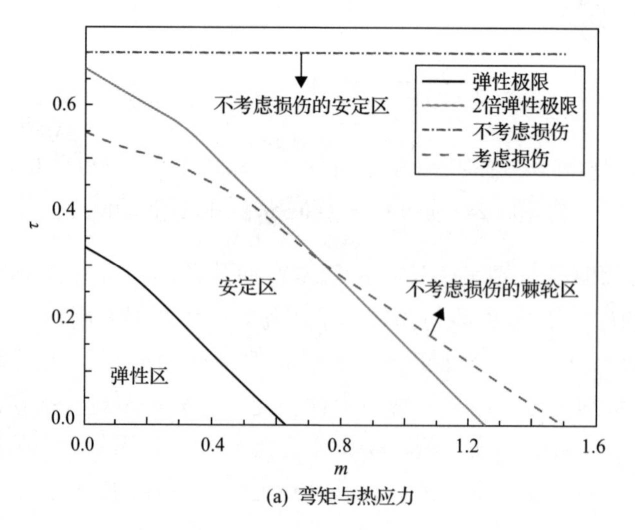

(a) 弯矩与热应力

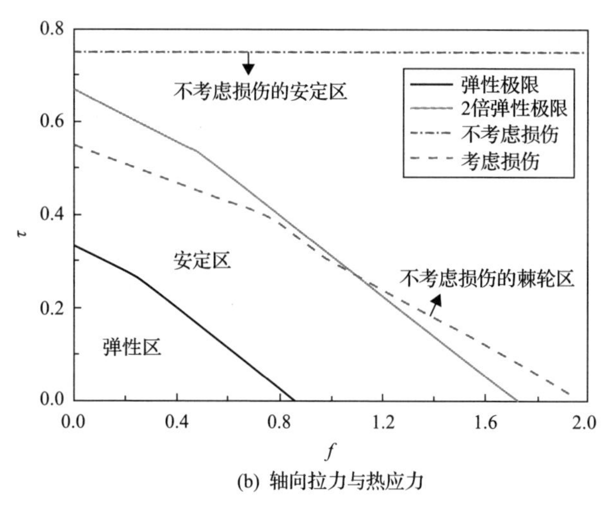

(b) 轴向拉力与热应力

图 5.30 不同载荷下第二层梁的应力分布

图 5.31 为不同厚度比对结构安定域的影响。结果表明，厚度比越大结构的安定域越小。由于假设第一层为弹性材料，第二层为弹塑性材料，总厚度保持不变时增大厚度比则降低结构的承载能力，故安定域相应减小。

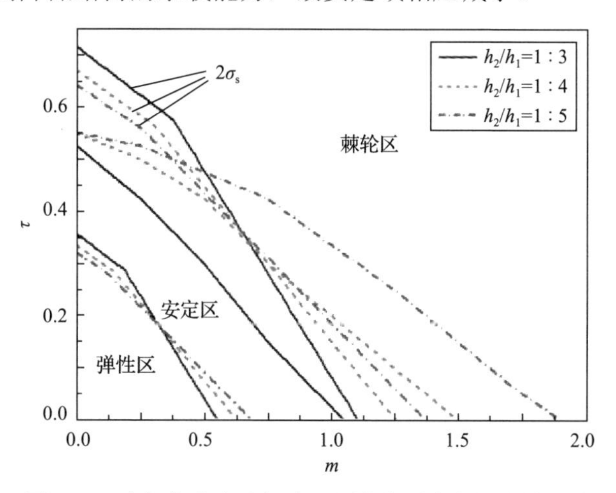

图 5.31 弯矩与热应力组合下厚度比对安定行为的影响

5.4 本 章 小 结

本章系统研究了复杂载荷、几何及材料本构条件下多层系统的安定极限载荷及其评定方法。结果表明，在循环热应力控制的载荷条件下，由于保载阶段产生的应力松弛效应，承受循环弹-塑-蠕变载荷的多层结构最终趋于弹性安定或塑性安定，但如果材料具有较好的应变硬化及循环硬化属性，结构在安定前产生的塑性变形也可能远大于材料的弹性极限，或造成多层系统功能失效，宜采用应变限值来控制结构的最大变形；含界面缺陷多层系统的安定极限载荷与缺陷深度参数 H/R 及热膨胀系数强相关，构建了相应的安定性评估经验公式，其评估结果与试验观察吻合良好；纳入延性损伤效应后多层系统的安定极限载荷明显减小。因此，本章系统考虑了损伤因子、结构参数的影响，并构建了纳入延性损伤效应的多层系统安定性评估的修正 Bree 图，具有较好的理论和工程应用价值。

第 6 章　螺栓法兰结构及紧固件的安定性分析

螺栓法兰结构是过程装备系统中重要的连接形式，其一般包括法兰、垫片及螺栓三个部分。一般而言，法兰需有足够的刚度以防止其发生转动变形，螺栓要有足够的强度以承担外载荷和垫片载荷的共同作用，而垫片是保证密封的重要部件，既需要足够的强度以避免压溃，又要有良好的回弹性能以保证密封。法兰连接系统的紧密性涉及各连接部件的本质特性及其变形协调关系等诸多因素。按照 ASME 规范的强度理论或欧盟标准体系的紧密性理论进行设计，虽然一般均能满足密封要求，但这些设计理论并不能反映法兰连接在一些特殊工况下(如高温波动或压力波动)的真实性能，导致其密封性能并非完全可靠。螺栓法兰结构在稳定运行阶段主要承受静载荷，然而实际运行中将不可避免地承受循环载荷，如地震、高压或温度波动和流动引起的振动，频繁地启动和停车等。在循环载荷下，螺栓法兰结构的主要失效形式是螺栓应力松弛导致的泄漏失效。例如，螺纹根部的工作应力可能会超过其屈服强度，在循环载荷下导致螺纹根部附近累积塑性变形，这被认为是螺栓连接自松弛的主要原因。同时，垫片在循环压缩载荷下的累积变形也会导致螺栓应力松弛。上述因素都会导致螺栓预紧力的降低和螺栓法兰接头的泄漏失效。

围绕上述问题，本章将系统讨论螺栓法兰结构及其连接部件的安定性和评价方法。其中，6.1 节研究螺栓法兰结构在循环热-机械载荷下的安定性；6.2 节系统研究螺栓在循环拉伸载荷作用下的棘轮变形及其预测方法；6.3 节设计垫片专用循环压缩夹具，并系统测试聚四氟乙烯垫片、无石棉垫片和柔性石墨复合垫片在循环压缩-压缩条件下的棘轮变形与安定性。

6.1　循环热-机械载荷下螺栓法兰结构的安定性分析

6.1.1　整体螺栓法兰结构有限元模型

由于螺栓法兰结构的几何和载荷具有对称性，利用 ABAQUS CAE 建模时取螺栓、筒体的 1/12 模型，如图 6.1 所示。为了减少计算量，在非应力集中区域网格较疏，而在螺纹啮合区等应力集中区域网格加密。该模型共 6293 个 C3D8R 单元。通过网格无关性验证，该模型的有限单元网格是合理的[280]。

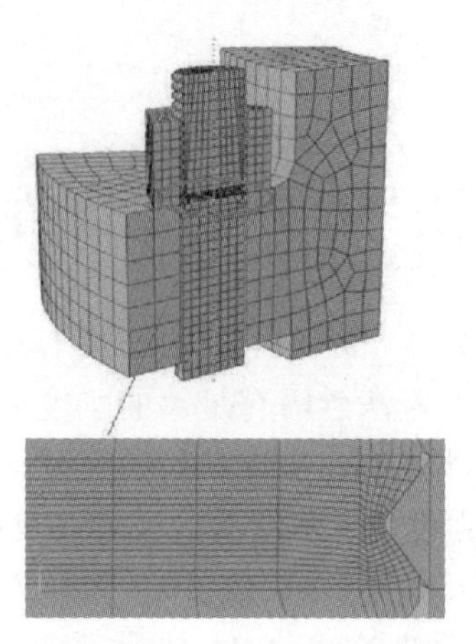

图 6.1　法兰结构有限元模型

在螺栓和筒体的各个对称截面上加载对称位移约束。螺栓与螺母、螺栓和筒体间存在摩擦作用。由于本模型接触面滑移很小，故采用库仑静摩擦模型，且摩擦系数为 0.2，材料参数见表 6.1。

表 6.1　法兰结构材料参数

参数	参数值
螺栓弹性模量 E_1/GPa	210
筒体弹性模量 E_2/GPa	210
泊松比 μ	0.3
螺栓热膨胀系数 α_1/℃$^{-1}$	1.35×10^{-6}
筒体热膨胀系数 α_2/℃$^{-1}$	1.5×10^{-6}
螺栓屈服应力 σ_s/MPa	200

6.1.2　螺栓预紧力

由 GB 150—2011 中垫片特性参数可知，垫片系数和比压力为 m=2.25、y=15.2MPa。垫片的基本密封宽度 b_0=4mm。由式(6.1)可得垫片有效密封宽度 b 为 4mm；由式(6.2)可知垫片压紧力作用中心圆直径 D_G 为 132mm。

$$b=\begin{cases} b_0, & b_0 \leqslant 6.4\text{mm} \\ 2.53\sqrt{b_0}, & b_0 > 6.4\text{mm} \end{cases} \tag{6.1}$$

$$D_G=\begin{cases} D_m, & b_0 \leqslant 6.4\text{mm} \\ D_o-2b, & b_0 > 6.4\text{mm} \end{cases} \tag{6.2}$$

式中，D_m 为垫片接触的平均直径，D_o 为垫片接触的外径。

式(6.3)和式(6.4)分别为预紧和操作条件下垫片的最小压紧力。其中，P_i 为筒体内压。在工程应用中，推荐的螺栓预紧应力约为螺栓材料屈服应力的 50%。这里对筒体施加均匀温度载荷，当温度达到 100℃时产生最佳的螺栓预紧应力，满足垫片密封要求：

$$F_G = 3.14 D_G b y \tag{6.3}$$

$$F_G = 6.28 D_G b m P_i \tag{6.4}$$

6.1.3　安定性分析结果与讨论

本节计算采用非循环方法中的 Abdalla 方法，具体计算步骤参照 2.1.3 节第三部分。在温度载荷和内压的共同作用下，螺栓与螺母啮合的第一个螺纹根部的局部应力最大，这里首先发生屈服，如图 6.2 所示。

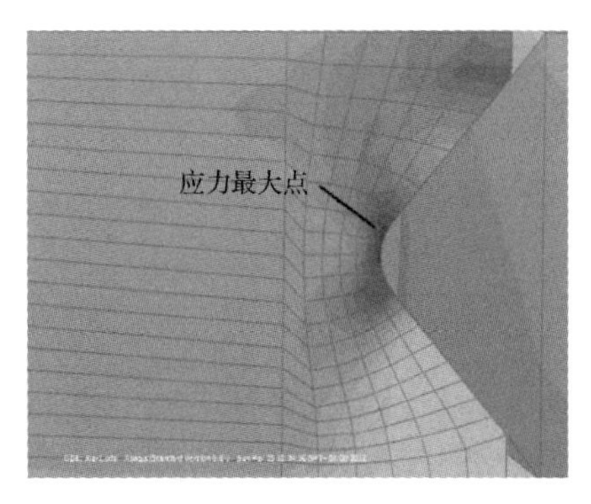

图 6.2　螺纹连接局部的应力云图

当螺栓和法兰的弹性模量比值 $E=E_1/E_2=1.00$，且热膨胀系数比 $\alpha=\alpha_1/\alpha_2$ 取不同值时的安定极限载荷如图 6.3 所示，横坐标和纵坐标分别用 $\rho=P_i/P_1$ 和 $\sigma=E_1\alpha_1\Delta t/\sigma_s$ 表示。其中，P_1 为满足密封要求的最大工作压力，ΔT 为加载温度。图中 S 为安定区，R 为棘轮区，L 为法兰泄漏区。当筒体内压 P_i=6.4MPa 时，垫片压力小于操作状态的最小垫片压力，法兰连接结构发生泄漏。

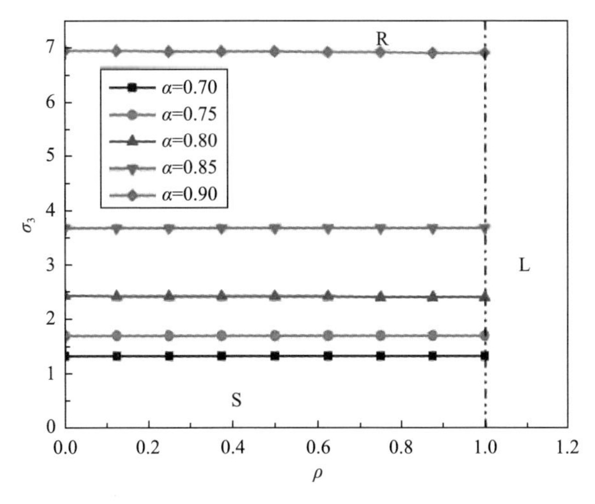

图 6.3　不同热膨胀系数比条件下法兰连接结构的安定极限载荷(E_1/E_2=1.00)

当螺栓和筒体的热膨胀系数比值$\alpha=\alpha_1/\alpha_2$=0.90，且弹性模量比$E=E_1/E_2$取不同值时的安定范围如图 6.4 所示。由图可知，不同压力条件下安定极限载荷基本不变，安定极限载荷仅与螺栓与法兰的热膨胀系数比和弹性模量比有关。当螺栓热膨胀系数与筒体接近时，对保证结构的安定性有利，但螺栓和法兰的弹性模量比对结构的安定性影响较小。这主要由于本模型中筒体壁厚较厚，内压在螺栓上产生的应力较小，该情况也符合大多数工程设计要求。

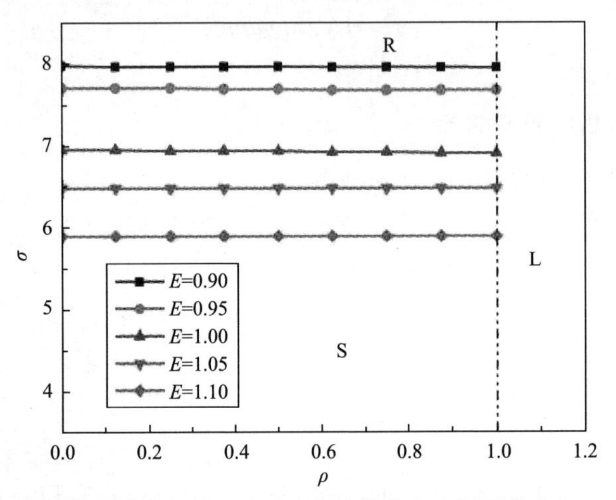

图 6.4　不同弹性模量条件下法兰连接结构的安定极限载荷(α_1/α_2=0.90)

考虑到不同压力条件下安定极限载荷基本不变，且安定极限载荷仅与热膨胀系数和弹性模量有关，图 6.5 给出了安定极限载荷随热膨胀系数和弹性模量的变化曲线。结果表明，在不同的弹性模量比下，安定极限载荷的最大值随α呈指数函数变化，可用式(6.5)描述；在不同热膨胀系数比α下，安定极限载荷的最大值随E呈线性变化，详见式(6.6)。当热膨胀系数比趋近于 1.00 时，其安定极限热载荷趋于无穷大。

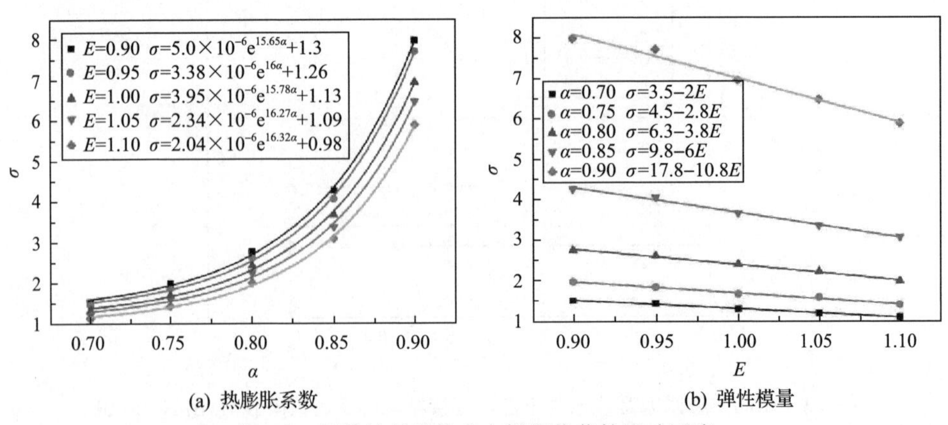

图 6.5　螺栓法兰结构安定极限载荷的影响因素

$$\begin{cases}\sigma=5.0\times10^{-6}\mathrm{e}^{15.65\alpha}+1.3, & E=0.90\\ \sigma=3.38\times10^{-6}\mathrm{e}^{16\alpha}+1.26, & E=0.95\\ \sigma=3.95\times10^{-6}\mathrm{e}^{15.78\alpha}+1.13, & E=1.00\\ \sigma=2.34\times10^{-6}\mathrm{e}^{16.27\alpha}+1.09, & E=1.05\\ \sigma=2.04\times10^{-6}\mathrm{e}^{16.32\alpha}+0.98, & E=1.10\end{cases} \tag{6.5}$$

$$\begin{cases}\sigma=3.5-2E, & \alpha=0.70\\ \sigma=4.5-2.8E, & \alpha=0.75\\ \sigma=6.3-3.8E, & \alpha=0.80\\ \sigma=9.8-6E, & \alpha=0.85\\ \sigma=17.8-10.8E, & \alpha=0.90\end{cases} \tag{6.6}$$

由于一般情况下，内压产生的机械应力较小，可忽略内压对螺栓法兰结构安定性的影响，而热膨胀系数和弹性模量对螺栓法兰结构安定极限载荷影响显著。由式(6.6)和式(6.7)可知，安定极限载荷与螺栓和法兰的热膨胀系数比和弹性模量比的经验关系式可表示为

$$\sigma=(19.5-16E)\times10^{-6}\mathrm{e}^{(3.3E+12.7)\alpha}+2.78-1.6E \tag{6.7}$$

图 6.6 为式(6.7)中 σ、α 和 E 的关系曲面，且曲面的下方为其安定域，这为循环热-机械载荷下螺栓法兰结构的安定性评定提供了依据。

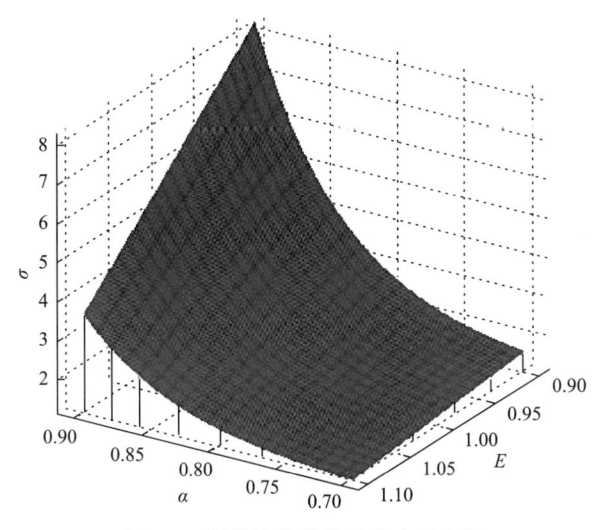

图 6.6　螺栓法兰结构的安定评定图

6.2　循环载荷幅对紧固件安定/棘轮极限载荷的影响

6.2.1　螺栓材料 35CrMo 的循环拉伸试验

试验试件基于螺栓部件加工而成，螺栓在生产中经过了 850℃的淬火，随后在 550℃回火(油冷却)。表 6.2 为 35CrMo 合金的主要化学元素，图 6.7 为基于测试标准加工的圆棒状试件几何尺寸。通过 RPL50 高温疲劳试验机进行试验和测量各种蠕变-疲劳载荷下试件的轴向应变。根据实际应用，取试验温度为 500℃。为了使试件产生均匀的温度场，当温度升高到 500℃时保持 30min。鉴于应力速率 $\dot{\sigma}$ 和应力幅 σ_a 对 500℃下 35CrMo 合金的棘轮效应有显著的影响，试验过程中取六种不同的应力速率 0.125MPa/s、0.5MPa/s、2.5MPa/s、10MPa/s、25MPa/s 和 40MPa/s，以及四种峰值应力 200MPa、300MPa、400MPa 和 500MPa。

表 6.2　35CrMo 结构钢主要的化学成分

元素	C	Si	Mn	Cr	Mo	Fe
质量分数/%	0.343	0.26	0.56	0.92	0.16	平衡

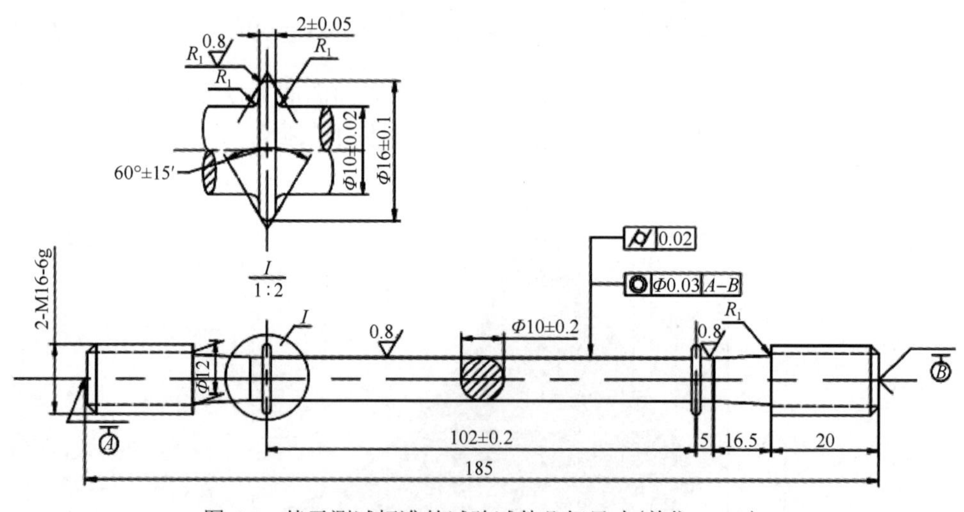

图 6.7　基于测试标准的试验试件几何尺寸(单位：mm)

基于上述试验程序，可以获得试件的应力-应变关系曲线，如图 6.8 所示。图 6.8 表明，35CrMo 合金在 500℃条件下进行单轴拉伸时，应力-应变曲线具有明显的率相关性。根据应力分离法，可以从应力-应变数据中获得各向同性应力(R)、背应力(X)、黏性应力(σ_v)和有效应力(σ_{ef})四个内应力分量，如图 6.9 所示。

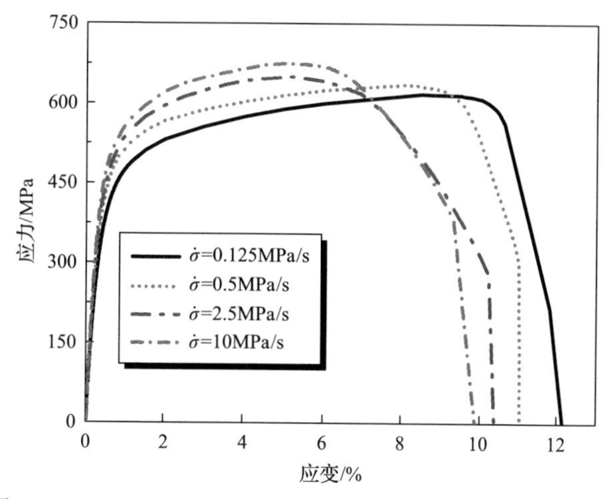

图 6.8　500℃不同应力速率下 35CrMo 合金的应力-应变曲线

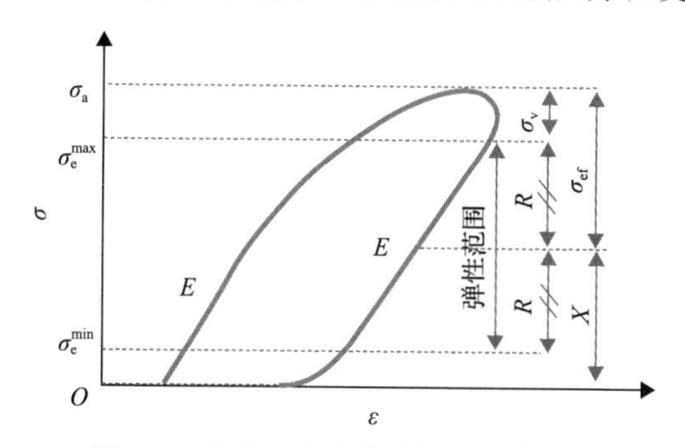

图 6.9　基于应力分离法的各种内应力

基于应力分离法，各种内应力分量可计算如下：

$$X=(\sigma_{\mathrm{e}}^{\max}+\sigma_{\mathrm{e}}^{\min})/2 \tag{6.8}$$

$$R=(\sigma_{\mathrm{e}}^{\max}-\sigma_{\mathrm{e}}^{\min})/2 \tag{6.9}$$

$$\sigma_{\mathrm{v}}=\sigma^{\max}-\sigma_{\mathrm{e}}^{\max} \tag{6.10}$$

$$\sigma_{\mathrm{ef}}=R+\sigma_{\mathrm{v}} \tag{6.11}$$

式(6.8)～式(6.11)中，$\sigma^{\max}$、$\sigma_{\mathrm{e}}^{\max}$ 和 $\sigma_{\mathrm{e}}^{\min}$ 分别为最大应力、最大弹性应力和最小弹性应力。

图 6.10 为各种应力率和应力幅下材料初始循环的应力-应变曲线。图 6.10(a)～(c)为 0.5MPa/s、2.5MPa/s 和 10MPa/s 三种应力率下的第一个循环应力-应变曲线。结果表明，应力幅值对黏性应力有重要影响。具体而言，在相同应力率下，黏性应力随着应力幅增大而显著增大。图 6.10(d)表明，在相同应力水平下，黏性应力随应力率减小而增大。

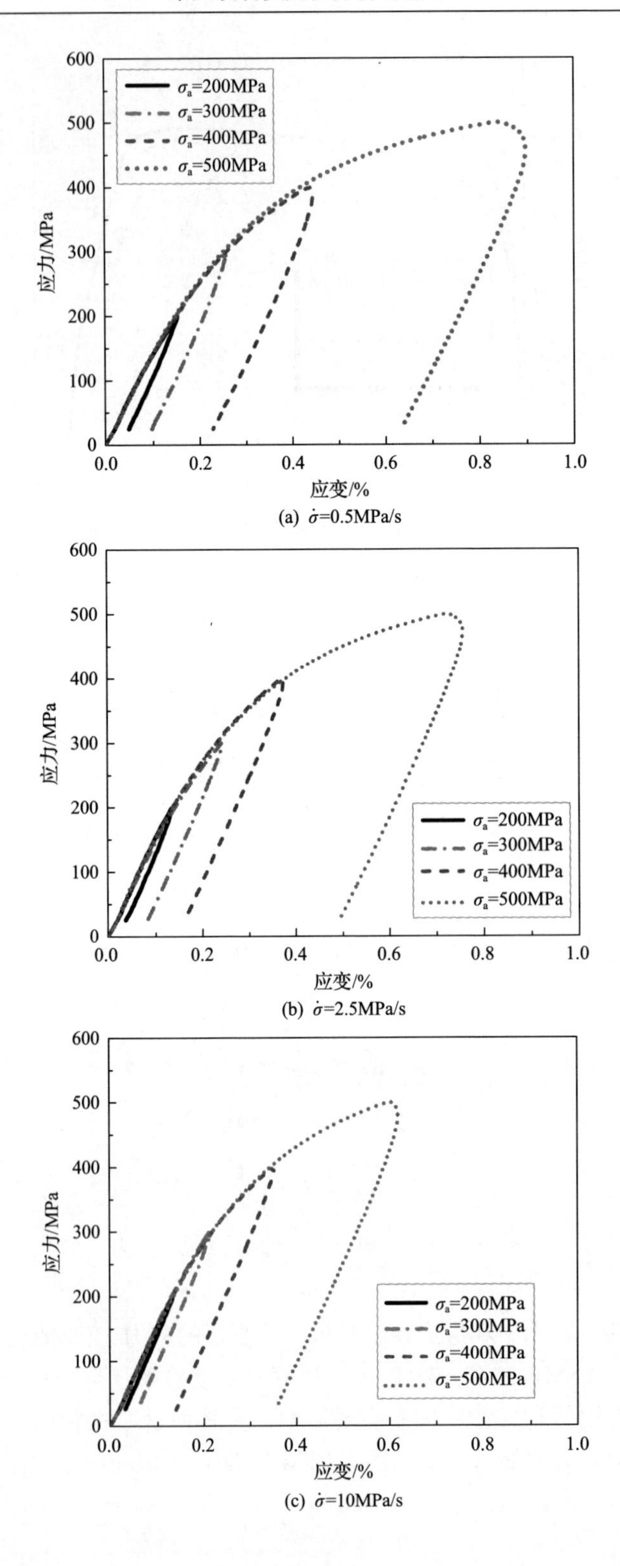

(a) $\dot{\sigma}$=0.5MPa/s

(b) $\dot{\sigma}$=2.5MPa/s

(c) $\dot{\sigma}$=10MPa/s

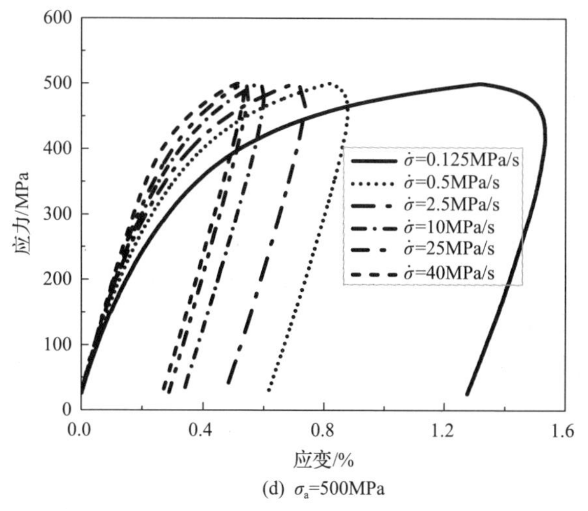

(d) σ_a=500MPa

图 6.10　35CrMo 合金的初始循环应力-应变曲线

应力幅为 500MPa 时，四种不同加载速率下的内应力分量随循环次数的变化关系如图 6.11 所示。结果表明，R 和 X 随着循环次数增加而增大，而 σ_v 和 σ_{ef} 随着

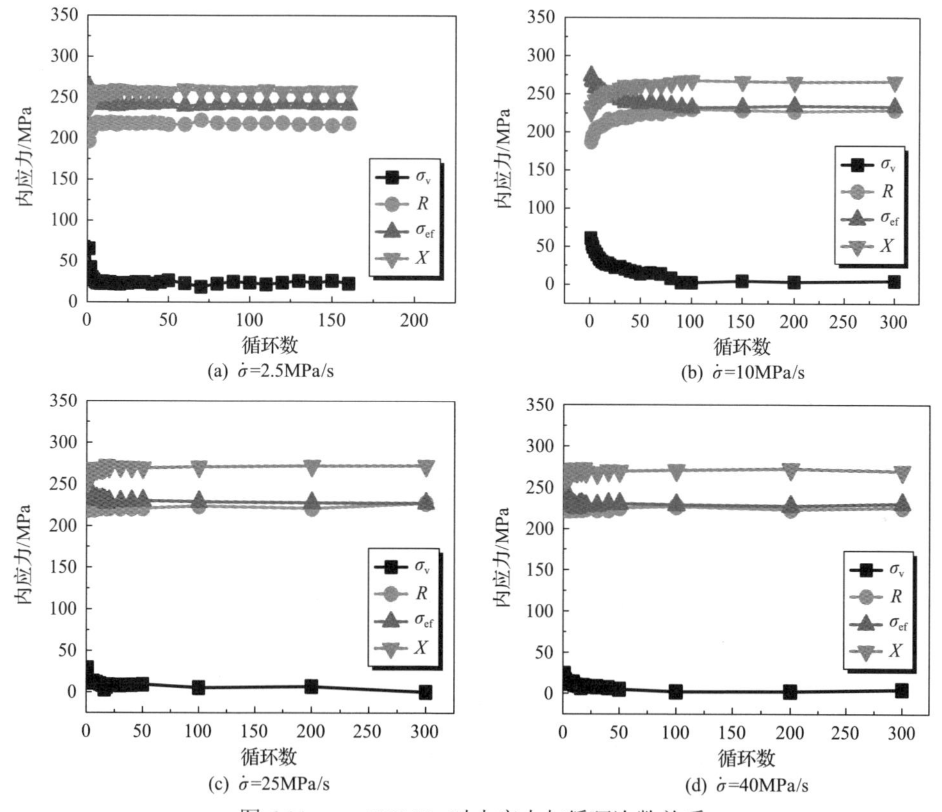

(a) $\dot{\sigma}$=2.5MPa/s　(b) $\dot{\sigma}$=10MPa/s

(c) $\dot{\sigma}$=25MPa/s　(d) $\dot{\sigma}$=40MPa/s

图 6.11　σ_a=500MPa 时内应力与循环次数关系

循环次数增加而减小。此外，应力率减小时，R 和 X 减小，但 σ_v 和 σ_{ef} 增大。值得注意的是，在 100 次循环之后四个内应力分量大致保持稳定。另外，各向同性应力 R 在前 100 个循环变化很小。为了简化分析，假设循环稳定条件下不考虑各向同性硬化。

在准稳态阶段，每个循环的棘轮应变率可用于评估工程材料或结构的棘轮边界。根据研究结果，当累积应变具有收敛趋势并且随后的应变增量小于 10^{-4}/循环时，可以评估为满足棘轮要求。图 6.12 为各种试验条件下的准稳态应变率。结果表明，500℃时 35CrMo 合金的棘轮极限与载荷率和应力水平相关。基于试验数据，合金在 500℃的棘轮极限约为 200MPa 和 0.5MPa/s。这说明安定条件为 $\sigma_a<200$MPa 和 $\dot{\sigma}>0.5$MPa/s，否则将产生棘轮效应。

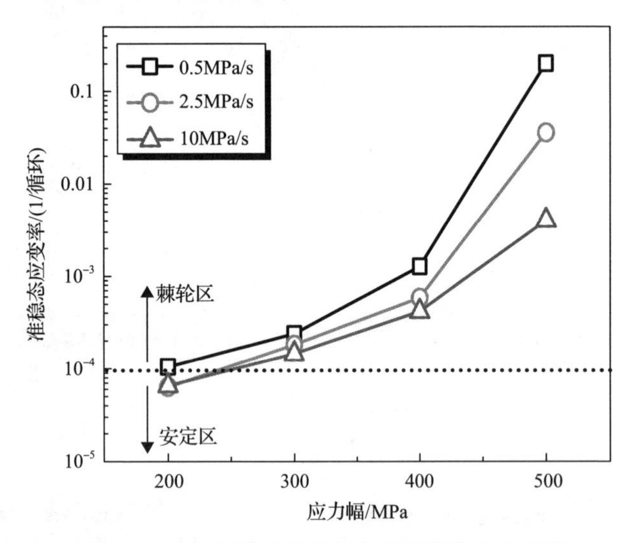

图 6.12　不同加载条件下每个循环准稳态应变率

6.2.2　考虑应力率的黏塑性本构方程

总应变可以表示为弹性应变与非弹性应变分量之和：

$$\boldsymbol{\varepsilon}=\boldsymbol{\varepsilon}^{\mathrm{e}}+\boldsymbol{\varepsilon}^{\mathrm{In}} \tag{6.12}$$

式中，$\boldsymbol{\varepsilon}$ 为二阶总应变张量；$\boldsymbol{\varepsilon}^{\mathrm{e}}$ 和 $\boldsymbol{\varepsilon}^{\mathrm{In}}$ 分别对应弹性和非弹性应变张量。

根据胡克定律，可得

$$\boldsymbol{\varepsilon}^{\mathrm{e}}=\boldsymbol{D}^{-1}:\boldsymbol{\sigma} \tag{6.13}$$

式中，$\boldsymbol{D}$ 表示四阶弹性张量；$\boldsymbol{\sigma}$ 表示二阶弹性应力张量。

不同应力率下，考虑黏塑性和 von Mises 屈服准则的非弹性应变可表示为[281]

$$\dot{\boldsymbol{\varepsilon}}^{\text{In}}=\sqrt{\frac{3}{2}}\left\langle\frac{F_y(\boldsymbol{\sigma}'-\boldsymbol{\alpha}')}{K}\right\rangle^n\frac{\boldsymbol{\sigma}'-\boldsymbol{\alpha}'}{\|\boldsymbol{\sigma}'-\boldsymbol{\alpha}'\|}\tag{6.14}$$

式中，$F_y(\boldsymbol{\sigma}'-\boldsymbol{\alpha}')=\sqrt{\frac{3}{2}(\boldsymbol{\sigma}'-\boldsymbol{\alpha}'):(\boldsymbol{\sigma}'-\boldsymbol{\alpha}')}-\sigma_0$，其中 σ_0 为各向同性变形抗力；K 和 n 为材料的黏塑性常数，可以根据不同载荷率条件下单轴拉伸曲线获得；$\boldsymbol{\sigma}'$ 为二阶偏应力张量；$\boldsymbol{\alpha}'$ 为相应的背应力张量。另外，尖括号代表的函数表达式为

$$\langle x\rangle=0.5(x+|x|)\tag{6.15}$$

其总偏背应力张量可表示为

$$\boldsymbol{\alpha}=\sum_{i=1}^{M}r^{(i)}\boldsymbol{b}^{(i)}\tag{6.16}$$

$$\dot{\boldsymbol{b}}^{(i)}=\frac{2}{3}\xi^{(i)}\dot{\boldsymbol{\varepsilon}}^{\text{In}}-\xi^{(i)}\lambda^{(i)}\boldsymbol{b}^{(i)}-\chi\left(\overline{\boldsymbol{\alpha}}^{(i)}\right)^{m-1}\boldsymbol{b}^{(i)}\tag{6.17}$$

$$\lambda^{(i)}=\mu^{(i)}\dot{p}+H(f^{(i)})\left\langle\dot{\boldsymbol{\varepsilon}}^{\text{In}}:\frac{\boldsymbol{\alpha}^{(i)}}{\overline{\boldsymbol{\alpha}}^{(i)}}-\mu^{(i)}\dot{p}\right\rangle\tag{6.18}$$

$$f^{(i)}=\left[\overline{\boldsymbol{\alpha}}^{(i)}\right]^2-\left[r^{(i)}\right]^2\tag{6.19}$$

$$\overline{\alpha}^{(i)}=\sqrt{\frac{3}{2}\boldsymbol{\alpha}^{(i)}:\boldsymbol{\alpha}^{(i)}}\tag{6.20}$$

$$\dot{p}=\sqrt{\frac{2}{3}\boldsymbol{\varepsilon}^{\text{In}}:\boldsymbol{\varepsilon}^{\text{In}}}\tag{6.21}$$

式中，$f^{(i)}=0$ 和 $r^{(i)}$ 分别为临界表面和相应的动力回复半径；$\overline{\boldsymbol{\alpha}}^{(i)}$ 为等效背应力；$\dot{p}$ 表示等效非弹性应变率；(:) 为二阶张量的内积；对于 $H(f^{(i)})$，当 $f^{(i)}\geqslant 0$ 时 $H(f^{(i)})=1$，$f^{(i)}<0$ 时 $H(f^{(i)})=0$；$\mu^{(i)}$ 为一个温度相关的棘轮参数，用于表征单轴循环应力-应变曲线的轻微开口行为，且通常对不同载荷条件取相同值。

基于真实应力-应变数据，可以通过如下公式计算 $\xi^{(i)}$ 和 $r^{(i)}$[158]：

$$\xi^{(i)}=\frac{1}{\varepsilon^{p(i)}}\tag{6.22}$$

$$r^{(i)}=\left(\frac{\sigma^{(i)}-\sigma^{(i-1)}}{\varepsilon^{p(i)}-\varepsilon^{p(i-1)}}-\frac{\sigma^{(i+1)}-\sigma^{(i)}}{\varepsilon^{p(i+1)}-\varepsilon^{p(i)}}\right)\varepsilon^{p(i)}\tag{6.23}$$

式中，$\sigma^{(0)}$ 为 $\varepsilon^{p(0)}=0$ 时对应的应力。

通过应力幅为 500MPa 的拉伸试验数据，可以得到 35CrMo 合金的黏塑性材料参数，如表 6.3 所示。

表 6.3　35CrMo 合金材料参数

弹性	E=1.56×10^5MPa	σ_0=110.5MPa			
随动硬化	r_1=2.5MPa	r_2=3.3MPa	r_3=1.5MPa	r_4=10.2MPa	
	r_5=20.1MPa	r_6=35.7MPa	r_7=28.3MPa	r_8=33.5MPa	
	ξ_1=7970	ξ_2=5483	ξ_3=3302	ξ_4=2032	
	ξ_5=1088	ξ_6=530	ξ_7=335	ξ_8=250	
黏塑性	K=462MPa	n=15	χ=5×10^{-10}	m=3.9	μ=0.4

基于黏塑性模型(VP)，编写 FORTRAN 程序来计算在不同应力水平和应力率条件下的应力-应变关系[281]。图 6.13 为 σ_a=500MPa 和 $\dot{\sigma}$=2.5MPa/s 时模拟结果和循环试验数据的对比。结果表明，初始的几个循环内预测结果与试验应力-应变曲线吻合良好。

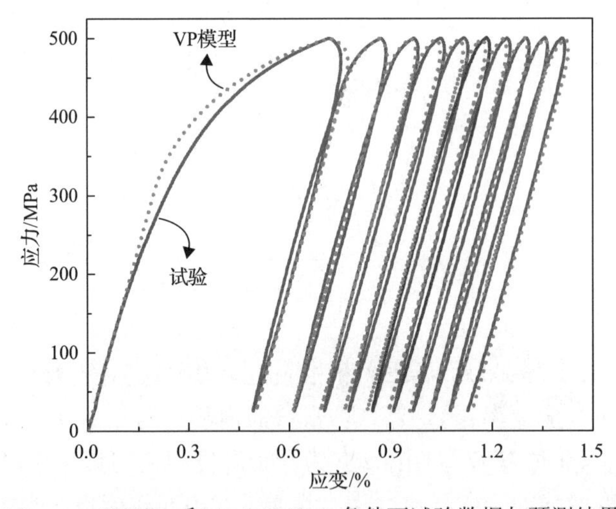

图 6.13　σ_a=500MPa 和 $\dot{\sigma}$=2.5MPa/s 条件下试验数据与预测结果比较

当 σ_a=500MPa 时，不同应力率下 35CrMo 合金棘轮变形的预测值和试验数据对比如图 6.14 所示。结果表明，当 $\dot{\sigma}$ >2.5MPa/s 时，该本构模型能准确预测棘轮变形。然而，当 $\dot{\sigma}$ <0.5MPa/s 时，预测值与试验结果存在明显的差异。这是由低应力率下产生较大黏性应力所致，如图 6.10(d)所示。

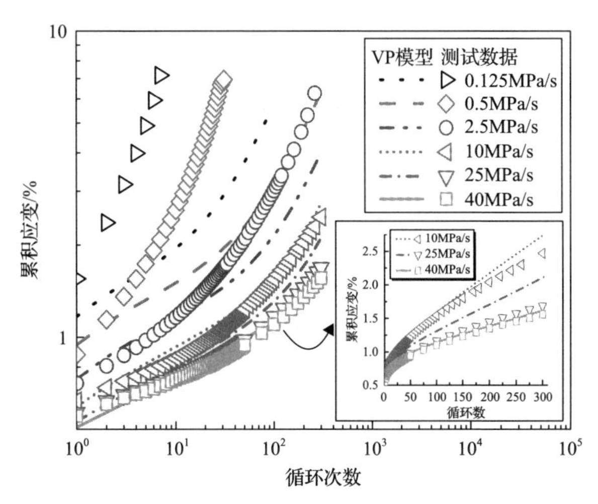

图 6.14　σ_a=500MPa 和不同应力率下 35CrMo 合金的棘轮预测与试验结果对比

不同应力幅条件下 35CrMo 合金的棘轮预测和试验结果对比如图 6.15 所示。

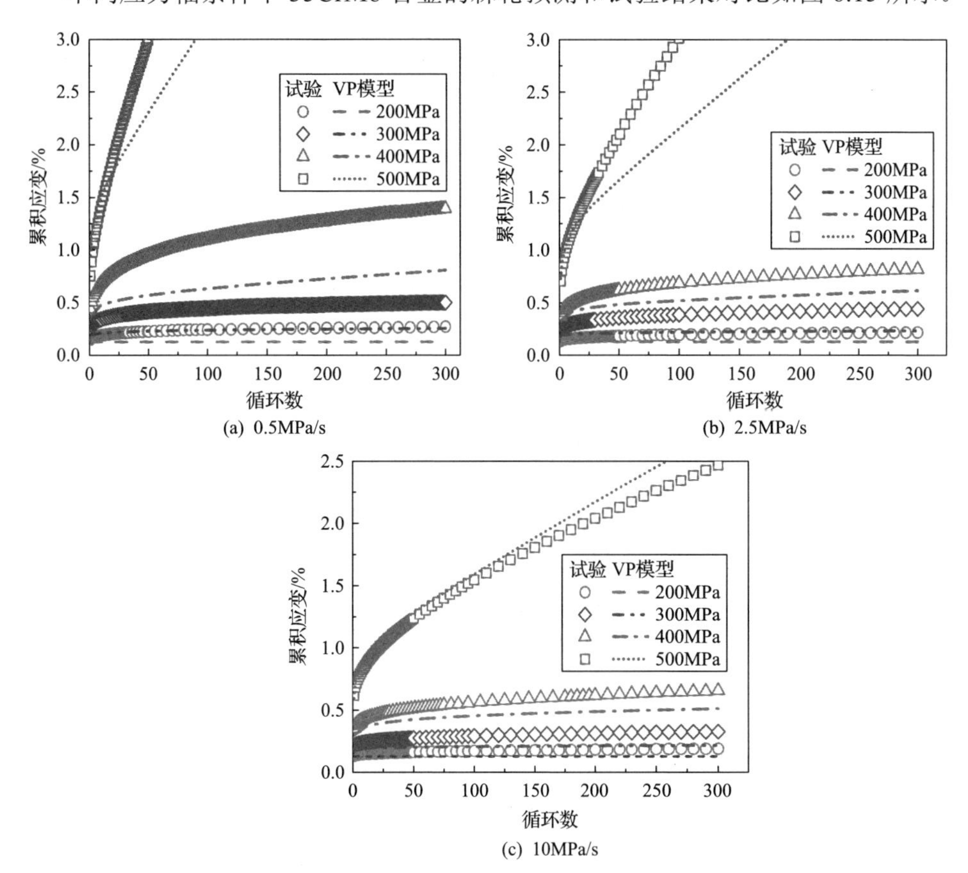

图 6.15　不同应力幅条件下 35CrMo 钢棘轮预测值和试验结果对比

结果表明，当应力幅小于 500MPa 时，VP 模型低估了棘轮变形，特别是当应力幅小于 300MPa 时，模型已经不能预测出棘轮变形。这是由于所有的材料参数都是基于 σ_a=500MPa 时的应力-应变曲线获得。这表明预测模型考虑了应力率影响，但未考虑应力幅效应。此外，从图 6.10(a)～(c)可以清楚地观察到，黏性应力总是随应力幅减小而减小。因此，应在 VP 模型中考虑应力幅效应，以获得更高的预测精度。

6.2.3　修正的黏塑性本构模型

上述的黏塑性常数 K 和 n 是基于 σ_a=500MPa 和不同应力率下的单轴拉伸曲线。为了提高不同应力水平下 35CrMo 合金的棘轮预测精度，应进一步考虑应力幅对黏塑性的影响，并用材料参数 K 和 n 进行表征。根据 35CrMo 合金的应力-应变试验结果，应力幅对参数 n 影响很小，但参数 K 几乎随应力幅线性变化，可以描述为[282]

$$K = A\sigma_a - B \tag{6.24}$$

将式(6.24)代入式(6.14)，于是有

$$\dot{\boldsymbol{\varepsilon}}^{\text{In}} = \sqrt{\frac{3}{2}}\left\langle \frac{F_y(\boldsymbol{\sigma}' - \boldsymbol{\alpha}')}{A\sigma_a - B} \right\rangle^n \frac{\boldsymbol{\sigma}' - \boldsymbol{\alpha}'}{\|\boldsymbol{\sigma}' - \boldsymbol{\alpha}'\|} \tag{6.25}$$

式中，A 和 B 均为与材料有关的常数，可以通过拟合相同应力率和不同应力幅下的棘轮数据获得。基于应力率 0.5MPa/s 和不同应力幅的试验数据，可以得到与 35CrMo 合金有关的常数 A=1 和 B=38MPa。

根据修正的 VP 模型，将各试验条件下的棘轮变形预测值与试验结果进行对比，如图 6.16 所示。结果表明，改进的 VP 模型可以很好地模拟各种载荷率和应力水平下的累积应变。需要注意，应力幅为 500MPa 时，0.5MPa/s 和 2.5MPa/s 低应力率的棘轮变形预测值与试验结果偏差较大，这是因为在 500℃时的低应力率和高应力幅下，每个循环周期产生了较大的蠕变变形。从图 6.10 所示的应力-应变

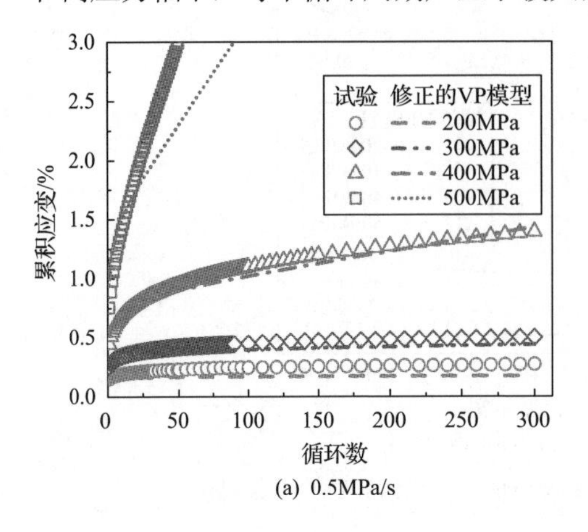

(a) 0.5MPa/s

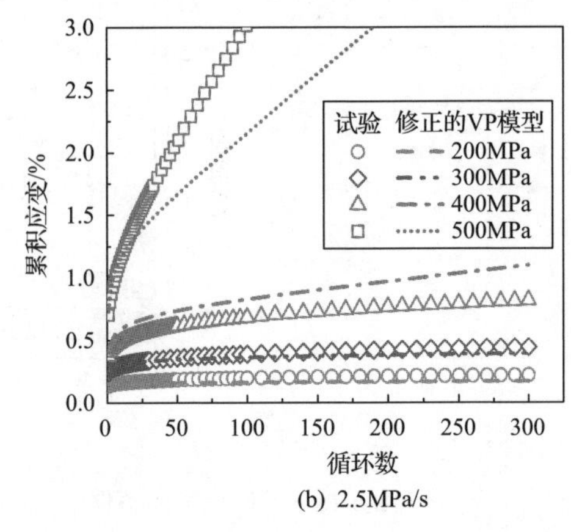

(b) 2.5MPa/s

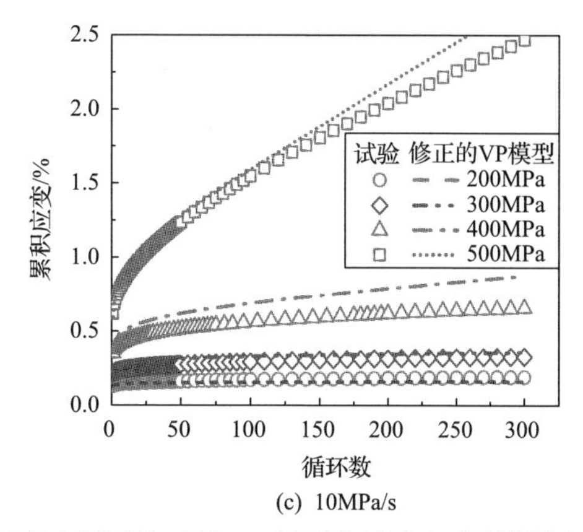

(c) 10MPa/s

图 6.16　不同应力幅下修正的 VP 模型的棘轮变形预测值与试验数据对比

曲线也可以观察到这种现象。为了描述修正的 VP 模型的优点，图 6.17 中比较了相同应力幅 300MPa 和不同应力率条件下 VP 模型和修正的 VP 模型的棘轮变形预测值与试验数据。结果表明，VP 模型明显低估了各循环载荷下的棘轮变形，但修正的 VP 模型可以准确地预测各种工况下的棘轮变形。

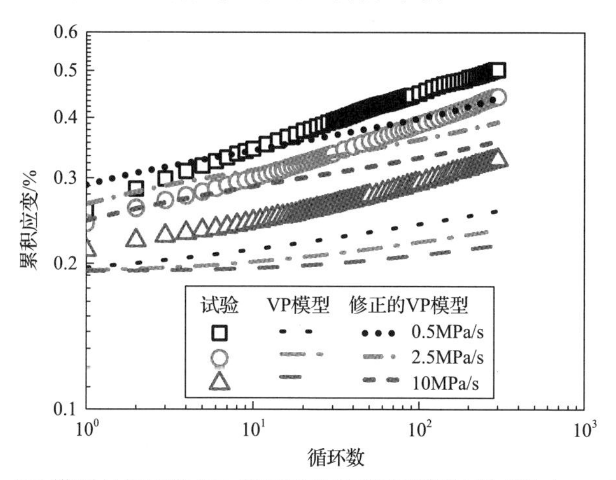

图 6.17　VP 模型与修正的 VP 模型棘轮变形的预测结果对比（σ_a =300MPa）

为验证上述修正的 VP 模型是否能准确预测每个循环的棘轮应变率，图 6.18 给出了几个典型加载工况下棘轮应变率与试验结果的对比。结果表明，修正的 VP 模型可以很好地预测每个循环的棘轮应变率，即使是所产生的棘轮应变率很小的情况。修正的 VP 模型既可以预测各种加载条件下的棘轮应变率，也可用于评估材料的棘轮极限载荷。值得注意的是，基于试验数据可知，高温条件下 35CrMo 合金的棘轮极限载荷与载荷率和应力水平相关。应力幅 200MPa、300MPa、400MPa、500MPa 和应力率 0.5MPa/s、2.5MPa/s、10MPa/s 条件下预测的棘轮应变率和试验测试的稳定棘轮率对比如图 6.19 所示。结果表明，尽管不同加载条件下试验与预测的棘轮应变率存在一定的差异，但修正的 VP 模型预测的棘轮极限和试验数据评估的棘轮极限吻合良好。因此，综合考虑应力幅和应力率的影响，修正的 VP 模型对预测 35CrMo 合金的棘轮变形和评估棘轮极限具有较高的精度。

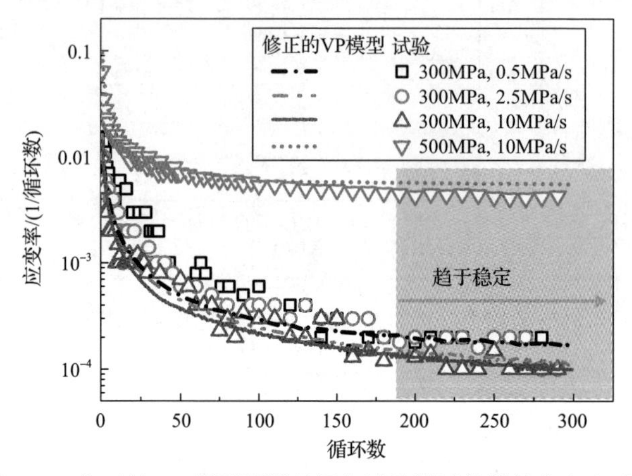

图 6.18　修正的 VP 模型预测结果与试验测试的棘轮应变率对比

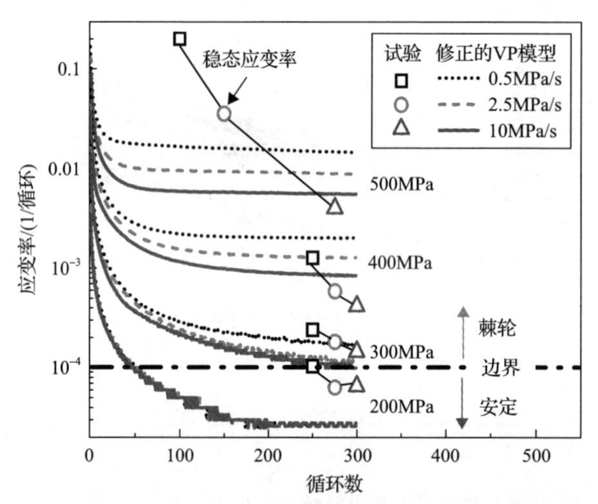

图 6.19　修正的 VP 模型的棘轮应变率预测结果与试验值对比

尽管在应力幅为 500MPa 时，预测数据和试验值在初始的数个循环中可吻合良好，但是由于低应力率下会产生更大的蠕变变形，如 $\dot{\sigma} \leqslant 2.5$MPa 条件下在 25 个循环之后仍然观察到较大的差异。通常，在高温循环加载下随着应力率的减小蠕变应变增大，并且低周疲劳寿命相应减小。根据试验数据，当应力幅为 500MPa 时，35CrMo 的低周疲劳寿命与应力率之间的关系如图 6.20 所示。结果表明，在对数坐标中随着应力率的增加，低周疲劳寿命几乎呈线性趋势上升。具体地，当 $\dot{\sigma} = 2.5$MPa/s 时，低周疲劳寿命大约为 250 个循环。然而，当 $\dot{\sigma} = 40$MPa/s 时低周疲劳寿命增大至 5008 个循环。

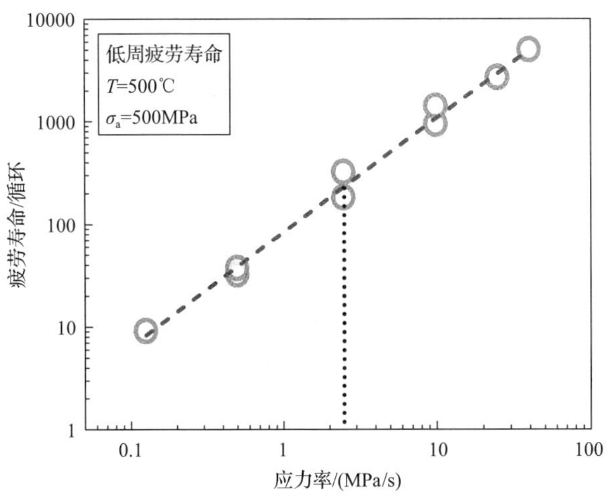

图 6.20　应力幅 500MPa 下 35CrMo 的低周疲劳寿命与应力率关系

6.3　循环压缩条件下密封垫片的棘轮变形与安定性分析

6.3.1　垫片循环压缩试验装置设计

采用长春机械科学研究院有限公司生产的 RPL50 型蠕变疲劳试验机进行试验。试验机采用德国 DOLI 公司生产的力-位移控制系统，从而实现力和位移的循环加载。该试验机如图 6.21 所示，且其主要性能参数如表 6.4 所示。

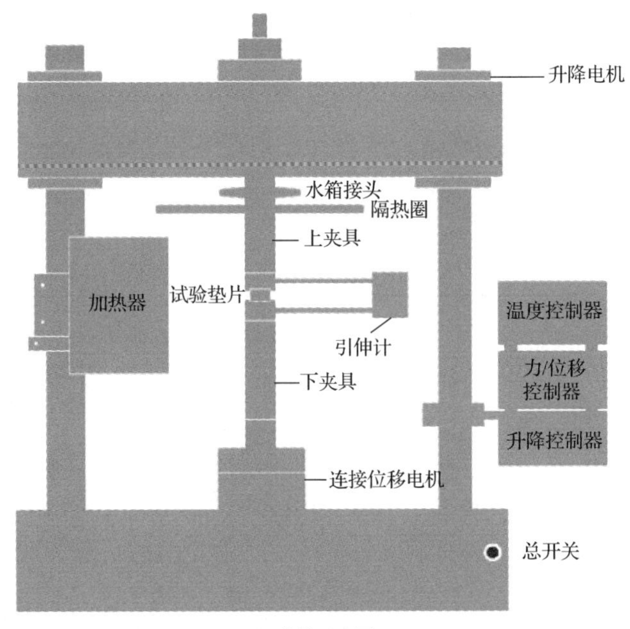

(a) 结构示意图

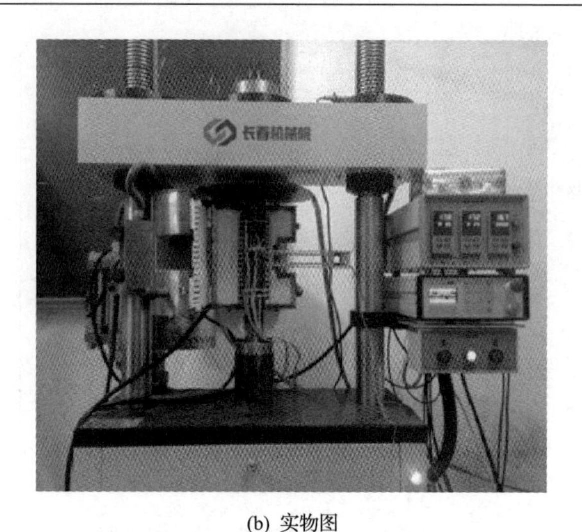

(b) 实物图

图 6.21 垫片循环压缩性能测试装置

表 6.4 试验机主要性能参数

参数	数值
主机功率/W	≤600
高温炉功率/kW	≤6
最大试验力/kN	动态±50
试验力误差	±0.5%示值
变形测量误差	±0.5%FS
试验温度范围	室温至 1000℃
温度精度/℃	0.2%FS±0.1
温度控制波动度/℃	≤±2
垂直轴拉杆速度/(mm/min)	0.01～50
垂直轴最大行程/mm	180
试验频率/Hz	<0.5

试验装置的控制部分主要由三个控制器组成，分别为温度控制器、力/位移控制器和升降控制器。下面具体介绍它们的功能。

(1)温度控制器。温度控制器采用电阻加热器，将三个热电偶分别捆绑至试验试件相应的上、中、下三个位置进行温度监测与控制。由于试验系统是垂直分布的，试件沿高度方向存在温度差。消除温度差的方式主要有如下两种：①通过温度控制器调节电阻丝加热功率，上、中、下三段热电阻的功率分别为 P_1、P_2、P_3，可设置 $P_1<P_2<P_3$；②设置多个阶段性目标温度，温度首先达到目标值的位置热电偶功率自动变化，使该段温度稳定在目标值附近。当试验试件上、中、下三个

位置的温度差在±2℃范围时，向下一个目标温度值跳转，继续加温过程。当三个位置的温度值达到最后温度目标值时，继续保温 30min，以保证试验试件的温度均匀分布。

(2) 力/位移控制器。力/位移控制器控制位移电机的运动，位移电机与下夹具相连，控制器通过控制下夹具的位移来施加载荷，可显示电机的位移量；同时，力/位移控制器也是引伸计的数据显示器，可显示引伸计的变形；力/位移控制器可对载荷、电机位移量和引伸计变形量进行清零，以校准上述变量的初始值。需要注意的是，清零操作仅将上述变量的数值归零，并不改变系统的真实受力情况。

(3) 升降控制器。升降控制器用于试验机顶部控制升降电机的运动，用于调节上夹具的位置。升降电机安装在试验装置上端的试验台架上，试验台架用于固定上夹具，其左、右有两处特殊的螺纹结构，与试验装置中左、右两根螺柱连接，升降电机通过控制试验台架的螺纹结构转动，来实现试验台架的上下运动。

在实际运行过程中，密封垫片总是承受压缩载荷。为便于密封垫片的循环压缩性能测试，这里设计了一种专用的垫片试样夹具，如图 6.22 所示[283-285]。其中，上压杆、上夹具、球形位移调节器、下夹具、下压杆为镍基高温合金材料 K465，该合金具有优良的抗蠕变和疲劳性能，最高工作温度可达 950℃。需要注意的是，为消除垫片受力不均匀的影响，进行垫片表面打磨，提高其平整度。球形位移调节器和下夹具组合，可补偿垫片表面的微小偏差，提高垫片受压的均匀性。

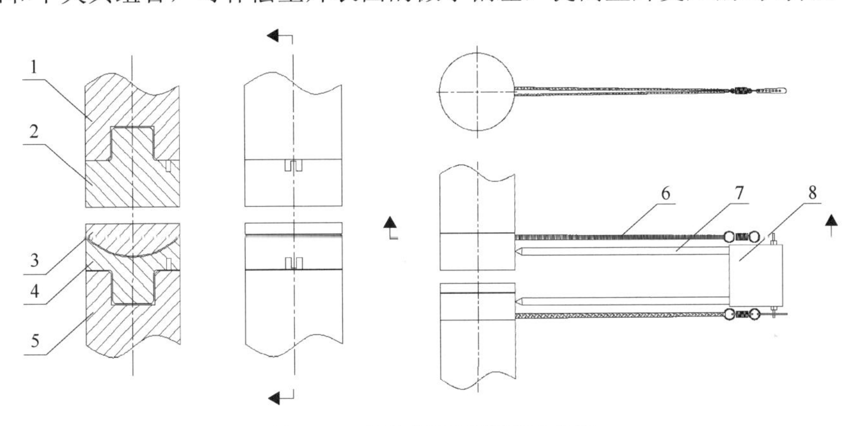

图 6.22　垫片循环压缩测试系统

1 为上压杆；2 为上夹具；3 为球形位移调节器；4 为下夹具；5 为下压杆；6 为耐高温固定绳；7 为陶瓷杆；8 为位移采集器

6.3.2　聚四氟乙烯垫片的循环压缩棘轮变形分析

1. 小振幅下聚四氟乙烯垫片的棘轮变形分析

螺栓法兰系统可能承受因温度、压力波动或流体诱导振动等引起的波动载荷。

大多数情况下，密封垫片承受小振幅的波动载荷。目前，垫片在小振幅循环载荷作用下的变形行为尚缺乏研究。这里以聚四氟乙烯(PTFE)垫片为例，研究小振幅压缩载荷下垫片的棘轮与安定行为。试验所用的 PTFE 垫片从宁波易天地信远密封有限公司采购。为保证 PTFE 垫片的厚度均匀，用砂纸将垫片的表面进行打磨，试验所用垫片的最大厚度差为 0.03mm，如表 6.5 所示。试验加载过程分为加载和卸载两个阶段，根据标准《管法兰用垫片压缩率及回弹率试验方法：GB/T 12622—2008》，高分子材料的加/卸载速率均为 0.2MPa/s。考虑到小应力幅效应，应力比设定为 0.90，如表 6.6 所示。

表 6.5　PTFE 垫片试样尺寸

温度	参数	试验前/mm	试验后/mm
室温(RT)	外径	45.69	45.5
	内径	17.93	17.9
	厚度	2.88	—
100℃	外径	45.63	45.58
	内径	17.84	17.66
	厚度	2.99	—
150℃	外径	45.65	46.44
	内径	17.93	17.51
	厚度	3.02	—
200℃	外径	45.64	48.41
	内径	17.89	17.67
	厚度	3.02	—

表 6.6　PTFE 垫片的试验参数 1

试验参数	数值
升温过程中施加载荷/N	10
最大垫片加载应力/MPa	6.8
最小垫片加载应力/MPa	6.12
加/卸载速率/(MPa/s)	0.2
加/卸载保载时间/min	0
试验温度 T	室温(RT)，100℃，150℃，200℃

为便于描述，下面统一将试验采集的载荷和变形乘以–1。为抵消初始压紧间隙的影响，这里将 0.5kN 作为载荷的起始点。不同温度下 PTFE 垫片的应力-应变曲线如图 6.23 所示。所有试验均进行 400 次循环测试，以确保棘轮应变趋于稳定。这里，棘轮应变定义为每次循环产生的最大轴向压缩应变。不同温度条件下，PTFE 垫片的压缩棘轮应变如图 6.24 所示。结果表明，即使加载小应力幅循环载荷，垫片也产生了明显的棘轮变形。在室温(RT)下，200 次循环后对应的棘轮应变仅为 2.9%，而在 100℃、150℃和 200℃时对应的棘轮应变分别达到 6.9%、9.7%和 15.6%。这表明 PTFE 材料的单轴棘轮应变对温度十分敏感，即 100℃、150℃和 200℃时稳定阶段的棘轮应变分别是室温下的近 2 倍、3 倍和 5 倍。在室温下，第一次循环后只产生了少量的塑性应变，而随温度的升高，PTFE 垫片的塑性应变迅速增大。因此，高温条件下，尤其是高于 100℃时，使用 PTFE 垫片时应考虑其压缩棘轮行为。

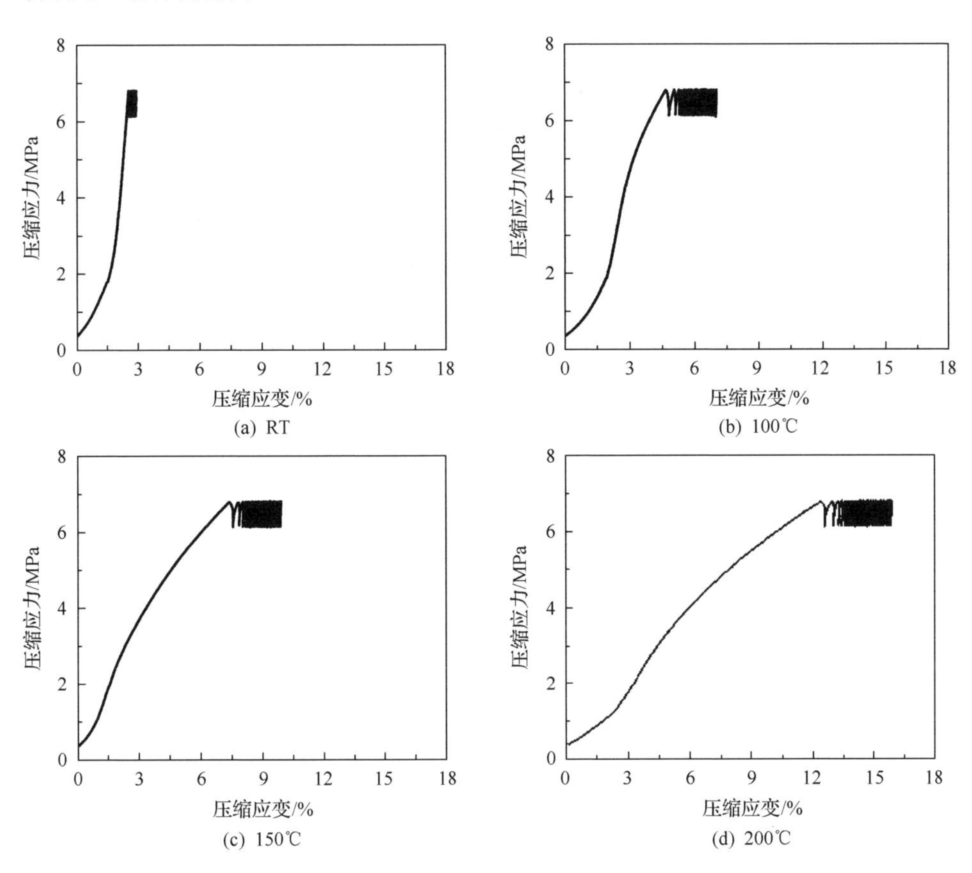

图 6.23　不同温度条件下 PTFE 垫片的应力-应变曲线

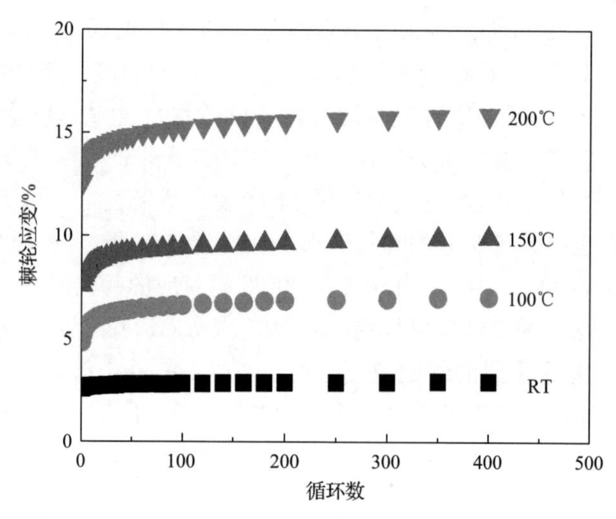

图 6.24　不同温度条件下 PTFE 垫片的压缩棘轮行为

由图 6.24 可知，棘轮演化可分为两个阶段：初始阶段和稳定阶段。在初始的前 100 次循环中，积累的棘轮应变快速提高，随后达到稳定阶段，棘轮率几乎保持不变。为了研究棘轮演化的两个阶段，图 6.25 和图 6.26 分别以棘轮率和应变范围作为循环次数的函数。结果表明，前 20 次循环的棘轮率和应变范围迅速下降，随后达到稳定阶段。值得注意的是，稳定的棘轮效应和应变范围比初始阶段的小很多。因此，可用初始阶段产生的棘轮应变作为判定依据，分析高温和小应力幅下 PTFE 垫片棘轮变形对密封性能的影响。

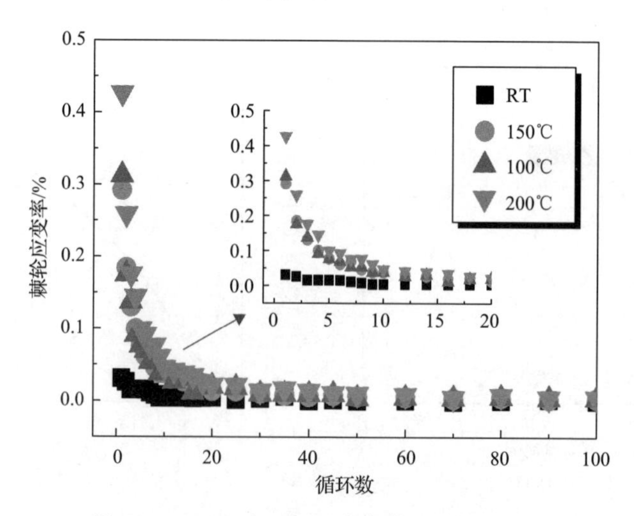

图 6.25　PTFE 在不同温度条件下的棘轮速率

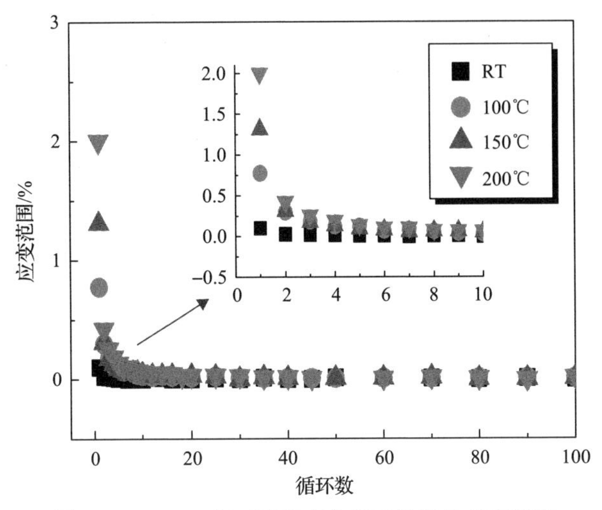

图 6.26　PTFE 在不同温度条件下的棘轮应变范围

当存在峰值保持的压缩蠕变-疲劳载荷时，每次循环载荷分为加载阶段、保持阶段和卸载阶段，如图 6.27 所示。保持时间分别为 0.5min、1min 和 5min，应力比设定为 0.90，其他试验参数详见表 6.7。

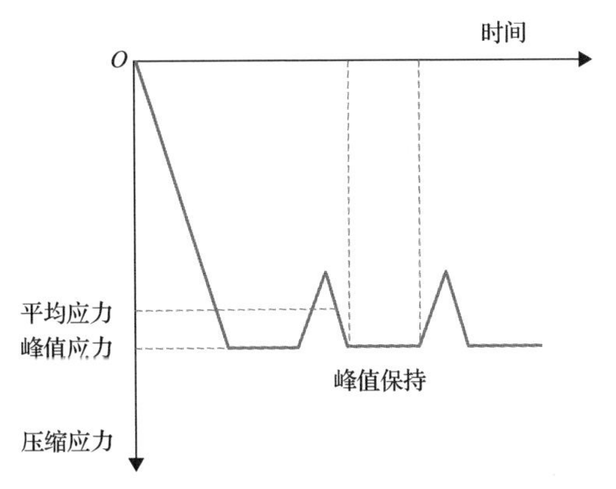

图 6.27　PTFE 垫片的压缩蠕变-疲劳载荷路径

表 6.7　PTFE 垫片的试验参数 2

试验参数	数值
升温过程中施加载荷/N	10
最大垫片应力/MPa	6.8
最小垫片应力/MPa	6.12
应力率/(MPa/s)	0.2
峰值保持时间/min	0.5，1，5
试验温度 T/℃	RT，100，150，200

考虑到峰值保持时间对 PTFE 垫片棘轮变形影响显著，这里讨论了峰值保载条件下 PTFE 垫片的棘轮行为，垫片的主要尺寸如表 6.8 所示。

表 6.8　PTFE 垫片的主要尺寸(应力–6.46MPa±0.34MPa)

温度	保持时间/min	参数	实验前/min	实验后/min
RT	0.5	外径	45.5	45.7
		内径	17.72	17.76
		厚度	3.02	2.98
	1	外径	45.52	45.73
		内径	18.22	18.33
		厚度	2.98	2.9
100℃	0.5	外径	45.52	46.38
		内径	18.22	17.72
		厚度	3	2.87
	1	外径	45.35	46.11
		内径	18.09	17.92
		厚度	2.95	2.86
150℃	0.5	外径	45.51	47.32
		内径	18.22	17.53
		厚度	2.93	2.62
	1	外径	45.47	45.37
		内径	18.11	17.25
		厚度	3.02	2.7
200℃	0.5	外径	45.49	49.64
		内径	18.17	16.72
		厚度	3.03	2.41
	1	外径	45.61	49.7
		内径	18.13	16.69
		厚度	3.05	2.13

PTFE 垫片在相同峰值保持时间 1min 和不同温度下的循环应力-应变曲线如图 6.28 所示。结果表明，峰值保持时间和温度对应力应变影响显著，这说明 PTFE 垫片的蠕变棘轮行为具有明显的温度和时间相关性。虽然峰值保持时间较短，在不同温度下前 3 次循环至 5 次循环即可产生显著的蠕变变形，但在随后的循环中蠕变应变较小。此外，棘轮变形随循环数的增加而增加，即使没有峰值保持，由

于应力滞回曲线的微小开口行为，其应力-应变曲线仍会沿右手方向移动。虽然在随后的循环中仍会产生微小的蠕变变形，而滞回曲线的微小开口产生了棘轮效应，且由于 PTFE 材料的压缩硬化行为，每次循环的应变增量随循环数的增加而减小。

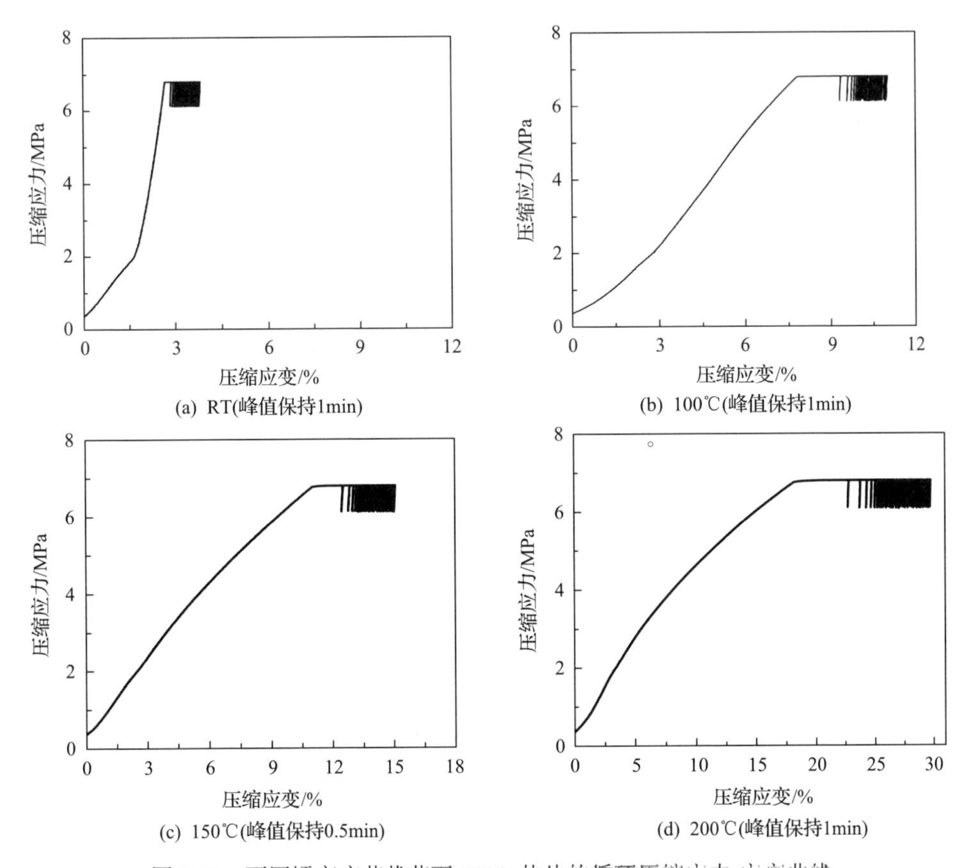

图 6.28 不同蠕变疲劳载荷下 PTFE 垫片的循环压缩应力-应变曲线

压缩蠕变棘轮试验的平均应力均为 6.46MPa，应力幅均为 0.34MPa，应力速率均为 0.2MPa/s，但温度(RT、100℃、150℃和 200℃)和峰值保持时间(0min、0.5min 和 1min)不同。所有测试均进行 400 次循环，以保证累积蠕变棘轮应变趋于稳定。为获得累积蠕变棘轮变形，在不同温度和相同峰值保持时间下进行试验，每次循环产生的最大压缩应变如图 6.29 所示。由图 6.29 可知，即使加载应力幅小且峰值保持时间短，仍产生了显著的蠕变棘轮变形。此外，100 次循环后累积的蠕变棘轮变形均趋于稳定。在室温下，当峰值保持时间分别为 0min、0.5min 和 1min 时，400 次循环后对应的累积蠕变棘轮应变分别为 2.9%、3.6%和 3.8%；当温度增加至 100℃时，对应的累积蠕变棘轮应变分别达到 7%、9.7%和 11%；150℃时对应的累积蠕变棘轮应变分别达到 9.9%、15.1%和 16.8%；200℃时对应的累积蠕变棘轮应变分别达到 15.9%、28.4%和 29.8%。这表明累积应变对温度和保载时间十分敏感。

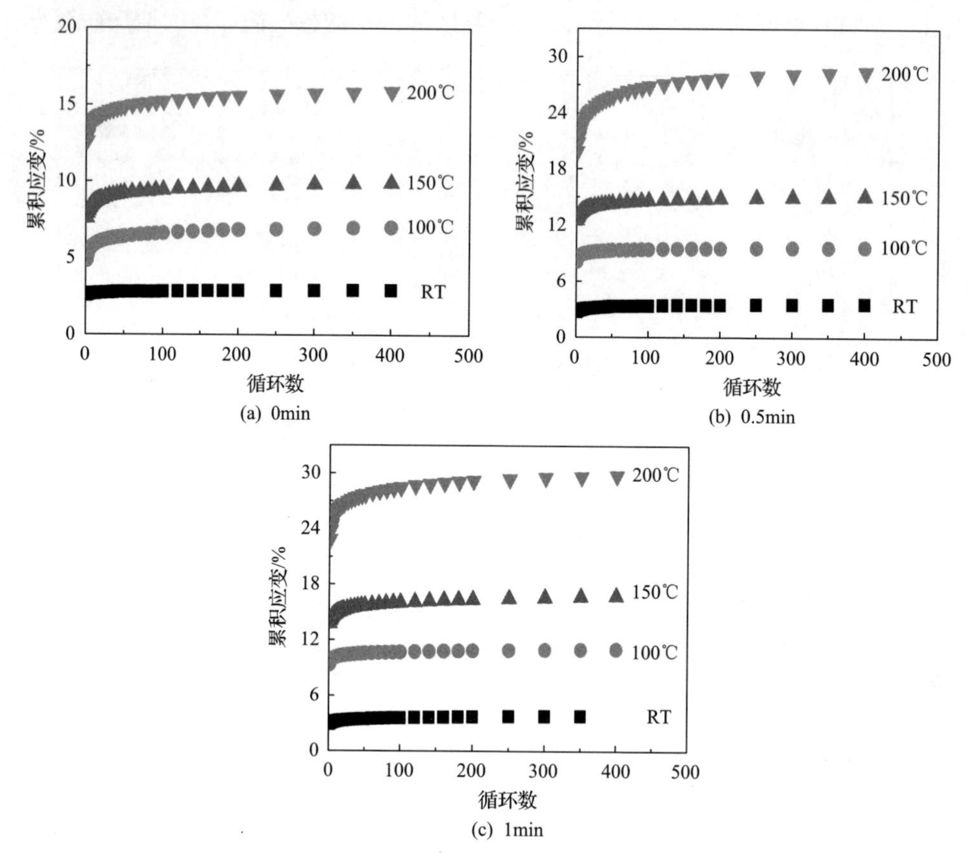

图 6.29 不同温度和相同保温时间下 PTFE 垫片的累积应变

在相同温度和不同峰值保持下每次循环的最大应变如图 6.30 所示。结果表明，400 次循环后峰值保持时间 0.5min 与 1min 的累积蠕变棘轮应变比较接近，但显著大于峰值保持 0min 时累积的应变。这表明小幅波动载荷下，PTFE 垫片的累积变形需考虑峰值保持时间，即使保持时间很短，如 0.5min 或 1min。

在不同温度和峰值保持时间下，前 100 次循环累积蠕变棘轮变形明显增加，随后每次循环的应变率几乎不变，达到稳定阶段。为讨论蠕变棘轮变形的两阶段，提取不同蠕变疲劳条件下循环数-应变率曲线，如图 6.31 所示。前 20 次循环时，应变率迅速减小，随后每次循环达到稳定的应变率。这是由于在蠕变疲劳试样上施加了小应力幅，峰值保持产生的蠕变应变明显大于棘轮应变。在不同条件下，在稳态阶段的蠕变棘轮率都显著小于初始阶段的值。因此，在小应力幅蠕变疲劳条件下，可用初始阶段产生的累积应变表征变形对 PTFE 垫片密封性能的影响。

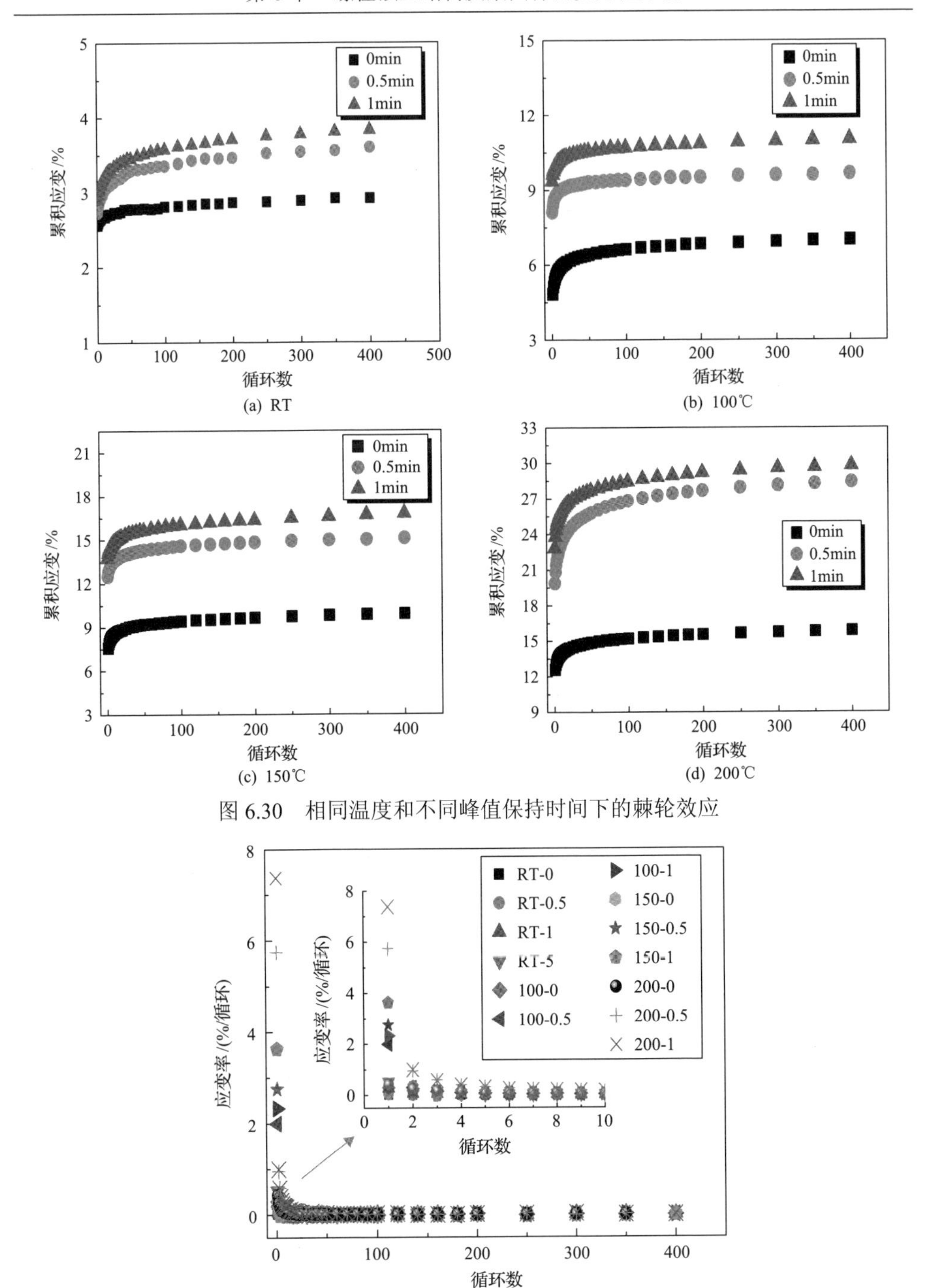

(a) RT　(b) 100℃

(c) 150℃　(d) 200℃

图 6.30　相同温度和不同峰值保持时间下的棘轮效应

图 6.31　不同蠕变疲劳条件下 PTFE 垫片的累积应变率

在相同保持时间下，累积蠕变棘轮与稳态蠕变应变的对比结果，如图 6.32 所示。为考虑应力率对累积变形的影响，进一步分析 100℃和 0.1MPa/s、0.15MPa/s

和 0.2MPa/s 条件下的棘轮变形，如图 6.33 所示。

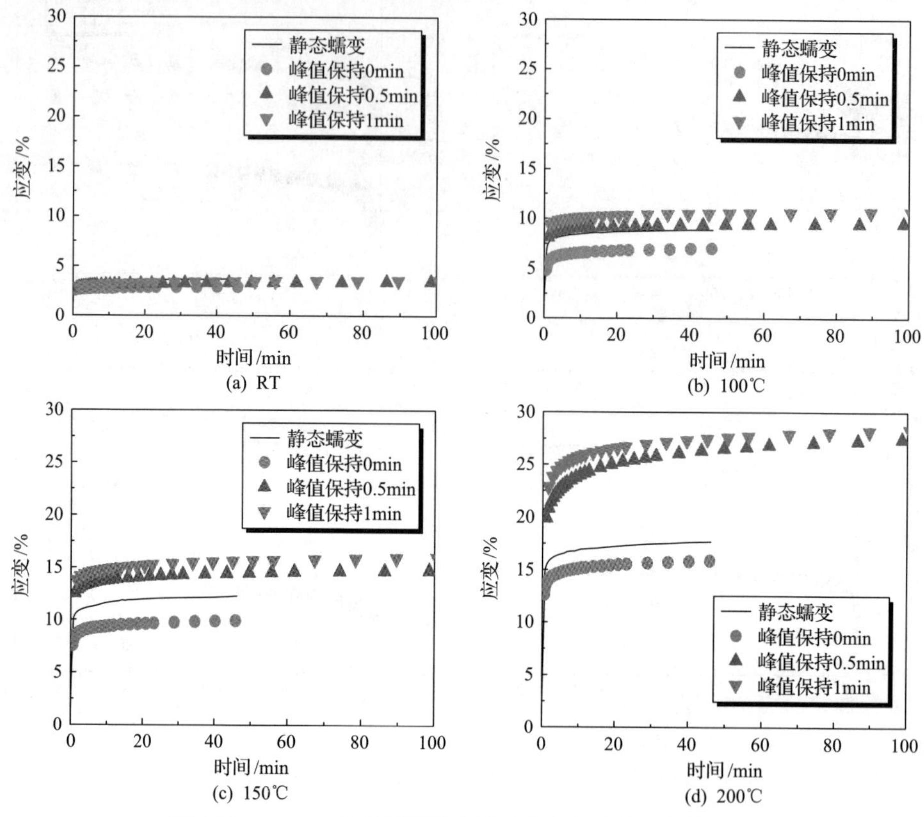

图 6.32　PTFE 垫片累积蠕变棘轮应变与静态蠕变的比较

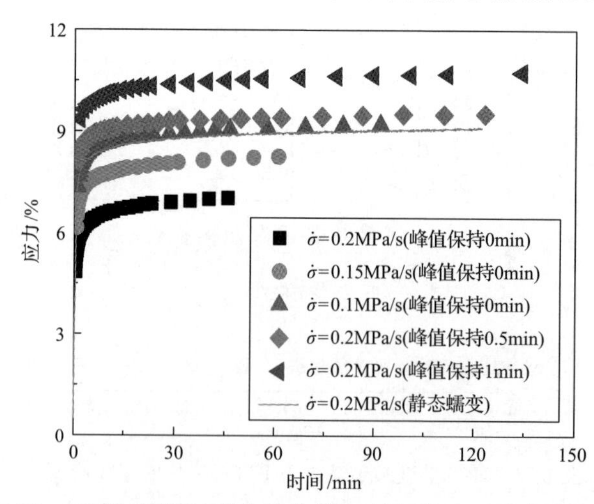

图 6.33　100℃不同应力率与峰值保持时间下 PTFE 垫片累积应变

结果表明，在相同峰值应力为 6.8MPa、温度为 150℃、应力速率分别为

0.2MPa/s 时，保持时间为 1min 和 0.5min 对应的累积变形略大于静态蠕变应变，但在 200℃却明显大于静态蠕变应变。此外，在相同的峰值应力下，应力速率为 0.1MPa/s 和 0.15MPa/s 产生的棘轮变形几乎等于相应的蠕变应变。因此，不同温度和相同的峰值应力下，静态压缩蠕变应变可以较好地估算出峰值保持时间短和小应力幅的条件下 PTFE 垫片的蠕变棘轮应变。

2. PTFE 垫片棘轮变形的率相关性和温度效应

在前面的试验中，研究了不同温度和相同应力比的小振幅下 PTFE 的变形行为。在标准《管法兰用垫片压缩率及回弹率试验方法：GB/T 12622—2008》中，针对常温下不同类型的垫片，试验采用的应力率不同，如 PTFE 包覆垫片和非金属覆盖层的波齿形金属复合垫片的应力率为 0.5MPa/s，橡胶垫片的应力率为 0.1MPa/s，膨体 PTFE 垫片的应力率为 0.2MPa/s，可以看出应力率对垫片性能有一定的影响。本节将研究循环压缩载荷下应力率对 PTFE 垫片的影响。试验所用垫片的具体尺寸见表 6.9。

表 6.9　部分 PTFE 垫片的尺寸(载荷为–3.6MPa±3.2MPa)

应力率/(MPa/s)	温度	几何尺寸/mm	
0.1	RT	外径	45.58
		内径	17.78
		厚度	2.72
	100℃	外径	45.67
		内径	18.06
		厚度	3.00
	150℃	外径	45.65
		内径	18.04
		厚度	2.94
	200℃	外径	45.36
		内径	17.96
		厚度	2.95
0.2	RT	外径	45.50
		内径	17.72
		厚度	2.92
	100℃	外径	45.51
		内径	18.3
		厚度	2.95
	150℃	外径	45.58
		内径	17.91
		厚度	2.99
	200℃	外径	45.68
		内径	17.84
		厚度	2.96

载荷每次循环分为两个阶段：加载阶段和卸载阶段。根据标准 GB/T 12622—2008 中规定高分子材料选取应力率均为 0.2MPa/s。应力比设定为 0，其他试验参数详见表 6.10。

表 6.10　PTFE 垫片的试验参数 3

试验参数	数值
升温过程中施加载荷/N	10
最大垫片加载应力/MPa	6.8
最小垫片加载应力/MPa	6.12
应力率/(MPa/s)	0.05，0.1，0.15，0.2
加/卸载保载时间/min	0
试验温度 T/℃	RT，100，150，200

不同温度下 PTFE 垫片的全部和第一次循环的应力-应变曲线分别如图 6.34 和图 6.35 所示。结果表明，在相同应力率下，最大压缩变形随温度升高而增大。在

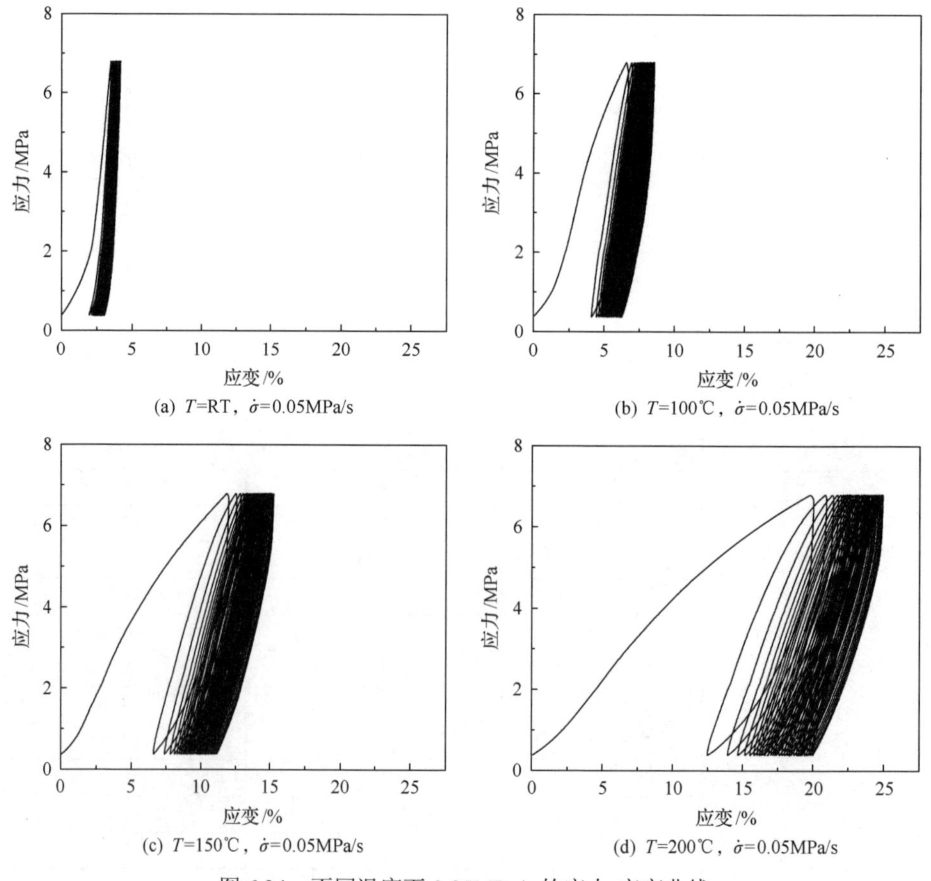

(a) T=RT，$\dot{\sigma}$=0.05MPa/s　(b) T=100℃，$\dot{\sigma}$=0.05MPa/s

(c) T=150℃，$\dot{\sigma}$=0.05MPa/s　(d) T=200℃，$\dot{\sigma}$=0.05MPa/s

图 6.34　不同温度下 0.05MPa/s 的应力-应变曲线

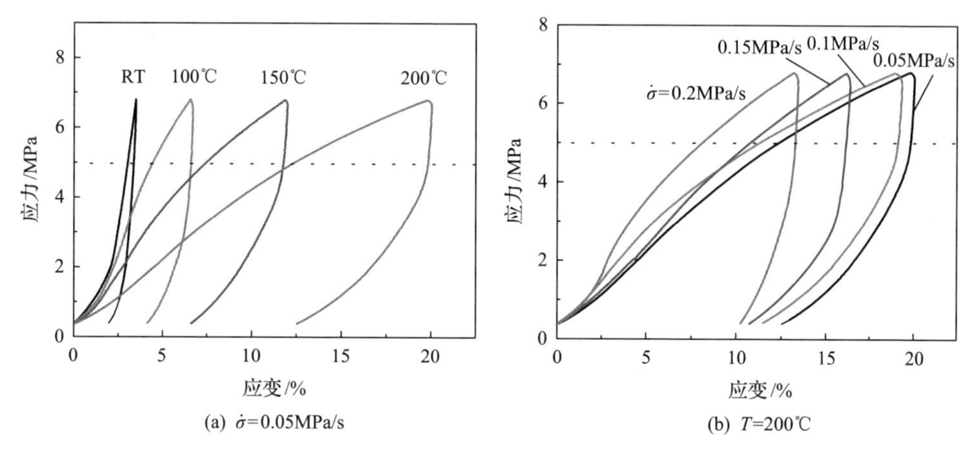

(a) $\dot{\sigma}$=0.05MPa/s　　(b) T=200℃

图 6.35　不同条件下 PTFE 垫片的压缩应力-应变曲线

相同温度下，最大压缩变形随应力率降低而增大。当应力速率等于和小于 0.1MPa/s 时，PTFE 垫片的率相关性较小。

200℃和 0.05MPa/s 下 PTFE 垫片循环应力-应变曲线的第 1 次循环、第 2 次循环、第 25 次循环、第 100 次循环和第 200 次循环，如图 6.36 所示。结果表明，第 25 次循环的最大应变范围的变化很小。这意味着初始循环硬化阶段后压缩应力-应变曲线变得相对稳定。加载与卸载阶段的应力-应变曲线差异很大。各循环的卸载曲线可分为两部分，即初始线性卸载部分和随后的非线性卸载部分，二者没有明显的界线。此外，二者之间的转变点随循环次数增加而发生变化。

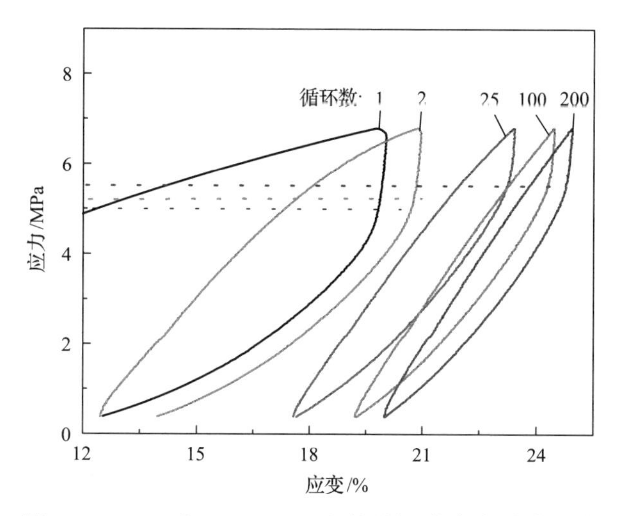

图 6.36　200℃和 0.05MPa/s 下不同循环的应力-应变曲线

PTFE 垫片的累积压缩棘轮应变如图 6.37 所示。为确保进入稳定棘轮变形阶段，每次试验至少进行 200 次循环。结果表明，不同温度和应力率下 PTFE 垫片均表现出明显的棘轮效应。此外，棘轮变形随温度的增加而增加，特别是温度等于或大于 100℃的情况。在相同温度下，应力率为 0.1MPa/s 和 0.05MPa/s 的压缩棘轮变形很接近，但明显比 0.2MPa/s 的压缩棘轮变形大，这表明 PTFE 垫片的棘轮变形表现出显著的率相关性。当应力率不大于 0.1MPa/s 时，应力率对棘轮效应的影响较小。

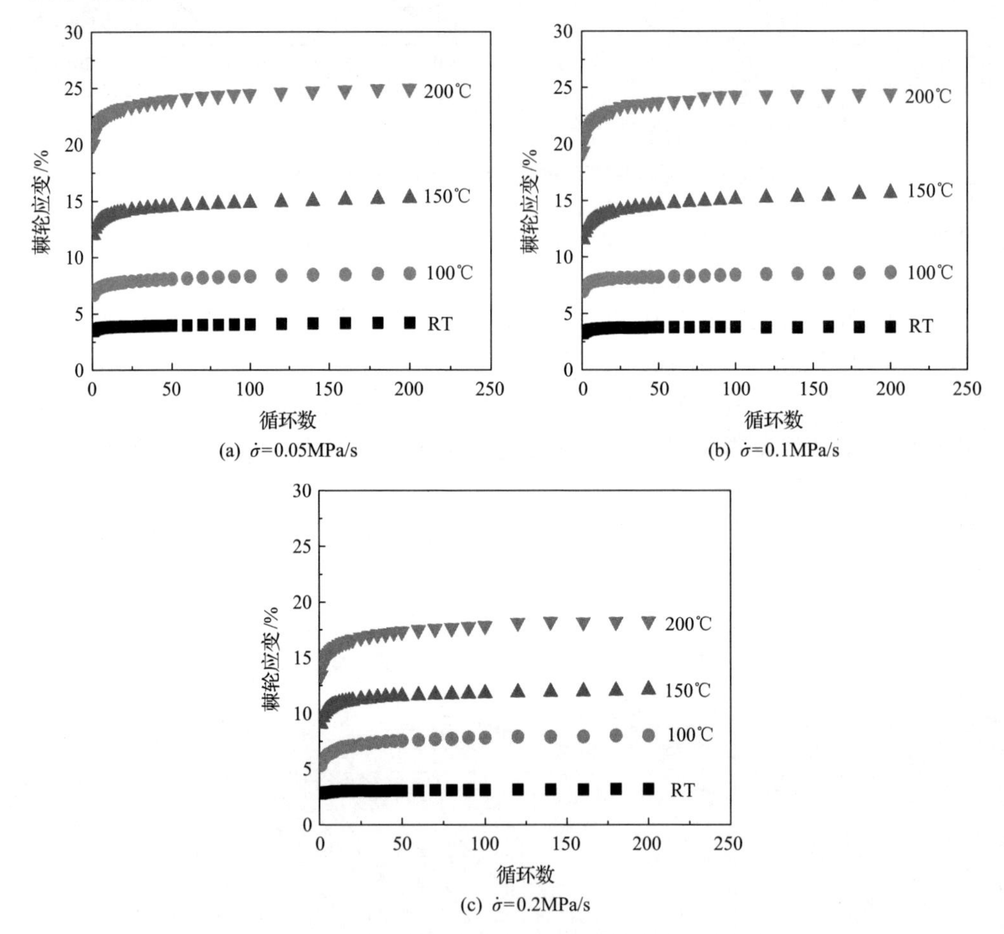

图 6.37　不同温度和相同应力率下 PTFE 垫片的压缩棘轮行为

不同试验条件下棘轮变形如图 6.38 所示。结果表明，当温度不高于 100℃时，应力率对压缩棘轮应变的影响较小，而当温度高于 100℃且应力率大于 0.1MPa/s 时，应力率对棘轮应变的影响显著。此外，在初始的 50 次循环中，压缩棘轮应变迅速增大，并在随后趋于安定。

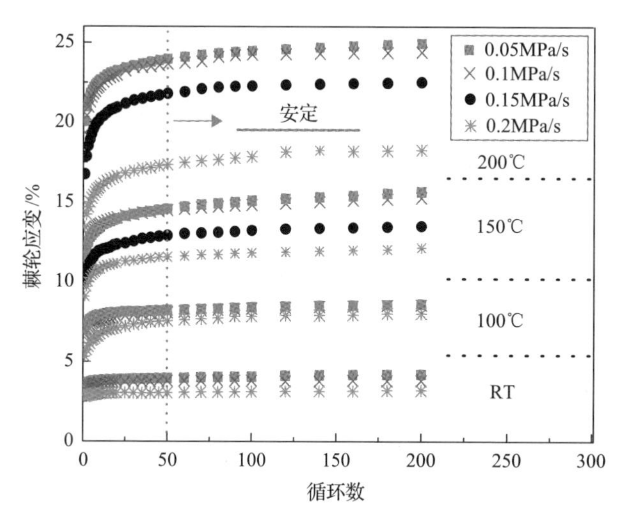

图 6.38　不同温度和应力率下 PTFE 垫片的压缩棘轮行为

为研究应力率对 PTFE 垫片压缩棘轮应变的影响，提取了不同应力率下第 100 次循环的棘轮应变，如图 6.39 所示。结果表明，在室温(RT)下，且应力率分别为 0.05MPa/s、0.1MPa/s 和 0.2MPa/s 时，压缩棘轮应变分别为 4.05%、3.80%和 3.12%；在 100℃下，相应的压缩棘轮应变分别为 8.41%、8.32%和 7.84%；在 150℃下，0.05MPa/s、0.1MPa/s、0.15MPa/s 和 0.2MPa/s 的压缩棘轮应变分别为 15.09%、14.82%、13.22%和 11.81%；在 200℃下，相应的压缩棘轮应变分别为 24.48%、24.25%、22.28%和 17.85%。这表明不同温度下 0.05MPa/s 和 0.1MPa/s 的棘轮应变差异较小。值得注意的是，当应力速率小于 0.1MPa/s 时，不同温度下的棘轮

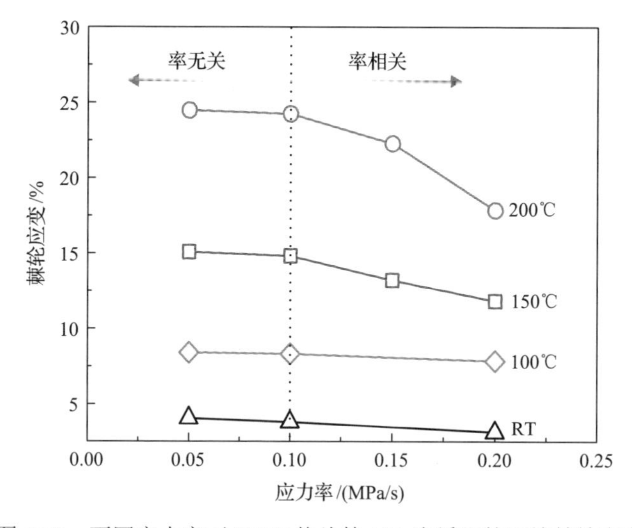

图 6.39　不同应力率下 PTFE 垫片第 100 次循环的压缩棘轮应变

变形均表现出率无相关性。此外，随着温度升高，稳定阶段的棘轮应变显著增加。例如，100℃、150℃、200℃和应力率为 0.1MPa/s 时，第 100 次循环的棘轮应变约分别是室温下的 2 倍、4 倍和 6 倍，这表明温度对单轴棘轮应变影响很大，尤其是温度超过 100℃的情况。

不同温度和应力率下平均应力为 3.6MPa 时的压缩应变范围，如图 6.40 和图 6.41 所示。结果表明，应变范围随温度升高和应力率减小而增加。由图 6.40 和图 6.41 可知，应变范围演变可分为两个阶段。在初始阶段(50 次循环之前)，应变范围迅速减小，在随后的稳定阶段几乎保持不变。这表明循环硬化行为主要发生在初始的 50 次循环内，且该现象与温度和应力率无关。

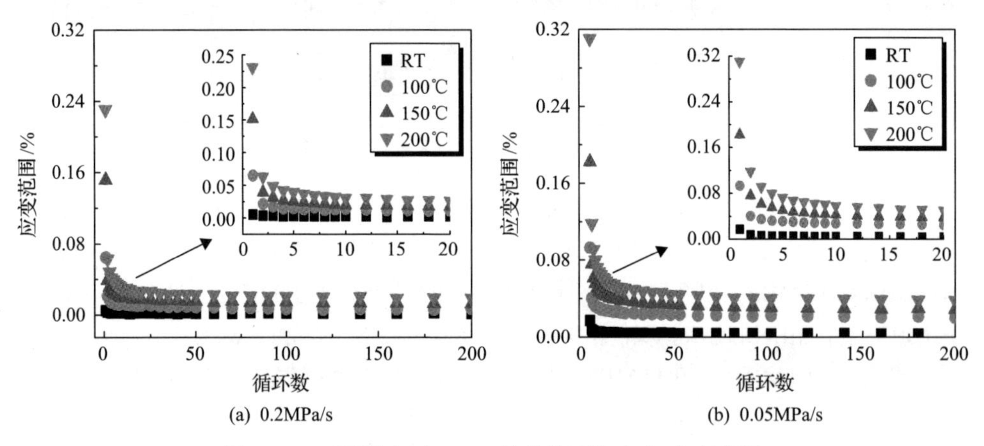

图 6.40　不同温度下 PTFE 垫片的平均应力-应变范围

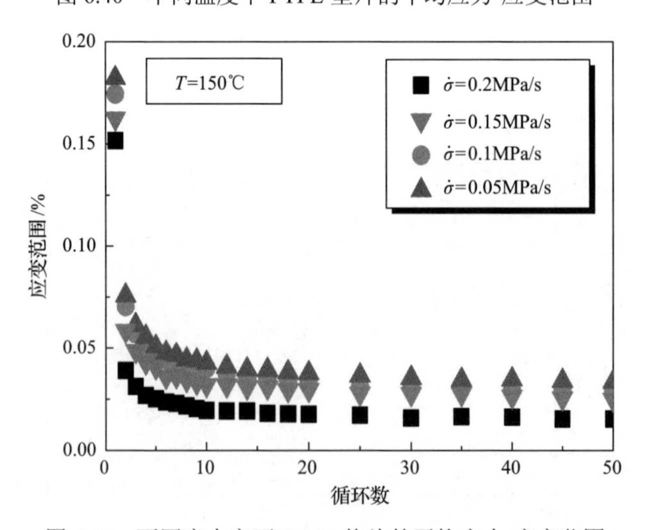

图 6.41　不同应力率下 PTFE 垫片的平均应力-应变范围

类似地，不同温度和应力率下棘轮率的演变也可以分为两个阶段，如图 6.42

所示。在 50 次循环之前，棘轮率随温度增加和应力率减小而显著增加。虽然在前 50 次循环棘轮率差别明显，但随后的循环加载条件下，垫片试样在不同温度和应力率下棘轮率都小于 0.01%，如图 6.43 所示。因此，温度和应力率在初始的 50 次循环内对棘轮率影响很大，而在随后的循环中影响很小。这表明不同温度和应力率下，棘轮变形通常发生在最初的 50 次循环中，但最终都会趋于安定。

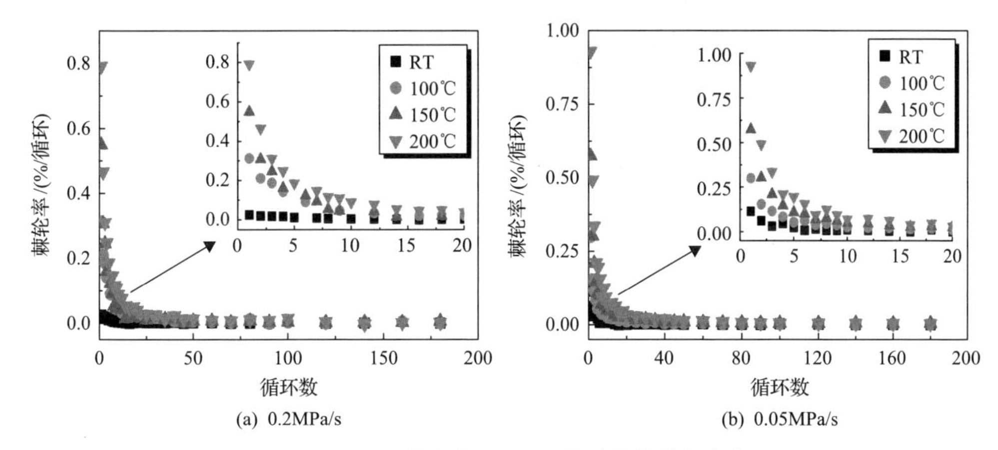

图 6.42　不同应力率下 PTFE 垫片的棘轮应变率

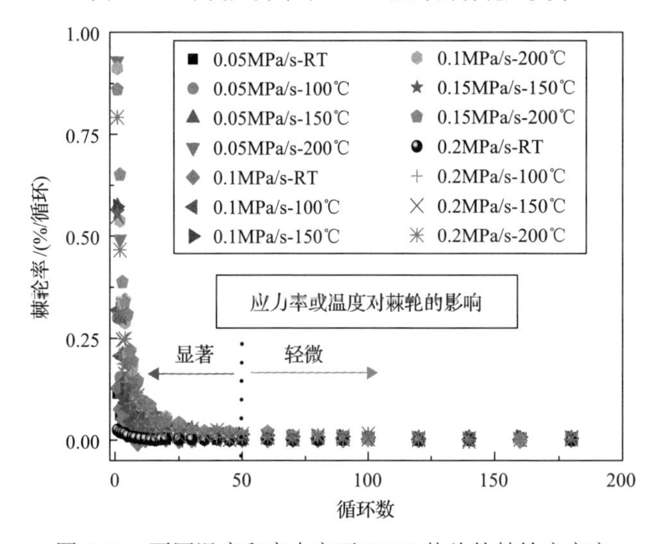

图 6.43　不同温度和应力率下 PTFE 垫片的棘轮应变率

6.3.3　柔性石墨增强垫片的循环压缩棘轮变形

1. 循环单载荷步下石墨增强垫片的压缩棘轮变形

石墨增强垫片(reinforced graphite gasket，RGG)样品呈环形板状，所有测试样品均购自宁波易天地信远密封技术有限公司。试验测试了五种不同类型的试样，如图 6.44 和表 6.11 所示。其中，r_i 和 r_o 分别代表内径和外径，h 为试样厚度[286]。

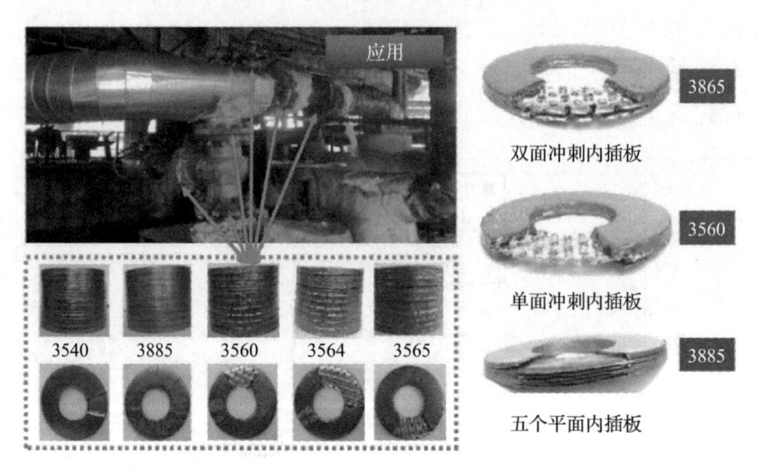

图 6.44　RGG 垫片及应用

表 6.11　RGG 垫片的尺寸

垫片类型	温度/℃	几何尺寸 $(r_i/r_o/h)$/mm
3540	500	21.48/47.03/3.01
	600	21.31/46.99/3.08
3885	500	21.36/46.99/3.05
	600	21.44/46.93/3.07
3564	500	21.40/47.09/3.08
	600	21.47/46.96/3.08
3560	500	21.52/47.10/3.09
	550	21.37/47.08/3.05
	600	21.50/46.94/3.08
3865	500	21.41/47.02/3.13
	550	21.43/47.34/3.11
	600	21.35/47.02/3.15

RGG 由柔性石墨和不锈钢冲刺薄片或平薄片经镶嵌或黏合组成。其中，3564 型垫片内衬一层 304 不锈钢冲刺薄片；3540 型和 3885 型垫片分别内衬一层和五层 316L 不锈钢薄片；3560 型和 3865 型垫片分别内衬一层和两层 316L 不锈钢冲刺薄片。冲刺薄片和平薄片的厚度分别为 0.1mm 和 0.05mm。此外，RGG 垫片中的柔性石墨层横截面的显微观察结果如图 6.45 所示。从图中可以清楚看到石墨层的分层现象，表明其由多层柔性石墨薄膜压制而成，能很好补充不光滑密封面，其主要负责垫片的密封性能。

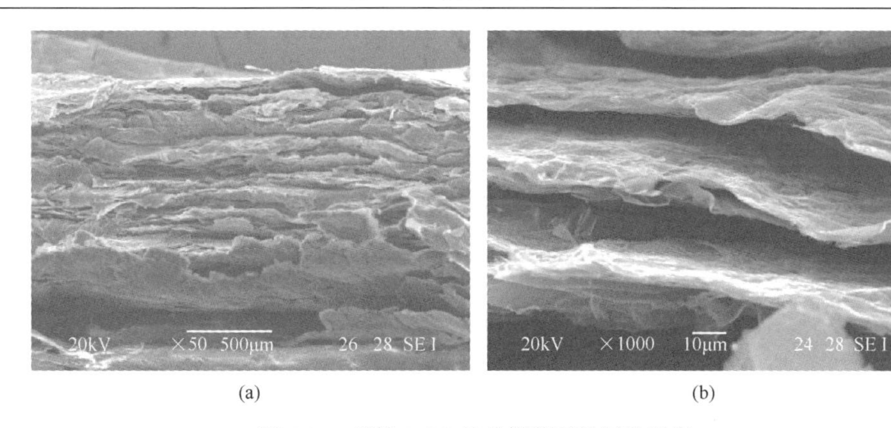

(a)　(b)

图 6.45　柔性 RGG 垫片横截面的显微观察

各种试验参数如表 6.12 所示。循环脉动压缩载荷下，不同 RGG 垫片的压缩应力-应变曲线如图 6.46 所示。图 6.46(a)～(c)给出了 3885 型、3560 型和 3865 型垫片在前 200 次循环的应力-应变曲线。结果表明，三种垫片第一次循环与后续循环中的平均应力-应变曲线明显不同。对于 3885 型垫片，第一次循环的最大压缩率接近 38%，而对于 3560 型垫片和 3865 型垫片，其最大压缩率高达 50%，但在随后的循环中压缩率都变得非常小。

表 6.12　RGG 垫片的试验参数 1

试验参数	数值
升温过程中施加载荷/N	10
最大垫片应力/MPa	32
最小垫片应力/MPa	0
加载速率/(MPa/s)	0.5
试验温度 T/℃	500，550，600

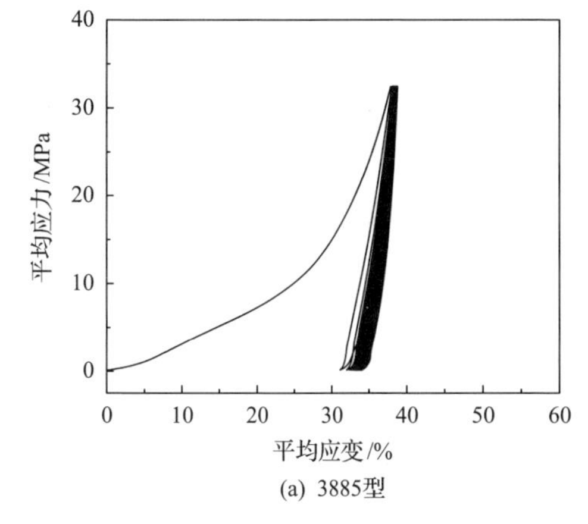

(a) 3885型

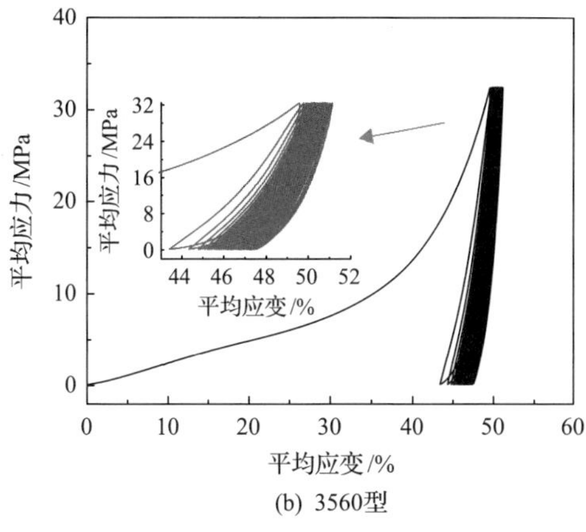

(b) 3560型

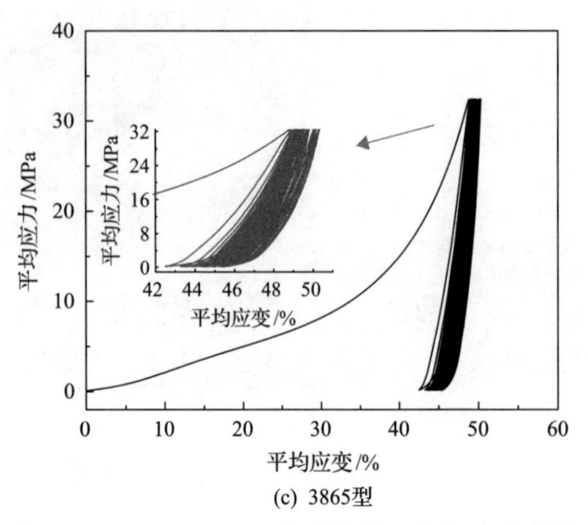

(c) 3865型

图 6.46　500℃下 RGG 垫片的循环应力-应变曲线

值得注意的是，对于 RGG 垫片可观察到月牙形应力-应变关系，与其他金属或非金属材料有着明显不同，如图 6.47 所示。

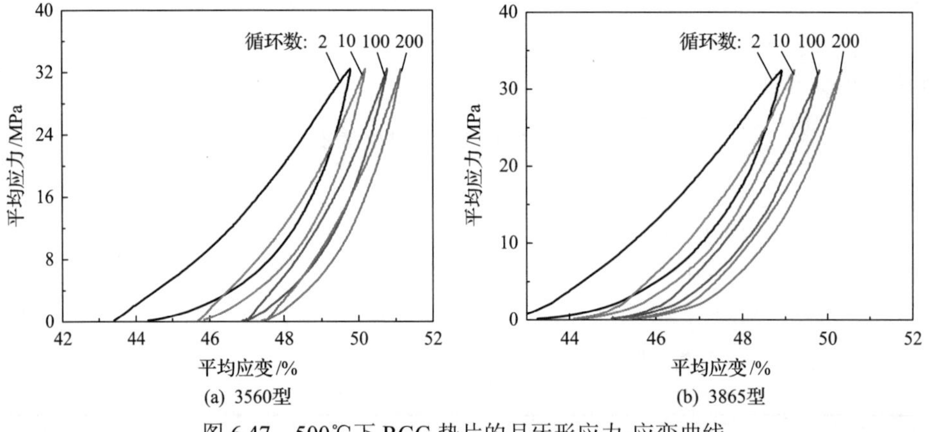

图 6.47　500℃下 RGG 垫片的月牙形应力-应变曲线

根据 RGG 垫片的第一次循环压缩应力-应变曲线，可以计算其压缩模量。压缩模量定义为峰值应力与峰值应变的比值，各类垫片在不同温度下的压缩模量如图 6.48 所示。

值得注意的是，在温度范围为 500～600℃时，插入物为 316L 不锈钢 RGG 垫片(3540 型、3885 型、3560 型和 3865 型)的压缩模量基本保持不变，而插入物为 304 不锈钢 RGG 垫片(3564 型)的压缩模量显著减小，这由 316L 不锈钢和 304 不锈钢在高温时的不同力学性能造成。当温度从 500℃上升至 600℃时，304 不锈钢的弹性模量和屈服应力比 316L 不锈钢下降得更快。另外，在 32MPa 的峰值压应力下，3540 型、3885 型、3560 型和 3865 型 RGG 垫片在 500～600℃的平均压缩模量分别为 64.8MPa、85.6MPa、64MPa 和 65MPa。

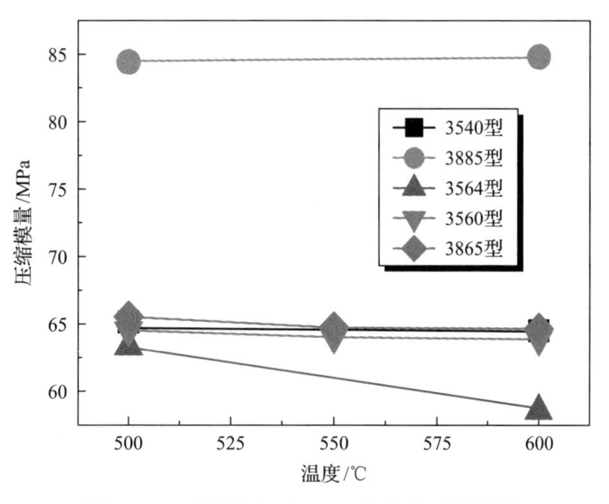

图 6.48　不同温度下 RGG 垫片的压缩模量

循环压缩试验进行了 200 次测试，以确保棘轮应变趋于稳定，图 6.49 给出了 500℃和 600℃下每次循环后的最大轴向压缩应变。结果表明，3885 型垫片的累积压缩应变明显小于其他类型垫片，而其他四种类型的累积压缩变形非常相似，都接近 50%。这是由于 3885 型垫片含五层 316L 平薄片，插入物的厚度较大。

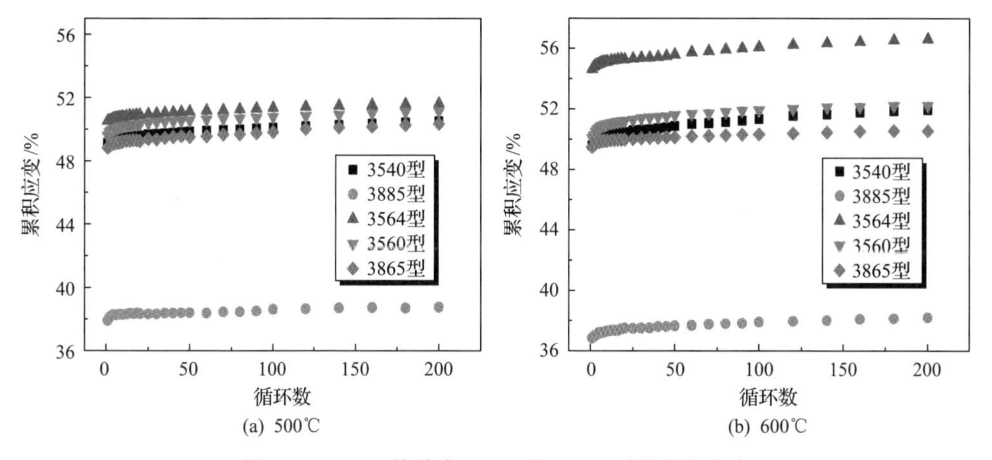

图 6.49　RGG 垫片在 500℃和 600℃时的累积应变

为了讨论温度对垫片累积变形的影响，图 6.50 给出了 500℃、550℃和 600℃三种温度下 3865 型和 3560 型垫片的累积应变。结果表明，温度升高后，随着循环次数的增加，累积变形总是增加的，发生了明显的棘轮变形。但是，当温度从 500℃上升到 600℃时，累积变形变化很小，说明在此温度范围内温度对棘轮效应影响较小。

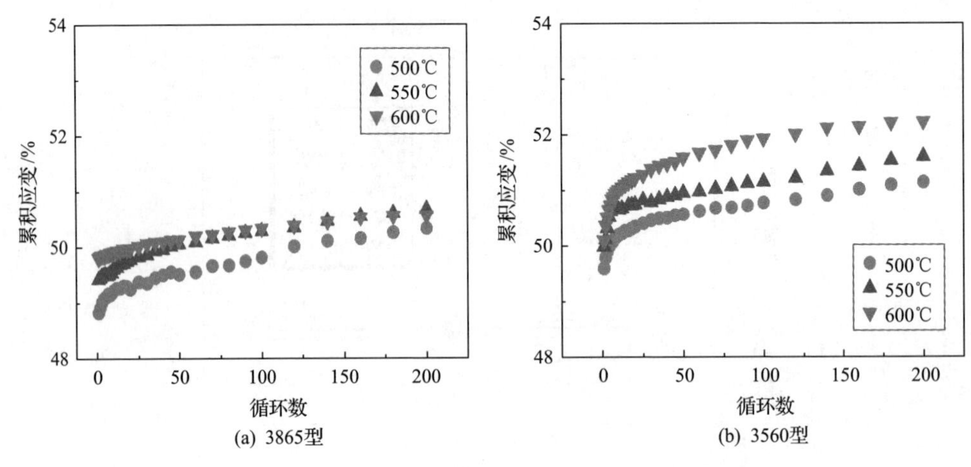

(a) 3865型　　(b) 3560型

图 6.50　RGG 垫片在不同温度下的累积应变

2. 多载荷步下 RGG 垫片(3865 型)的循环压缩试验

考虑到实际操作下波动载荷具有随机性，有必要研究 RGG 垫片在多载荷步下循环压缩变形的特征。这里考虑应力幅值、应力速率和载荷顺序对 RGG 垫片的影响，对平均应力为 16MPa、20MPa 和 24MPa 的三个加载阶段进行循环压缩试验。每个平均应力载荷步进行 100 次压缩应力循环，以观察稳定的棘轮效应，试验参数如表 6.13 所示。

表 6.13　RGG 垫片的试验参数 2

试验参数	数值
升温过程中施加载荷/N	10
载荷路径/MPa	16—20—24/24—20—16
施加的应力幅/MPa	2，4，8
加载速率 $\dot{\sigma}$ /(MPa/s)	0.25，0.5，1，2
试验温度 T/℃	500
每个阶段的循环次数	100

经前面研究发现，由于各种类型 RGG 垫片的累积变形非常相似，这里选择 3865 型垫片进行试验。图 6.51 为不同应力幅(8MPa、4MPa 和 2MPa)下 3865 型垫片的循环压应力-应变曲线。每个载荷步都应用相同应力速率 0.5MPa/s 和相同温度 500℃。结果表明，即使施加较小的应力幅，也可以发现循环应力-应变曲线的微小开口现象，使得塑性变形发生累积。值得注意的是，小应力幅下 RGG 垫片的循环应力-应变关系不再是月牙形，而与一般金属材料的情况相似，这可能是

因为先前的压缩载荷导致柔性石墨变得十分致密。

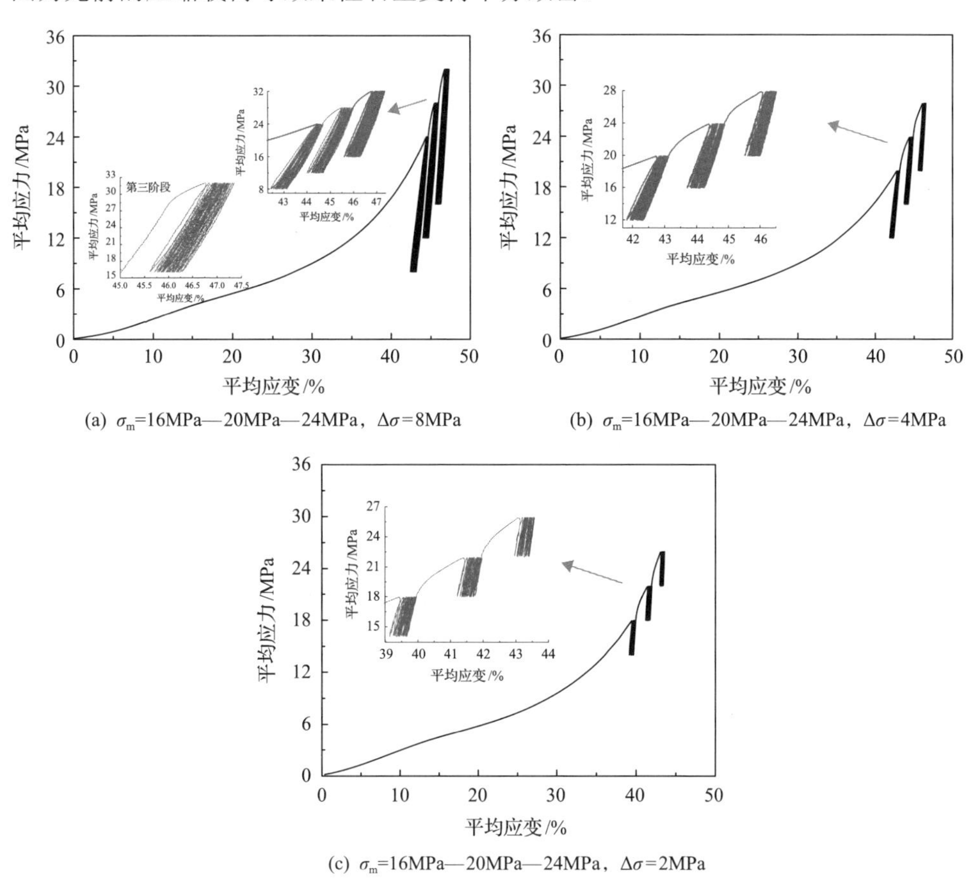

(a) σ_m=16MPa—20MPa—24MPa，$\Delta\sigma$=8MPa　(b) σ_m=16MPa—20MPa—24MPa，$\Delta\sigma$=4MPa

(c) σ_m=16MPa—20MPa—24MPa，$\Delta\sigma$=2MPa

图 6.51　不同应力幅下 3865 型垫片的应力-应变曲线

不同应力幅下 3865 型垫片的累积压缩应变如图 6.52 所示。结果表明，随着应力幅的增大，累积压缩应变也随之增大。值得注意的是，累积压缩应变仅在每个载荷步的前 25 次循环(阶段Ⅰ)中增加，而在随后的循环(阶段Ⅱ)中几乎保持不变，这意味着在这些情况下 RGG 垫片总是趋于安定。

为研究加载顺序对累积变形的影响，分别采用 16MPa、20MPa、24MPa(从低到高)和 24MPa、20MPa、16MPa(从高到低)两种不同的加载顺序，且应力幅为 4MPa，应力速率为 0.5MPa/s，温度为 500℃，测试结果如图 6.53 所示。结果表明，累积应变随着由低到高载荷步的增加而增加，而随着由高到低载荷步的增加而略有下降。虽然两个载荷顺序产生的累积应变历程差异较大，但第三步结束时两个载荷路径的累积棘轮应变却非常接近。具体地，由高到低路径得到的累积变形稍大于由低到高路径的情况，对应的累积应变分别为 46.50%和 45.96%。

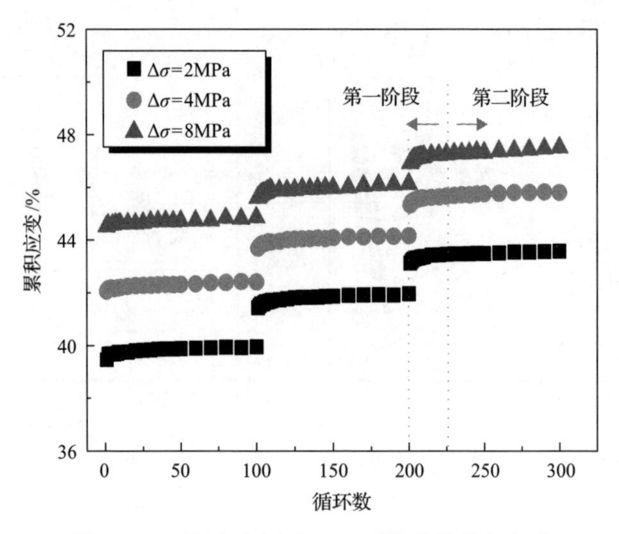

图 6.52　不同应力幅下 3865 型垫片的累积变形

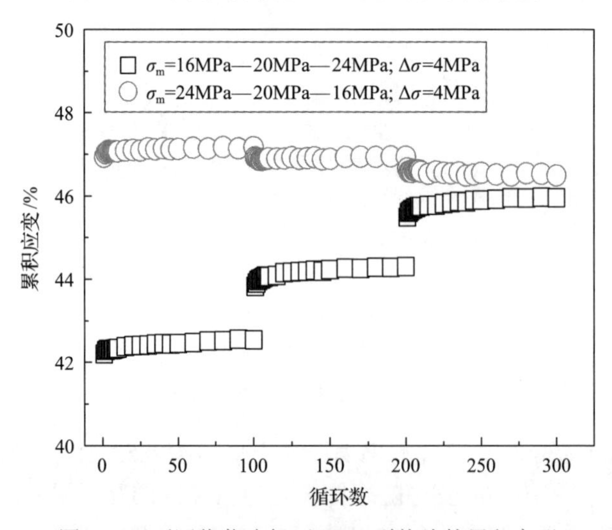

图 6.53　不同载荷路径下 3865 型垫片的累积变形

应力率分别为 0.25MPa/s、0.5MPa/s、1MPa/s 和 2MPa/s 下 3865 型垫片的累积压缩应变如图 6.54 所示。在每个载荷步中施加相同应力幅(4MPa)和相同温度(500℃)。结果表明，四种不同应力速率情况下的累积变形非常接近。这说明当温度小于等于 500℃时，RGG 垫片的累积压缩应变几乎与应力速率无关。上述多载荷步下的累积变形，仅在每个载荷步的前 25 次循环中产生显著的棘轮变形，而在随后的循环次数中逐渐趋于稳定。因此，带有 RGG 垫片的高温法兰接头应在小应力幅波动载荷的前 25 次或更多次循环之后重新固紧，以确保法兰接头的密封性能。

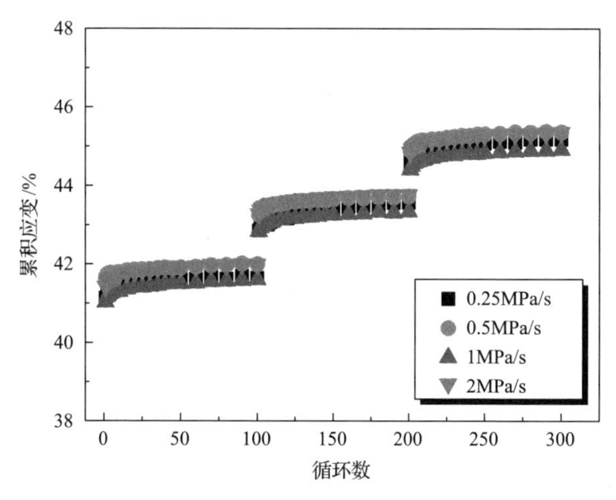

图 6.54　不同应力率下 3865 型垫片的累积变形

6.3.4　无石棉垫片的循环压缩棘轮变形

1. 无石棉垫片循环压缩棘轮变形的温度效应

无石棉垫片(non-asbestos fiber composite gasket，NAFCG)由芳纶纤维和丁腈橡胶经压制而成。为了便于在试验机上进行相关试验，将规格为 500mm×500mm×3.0mm 无石棉板切成长度为 50mm±0.1mm 的方形板状试样，厚度为 3.06mm。为了保证垫片不被压溃且试验效果良好，确定最大压应力为 25.5MPa，且循环压缩 1000 次，最高温度设定为 200℃。此外，在试验加载前，施加预压力 10N，详细参数见表 6.14[287]。

表 6.14　NAFCG 的试验参数 1

试验参数	数值
升温过程中预紧载荷/N	10
最大垫片压应力/MPa	25.5
加载速率/(MPa/s)	1
循环次数	1000
保温时间/h	0.5
峰值保持时间/min	0
试验温度 T/℃	RT，100，150，200

图 6.55 给出了 NAFCG 在 200℃和 RT 下应力速率为 1MPa/s 时的应力-应变关系。为便于描述，所有测试应变和应力数据都乘以−1。结果表明，NAFCG 产生新月形的应力-应变曲线。由于压缩应变硬化行为，第一次循环产生的应变范围明显大于后续循环的应变范围。由图可以观察到，工作温度对循环压缩下 NAFCG

的棘轮行为有重要影响，且压缩和回弹阶段的应力-应变曲线明显不同。

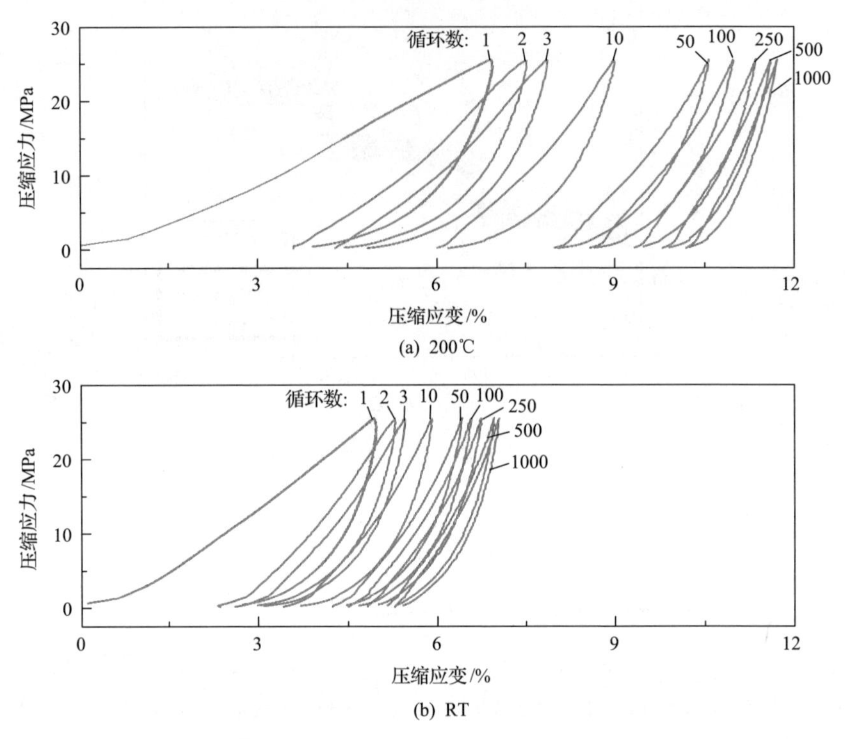

图 6.55　NAFCG 在 RT 和 200℃下的循环压缩应力-应变曲线

应力率为 1MPa/s 时，三种不同温度下 NAFCG 的第一次循环的应力-应变曲线如图 6.56 所示。由图可知，在相同应力率下，随着温度的增加，NAFCG 的最大压缩量也相应增加，且温度越高压缩曲线和回弹曲线都趋向于平缓。

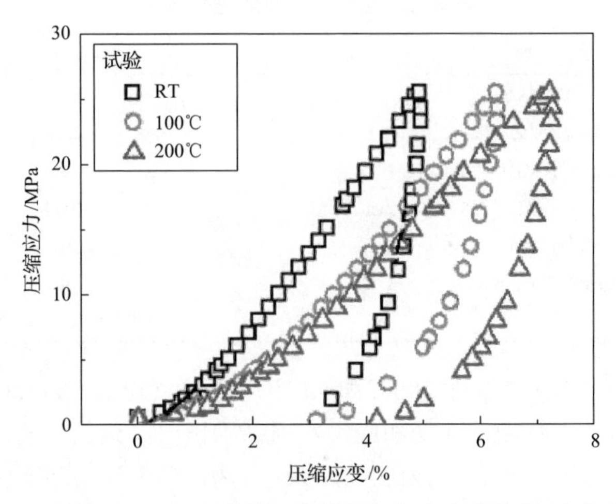

图 6.56　不同温度下 NAFCG 的第一次循环应力-应变曲线(应力率为 1MPa/s)

由于实际工况下垫片应力是影响垫片密封性能的主要因素之一，而垫片应力可以通过垫片的压缩回弹性能决定。压缩回弹性能可以通过垫片的压缩模量来表征，尤其在第一次压缩循环内。由图 6.56 可以看出，垫片的压缩过程可以分为压缩阶段和回弹阶段，在计算压缩模量和回弹模量时，对于压缩回弹曲线的非线性特征，可以近似地用两根直线代表压缩和回弹部分的非线性曲线，压缩直线的起点为初始加载点，终点为最大压缩应力对应的点，其斜率代表压缩模量，而回弹曲线的起始点为 12.5%最大压应力对应的点，终点和压缩直线的终点相同，其斜率代表回弹模量，表示方法如下：

$$E_a = \frac{\sigma_{max}}{\delta_{max}} t_0 \tag{6.26}$$

$$E_b = \frac{\sigma_{max} - \sigma_0}{\delta_{max} - \delta_0} \tag{6.27}$$

式中，E_a 为压缩模量；E_b 为回弹模量；σ_{max}、δ_{max} 分别为垫片最大压应力及相应的最大压缩量；σ_0 为垫片卸载应力，σ_0=0.125σ_{max}；δ_0 为与 σ_0 相应的垫片压缩量；t_0 为垫片初始厚度。

相同应力率下和不同温度(RT、100℃、150℃、200℃)条件下第一次循环的最大压缩量分别为 0.152mm、0.193mm、0.206mm 和 0.213mm。计算得到四种温度下的压缩模量分别约为 512.2MPa、403.4MPa、378.6MPa 和 366.8MPa，如图 6.57 所示。结果表明，压缩模量表现出明显的温度相关性。当温度小于 150℃时，压缩模量随温度升高而明显降低。然而，温度大于 150℃时，压缩模量变化较小。

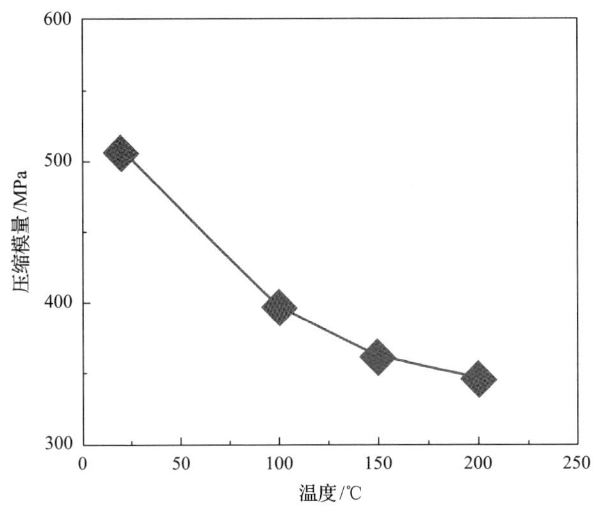

图 6.57　不同温度下压缩模量变化(应力率为 1MPa/s)

根据循环应力-应变关系，可以得到各种循环压缩载荷下的棘轮变形。应力率为 1MPa/s 和不同温度(RT、100℃、150℃和 200℃)下的棘轮应变如图 6.58 所示。图 6.58 中的棘轮应变指每次循环下峰值应力对应的压缩应变，并且施加 1000 次循环，以确保棘轮变形趋于稳定。结果表明，棘轮应变随温度升高而明显增大。为了说明不同温度压缩条件下的棘轮应变增量，每次循环的棘轮应变率如图 6.59 所示。

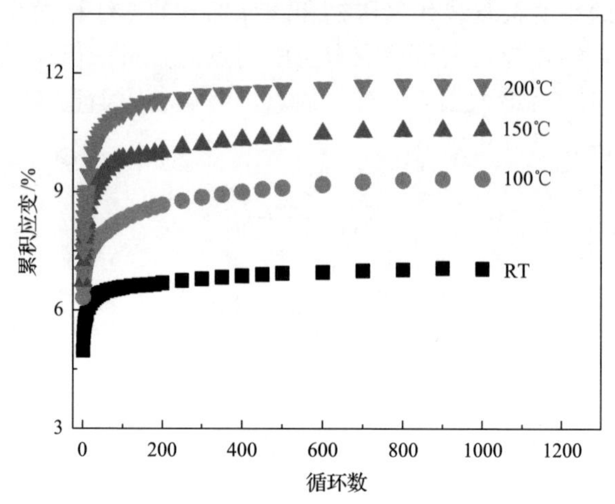

图 6.58　不同温度下 NAFCG 的累积变形(应力率为 1MPa/s)

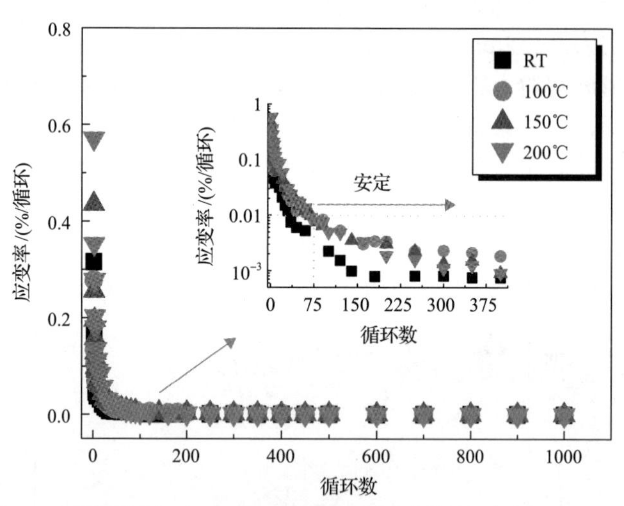

图 6.59　不同温度下 NAFCG 的累积变形演化(应力率为 1MPa/s)

不同温度下，每次循环的棘轮应变率随着循环次数增加而减少，且可以分为两个阶段。前 75 次循环内，每次循环的棘轮应变率迅速减小，而其在随后的循环中几乎保持稳定。在 75 次循环之后，每次棘轮应变增量总是小于 1×10^{-4}/循环，这说明 NAFCG 总是趋于安定。图 6.60 给出了不同温度压缩条件下第 75 次和第 1000 次循环时的累积棘轮变形。结果表明，从第 75 次循环到第 1000 次循环，温度对棘轮变形的影响几乎保持不变，且棘轮变形在各种温度下平均增加 0.85%。

具体地，棘轮变形随着温度增加而线性增加，如式(6.28)所示。

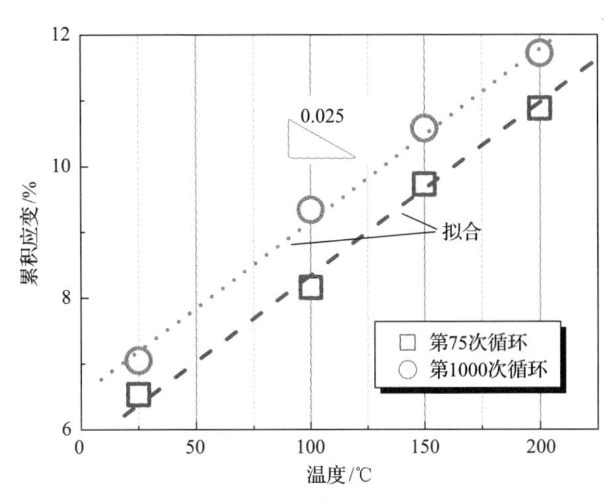

图 6.60　不同温度下稳定阶段 NAFCG 的累积棘轮变形(应力率为 1MPa/s)

$$\varepsilon(T)=\begin{cases}5.86+0.025T, & \text{第75次循环}\\ 6.71+0.025T, & \text{第1000次循环}\end{cases} \tag{6.28}$$

2. 循环压缩条件下 NAFCG 性能的率相关性

为了研究应力率的影响，在 1MPa/s 试验的基础上，增加 4MPa/s、16MPa/s、32MPa/s 条件下的试验。同时，为了排除温度影响，试验温度统一设定为 100℃。其中 1MPa/s、4MPa/s 和 16MPa/s 应力率下 NAFCG 第一次循环的应力-应变曲线如图 6.61 所示。

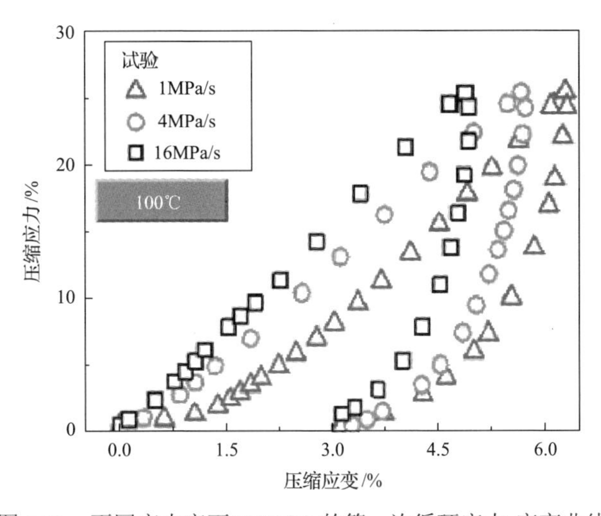

图 6.61　不同应力率下 NAFCG 的第一次循环应力-应变曲线

应力率为 1MPa/s、4MPa/s、16MPa/s、32MPa/s 条件下分别对应的第一次循环最大压缩量分别为 0.193mm、0.176mm、0.151mm 和 0.151mm，对应的压缩模量分别为 403.4MPa、444.5MPa、516.1MPa 和 519.3MPa，如图 6.62 所示。结果表明，第一次循环的压缩模量表现出明显的率相关性。当应力率小于 16MPa/s 时，压缩模量随应力率增加而大幅提高；当应力率大于 16MPa/s 时，压缩模量变化较小。

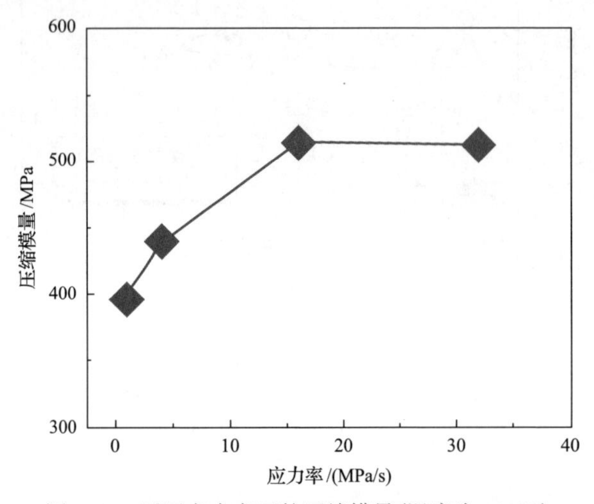

图 6.62　不同应力率下的压缩模量(温度为 100℃)

四种应力率(1MPa/s、4MPa/s、16MPa/s、32MPa/s)下的棘轮应变如图 6.63 所示。结果表明，棘轮应变随应力率增加而略有下降。同时，为了说明不同应力率条件下棘轮应变增量的变化关系，提取了每次循环的棘轮应变率，如图 6.64 所示。由图可知，不同应力率下棘轮应变率随循环次数增加而减少，且第 75 次循环之后，应变增量总是小于 1×10^{-4}/循环，这说明垫片总是趋于安定。

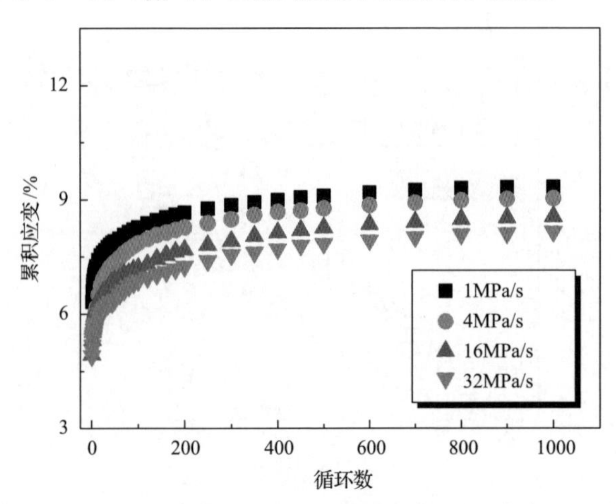

图 6.63　不同应力率下 NAFCG 的累积变形(温度为 100℃)

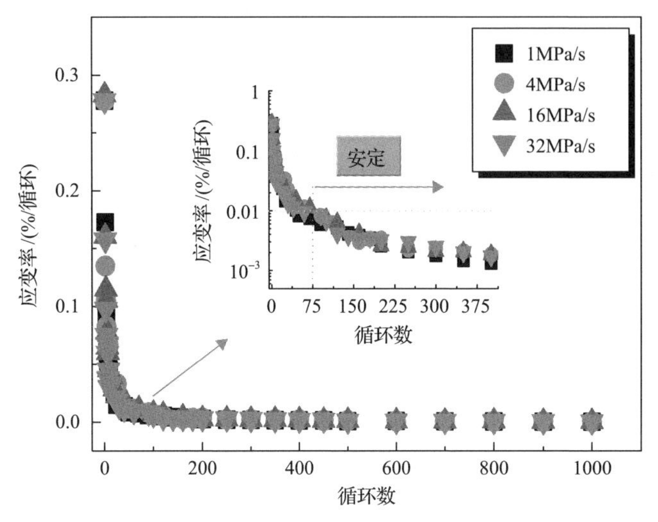

图 6.64　不同应力率下 NAFCG 的累积变形演化(温度为 100℃)

图 6.65 给出了四种不同应力率下第 75 次循环和第 1000 次循环时的累积棘轮变形。结果表明，从第 75 次循环到第 1000 次循环，应力率对棘轮变形的影响几乎保持不变，且从第 75 次循环到第 1000 次循环平均增加 1.36%，可用式(6.29)来描述。

$$\varepsilon(\dot{\sigma}) = \begin{cases} 8.21 - 0.42\ln\dot{\sigma}, & \text{第75次循环} \\ 9.57 + 0.42\ln\dot{\sigma}, & \text{第1000次循环} \end{cases} \tag{6.29}$$

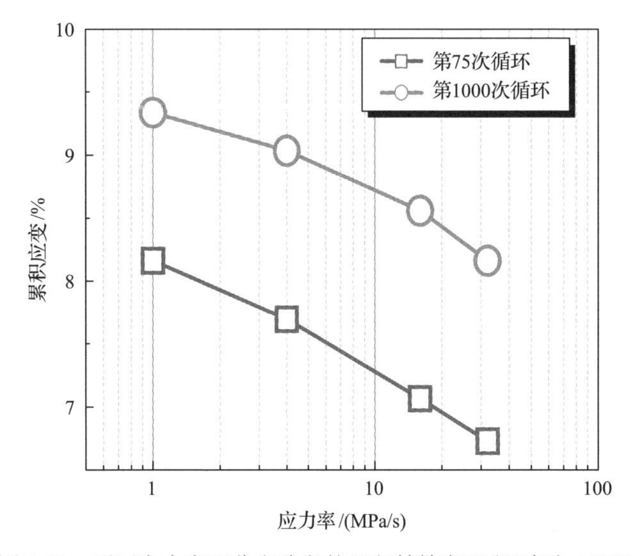

图 6.65　不同应力率下稳定阶段的累积棘轮变形(温度为 100℃)

在实际工程设计中，不同温度和应力率条件下 NAFCG 第一次循环的压缩回弹本构模型十分重要。根据压缩变形的特点，下面提出了对应的本构模型。

压缩阶段的应力-应变关系为

$$\sigma=Q_1\left[\varepsilon/\psi(\dot{\sigma},T)\right]^n \tag{6.30}$$

回弹阶段的应力-应变曲线取决于峰值应力和峰值应变，则

$$\frac{\sigma}{\tilde{\sigma}}=Q_2\left(\frac{\varepsilon}{\tilde{\varepsilon}}\right)^m \tag{6.31}$$

式(6.30)和式(6.31)中，m、n、Q_1 和 Q_2 均为恒定的材料参数；$\psi(\dot{\sigma},T)$ 为 NAFCG 速率和温度相关的函数；$\tilde{\sigma}$、$\tilde{\varepsilon}$ 分别为第一次循环的峰值应力和峰值应变。

根据式(6.30)，当 $\sigma=\tilde{\sigma}$ 时，第一次循环的峰值应变为

$$\tilde{\varepsilon}=\psi(\dot{\sigma},T)\cdot\sqrt[n]{\tilde{\sigma}/Q_1} \tag{6.32}$$

将式(6.32)代入式(6.31)，卸载阶段的弹性应力为

$$\sigma=Q_2Q_1^{m/n}\varepsilon^m\tilde{\sigma}^{[1-(m/n)]}[\psi(\dot{\sigma},T)]^{-m} \tag{6.33}$$

根据试验数据，可以得到相关的材料参数，如表 6.15 所示。

表 6.15　NAFCG 的材料参数

Q_1	Q_2	n	m
2.92	0.855	1.366	7.53

变量 $\psi(\dot{\sigma},T)$ 为应力率和温度对峰值应变的影响因子，如图 6.66 所示。当温度在 0℃≤T≤150℃时，影响因子随着温度增加而线性增加，即

$$g(T)=0.936+0.003T \tag{6.34}$$

同样地，应力率为 1MPa/s≤T≤16MPa/s 时，影响因子在对数坐标系中随应力率增加而线性减小，表征如下：

$$f(\dot{\sigma})=1-0.079\ln\dot{\sigma} \tag{6.35}$$

因此，NAFCG 应力速率和温度相关的函数可以表示为

$$\begin{aligned}\psi(\dot{\sigma},T)&=f(\dot{\sigma})g(T)\\&=0.936+0.003T-0.074\ln\dot{\sigma}-2.37\times10^{-4}T\ln\dot{\sigma}\end{aligned} \tag{6.36}$$

将式(6.36)和表 6.17 中的材料参数代入式(6.30)和式(6.31)，可得 NAFCG 的压缩与回弹关系，如图 6.67 所示。结果表明，预测结果与试验数据吻合良好。

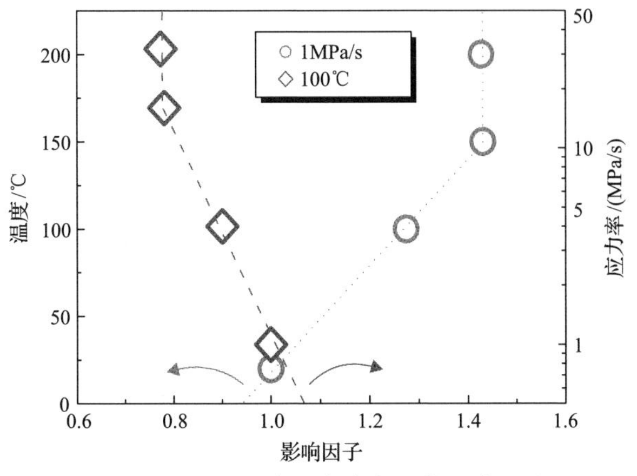

图 6.66　不同温度和应力率下的影响因子

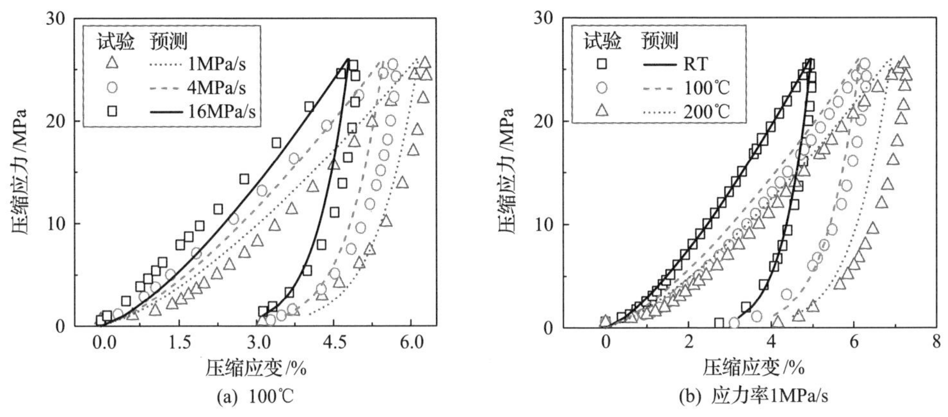

图 6.67　不同温度和应力率下预测模型拟合

式(6.30)～式(6.36)可用来预测各种加载条件下的压缩模量，如图 6.68 所示。结果表明，不同压缩条件下的预测结果与试验数据吻合良好。

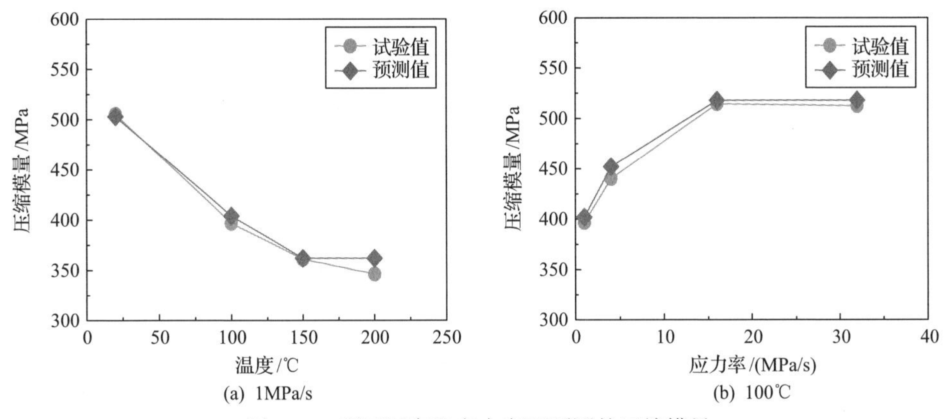

图 6.68　不同温度和应力率下预测的压缩模量

3. 小振幅振动下 NAFCG 的棘轮行为

为便于观察 NAFCG 的变形演变，试验中小幅振动循环载荷下棘轮变形的循环次数超过 10000 次。设定最大压应力为 25.5MPa，应力比为 0.90，应力率为 1MPa/s。为便于直观分析，将测试的载荷和变形数据乘以–1，应力-应变曲线如图 6.69 所示。尽管施加了小幅循环载荷，但 10000 次循环后仍可观察到明显的棘轮变形，如图 6.70 所示。

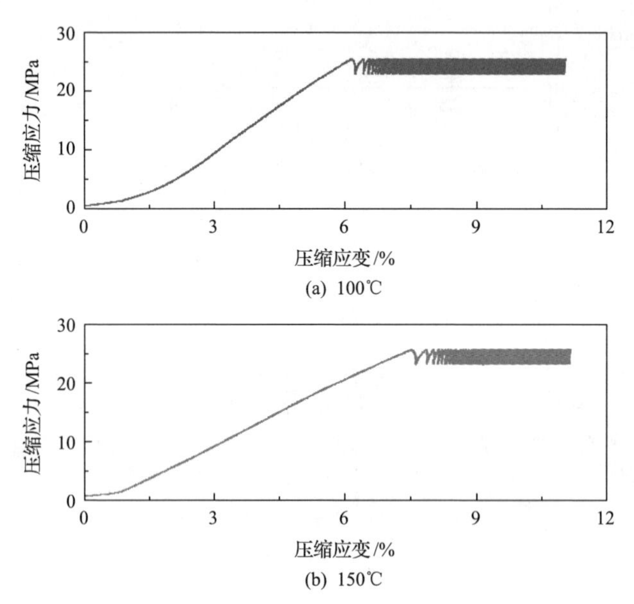

(a) 100℃

(b) 150℃

图 6.69　应力比 0.90 时不同温度下 NAFCG 的应力-应变曲线

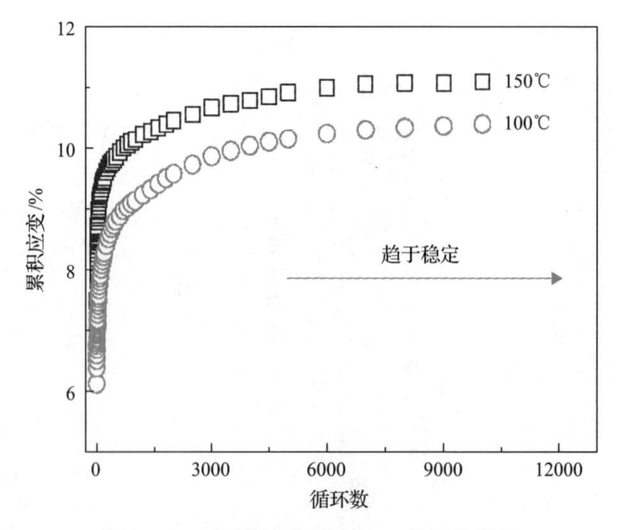

图 6.70　不同温度下 NAFCG 的压缩棘轮

为说明不同温度条件下的棘轮应变增量，提取了每次循环的棘轮应变率，如图 6.71 所示。结果表明，不同温度下每次循环的棘轮应变率随循环次数的增加而减少。当循环次数为 10 次时，100℃和 150℃分别对应的棘轮应变约为 6.9%和 8.5%，而 1000 次循环对应的棘轮应变约为 9.1%和 10.1%。随着温度的升高，垫片的棘轮应变也会随之增加，这表明 NAFCG 的单轴棘轮应变具有明显的温度相关性。这是因为随着时间和温度的增加，蠕变变形也会随之增加。因此，当温度高于 100℃时，即使在小振幅疲劳载荷下，NAFC 密封垫片也应考虑累积的压缩变形。在小振幅疲劳载荷下，塑性变形的演化特征与之前两种垫片的结果相似，同样可分为初始和稳定两个阶段，其分界点约为 155 次。在 155 次循环之前，每次棘轮应变增量大于 1×10^{-4}/循环，而 155 次循环之后，棘轮应变增量小于 1×10^{-4}/循环，并逐渐趋于稳定。值得注意的是，虽然发生了明显的压缩累积变形，但最终都趋于安定。

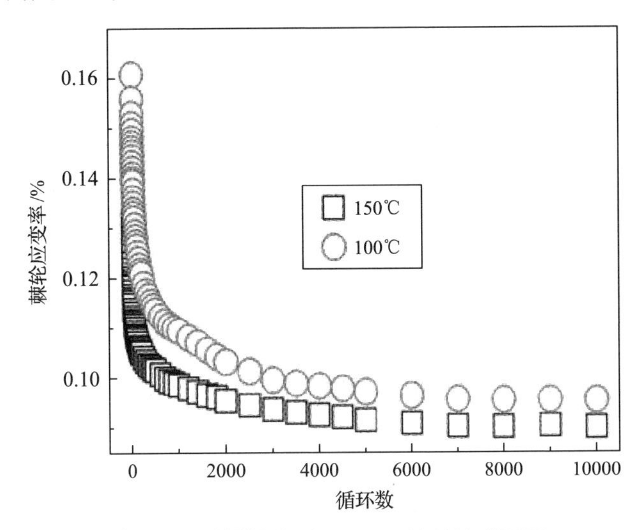

图 6.71　不同温度下 NAFCG 的棘轮应变率

为研究应力幅对棘轮行为的影响，选取 100℃和 150℃两种温度且应力比 R=0.9 时的累积变形，并与之前 R=0 时的循环累积变形进行对比，如图 6.72 所示。结果表明，R=0 时的累积压缩变形略大于 R=0.9 时的情况，这是由脉动压缩载荷产生较大的滞回环开口行为所致。

为便于比较蠕变与小幅循环载荷下的累积变形，试验测试了相同峰值压应力(25.5MPa)条件下的蠕变变形，并与应力比 R=0.9 时的累积变形进行对比，如图 6.73 所示。

值得注意的是，图 6.73 将横坐标统一设置为时间轴。结果表明，相同时间内，二者的累积变形非常接近。这表明应力幅较小时，NAFCG 的累积变形可近似采用对应峰值条件下的蠕变变形进行评估。

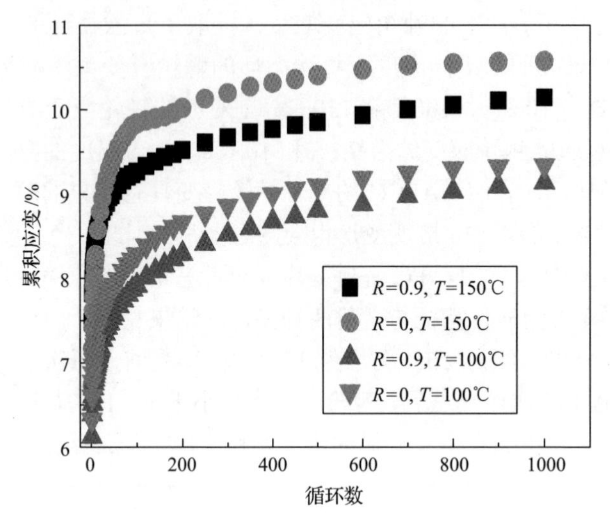

图 6.72　不同温度和应力比下 NAFCG 的累积变形

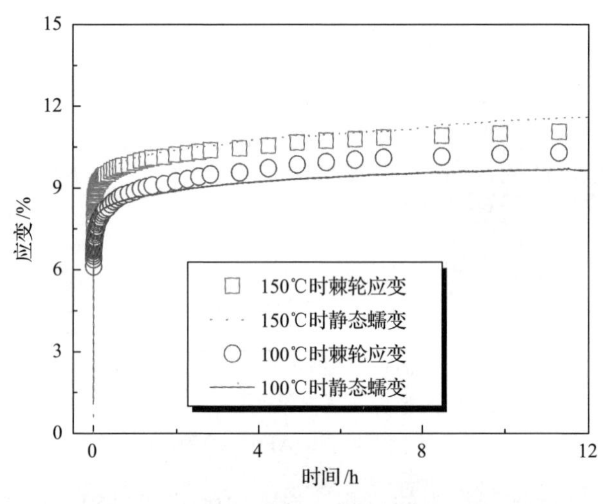

图 6.73　小应力幅下的累积应变与蠕变应变的比较

6.4　本 章 小 结

本章系统研究了循环热-机械载荷下螺栓法兰结构及其主要部件的安定极限载荷。结果发现，螺栓与螺母啮合的第一个螺纹根部的局部应力最大，是整体法兰结构的危险部位，且安定极限载荷与螺栓和法兰的热膨胀系数比和弹性模量比强相关，提出了整体法兰结构安定性评价的工程方法；另外，系统研究了螺栓在循环拉伸载荷作用下的棘轮变形，发现 500℃时 35CrMo 合金的棘轮极限与载荷率和应力水平相关，且 35CrMo 材料在 500℃的棘轮极限载荷约为 200MPa 和 0.5MPa/s。这说明其安定极限载荷为 σ_a＜200MPa 和 $\dot{\sigma}$ ＞0.5MPa/s，否则将产生棘轮效应。

针对经典黏塑性模型不能体现应力幅效应影响的问题，本章通过纳入应力幅效应修正了经典的黏塑性模型。对比分析表明，修正的黏塑性模型预测的棘轮极限与试验数据吻合良好。因此，综合考虑应力幅和应力率的影响，修正的黏塑性模型可较好预测 35CrMo 合金的棘轮变形和安定极限载荷。针对目前缺乏循环压缩条件下垫片棘轮与安定性评价的不足，设计了垫片专用的循环压缩夹具，并系统测试了工程上常见的聚四氟乙烯垫片、无石棉垫片和柔性石墨复合垫片在循环压缩条件下的棘轮变形与安定性。结果表明，循环压缩条件下垫片总是趋于安定，且高温小振幅压缩条件下垫片的棘轮变形近似等于对应峰值条件下的蠕变变形。基于试验数据，给出了无石棉垫片的压缩回弹本构模型。

第7章　热-机械复合载荷下汽轮机转子轮缘结构的安定性分析

汽轮机转子是先进燃煤发电装备的核心部件，其寿命可靠性对装备的安全运行具有决定性影响。工作条件下，汽轮机转子经历反复启动、运行导致的温度波动和载荷变化，导致汽轮机转子承受多个循环热-机械复合载荷作用。汽轮机转子的轮缘部位由于结构不连续和承受叶片上的载荷，可能产生交变塑性行为或棘轮效应。然而，基于现行设计规范的弹性、弹塑性分析方法或其他简化分析方法，难以获得该条件下汽轮机转子轮缘部件的安定极限载荷。

本章以汽轮机转子轮缘部位为对象，提出适于多个热-机械组合载荷下结构安定极限载荷分析的 LMM 分析方法，系统研究实际运行负荷下汽轮机转子轮缘结构的棘轮与安定行为。其中，7.1 节给出基于 LMM 的上限和下限安定极限分析原理；7.2 节分析汽轮机转子轮缘结构的有限元模型和安定性分析方法；7.3 节和 7.4 节分别给出转子轮缘-叶片结构的安定极限载荷和棘轮极限载荷，进而构建汽轮机转子的安定评定图。

7.1　线性匹配法的基本原理

假设材料为各向同性、完全塑性材料，且满足 von Mises 屈服准则。在典型循环的时间间隔 $0 \leqslant t \leqslant \Delta t$ 内，结构体承受波动的温度 $\lambda_\theta \theta(x,t)$ 和离心力 $\lambda_F F(x,t)$，以及作用于结构表面 S_T 的波动载荷 $\lambda_P P(x,t)$。其中，λ 表示载荷因子。在表面 S 其余部分 S_u 的位移 $u=0$，相应的线弹性加载历史为[199]

$$\hat{\sigma}_{ij}(x,t) = \lambda_\theta \hat{\sigma}_{ij}^{\theta}(x,t) + \lambda_F \hat{\sigma}_{ij}^{F}(x,t) + \lambda_P \hat{\sigma}_{ij}^{P}(x,t) \tag{7.1}$$

式中，$\hat{\sigma}_{ij}^{\theta}(x,t)$、$\hat{\sigma}_{ij}^{F}(x,t)$、$\hat{\sigma}_{ij}^{P}(x,t)$ 分别为 $\theta(x,t)$、$F(x,t)$、$P(x,t)$ 的弹性解。

对于循环加载问题，应力和应变率可表示为

$$\sigma_{ij}(t) = \sigma_{ij}(t+\Delta t), \quad \dot{\varepsilon}_{ij}(t) = \dot{\varepsilon}_{ij}(t+\Delta t) \tag{7.2}$$

循环解由三部分组成，即弹性解、循环开始时累积的瞬态解，以及代表循环内剩余变化的残余解。与材料特性无关的循环应力历程为

$$\sigma_{ij}(x,t)=\lambda\hat{\sigma}_{ij}(x,t)+\bar{\rho}_{ij}(x)+\rho_{ij}^{\mathrm{r}}(x,t) \tag{7.3}$$

式中，$\bar{\rho}_{ij}(x)$ 表示平衡状态下稳定的自平衡残余应力场，对应于循环开始和结束时的残余应力状态。循环内的残余应力历程 $\rho_{ij}^{\mathrm{r}}(x,t)$ 为

$$\rho_{ij}^{\mathrm{r}}(x,0)=\rho_{ij}^{\mathrm{r}}(x,\Delta t) \tag{7.4}$$

因此，用于安定性分析的表达式为

$$\sigma_{ij}(x,t)=\lambda\hat{\sigma}_{ij}(x,t)+\bar{\rho}_{ij}(x) \tag{7.5}$$

Chen[288]编制了用于安定性和棘轮极限载荷分析的 LMM 数值程序。对于一般的循环荷载，它可以分解为循环载荷分量 $\hat{\sigma}_{ij}^{\Delta}(x,t)$ 和稳定载荷分量 $\hat{\sigma}_{ij}^{C}(x)$ 两个部分，其中 Δ 和 C 分别为循环载荷和稳定载荷，即

$$\hat{\sigma}_{ij}(x,t)=\hat{\sigma}_{ij}^{\Delta}(x,t)+\lambda\hat{\sigma}_{ij}^{C}(x) \tag{7.6}$$

7.1.1　上限安定分析

将安定条件与全局最小化能量过程相结合，可以给出如下不等式：

$$I(\Delta\varepsilon_{ij},\lambda^{\mathrm{S}})=\int_V\sum_{n=1}^{N}\left[\sigma_{ij}^{n}\Delta\varepsilon_{ij}^{n}-\lambda^{\mathrm{S}}\hat{\sigma}_{ij}(t_n)\Delta\varepsilon_{ij}^{n}\right]\mathrm{d}V\geqslant 0 \tag{7.7a}$$

$$\text{i.e.}\qquad \lambda^{\mathrm{S}}\leqslant\frac{\int_V\left(\sum_{n=1}^{N}\sigma_{ij}^{n}\Delta\varepsilon_{ij}^{n}\right)\mathrm{d}V}{\int_V\left[\sum_{n=1}^{N}\hat{\sigma}_{ij}(t_n)\Delta\varepsilon_{ij}^{n}\right]\mathrm{d}V}=\frac{\int_V\left[\sigma_{\mathrm{y}}\sum_{n=1}^{N}\bar{\varepsilon}(\Delta\varepsilon_{ij}^{n})\right]\mathrm{d}V}{\int_V\left[\sum_{n=1}^{N}\hat{\sigma}_{ij}(t_n)\Delta\varepsilon_{ij}^{n}\right]\mathrm{d}V}=\lambda_{\mathrm{UB}}^{\mathrm{S}} \tag{7.7b}$$

式中，$\Delta\varepsilon_{ij}^{n}$ 为应变增量；σ_{y} 为材料的屈服应力；$\bar{\varepsilon}$ 为 von Mises 等效应变。因此，上限安定乘子 $\lambda_{\mathrm{UB}}^{\mathrm{S}}$ 可以单调缩减和收敛至安定问题的最小上限 λ^{S}。

Chen 等[289]进一步证明了可以通过修改现有安定性分析程序来实现棘轮极限载荷分析，即通过计算得到的变化的残余应力场来增强循环线弹性应力历程：

$$\hat{\sigma}_{ij}=\lambda\hat{\sigma}_{ij}^{C}+\hat{\sigma}_{ij}^{\Delta}(x,t)+\rho_{ij}(x,t) \tag{7.8}$$

结合 von Mises 屈服准则和相应的流动规则，棘轮极限载荷的上限表达式为

$$\lambda_{\mathrm{UB}}^{\mathrm{R}}=\frac{\int_V \sum_{n=1}^{N} \sigma_{\mathrm{y}} \bar{\varepsilon}(\Delta \varepsilon_{ij}^{n}) \mathrm{d}V-\int_V \sum_{n=1}^{N}\left[\hat{\sigma}_{ij}^{\Delta}(t_n)+\rho_{ij}(t_n)\right] \Delta \varepsilon_{ij}^{n} \mathrm{d}V}{\int_V \hat{\sigma}_{ij}^{\bar{C}}\left(\sum_{n=1}^{N} \Delta \varepsilon_{ij}^{n}\right) \mathrm{d}V} \tag{7.9}$$

7.1.2　下限安定分析

如 Melan 静力安定定理所述，若通过全局最小化和增量最小化过程计算方程式(7.3)中变化的残余应力场和稳定残余应力，通过检查载荷历史引起的所有积分点的稳态循环应力是否不大于材料的屈服应力，以最大化下限载荷乘子 λ_{LB}，就可以计算安定或棘轮极限载荷的下限。

由于一系列的上限迭代过程给出了残余应力场，可以在每次迭代时按比例放缩弹性解来计算下限解，从而使稳态循环应力在任何情况下都不违反屈服条件。安定极限乘子的下限可表示为

$$\lambda_{\mathrm{LB}}^{\mathrm{S}}=\max \lambda_{\mathrm{LB}} \tag{7.10a}$$

$$\text{s.t.}\quad f(\lambda_{\mathrm{LB}} \hat{\sigma}_{ij}(x,t)+\bar{\rho}_{ij}(x)) \leqslant 0 \tag{7.10b}$$

棘轮极限乘子的下限为

$$\lambda_{\mathrm{LB}}^{\mathrm{R}}=\max \lambda_{\mathrm{LB}} \tag{7.11a}$$

$$\text{s.t.}\quad f(\lambda_{\mathrm{LB}} \hat{\sigma}_{ij}^{\bar{F}}+\hat{\sigma}_{ij}^{\Delta}(x,t)+\rho_{ij}(x,t)+\bar{\rho}_{ij}(x)) \leqslant 0 \tag{7.11b}$$

7.2　汽轮机转子轮缘-叶片结构模型及安定性分析

7.2.1　转子轮缘-叶片结构的有限元模型

汽轮机转子轮缘-叶片的整体视图如图 7.1(a)所示，叶片根部从转子轮缘上切下，整个轮子有 91 个叶片。由于转子结构具有载荷对称和几何循环对称的特性，建模时选取单个转子轮缘的 1/91 模型，如图 7.1(b)所示。

循环机械载荷是由叶片和转子轮缘在重复启动、运行、关闭阶段产生的离心力引起的。图 7.2(a)显示了转子轮缘的机械载荷，其主要由三部分组成，载荷 1 和载荷 2 表示叶片离心力所引起的压力载荷，均匀地作用于叶片根部与转子轮缘之间的触面上。由于叶片的非对称设计，载荷 1 大于载荷 2，这两种载荷可以根据转速 ω 和接触面积来计算。其中，转速 ω 随时间的变化关系如图 7.3 所示。

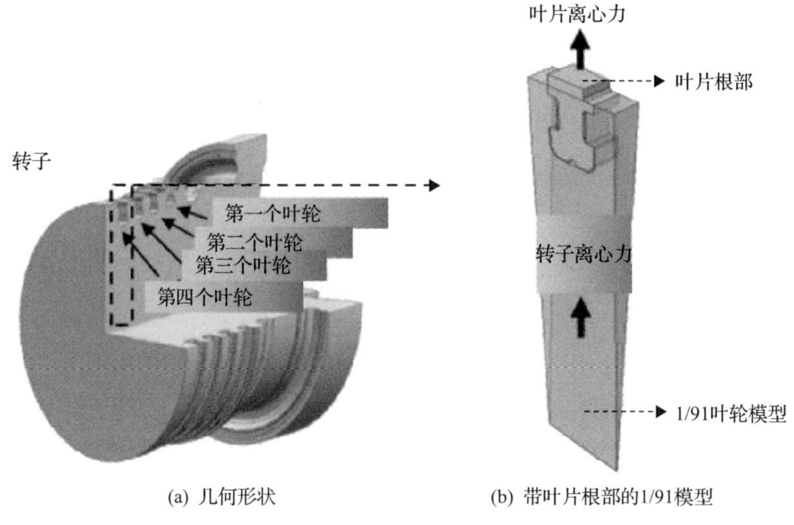

(a) 几何形状　　(b) 带叶片根部的1/91模型

图 7.1　汽轮机转子轮缘-叶片模型

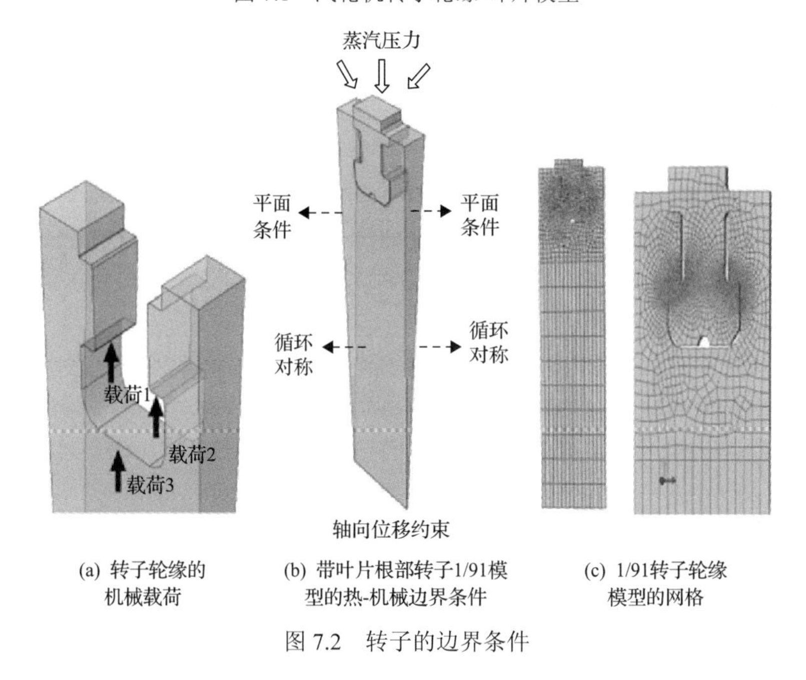

(a) 转子轮缘的机械载荷　　(b) 带叶片根部转子1/91模型的热-机械边界条件　　(c) 1/91转子轮缘模型的网格

图 7.2　转子的边界条件

载荷 3 是转子轮缘本身的离心力。转子轮缘的重力相对于离心力较小而忽略不计。图 7.2(b)给出了 1/91 转子轮缘上的热-机械边界条件。通过转子轮缘表面和叶片根部的高温蒸汽流动，以及转子内部显著的热梯度，导致了重复工作时的循环热负荷。图 7.2(c)显示了带叶片根部转子轮缘的 1/91 模型。有限元分析时采用 9358 个 C3D20R 单元。

7.2.2 材料属性和加载条件

转子轮缘和叶片根部材料为 9%～12% Cr 马氏体钢。考虑到最近和预计的火力发电站蒸汽温度已接近铁素体钢的最高温度极限，目前使用的 9%～12% Cr 钢已进行了改良，包括提高强度、提高抗氧化能力，从而减少对覆层的需求，并在长期高温运行时具有较好的抗脆化性能[290]。模型几何形状和运行参数由涡轮制造商提供，材料性能见表 7.1。

表 7.1 材料属性

材料性能	9%～12% Cr
弹性模量/GPa	160
热膨胀系数/℃$^{-1}$	1.2×10^{-5}
屈服应力/MPa	240
泊松比	0.3
比热容/(J/(kg · ℃))	460
导热系数/(30W/(m · ℃))	30
密度/(g/cm^3)	7.7

汽轮机单次运行周期为 2880h(120 天)，启动期为 15h，停机期为 96h，稳定运行期为 2769h。图 7.3 给出了实际操作时的蒸汽温度和转速，最高蒸汽温度为

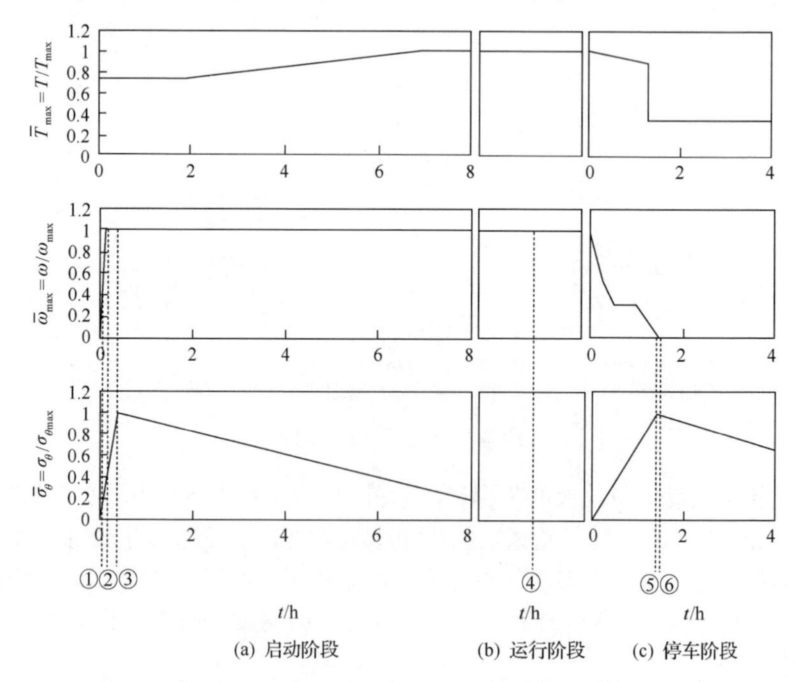

图 7.3 实际运行的归一化蒸汽温度曲线、转速和热应力曲线

600℃，最大转速为 3000r/min。图 7.3 中的热应力历程由瞬态传热分析和随后的结构分析获得。图中无因次温度、转速和热应力均为相应变量的瞬时值与最大值的比值。LMM 选择有限数量的载荷瞬间来描述实际的运行周期，也包括其他载荷较小的时刻。采用 LMM 分析时，选取了 6 个时刻来构造循环热-机械载荷历史(表 7.2)，以模拟汽轮机的实际启动、运行和停机状态。值得注意的是，已有的安定和棘轮研究中，一般均研究单一的热-机械载荷组合，而多热-机械载荷组合鲜有报道，这里所构造的循环热-机械载荷涉及 6 个热-机械载荷组合，为探索复杂结构和工况下的安定性分析提供了分析案例。

表 7.2　根据汽轮机实际操作循环确定的六个最大循环载荷

参数	①	②	③	④	⑤	⑥
描述	工作状态	速度达到额定启动状态	启动时最大热应力状态	稳定操作状态	停车时最大热应力状态	停车时速度为零的状态
速度/(r/min)	0	3000	3000	3000	250.2	0
温度	25℃	瞬时温度	瞬时温度	620℃	瞬时温度	瞬时温度

7.2.3　稳定工况下的线弹性应力分布

图 7.4 分别给出了选定的机械和热载荷下转子轮缘的 von Mises 弹性等效应力云图。值得注意的是，瞬间①、⑥的机械载荷为零，瞬间②、③、④具有相似的机械载荷。因此，只有瞬间②和瞬间⑤存在机械载荷下的等效应力云图。考虑到从实际操作载荷循环中选择的六个瞬间，分别将 $\sigma_{P_0}^{\Delta}$ 和 $\sigma_{\theta_0}^{\Delta}$ 表示为机械载荷和热载荷的线弹性应力历史。

图 7.5 显示了瞬间②三种机械载荷下转子轮缘的弹性等效应力云图。结果表明，转子轮缘自身的离心力对应力集中区域的影响小于其他两种载荷，但其消耗了大量的计算机时。因此，为简化分析，可合理地忽略转子轮缘自身离心力的影响。

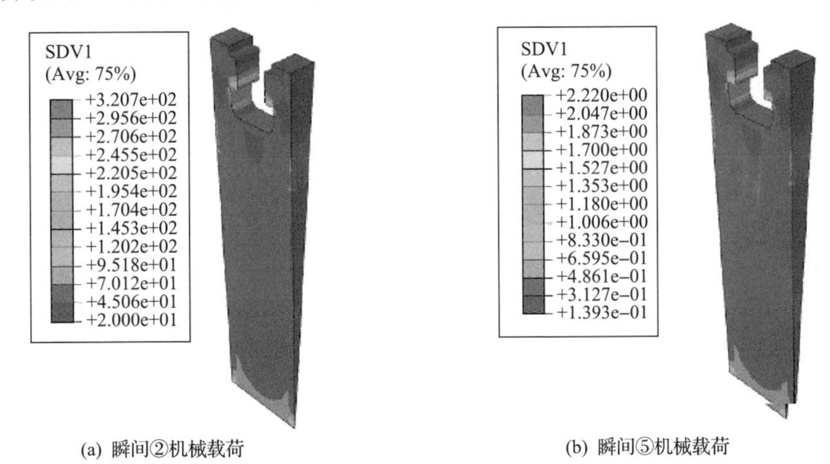

(a) 瞬间②机械载荷　　(b) 瞬间⑤机械载荷

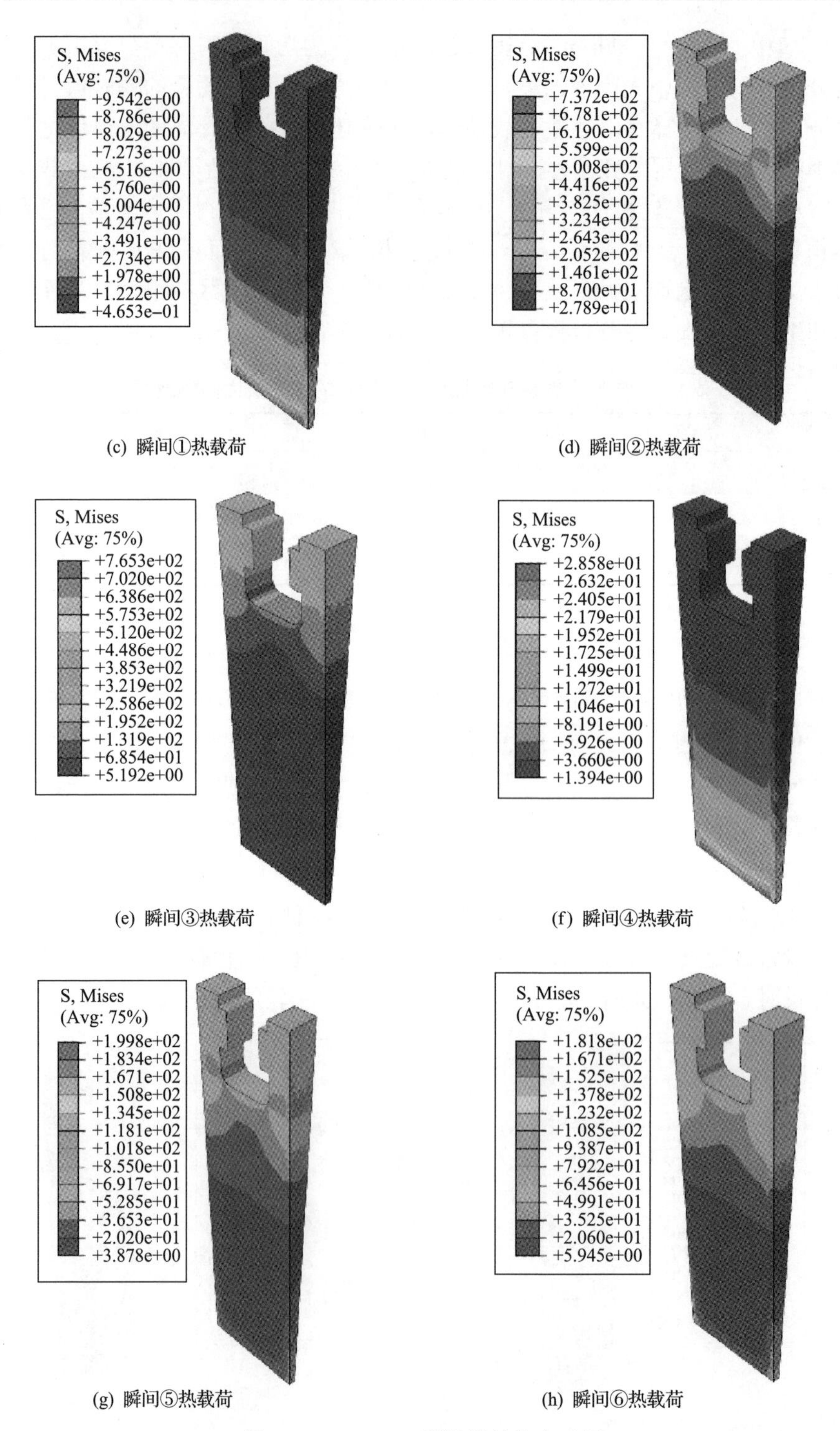

(c) 瞬间①热载荷　　(d) 瞬间②热载荷

(e) 瞬间③热载荷　　(f) 瞬间④热载荷

(g) 瞬间⑤热载荷　　(h) 瞬间⑥热载荷

图 7.4　von Mises 弹性等效应力云图

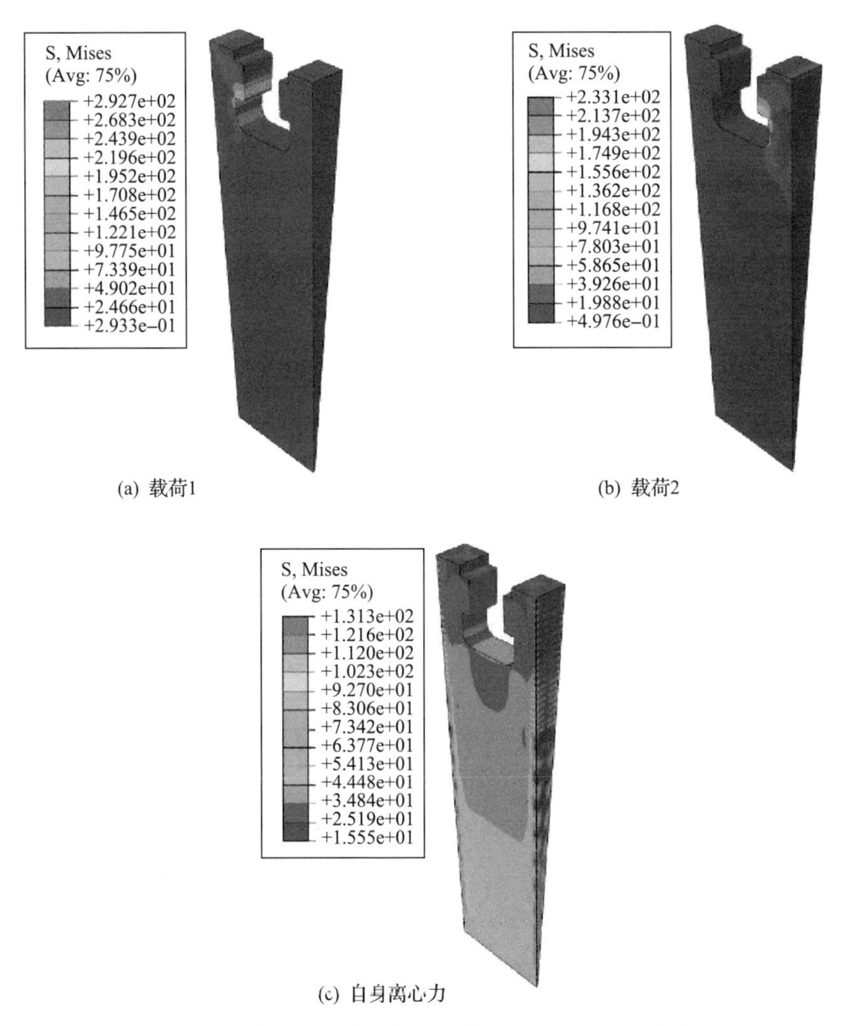

(a) 载荷1　　(b) 载荷2

(c) 自身离心力

图 7.5　瞬间②三种机械载荷下的弹性等效应力云图

7.3　转子轮缘-叶片结构的安定极限载荷分析

根据 LMM 中安定极限的载荷定义，参考加载历史计算安定乘子 λ_P^{S} 和 $\lambda_\theta^{\mathrm{S}}$ 来表示结构的安定极限载荷，即 $\lambda_P^{\mathrm{S}}\sigma_{P_0}^{\Delta}+\lambda_\theta^{\mathrm{S}}\sigma_{\theta_0}^{\Delta}$，其中 $\sigma_{P_0}^{\Delta}$ 和 $\sigma_{\theta_0}^{\Delta}$ 分别是预定义的循环机械荷载和循环热载荷。

7.3.1　实际操作载荷下转子轮缘-叶片结构的安定性分析

表 7.3 给出了汽轮机转子轮缘-叶片结构在两种实际运行载荷下的安定极限乘子。

第一种情况考虑了转子自身的离心力，结构的安定极限载荷等于 0.881 $\sigma_{P_0}^{\Delta}$ + 0.881 $\sigma_{\theta_0}^{\Delta}$，这意味着当前运行的循环载荷超出了安定极限载荷，需要进行棘轮极限分析，以避免棘轮失效。案例 2 与案例 1 的区别在于忽略了转子自身的离心力，但两种情况下安定极限乘子仅相差 1.9%。图 7.6 给出了两种案例下安定极限载荷迭代过程的收敛情况。结果表明，经过 15 次迭代后可得到收敛解，且上、下限方法计算的结果偏差均小于 2%，说明采用 LMM 进行安定性分析具有高效性和可靠性。

表 7.3　实际运行载荷下汽轮机转子的安定极限乘子

案例	机械载荷的安定乘子 λ_P^S	热载荷的安定乘子 λ_θ^S	离心力
案例 1	0.881	0.881	有
案例 2	0.898	0.898	无

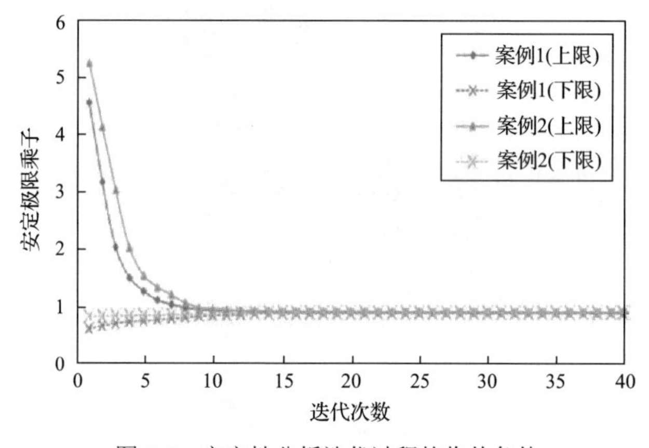

图 7.6　安定性分析迭代过程的收敛条件

图 7.7 给出了稳定循环状态下总体和最大位置的塑性应变范围云图。在当前计算载荷下，最大塑性应变范围发生在机械应力集中区，这说明循环机械载荷分量是引起转子破坏的主要原因。同时，塑性应变发生在较小的局部区域，并被周围的弹性区包围。通过对比图 7.7 中案例 1 和案例 2 的最大塑性应变范围可知，虽然二者安定极限乘子的相对差值小于 1.9%，但塑性应变范围的幅值存在明显的差异，相对偏差约为 21.5%。因此，在类似汽轮机转子的安定极限载荷分析中，转子自身的离心力可不予考虑，但对于低周疲劳评估，却是不可忽略的因素。

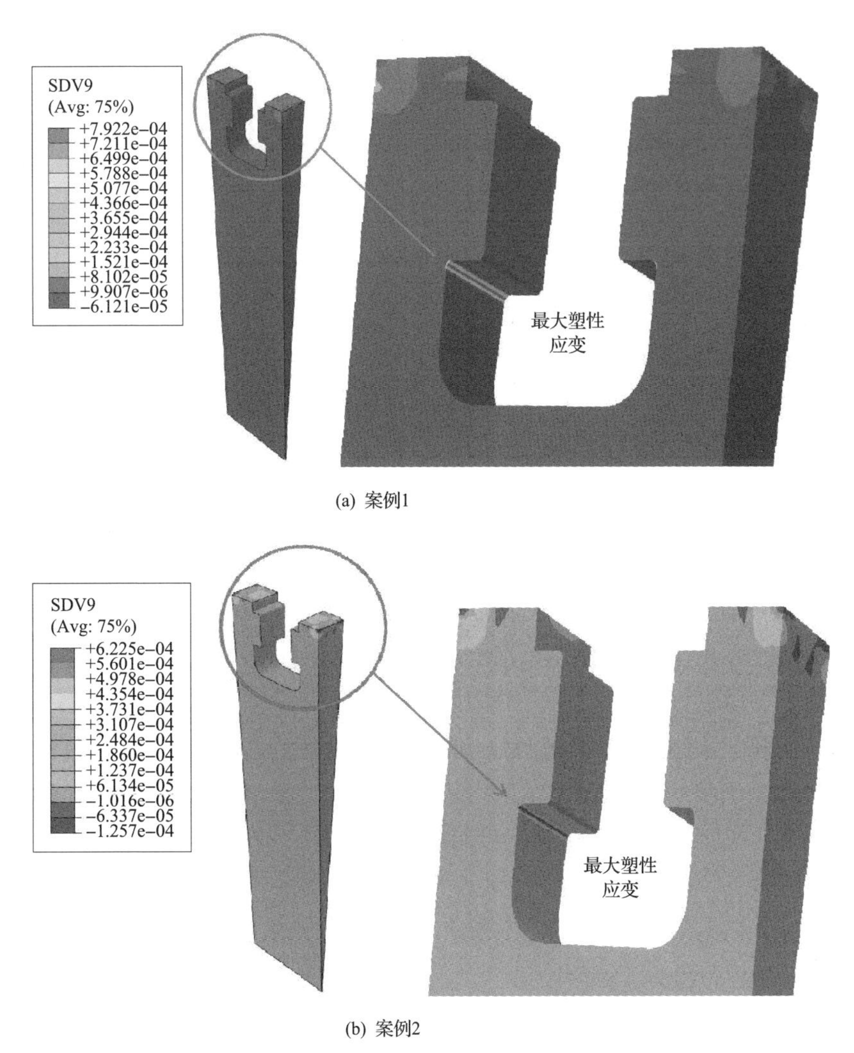

(a) 案例1

(b) 案例2

图 7.7　循环运行载荷下的塑性应变范围云图

7.3.2　转子轮缘-叶片结构的安定极限载荷

通过计算不同循环热-机械载荷组合，并考虑转子自身的离心力，可得到汽轮机转子轮缘-叶片结构的安定极限载荷曲线，如图 7.8 所示。在图 7.8 中，无量纲 X 坐标表示施加的机械应力与参考机械应力的比值，其中 $\sigma_P^\Delta / \sigma_{P_0}^\Delta = 1$ 对应于当前施加的机械载荷；无量纲 Y 坐标指施加的循环热应力与参考循环热应力的比值，其中 $\sigma_\theta^\Delta / \sigma_{\theta_0}^\Delta = 1$ 表示当前施加的热负荷。此外，图中 R 表示加载点与 X 轴之间的夹角。

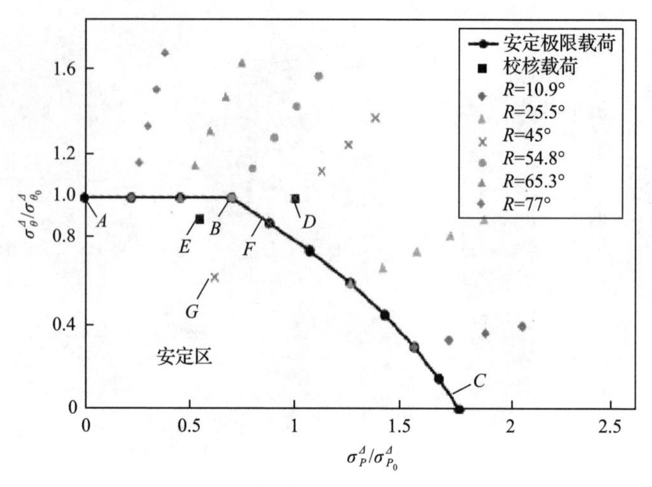

图 7.8　循环热-机械载荷下汽轮机转子的安定极限载荷

图 7.8 中的循环热-机械组合载荷可分为两个区域，即曲线 *ABC* 与坐标轴所包含的弹性安定区和该区域外的非弹性安定区。具体地，*D* 点所对应的循环载荷位于弹性安定区之外，尚需进一步进行棘轮极限载荷分析，以确定该载荷点对应交变塑性区还是棘轮区；*C* 点所对应的循环载荷下转子的安定极限载荷为 $1.774\sigma_{P_0}^{\Delta}$；*A* 点所对应的循环载荷下转子的安定极限载荷为 $\sigma_{\theta_0}^{\Delta}$，这说明其与指定的参考载荷一致，但仅是一种巧合。

为进一步验证 LMM 计算安定极限载荷的适用性和有效性，采用 ABAQUS 逐步非弹性分析方法进行对比分析，以观察其塑性应变演化历程。为具有一般性，分别选取图 7.8 中弹性安定范围内 *E* 点和弹性安定外 *D* 点所对应的载荷组合进行分析。两种载荷工况下转子最大塑性应变随循环数的演化历程如图 7.9 所示。结果表明，在 *E* 点所对应的载荷组合下，仅在前两个循环产生了非弹性应变，而在随后循环中保持为弹性响应，这说明转子处于弹性安定状态；在 *D* 点所对应的载荷

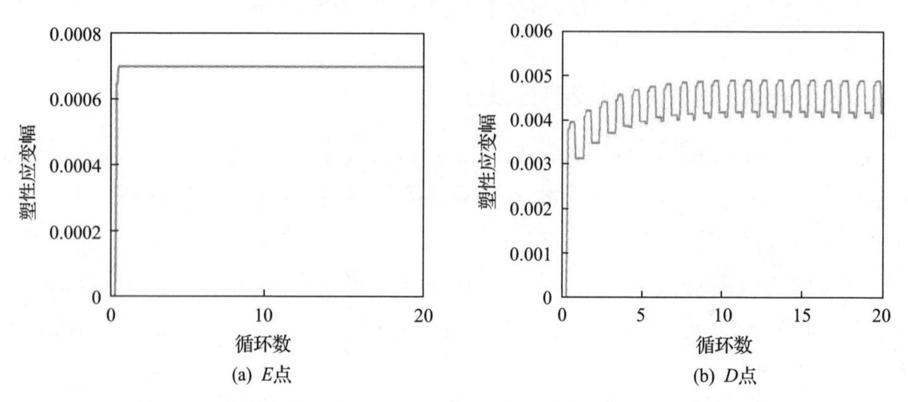

(a) *E*点　(b) *D*点

图 7.9　两种载荷工况下转子最大塑性应变随循环数的演化历程

组合下，转子产生了交变塑性行为，即加载产生的正塑性应变等于卸载导致的负塑性应变，这说明转子的运行载荷超出了弹性安定范围，进入了交变塑性状态，即塑性安定区。因此，ABAQUS 逐步非弹性分析的结果证明了 LMM 计算结果的可靠性。同时，有必要进行棘轮极限载荷分析，以获得其棘轮极限载荷。

7.4　转子轮缘-叶片结构的棘轮极限载荷分析

当施加的循环载荷超出弹性安定极限载荷时，就会产生交变塑性或棘轮效应。低周疲劳主要发生在交变塑性区，最大塑性应变范围可决定结构失效的循环次数。在保证低周疲劳寿命的前提下，塑性安定区的载荷是可以接受的，但应避免发生棘轮行为。下面进一步基于 LMM 分析转子的棘轮极限载荷。

7.4.1　稳定循环状态

图 7.10 绘制了转子在图 7.8 中不同组合载荷下的最大塑性应变范围。其中，X 轴的相对位置表示图 7.8 中加载点到原点距离与安定极限载荷点到原点距离之比。由图 7.10 可知，塑性应变范围与相对位置呈线性关系。因此，可由线性方程式(7.12)描述转子在循环热-机械荷载作用下的最大塑性应变范围。值得注意的是，当夹角小于 45°时，塑性应变范围主要由循环机械载荷所致，而夹角大于 45°时，循环热载荷则起主要作用。图 7.11 分别给出了载荷历史 1、2 和 3 作用下转子的塑性应变范围云图。

$$\Delta\varepsilon_{\mathrm{p}} = (-0.003\ln R + 0.0179)D_{\mathrm{e}}, \quad R < 45° \tag{7.12a}$$

$$\Delta\varepsilon_{\mathrm{p}} = (-0.0032R^2 + 0.4819R - 10.011)D_{\mathrm{e}}, \quad R \geqslant 45° \tag{7.12b}$$

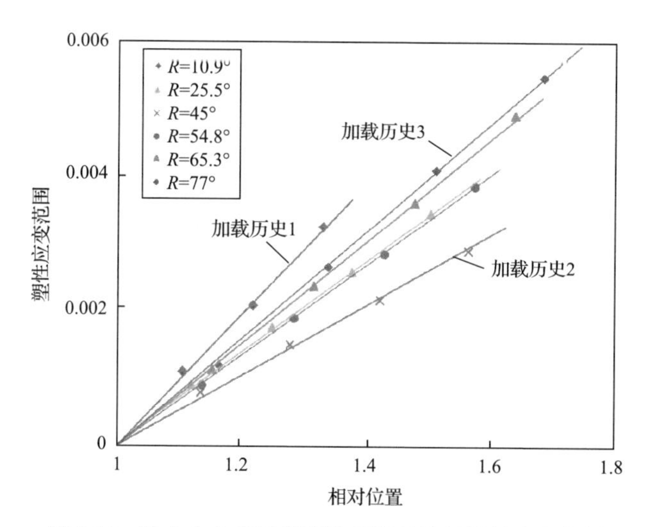

图 7.10　沿六个角度受载荷作用的结构的塑性应变范围

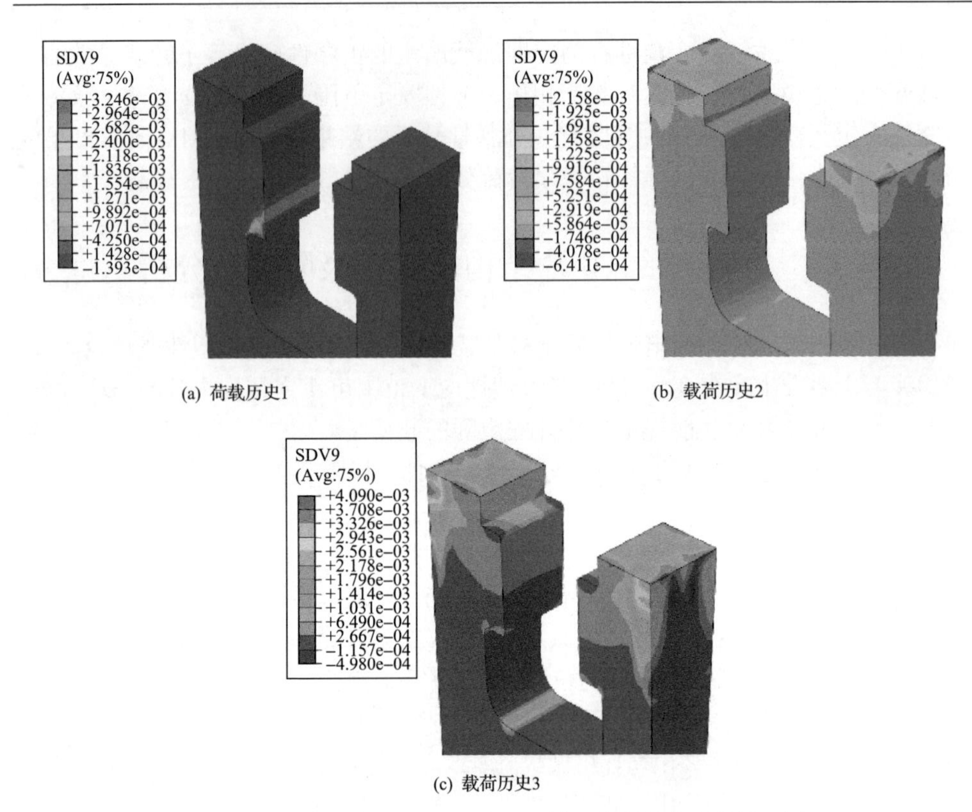

(a) 荷载历史1

(b) 载荷历史2

(c) 载荷历史3

图 7.11 载荷历史 1、2 和 3 作用下转子的塑性应变范围云图

7.4.2 启动工况下转子轮缘-叶片结构的棘轮分析

由 7.2 节分析可知，结构的棘轮极限由 $\lambda_{\Delta}^{\mathrm{R}}\sigma_{\theta_0}^{\Delta}+\lambda_{C}^{\mathrm{R}}\sigma_{P_0}$ 给出。其中，σ_{P_0} 是启动—停车过程的最大机械载荷，这里设置为参考机械载荷。$\lambda_{\Delta}^{\mathrm{R}}$ 和 λ_{C}^{R} 表示预定义的参考载荷 $\sigma_{\theta_0}^{\Delta}$ 与参考附加载荷 σ_{P_0} 的棘轮载荷乘子。表 7.4 显示了两个实际运行循环载荷下转子的棘轮载荷乘子的极限。例如，案例 1 中，$\sigma_{\theta_0}^{\Delta}+1.057\sigma_{P_0}$ 是实际运行状态下结构的棘轮极限载荷，这意味着当前循环载荷加上参考机械载荷的 1.057 倍后，达到结构的棘轮极限载荷。案例 2 中没有考虑转子自身的离心力。通过对比两种工况的结果，转子自身的离心力对棘轮载荷乘子极限的贡献小于 2.1%。因此，忽略转子自身的离心力时，并不影响其棘轮极限载荷。

表 7.4 两个实际运行循环载荷下转子棘轮载荷乘子的极限

案例	参考载荷下棘轮载荷乘子的极限 $\lambda_{\Delta}^{\mathrm{R}}$	稳定载荷下棘轮载荷乘子的极限 λ_{C}^{R}	离心力
案例 1	1	1.057	有
案例 2	1	1.079	无

7.4.3　棘轮极限载荷交互曲线

根据不同的热-机械载荷组合，获得了任意载荷下转子的安定和棘轮的极限载荷，如图 7.12 所示。其中，X 轴为任意施加的机械载荷 σ_P^Δ 与参考机械载荷 $\sigma_{P_0}^\Delta$ 的比值，Y 轴为施加的循环热载荷 σ_θ^Δ 与参考热载荷 $\sigma_{\theta_0}^\Delta$ 的比值。

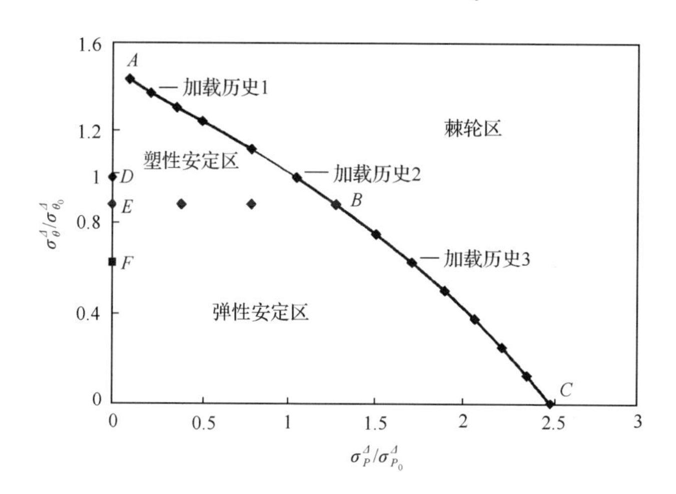

图 7.12　汽轮机转子在循环热-机械载荷作用下的安定和棘轮极限

如图 7.12 所示，整个载荷历史可以分成三个区域，即弹性安定区、塑性安定区(交变塑性区)和棘轮区。图 7.13 给出了载荷历史 1、2 和 3 条件下的棘轮应变云图。结果表明，三种加载历史下的棘轮行为相似，棘轮失效均发生在机械载荷作用区域，这说明该载荷工况下转子的棘轮行为主要由机械载荷所致。

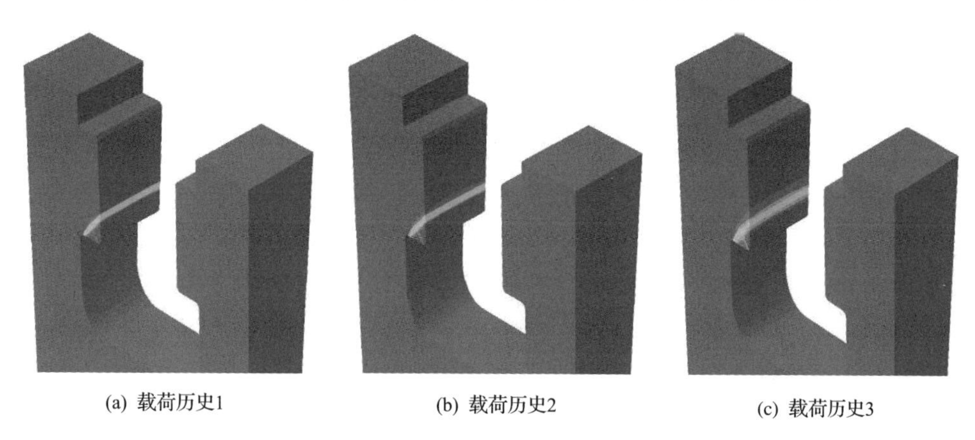

(a) 载荷历史1　(b) 载荷历史2　(c) 载荷历史3

图 7.13　与加载历史对应的棘轮应变云图

7.5 本 章 小 结

本章提出了适于多个热-机械组合载荷下结构安定极限载荷的 LMM 分析方法，并系统研究了实际运行载荷(6 个热-机械载荷组合)下汽轮机转子轮缘结构的棘轮与安定行为，并考虑了循环机械载荷与循环热载荷之间存在相位差异。结果表明，转子轮缘自身的离心力对应力集中区域的影响小于其他两种载荷，但其消耗了大量的计算机时。在类似汽轮机转子的安定极限载荷或棘轮极限载荷简化分析中，转子自身的离心力可不予考虑，但由于其对转子局部塑性应变范围影响较大，对于低周疲劳评估，却是不可忽略的因素。值得注意的是，循环机械载荷与循环热载荷之间存在相位对转子轮缘-叶片结构的安定极限载荷和棘轮极限载荷影响较大。基于分析结果，构建了汽轮机转子的安定评定图，可用于复杂载荷条件下汽轮机转子的安定性评价，具有重要的工程价值。

第8章　蠕变-疲劳载荷下的滞弹性回复效应及其对安定极限载荷的影响

高温设备如焦炭塔、第四代核压力容器等往往经历反复开、停车或较大温度波动等载荷工况，需要考虑蠕变-疲劳条件下的强度设计和安全性分析。国内外学者对蠕变-疲劳交互作用下的强度和安定性分析开展长期的研究，总结来说主要包括两个方面：

(1)蠕变-疲劳交互作用的影响因素，如材料、工作环境和载荷[291-294]；

(2)蠕变-疲劳交互作用下的寿命预测方法，如寿命-时间分数法、频率修正法、应变范围划分法、应变能划分法、延性耗竭法、蠕变孔洞损伤为主的寿命预测方法、应力松弛范围寿命预测方法等。

迄今为止，蠕变-疲劳交互作用下结构的棘轮与安定行为研究还鲜有涉及。现有工作表明，材料在蠕变-疲劳载荷下的总棘轮变形可分解为黏塑性应变、循环加卸载阶段因滞回环不封闭产生的棘轮应变、保载阶段的蠕变应变及卸载阶段的滞弹性回复应变，而不同的应变分量都有不同的生成机理，在一定条件下还可能产生交互作用。另外，材料各应变分量的演化过程及其内在关联性能清晰描述其损伤机理，可为该条件下材料的安全分析提供新的方法。围绕这一问题，本章以 X12CrMoWVNbN10-1-1 钢为研究对象，以试验数据为基础，讨论其在蠕变-疲劳载荷下的棘轮与安定行为，并重点分析滞弹性回复对棘轮应变分量的影响。其中，8.1 节介绍蠕变-疲劳的试验过程；8.2 节详细分析材料在蠕变-疲劳载荷下的滞弹性回复效应及其对棘轮与安定行为的影响；8.3 节提出纳入滞弹性回复效应的蠕变-棘轮预测模型，并在 8.4 节中将预测结果与试验数据进行对比验证。

8.1　X12CrMoWVNbN10-1-1 钢的蠕变-疲劳试验

8.1.1　试验材料

本书采用热锻造状态的 X12CrMoWVNbN10-1-1 钢，其化学成分如表 8.1 所示。表 8.2 给出了 X12CrMoWVNbN10-1-1 转子材料的标准热处理参数。材料的热处理包括预备热处理和调质热处理。预备热处理的目的在于细化晶粒和消除锻造应力，并改善切削加工性能，而调质热处理包括淬火(油冷)和高温(570℃和690℃)回火。X12CrMoWVNbN10-1-1 钢为低碳调质钢，经淬火和高温回火的调质处理后，材料的组织为回火索氏体，如图 8.1 所示。图 8.1 显示铁素体基体上分布着不同的析出相颗粒，而溶入铁素体的合金元素起固溶强化作用，这种组织使材料具有较高的强度、韧性和抗疲劳性能。

表 8.1　X12CrMoWVNbN10-1-1 钢化学成分　　（单位：wt%）

C	Si	Mn	Cr	Mo	V	Ni	W	Nb
0.12	0.10	0.42	10.7	1.04	0.16	0.76	1.04	0.05
N	Cu	P	S	Al	Ti	As	Sb	Sn
0.056	0.04	0.007	0.001	0.007	0.004	0.003	0.0005	0.002

表 8.2　X12CrMoWVNbN10-1-1 转子材料的热处理

预热处理	调质热处理
850℃　3h	1050℃　7h，油冷
1050℃　9h，炉内降温 50℃/h	50～60℃　5.25h
650℃　2h，加热 33.33℃/h	570℃　10.25h，空气冷却到常温
700℃　172h，空气冷却到 100℃	220～280℃　5.75h
100～290℃　4.5h	690℃　10h，空气冷却到常温

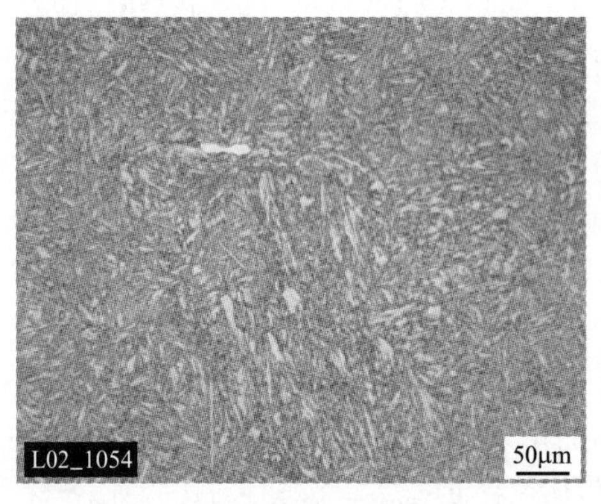

(a) 低倍

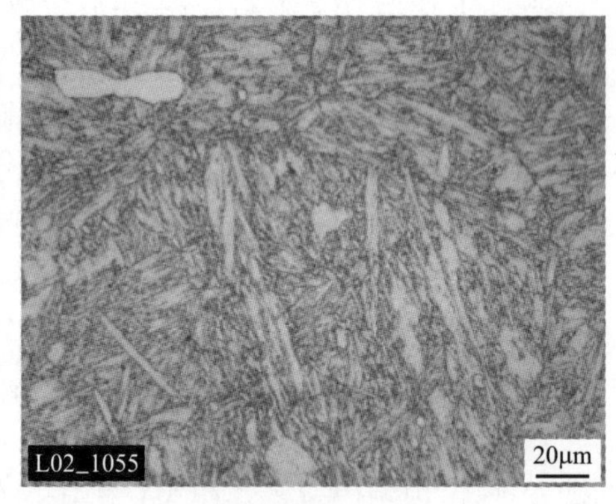

(b) 高倍

图 8.1　X12CrMoWVNbN10-1-1 转子材料的微观组织

8.1.2　试验条件

试验机：高温电子 CSS-3902 蠕变试验机。

环境：大气环境。

试样：根据国家标准《金属材料　单轴拉伸蠕变试验方法：GB/T 2039—2012》的规定和试验机要求，采用螺纹夹持的圆棒试样，且标距段用金相砂纸沿轴向打磨抛光。试样尺寸和形状如图 8.2 所示，试样标距长度为 100mm，直径为 10mm。

需要指出的是，本书切取汽轮机转子外围轴向部分进行试验。

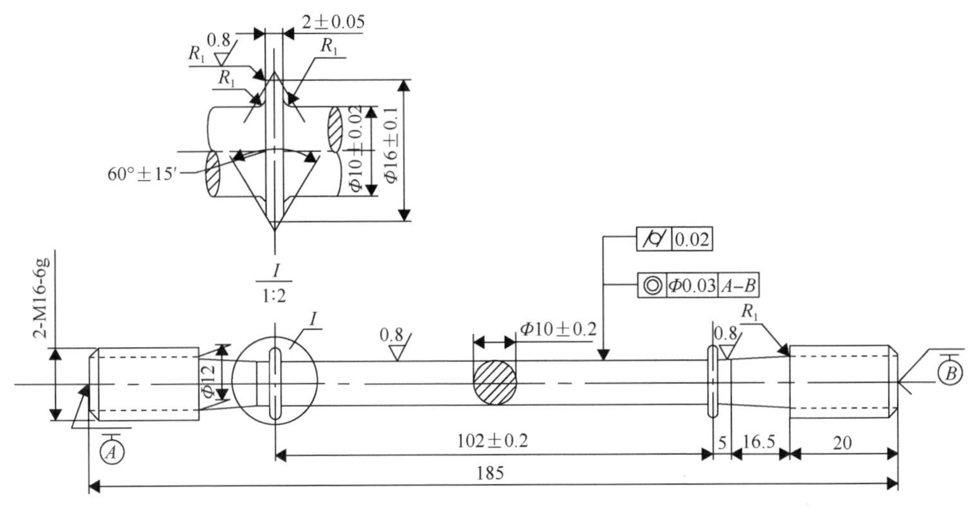

图 8.2　单轴蠕变-疲劳试样示意图(单位：mm)

(1) 载荷控制模式。蠕变-疲劳交互作用的载荷控制模式主要有两种：①应变控制模式，即通过改变加载频率或施加应变保持来研究应力的变化规律；②应力控制模式，即通过梯形应力波的加载和保载来研究应变的变化规律。在高温蠕变条件下，部分弹性应变会被蠕变应变取代，故应变控制时通常会在保持阶段发生应力松弛。另外，在 600℃环境下，炉内温度较高，需采用导杆引出加热炉外，钢环卡住试件标距段，而在应变控制条件下检测试样标距段变形的高温夹式引伸计极易损坏。在实际的工程中，高温下服役的过程装备在承受循环应力载荷的同时，也承受一定的静载荷保持作用。因此，应力控制模式更能反映高温设备的实际工作状况，具有一定实际工程意义。综上所述，本书的蠕变-疲劳交互作用试验采用应力控制模式。

(2) 温度控制。温度波动对蠕变-疲劳试验结果影响很大。温度波动较大时，试验过程中会产生一定的温度梯度，促进空位的扩散和聚集，加速材料的损伤过程。本试验采用电阻加热炉加热，为保证试样各部位温度的均匀性，采用三根热电偶分别测量试件标距段三点的表面温度，并进行闭环控制。在整个试验期间，温度波动不超过±3℃，蠕变-疲劳试验开始前，先将试样放置在加热炉加热至 500℃保温 30min，然后加热至 600℃保温 30min，以保证试样充分热膨胀后再施加轴向载荷。

(3) 载荷路径。X12CrMoWVNbN10-1-1 钢蠕变-疲劳试验加载路径如图 8.3 所示。最大拉伸载荷为 284MPa(约为初始屈服应力的 60%)，应力比为 0.1，加载速率为 13.66kN/min。当温度达到 600℃时施加轴向载荷并在峰值阶段进行保载，保载结束后轴向应力卸载至峰值应力的 10%，如此反复循环直至试样断裂。试验中所需要的数据点均可通过上述加载波形的采样点得到，采样记录的是每个采样点对应的应力、应变值。例如，ε_1、ε_2、ε_3、ε_4和ε_5分别表示点1、2、3、4和5对应的应变。

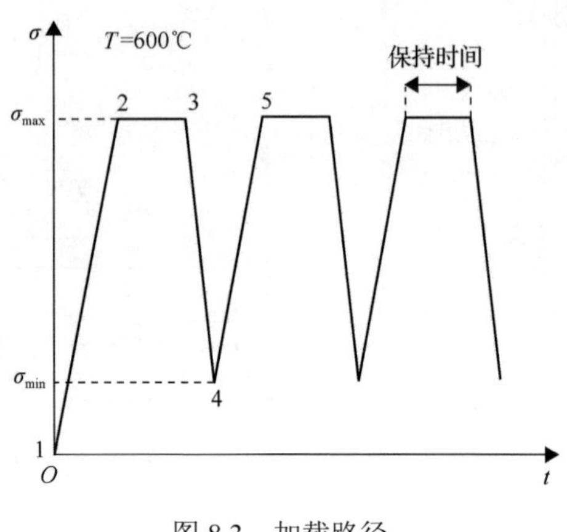

图 8.3 加载路径

8.2 X12CrMoWVNbN10-1-1 钢的蠕变-棘轮试验结果与分析

8.2.1 X12CrMoWVNbN10-1-1 钢在蠕变-疲劳载荷下的滞弹性行为

为研究不同保载时间下 X12CrMoWVNbN10-1-1 钢的滞弹性行为及其对材料棘轮与安定行为的影响，试验分别设定保载时间为 2min、5min、10min、20min 及 30min。其中，12CrMoWVNbN10-1-1 钢在 2min、5min 及 20min 保载时间下的应力-应变曲线如图 8.4 所示。

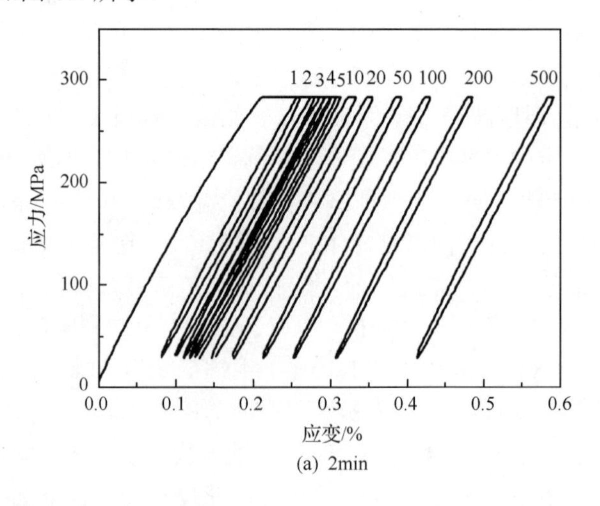

(a) 2min

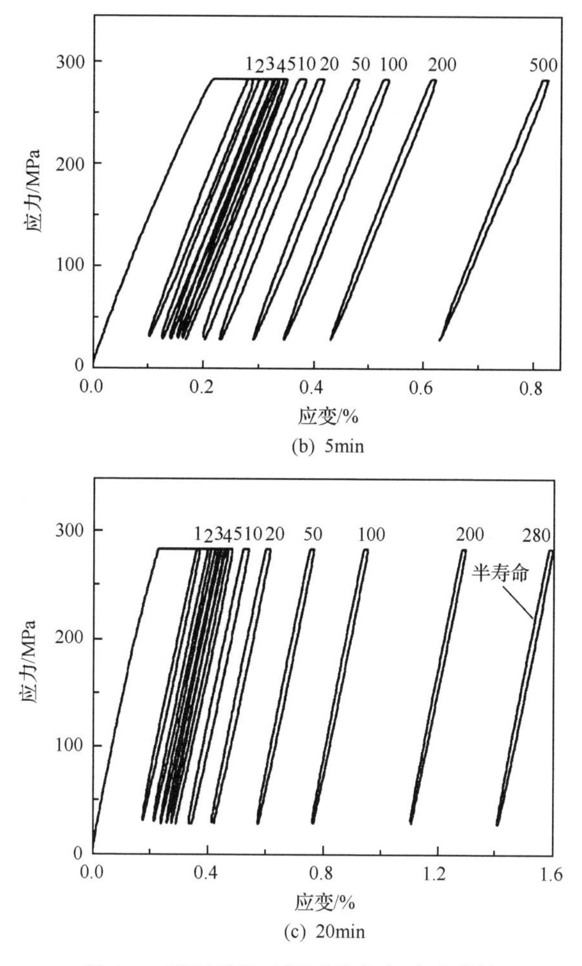

(b) 5min

(c) 20min

图 8.4　不同保载时间下的应力-应变曲线

试验结果表明，在加载阶段产生的塑性变形较小，这是由于加载峰值仅为初始屈服应力的 60%；在峰值保载阶段，材料产生明显的蠕变变形，且蠕变应变随保载时间的延长而增大；另外，前几个循环保载阶段的蠕变速率较大，随后蠕变速率趋于稳定。值得注意的是，为研究蠕变稳态阶段的应力-应变响应，这里仅考虑相应保载时间下半寿命前的力学行为。此外，不同情况下的应力-应变曲线具有一定规律性，典型的第一个循环内的应力-应变如图 8.5 所示。其中，1—2 为加载阶段(弹塑性变形)，2—3 为峰值保载阶段(蠕变变形)，3—4 为卸载阶段(黏塑性应变、滞弹性回复、弹性卸载和反向塑性应变)，4—5 为再次加载阶段(黏塑性应变和弹塑性变形)。为便于描述和理解，图 8.5 中分别显示了卸载阶段各应变分量的取值范围。值得注意的是，这些应变分量在卸载过程中并不独立，而是同时发生的。另外，滞弹性蠕变回复导致卸载阶段的有效弹性模量 E_{eff} 明显小于初始弹

性模量 E，且再次加载至峰值时应变值较卸载时小，这说明滞弹性回复显著降低了材料的变形速率，一定程度上延长了材料的使用寿命。需要指出的是，加、卸载阶段的蠕变应变及黏塑性应变较小，本书分析中不予考虑，于是有

$$\varepsilon^{\mathrm{c}} = \varepsilon_3 - \varepsilon_2 \tag{8.1}$$

$$\varepsilon_4 = \varepsilon_3 - \varepsilon_{34}^{\mathrm{p}} - \frac{\Delta\sigma}{E} - \varepsilon^{\mathrm{an}} \tag{8.2}$$

$$\varepsilon_5 = \varepsilon_4 + \frac{\Delta\sigma}{E} + \varepsilon_{45}^{\mathrm{p}} \tag{8.3}$$

$$\Delta\sigma = \sigma_{\max} - \sigma_{\min} \tag{8.4}$$

式中，ε^{c} 和 $\varepsilon^{\mathrm{an}}$ 分别为蠕变应变和滞弹性回复应变；ε_i（i=1, 2, …, 5）为加载路径上的应变值；$\varepsilon_{34}^{\mathrm{p}}$ 和 $\varepsilon_{45}^{\mathrm{p}}$ 分别为卸载和再次加载阶段的塑性应变；E 为弹性模量；$\sigma_{\max}$ 和 $\sigma_{\min}$ 分别为施加的最大和最小应力；$\Delta\sigma$ 为应力范围。

由式(8.1)～式(8.4)可知，卸载阶段的滞弹性回复应变为

$$\varepsilon^{\mathrm{an}} = \varepsilon_3 - \varepsilon_4 - \varepsilon_{34}^{\mathrm{p}} - \frac{\Delta\sigma}{E} \tag{8.5}$$

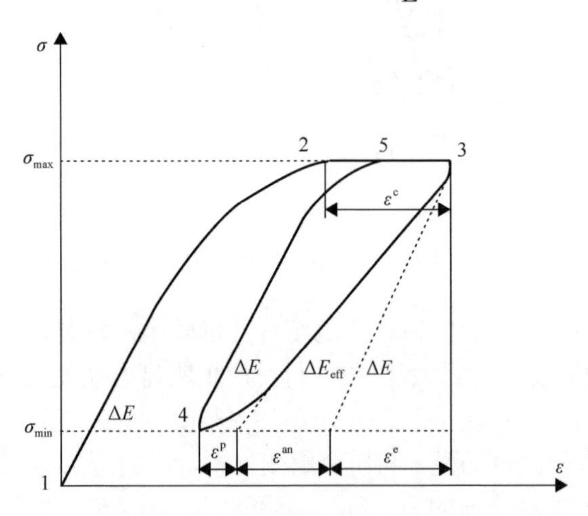

图 8.5　第一个循环内应力-应变曲线

基于试验数据，采用式(8.5)可计算不同保载时间下的滞弹性回复量。那么，不同保载时间下的滞弹性回复量与循环数的关系如图 8.6 所示。结果表明，滞弹性回复量在载荷循环过程中基本保持不变；其中，当保载时间等于 2min 时，滞弹性回复量约为 6×10^{-5}；当保载时间大于等于 5min 时，滞弹性回复量约为 8×10^{-5}，这说明保载时间大于 5min 时，滞弹性回复量达到饱和状态。

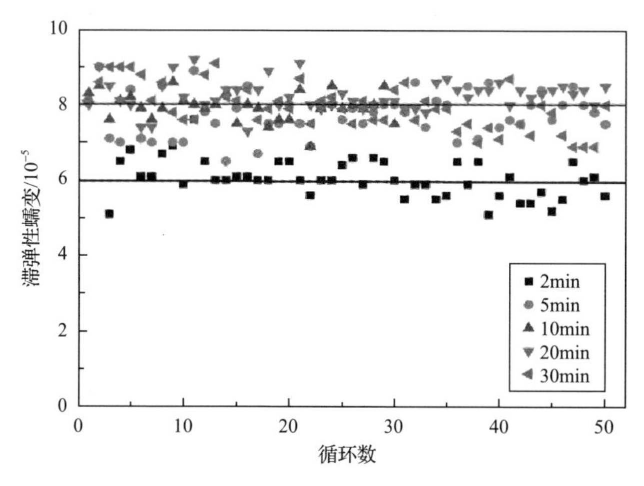

图 8.6　滞弹性回复量随循环数的变化关系图

假定滞弹性回复率为卸载阶段滞弹性回复量与峰值保载阶段蠕变量的比值，则不同保载时间下滞弹性回复率随载荷循环数的关系，如图 8.7 所示。为便于比较，图 8.7 中横坐标的循环数采用相应的半寿命循环数进行归一化处理。分析结果表明，在瞬态蠕变阶段蠕变回复率显著增加，这是由于瞬态蠕变阶段滞弹性回复量基本不变且蠕变速率迅速降低；当蠕变进入稳态阶段后，滞弹性回复率也保持为常数，这是因为稳态蠕变阶段滞弹性回复量基本不变且蠕变速率恒定的结果。同时，当保载时间小于 5min 时，蠕变稳态阶段后滞弹性回复率接近 100%，即峰值保载阶段产生的蠕变在卸载阶段几乎完全回复，这说明蠕变稳态阶段后，累

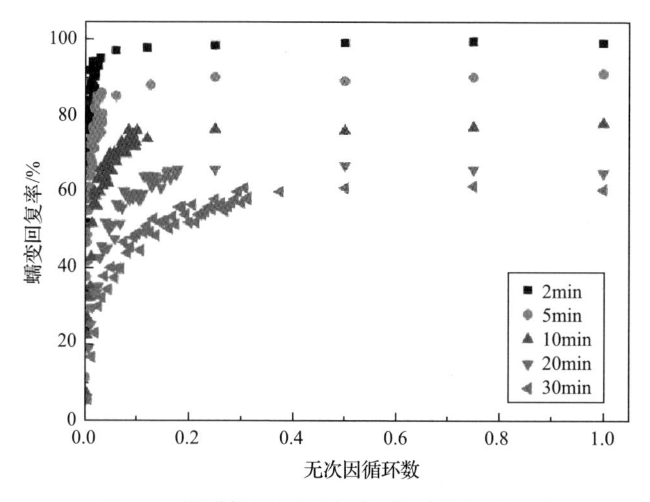

图 8.7　滞弹性回复率随循环数的变化关系图

积的总应变仅由循环加载阶段产生的机械棘轮应变；当保载时间大于 5min 时，滞弹性回复率小于 100%，即峰值保载阶段产生的蠕变在卸载阶段部分回复，这说明蠕变稳态阶段后，累积的总应变包括保载阶段产生的蠕变应变及循环加载阶段产生的机械棘轮应变。另外，不同保载时间下半寿命处滞弹性行为如图 8.8 所示，分析结果与蠕变稳态阶段基本一致，说明材料进入稳态蠕变阶段后直至半寿命的滞弹性行为保持不变。

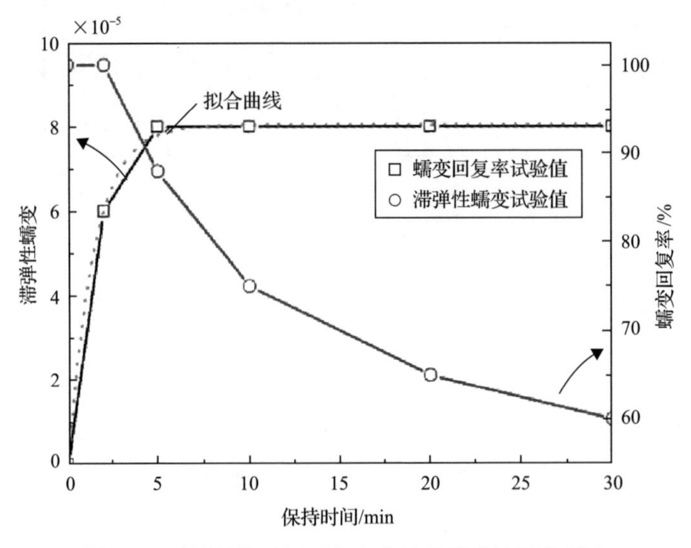

图 8.8　不同保载时间下半寿命处的滞弹性蠕变行为

因此，X12CrMoWVNbN10-1-1 钢在蠕变-疲劳载荷下的总应变可分为峰值保载阶段蠕变应变分量和循环加载阶段产生的棘轮应变分量。其中，每次循环加载产生的蠕变增量可由式(8.1)计算，而每次循环加载产生的棘轮应变增量为

$$\Delta\varepsilon^{\mathrm{p}}=\varepsilon^{\mathrm{an}}-(\varepsilon_3-\varepsilon_5) \tag{8.6}$$

根据式(8.6)即可获得棘轮应变分量的累积，下面将进一步讨论滞弹性回复行为对棘轮变形的影响。

8.2.2　滞弹性回复对 X12CrMoWVNbN10-1-1 钢棘轮与安定行为的影响

为分析滞弹性回复对材料棘轮与安定行为的影响，本小节根据式(8.1)～式(8.6)将 X12CrMoWVNbN10-1-1 钢在蠕变-疲劳载荷下的总应变(T)分解为峰值保载阶段累积的蠕变应变(C)和循环加载阶段产生的棘轮应变(R)。其中，2min、5min 和 20min 累积的应变情况如图 8.9 所示。

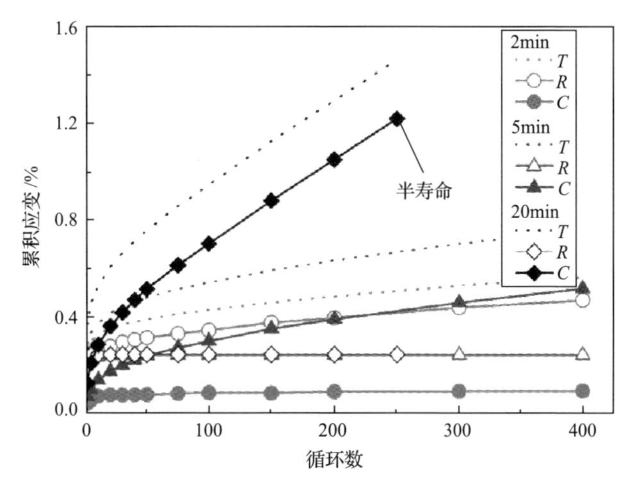

图 8.9　X12CrMoWVNbN10-1-1 钢蠕变-棘轮行为

图 8.9 表明，不同保载时间下累积的蠕变应变和棘轮应变的演化规律完全不同。当峰值保载时间大于等于 5min 时，材料的总应变主要为累积的蠕变应变，而棘轮应变经过初始的几个循环之后安定，且保载时间越长，产生安定所需的循环次数越少，特别地，如果保载时间大于 20min，材料在 1 次循环后即安定；相反，当保载时间小于 5min 时，材料的总应变主要为累积的棘轮应变，因为累积的棘轮应变则随循环数增加而增加，而累积的蠕变应变在一定循环之后收敛，即后续循环中保载阶段产生的蠕变应变在卸载过程中因滞弹性效应被完全回复。这也说明不同保载时间下材料的失效模式不同，而保载时间 5min 可视为不同失效模式的转变点。当保载时间大于等于 5min 时，材料主要因蠕变-疲劳损伤失效；而当保载时间小于 5min 时，疲劳-延性损伤为主要的失效模式。这也进一步说明滞弹性回复行为不仅影响累积的蠕变应变率，而且显著影响结构的棘轮应变率。因此，引入滞弹性回复行为研究 X12CrMoWVNbN10-1-1 钢在蠕变-疲劳载荷下蠕变应变和棘轮应变是十分必要的，这也为材料在蠕变-疲劳载荷下的寿命评估提供新方法。

8.3　X12CrMoWVNbN10-1-1 钢的蠕变-棘轮预测模型

考虑到加、卸载阶段的蠕变应变及黏塑性应变相对较小，这里不予考虑。本节主要研究 X12CrMoWVNbN10-1-1 钢在加载阶段的弹塑性行为、峰值保载阶段的蠕变行为及卸载阶段的弹塑性行为和滞弹性回复行为。另外，由于保载时间较长且应力峰值较小，材料在疲劳-蠕变载荷下的蠕变应变大于棘轮应变，Kang 等[101]提出的塑性-蠕变叠加模型(plasticity-creep superstition model)能较好预测材料在该情况下的应变行为。因此，本书拟在该模型基础上进一步引入滞弹性回复行为来预测 X12CrMoWVNbN10-1-1 钢的蠕变-棘轮行为。

8.3.1 弹-塑-蠕变响应的基本理论公式

材料在弹-塑-蠕变载荷下的应力应变响应遵循如下基本公式：

$$\boldsymbol{\varepsilon} = \boldsymbol{\varepsilon}^{\mathrm{e}} + \boldsymbol{\varepsilon}^{\mathrm{p}} + \boldsymbol{\varepsilon}^{\mathrm{c}} \tag{8.7}$$

$$\boldsymbol{\varepsilon}^{\mathrm{e}} = \frac{1+\mu}{E_0}\boldsymbol{\sigma} - \frac{\mu}{E_0}(\mathrm{tr}\boldsymbol{\sigma})\boldsymbol{I} \tag{8.8}$$

$$\dot{\boldsymbol{\varepsilon}}^{\mathrm{p}} = \frac{3}{2}\dot{p}\frac{\boldsymbol{S}-\boldsymbol{X}}{J(\boldsymbol{S}-\boldsymbol{X})} \tag{8.9}$$

$$\dot{\boldsymbol{\varepsilon}}^{\mathrm{c}} = \frac{3}{2}\frac{\left(\frac{3}{2}\dot{\boldsymbol{\varepsilon}}^{\mathrm{c}}:\dot{\boldsymbol{\varepsilon}}^{\mathrm{c}}\right)^{1/2}\boldsymbol{S}}{J(\boldsymbol{S}-\boldsymbol{X})} \tag{8.10}$$

$$f = J(\boldsymbol{S}-\boldsymbol{X}) - \sigma_{\mathrm{s}} \tag{8.11}$$

$$\dot{p} = \sqrt{\frac{2}{3}\dot{\boldsymbol{\varepsilon}}^{\mathrm{p}}:\dot{\boldsymbol{\varepsilon}}^{\mathrm{p}}} \tag{8.12}$$

$$J(\boldsymbol{S}-\boldsymbol{X}) = \sqrt{\frac{3}{2}(\boldsymbol{S}-\boldsymbol{X}):(\boldsymbol{S}-\boldsymbol{X})} \tag{8.13}$$

式中，$\boldsymbol{\varepsilon}^{\mathrm{e}}$、$\boldsymbol{\varepsilon}^{\mathrm{p}}$ 和 $\boldsymbol{\varepsilon}^{\mathrm{c}}$ 分别为弹性应变、塑性应变和蠕变应变张量；$\boldsymbol{\sigma}$ 为应力张量；$\boldsymbol{S}$ 和 $\boldsymbol{X}$ 分别为应力和背应力偏量；E 和 μ 分别为弹性模量和泊松比。本书中(·)表示变量对时间的导数，(:)表示二阶张量之间的内积。

8.3.2 考虑滞弹性的非线性随动硬化模型

到目前为止，国内外学者广泛研究了各种非线性随动硬化模型来预测材料在应力控制或应变控制下的棘轮应变行为。其中，Ohno 等[93, 94]提出的非线性随动硬化模型可较好模拟黏塑性材料在各种载荷下的棘轮行为，本书以该模型为基础研究 X12CrMoWVNbN10-1-1 钢的变形行为。Ohno-Abdel-Karim 非线性随动硬化模型的基本方程如下：

$$\boldsymbol{X} = \sum_{i=1}^{M}\boldsymbol{X}_i \tag{8.14}$$

$$\dot{\boldsymbol{X}}_i = \xi_i\left[\frac{2}{3}r_i\dot{\boldsymbol{\varepsilon}}^{\mathrm{p}} - \mu_i\boldsymbol{X}_i\dot{p} - H(f_i)\left\langle\dot{\lambda}_i\right\rangle\boldsymbol{X}_i\right] \tag{8.15}$$

$$f_i = \frac{3}{2}\boldsymbol{X}_i:\boldsymbol{X}_i - r_i^2 \tag{8.16}$$

$$\dot{\lambda}_i = \dot{\boldsymbol{\varepsilon}}^{\mathrm{p}} : \frac{\boldsymbol{X}_i}{r_i} - \mu_i \dot{p} \tag{8.17}$$

式中，$\langle\ \rangle$ 可表示为

$$\langle x \rangle = \begin{cases} 0, & x < 0 \\ x, & x \geqslant 0 \end{cases} \tag{8.18}$$

而材料常数 ξ_i 和 r_i 可根据材料的单轴拉伸试验数据得到，具体公式为[158]

$$\xi_i = \frac{1}{\varepsilon_i^{\mathrm{p}}} \tag{8.19}$$

$$r_i = \left(\frac{\sigma_i - \sigma_{i-1}}{\varepsilon_i^{\mathrm{p}} - \varepsilon_{i-1}^{\mathrm{p}}} - \frac{\sigma_{i+1} - \sigma_i}{\varepsilon_{i+1}^{\mathrm{p}} - \varepsilon_i^{\mathrm{p}}} \right) \varepsilon_i^{\mathrm{p}} \tag{8.20}$$

式中，σ_0 为材料单轴拉伸的真实应力-应变曲线中 $\varepsilon_0^{\mathrm{p}} = 0$ 所对应的应力。

考虑到滞弹性松弛效应，这里假定 μ_i 是滞弹性回复应变的函数，而不是在棘轮演化过程中保持不变的材料常数。基于以上试验数据，μ_i 可定义为

$$\mu_i = A\left(\varepsilon^{\mathrm{an}}(t_{\mathrm{h}}) / \varepsilon_{\max}^{\mathrm{an}} + K\right) \exp\left[-\left\langle \left(\varepsilon^{\mathrm{an}}(t_{\mathrm{h}}) - \varepsilon^{\mathrm{an}}(t_{\mathrm{s}}) / \varepsilon_{\max}^{\mathrm{an}} \right) / M \right\rangle \right] \tag{8.21}$$

式中，$\varepsilon^{\mathrm{an}}(t_{\mathrm{h}})$ 为与保载时间相关的滞弹性应变；$\varepsilon_{\max}^{\mathrm{an}}$ 为滞弹性回复量的饱和值；t_{h} 和 t_{s} 分别为峰值保载时间和不同失效模式的保载时间转变点；A、K 和 M 为材料常数。注意函数 $\varepsilon^{\mathrm{an}}(t_{\mathrm{h}}) / \varepsilon_{\max}^{\mathrm{an}}$ 可通过拟合图 8.8 中的试验数据获得，A 可通过 Ohno-Abdel-Karim 模型拟合纯疲劳载荷下的棘轮行为获得，而 K 和 M 可拟合转变点保载时间下的棘轮应变获得，各材料参数如表 8.3 所示。

表 8.3　X12CrMoWVNbN10-1-1 在 600℃时的材料常数

弹性常数	E=1.4×10^{5}MPa	μ=0.3	σ_s =112.5MPa	
随动硬化常数	r_1=38	r_2=52	r_3=54.5	r_4=50
	r_5=60	r_6=40	r_7=62.5	r_8=5.5
	ξ_1=5000	ξ_2=2500	ξ_3=2000	ξ_4=1000
	ξ_5=500	ξ_6=250	ξ_7=100	ξ_8=50
滞弹性常数	A =0.03	K=1	M=0.001	t_s=5min

8.3.3 单轴蠕变方程及参数

600℃时 X12CrMoWVNbN10-1-1 钢在 284MPa 拉伸载荷下的静态蠕变曲线如图 8.10 所示。值得注意的是，本小节不考虑蠕变第三阶段的情况。另外，由 8.1.3

节分析结果可知，瞬态蠕变阶段对材料在蠕变-疲劳载荷下的总应变影响较大，本书蠕变-棘轮叠加模型中包括瞬态和稳态阶段的蠕变响应。故蠕变演化方程可定义为

$$\varepsilon^{c} = A_1 + A_2 t^n + A_3 t \tag{8.22}$$

式中，A_1、A_2、A_3 和 n 均为蠕变材料常数，可通过拟合静态蠕变曲线(图 8.10)获得，蠕变参数如表 8.4 所示。

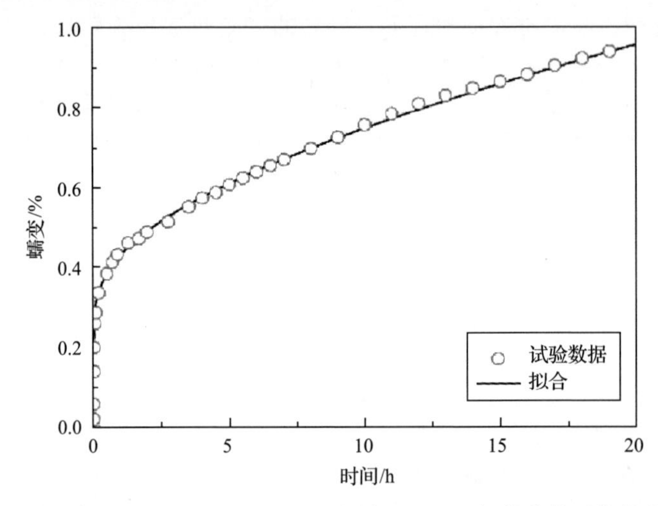

图 8.10 600℃时 X12CrMoWVNbN10-1-1 钢在 284MPa 拉伸载荷下的静态蠕变曲线

表 8.4 600℃时 X12CrMoWVNbN10-1-1 钢在 284MPa 拉伸载荷下的蠕变常数

A_1	A_2	A_3	n
0.002	0.0021	1.38×10^{-4}	0.28

值得注意的是，式(8.22)的前两项为瞬态蠕变项，而第三项为稳态蠕变项。另外，在稳态蠕变阶段，滞弹性蠕变回复量 ε^{an} 等于保载阶段产生的蠕变应变 ε^{cr} 乘以蠕变回复率，而由式(8.22)可知，A_3 为稳态蠕变应变率，故不同保载时间下的滞弹性回复量可通过式(8.23)得出：

$$\varepsilon^{an} = A_3 \cdot t_h \cdot r^{c} \tag{8.23}$$

式中，r^{c} 为稳态蠕变阶段的蠕变回复率，可以通过拟合图 8.8 中的试验数据获得。

8.4 X12CrMoWVNbN10-1-1 钢的蠕变-棘轮预测结果与讨论

根据 8.3 节中的蠕变-棘轮叠加模型及表 8.4 中的材料参数，本节计算了不同保载时间下 X12CrMoWVNbN10-1-1 钢的应力-应变曲线。其中，2min 保载时的应

力-应变曲线如图 8.11 所示。结果表明，由于滞弹性蠕变回复的影响，应力-应变曲线形成封闭的滞回环，且再次加载至峰值时的应变值小于前一次循环卸载前的最大应变值，这降低了材料的总应变速率，计算结果与试验数据较好一致。

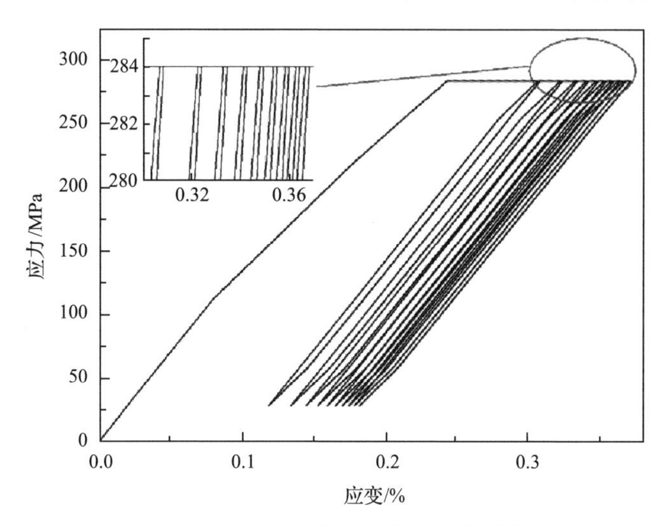

图 8.11　2min 保载时的应力-应变曲线

图 8.12 显示了 20min 保载时材料的应力-应变曲线，为进一步验证本书预测模型的合理性，这里将计算结果与试验数据进行比较。结果表明，本书提出的蠕变-塑性叠加模型可较好分析 X12CrMoWVNbN10-1-1 钢在蠕变-疲劳载荷下的应力-应变行为，能真实反映材料在蠕变-疲劳载荷下的应力-应变演化过程。

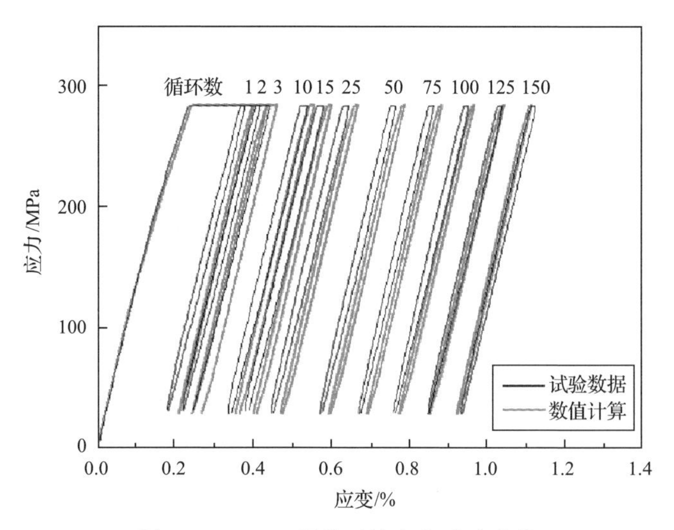

图 8.12　20min 保载时的应力-应变曲线

图 8.13 比较了 X12CrMoWVNbN10-1-1 钢在各保载时间下总变形的计算结果和试验数据。结果表明，半寿命前模拟结果与试验数据吻合较好，说明该模型可较好模拟 X12CrMoWVNbN10-1-1 钢在各种载荷条件下的变形行为。但是，半寿命后模拟结果与试验数据产生较大偏差，这可能由于本书模型中未考虑疲劳损伤或蠕变损伤等因素的影响。

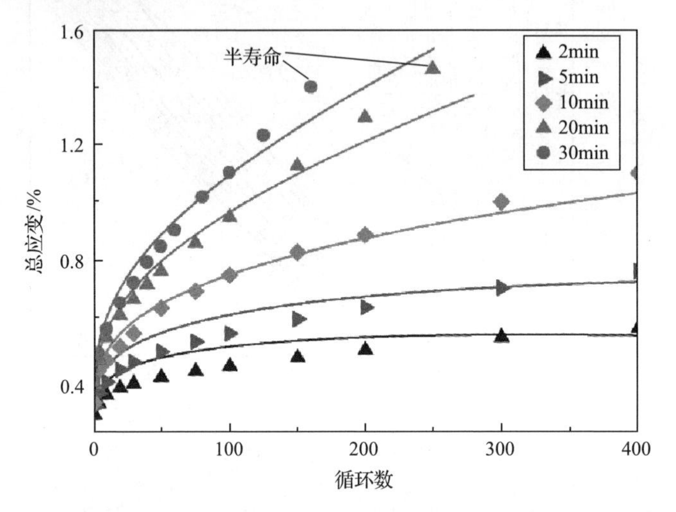

图 8.13　蠕变-疲劳载荷下 X12CrMoWVNbN10-1-1 钢的总变形模拟

另外，棘轮分量的模拟结果如图 8.14 所示。结果表明，本书的蠕变-棘轮叠加模型可较好模拟材料在循环加载过程中产生的棘轮与安定行为。本书提出的蠕变-棘轮叠加模型不仅能较好模拟材料在蠕变-疲劳载荷下的总变形，也能较好描述累积的蠕变应变和棘轮应变分量，这说明本书模型可计算不同机理引起的变形。由

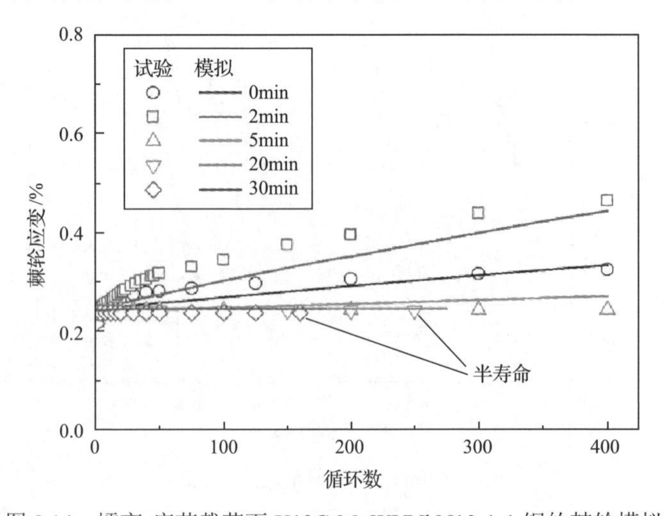

图 8.14　蠕变-疲劳载荷下 X12CrMoWVNbN10-1-1 钢的棘轮模拟

前面可知，不同保载时间下 X12CrMoWVNbN10-1-1 钢的损伤机理不同，即保载时间大于等于 5min 时，材料主要因蠕变-疲劳损伤失效，而保载时间小于 5min 时，疲劳-延性损伤为主导失效模式。

8.5　本 章 小 结

本章分析了 X12CrMoWVNbN10-1-1 钢在蠕变-疲劳载荷下的变形行为和失效机理，并重点研究了滞弹性回复行为及其对材料棘轮与安定行为的影响，提出了预测 X12CrMoWVNbN10-1-1 钢变形行为的蠕变-塑性叠加模型。结果表明，不同保载时间的滞弹性回复量在载荷循环过程中基本保持不变，且当蠕变进入稳态阶段后，相应的滞弹性回复率也保持为常数；当保载时间小于 5min 时，累积的棘轮应变随循环数增加而不断增加，而累积的蠕变应变分量由于滞弹性回复而趋于稳定，疲劳-延性损伤是主导的失效模式；当保载时间大于 5min 时，累积的棘轮应变趋于安定，而累积的蠕变应变分量随循环数的增加而逐渐增大，材料最终因蠕变-疲劳损伤失效；本章建立的蠕变-塑性叠加模型可较好模拟 X12CrMoWVNbN10-1-1 钢在各种载荷条件下的变形行为，特别是能较好模拟材料在蠕变-疲劳载荷下的蠕变应变和棘轮应变分量，为高温循环载荷下承压设备的棘轮与安定性分析提供了理论依据。

第 9 章　基于规范的承压设备安定性设计方法

近年来，随着人们对结构安定性理论重要性认识的深入及基础研究的不断积累，相关分析方法先后被纳入各国标准，如 ASME、RCC-MRx、EN 13445、R5 等。相比而言，这些规范方法主要包括弹性分析法、简化弹塑性分析法和详细弹塑性分析法。

以前述基础理论和分析方法为基础，本章将系统介绍各国规范中所涉及的中低温及高温承压设备的安定性设计准则，9.1～9.6 节分别介绍 ASME 规范、R5 规程、RCC-MRx 规范、EN 13445 规范、日本 C-TDF 方法及苏联 USSR 规范中的安定性设计准则；9.7 节基于案例对现有方法进行简要对比分析。

9.1　基于 ASME 规范的承压设备安定性设计准则

9.1.1　中低温构件安定性设计规范(ASME BPVC-Ⅲ-NB)

1. 弹性安定分析

对于 A 级使用限制，一次加二次应力强度的限值为

$$\Delta(P_{\mathrm{L}} + P_{\mathrm{b}} + Q) \leqslant 3S_{\mathrm{m}} \tag{9.1}$$

该应力强度由沿截面厚度的总体或局部一次薄膜应力，加上一次弯曲应力与二次应力之和的最大值导出，这些应力由正常使用工况下的机械载荷和热载荷共同引起。对一次加二次应力强度的限值为 $3S_{\mathrm{m}}$，可以确保经过几次应力循环后发生弹性安定。

此外，沿截面厚度的任意一点上，由自由端位移受约束引起的最大应力值(忽略局部应力集中效应)称为膨胀应力强度 P_{e}，其最大范围的许用值为 $3S_{\mathrm{m}}$，即 $P_{\mathrm{e}} \leqslant 3S_{\mathrm{m}}$。值得注意的是，膨胀应力强度的限制不适用于容器。

2. 热应力棘轮的限制

在稳态和循环载荷的某些组合作用下，由于棘轮效应作用的结果，有可能出现大的畸变，即每次循环所增加的变形量几乎相等。

(1) 为了防止直径的周期性增大，在经受稳态内压载荷的部分轴对称壳体中，最大循环热应力的限值应满足如下要求。

令 x=由压力产生的最大总体薄膜应力除以屈服强度 S_{y}，y'=按照弹性原理计算

的热应力的最大许用范围除以屈服强度 S_y。

情况 1：温度沿壁厚线性变化。

当 $0<x\leqslant0.5$ 时，有

$$y'=1/x \tag{9.2}$$

当 $0.5<x<1$ 时，有

$$y'=4(1-x) \tag{9.3}$$

情况 2：温度沿壁厚按抛物线增加或者减少。

当 $0.615<x<1$ 时，$y'=5.2(1-x)$；当 $x<0.615$ 时的近似值如下：对 x=0.3，0.4，0.5，y'分别为 4.65、3.55 及 2.70。特别地，ASME BPVC VIII-2-2015 中对 $x<0.615$ 时的安定极限载荷进行了数据拟合，其评定公式为

$$y'=\frac{1}{0.1224+0.9944x^2},\quad 0<x<0.615 \tag{9.4}$$

值得注意的是，当结构中存在二次薄膜应力(热薄膜应力)时，会导致上述安定性评定的结果偏于危险，ASME BPVC Ⅷ-2—2015 中进一步对二次薄膜等效热应力限制如下：

$$y'\leqslant 2.0(1-x) \tag{9.5}$$

(2) 上述关系式中用屈服强度 S_y 代替比例极限，以便在每一次循环中允许有一个小量的增加，直至应变硬化使比例极限上升到 S_y。如果材料的屈服强度高于材料的持久强度，并有较大的循环次数，由于可能发生应变软化，所以采用持久强度限。

此外，ASME 规范规定，结构在至少三次循环载荷分析后满足以下三个条件之一即安定，但满足条件后仍需补充额外的计算，以保证塑性应变收敛：

①无塑性行为；

②部件主要承载边界存在弹性核心；

③部件总体尺寸无永久变形。

3. 非整体连接件渐增性畸变的限制

螺帽、螺栓、剪切环盖和栓块锁紧盖都是非整体连接件的例子，它们可能承受喇叭形或其他类型的渐增性畸变失效。如果任何组合形式的载荷使之产生屈服，则这类接头会发生棘轮效应，它们的配合面会在每一个操作周期内产生松动，并在下一个周期内开始新的配合关系，不管是否有人为的操作过程。每次循环都可

能会产生附加的塑性变形，导致连接件发生松动。非整体连接件之间会因渐增性畸变发生滑移或松动时，一次加二次应力强度应该限制在 S_y 内。

4. 塑性安定分析

如果某一具体部位符合下列(1)～(3)的要求，则该部位不需要满足热应力棘轮效应的限制和非整体连接渐增性畸变的限制。

(1) 与应力限值进行比较的应力评定时，按弹性计算应力。

(2) 在具体部位上按塑性计算结构的响应，如果出现安定(非持续性变形)，则应认为设计是可接受的。但是，对于特定的最小屈服强度与最小抗拉强度之比小于 0.7 的材料，循环操作载荷下由塑性分析得到的最大累积局部应变不超过 5%，则无须满足安定性要求。

(3) 与疲劳许用限值进行比较的应力评定时，最大总应变范围的数值上应乘以循环内平均温度下弹性模量的一半。

5. 简化的弹塑性分析

如果符合下列(1)～(6)的要求，则一次加二次应力强度可以超过 $3S_m$ 的限制。

(1) 不包括热弯曲应力，一次薄膜加二次薄膜加弯曲应力不超过 $3S_m$。

(2) 疲劳设计曲线上 S_a 乘以系数 K_e。当 $S_n \leqslant 3S_m$ 时，有

$$K_e = 1.0 \tag{9.6}$$

当 $3S_m \leqslant S_n \leqslant 3mS_m$ 时，有

$$K_e = 1.0 + \{(1-n)/[n(m-1)]\}\left[S_n/(3S_m) - 1\right] \tag{9.7}$$

当 $S_n \geqslant 3mS_m$ 时，有

$$K_e = 1/n \tag{9.8}$$

式中，S_n 为一次加二次应力强度范围。各类允许材料对应的材料参数 m、n 的值见表 9.1。

(3) 除了不必使用 NB-3227.6 外，其他的疲劳设计方法与 NB-3222.4 中的要求一致。

(4) 结构满足热应力棘轮的规定要求。

(5) 温度不应该超过表 9.1 中所列各种材料对应的温度。

(6) 材料规定的最小屈服强度与最小抗拉强度之比小于 0.8。

表 9.1　各类材料的最大许用温度、*m* 和 *n* 值(ASME BPVC-NB-3228.5(b)-1)

材料	m	n	T_{max}
碳素钢	3.0	0.2	700 (370)
低合金钢	2.0	0.2	700 (370)
马氏体不锈钢	2.0	0.2	700 (370)
奥氏体不锈钢	1.7	0.3	800 (425)
镍铬铁合金	1.7	0.3	800 (425)
镍铜合金	1.7	0.3	800 (425)

注：最大许用温度数据中，括号外为华氏温度，括号内为摄氏温度。

9.1.2　高温构件安定性设计规范(ASME BPVC-Ⅲ-NH)

1. 目的

本节提供了一种可用于评定部件的应变、变形和疲劳限值分析的规则，这些部件的载荷所控制应力按 NH 分卷规则评定。

2. 一般要求

1) 分析类型

预计蠕变效应明显的部位，一般要求进行非弹性分析，以对变形和应变给出定量评定。但是，对于要求进行详细非弹性分析的结构，有时可以合理地采用弹性和简化非弹性分析方法来确定变形、应变、应变范围和最大应力的保守界限，以减少结构上需要进行详细非弹性分析的部位数目。

2) 分析要求

设计载荷不要求做变形分析；D 级使用载荷除必须满足功能要求外，可不考虑应变和变形限制；A 级、B 级、C 级载荷需满足下面规定的应变和变形要求，而试验载荷作为附加的 B 级使用载荷。

3. 满足功能要求的变形限制

1) 弹性分析方法

对载荷进行限制的目的在于限制累积的非弹性应变(沿壁厚平均)到不大于 1%(图 9.1)。但是，当采用弹性分析时，这样大小的非弹性应变的出现可能不明显。如果规定功能变形要求，在假定结构内出现 1%的应变且其分布使可能最恶劣的变形状态与加载方向相一致时，设计人员应保证不违反这些要求。如果这样的变形状态并不会导致变形超过规定的限制，则应认为该部件所有功能要求在设计上已被证明。值得注意的是，按 NH-3200 规则的弹性分析方法并不涉及二次应力或热应力。

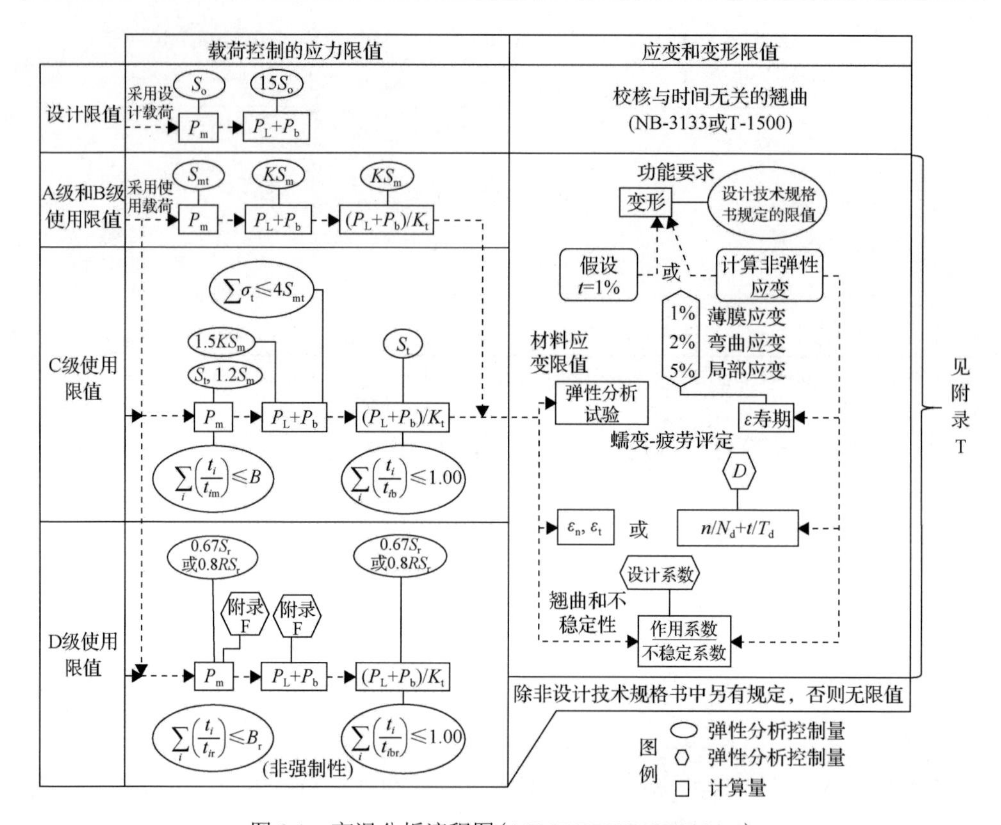

图 9.1　高温分析流程图(ASME BPVC NH3221-1)

2) 非弹性分析方法

除非已证明弹性分析方法适用，一般应采用非弹性分析，以证明变形不超过规定的限制。

4. 结构完整性的变形和应变限制

1) 非弹性应变限制

在预计经受高温的区域内，最大累积非弹性应变应满足下列要求：

(1) 沿厚度平均的应变不超过 1%；

(2) 应变沿厚度等效线性分布引起的表面应变不超过 2%；

(3) 在任何点的局部应变不超过 5%。

上述限制适用于所考虑的构件在预计运行寿期内计算的累积应变。这些限制适用于三个主应变的最大正值。正应变定义为构件在应变方向上长度增加。主应变由应变分量(ε_x，ε_y，ε_z，ε_{xy}，ε_{xz}，ε_{yz})进行计算。当在通过壁厚的几个位置计算应变时，首先对应变分量进行平均和线性化，然后合并得到主应变值，以与上述定义的平均和表面应变限值进行比较。局部应变以所考虑的点上计算的应变为依据。

2) 采用弹性分析应变限制的满足

如果满足下述(3)、(4)或(5)中的任一限制，便认为已经满足了 9.1.2 节第四部分中非弹性应变限制。在确定(3)和(4)中评定的合适的循环时，应采用下述(1)～(4)的导则。

(1) 设计技术文件中定义的一个单独循环不能分解为几个子循环来满足上述要求。

(2) 必须至少定义一个循环，它包括在所有的 A 级、B 级和 C 级使用载荷过程中出现的最大二次应力强度范围 Q_R 和 (P_L+P_b/K_t) 的最大值。K_t 指蠕变效应引起的外层纤维弯曲应力减小的系数，$K_t=(K+1)/2$。K 为截面系数，表示使全部横截面产生塑形变形的载荷与使横截面产生初始屈服的载荷之比。例如，壳体的横截面为矩形，K=1.5，则 K_t=1.25；螺栓的横截面为实心圆，K=1.7，则 K_t=1.35。

(3) 任何循环的次数可以组合在一起，并按试验 A-1 或试验 A-2 中任何一个适用条件来评定。

(4) 下列定义适用于试验 A-1 和试验 A-2：

$$X \equiv (P_L+P_b/K_t)_{max}/S_y \tag{9.9}$$

$$Y \equiv (Q_R)_{max}/S_y \tag{9.10}$$

式中，$(P_L+P_b/K_t)_{max}$ 为在要评定的循环中，对弯曲应力按 K_t 调整的一次应力强度的最大值；S_y 为要评定的循环中沿壁厚最高和最低平均温度下两个 S_y 值的平均值；$(Q_R)_{max}$ 为所考虑循环中的二次应力强度的最大范围。

3) 试验 A-1

$$X+Y \leqslant S_a/S_y \tag{9.11}$$

式中，S_a 为下列中的较小值：

(1) 循环中沿壁厚最高平均温度和时间为 1×10^4 h 的 $1.25S_t$ 值；

(2) 循环中沿壁厚最高和最低平均温度下两个 S_y 值的平均值。

4) 试验 A-2

对试验 A-2，有

$$X+Y \leqslant 1 \tag{9.12}$$

循环中与定义二次应力最大范围 $(Q_R)_{max}$ 的一个应力极值相对应的沿壁厚平均温度应低于表 9.2 中的适用温度。

表 9.2　$S_m = 10^5 S_t$ 时温度(ASME T-1323)

材料	温度
314 型不锈钢	948(509)
316 型不锈钢	1011(544)
800H 合金	1064(573)
2.25Cr-1Mo	801(427)
9Cr-1Mo-V	940(504)

注：温度数据中，括号外为华氏温度，括号内为摄氏温度。

5)试验 A-3

对试验 A-3，除应满足弹性安定准则中 $3S_m$ 和热应力棘轮的限制外，还应满足下列于(1)～(4)的要求：

(1)服役时间限制。

各种服役温度下的服役时间之和应满足：

$$\sum_i \left(t_i / rt_{id}\right) \leqslant 0.1 \tag{9.13}$$

式中，t_i 为服役时间内金属在温度 T_i 下的总保持时间(注意：服役时间不能大于所有的 t_i 之和)；t_{id} 为在温度 T_i 及应力值 sS_y 下由图 9.2 确定的最大允许时间(注明：图 9.2 为 316SS 螺栓材料对应的最小断裂应力图，其他材料的最小断裂应力图参见 ASME 规范)，与温度 T_i 相关的 sS_y 表示为 $s(S_y|T_i)$。其中，s 值和有效蠕变时间的参数 r 由表 9.3 给出。如果 $s(S_y|T_i)$ 超过图 9.2 规定的应力值，则该试验不满足要求。

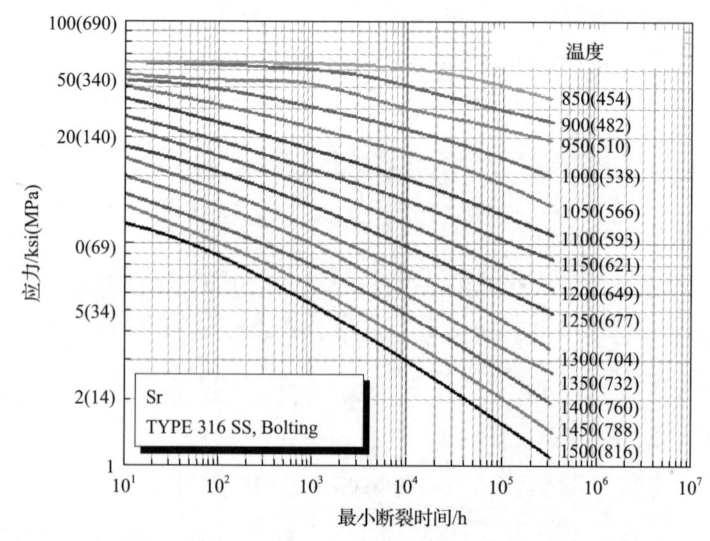

图 9.2　螺栓最小断裂应力图(I-14.6)

温度数据中，括号外为华氏温度，括号内为摄氏温度

表 9.3　*r* 和 *s* 参数的值

材料	r	s
304SS	1.0	1.5
316SS	1.0	1.5
800H	1.0	1.5
2.25Cr-1Mo	1.0	1.5
9Cr-1Mo-V	0.1	1.0

(2) 蠕变应变限制。

服役条件下的总蠕变变形应满足：

$$\sum \varepsilon_i \leqslant 0.2\% \tag{9.14}$$

式中，ε_i 为蠕变应变，即使用寿期内金属温度 T_i 的总持续时间内，由所加应力 $1.25S_y$ 产生的应变。当设计寿期分成几个时间段时，使用寿期应不大于所有时间段之和，即 $\sum_i t_i \big| T_i \geqslant$ 使用寿期。

(3) 弹性安定分析准则中 $3S_m$ 限制。

弹性安定分析准则中的 $3S_m$ 应采用 $3S_m$ 和 $3\overline{S}_m$ 中的较小值。当只有应力差(它给出一次加二次应力强度 $(P+Q)$ 的最大范围)的一个极限出现在高于 NB 分卷规定的温度时，有

$$3\overline{S}_m = 1.5S_m + S_{rH} \tag{9.15}$$

当应力差(它定义了 $(P+Q)$ 的最大范围)的两个极值都出现在高于 NB 分卷规定的温度时，有

$$3\overline{S}_m = S_{rH} + S_{rL} \tag{9.16}$$

式中，S_{rH}、S_{rL} 分别为热端和冷端的松弛强度，它们与应力循环的热和冷极限状态的温度值有关。热温度定义为应力循环中的最高运行温度。热时间等于使用寿期中沿壁厚平均温度超过 800℉ (425℃) (对于 2.25Cr-1Mo 和 9Cr-1Mo-V 为 700℉ (370℃)) 的那部分时间。冷温度定义为应力循环中对应于两个应力极值的两个温度中较低的温度。冷时间同样等于使用寿期中沿壁厚平均温度超过 800℉ (425℃) (对于 2.25Cr-1Mo 和 9Cr-1Mo-V 为 700℉ (370℃)) 的那部分时间。

在本准则中，总使用寿期可能不再进一步分为温度-时间段。两个松弛强度 S_{rH} 和 S_{rL} 可通过单轴松弛分析来确定。这种分析由 $1.5S_m$ 的初始应力开始，且在与温度超过 800℉ (425℃) (对于 2.25Cr-1Mo 和 9Cr-1Mo-V 为 700℉ (370℃)) 下的使用时间相等的持续时间内一直保持初始应变。

6) 管道部件的特殊要求

(1) 评定管道是否满足上述基于弹性分析的试验 A-1、试验 A-2 或基于简化非弹性分析的试验 B-1、试验 B-2、试验 B-3 的限制时，应在二次应力强度范围 Q_R 的计算中包括热应力项：

$$\frac{E\alpha\left|\Delta T_1\right|}{2(1-\nu)} \tag{9.17}$$

(2) 为使上述试验 A-3 中的限制适用于管道部件，可以用 NB-3600 的要求来代替弹性安定分析准则中 $3S_m$ 和热应力棘轮的要求，前提是满足式(9.18)的条件时用 $\overline{S}_m$ 代替 S_m 且满足 NB-3653.7 的管道热应力棘轮的限制：

$$S_n > 3\overline{S}_m - \frac{E\alpha\left|\Delta T_1\right|}{2(1-\nu)} \tag{9.18}$$

式中，S_n 为一次加二次应力强度范围。

$$\overline{S}_m = \min\{S_m, (3\overline{S}_m)/3\} \tag{9.19}$$

$3\overline{S}_m$ 定义见试验 A-3 中的规定。

5. 基于简化非弹性分析的应变限制

1) 一般要求

如果满足下述试验 B-1 和试验 B-2 的限制及下述(1)～(8)，便可认为已经满足了 9.1.2 节第四部分中非弹性应变的限制。

(1) 仅在下述情况才能采用试验 B-1。

①试验 B-1 仅适用于峰值应力可以忽略的结构，而试验 B-2 比较保守，适用于任意结构和载荷。

②沿壁厚峰值热应力可以忽略的一般结构(即热应力沿壁厚近似呈线性分布)。试验 B-2 更为保守，适用于任意结构和载荷。

(2) 设计技术规格书中定义的一个单独循环不能分解为几个子循环。除非另有规定，作应变评定的地震和其他瞬态条件应均匀分布在电站的整个寿期内。

(3) 作为试验 B-1 和试验 B-2 的替代，任意运行循环引起的非弹性应变可用试验 B-3 或详细的非弹性分析来评定。非弹性应变的结果之和必须满足 9.1.2 节第四部分中的限制。试验 B-3 仅适用于承受轴对称载荷且远离局部不连续区域的轴对称结构。

(4) 这里将弹性随动的二次应力(即压力引起的薄膜应力、弯曲应力和热薄膜应力)归为一次应力。或者将这些应力引起的应变分开计算，然后加到试验 B-1、试验 B-2 或试验 B-3 中所得的应变中，其应变总和应满足 9.1.2 节第四部分中的限制。如果按后一种方法处理，则在有效蠕变应力 σ_c 的评定中将弹性随动的应力作为二次应力。弹性随动是指结构系统只有一小部分经历非弹性应变，而主要部分仍以弹性状态工作时，荷载、应力和应变的计算应考虑整个结构系统的行为。在这种情况下，由于主要弹性部分的弹性随动作用，刚度较小的高应力局部区域可能产生显著的应变集中。

(5) 不管评定全部循环或仅评定其中一部分，用于试验 B-1 和试验 B-2 中的单个循环或时间段中等时应力-应变曲线的时间应计入整个寿期。

(6) 除了用 S_{yL} 值代替 S_y 值外，试验 A-1 和试验 A-2 中 X 和 Y 的定义适用于试验 B-1 和试验 B-2。S_{yL} 值对应于与定义二次应力范围 Q_R 的应力极限相应的沿壁厚平均温度中的较小者。S_{yH} 值对应于与定义二次应力范围的应力极值相应的沿壁厚平均温度中的较大者。以下标 L 和 H 分别代表冷端和热端。

(7) 试验 A-1 和试验 A-2 中 X 和 Y 的定义适用于试验 B-3，但对 X_L、Y_L、X_H 和 Y_H，分别采用 S_{yL} 和 S_{yH} 计算冷端和热端的数值。

(8) 当采用试验 B-1 和试验 B-3 的步骤时，由管道或容器总体弯曲引起的薄膜力可以保守地归作轴对称力。

2) 试验 B-1 和试验 B-2

(1) 如果与定义每个二次应力强度范围 Q_R 的一个应力极值处的平均壁温低于表 9.2 的适用温度，可以采用这些试验以满足应变限制。本条限制了 A 级、B 级和 C 级使用载荷下部件在整个使用寿期可能累积的非弹性蠕变应变的量，因而不会超 9.1.2 节第四部分中的应变限制。在本条中，弹性计算得到的一次和二次应力强度用于确定有效蠕变应力 $\sigma_c = ZS_{yL}$，进而确定总棘轮蠕变应变。图 9.3(对试验 B-1) 和图 9.4(对试验 B-2) 给出了任意载荷组合的无量纲有效蠕变应力参数 Z。

(2) 棘轮蠕变应变由 $1.25\sigma_c$ 确定。通过在整个使用寿期内的温度-时间历程中保持不变的 $1.25\sigma_c$ 和等时应力-应变曲线得到蠕变棘轮应变。全部使用寿期可以划分成多个温度-时间段，各段的 σ_c 各不相同，但在每段的使用时间内 σ_c 保持不变。当 σ_c 在载荷段末端减小时，该载荷段的持续时间必须不小于 σ_c 在恒定总应变下松弛到下一段 σ_c 所需要的时间。等时应力-应变曲线中所采用的时间应累积作为全部使用寿期。计算每段的蠕变应变增量时，应以前面载荷历程中所累积的应变作为初始应变，并在相应的等时应力-应变曲线中获得蠕变应变增量。每个时间-温度段的蠕变应变增量相加，以得到总的棘轮蠕变应变，并对母材限制在 1%，对焊缝金属限制在 0.5%。

(3) 图 9.3 中 S、S_2 和 P 区域内的有效蠕变应力参数的无量纲表达式为

$$Z = \sigma_c / S_{yL} \tag{9.20}$$

S_2 和 P 区域：

$$Z = XY \tag{9.21}$$

S_1 区域：

$$Z = Y + 1 - 2\sqrt{(1-X)Y} \tag{9.22}$$

E 区域：

$$Z = X \tag{9.23}$$

区域 P、S_1 和 S_2 的边界见图 9.3。试验 B-1 只适用于 σ_c 小于 S_{yH} 的情况(区域 E、S_1、S_2 和 P)。

(4) 对试验 B-2，有效蠕变应力 σ_c 应由图 9.4 得到。

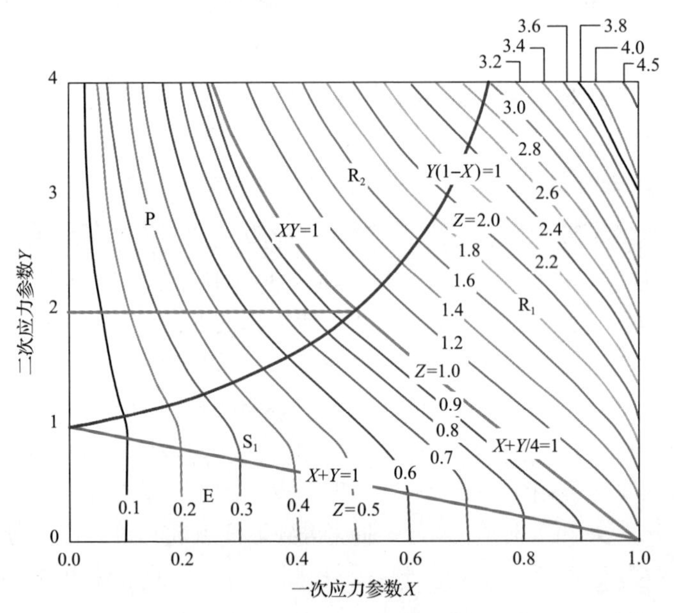

图 9.3　采用试验 B-1 和试验 B-3 的简化非弹性分析的有效蠕变应力参数 Z
(适用于峰值应力可以忽略的结构)

3) 试验 B-3

(1) 对区域 R_1 和 R_2 中的循环可以采用本方法。该方法同样适用于 S_1、S_2 和 P 区域中的循环，以将存在少数比较严重循环时的计算应变值的保守性减到最小。值得注意的是，本方法仅适用于承受轴对称载荷且远离局部不连续区域的轴对称结构，且由管道或容器总体弯曲引起的薄膜力可以保守地归作轴对称力。对采用本方法评定的循环，最终的塑性棘轮应变和循环内蠕变松弛引起的蠕变应变增量

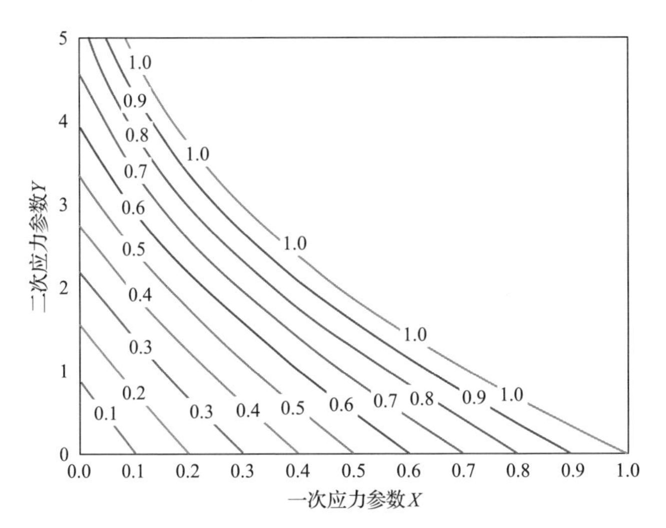

图 9.4　采用试验 B-2 的简化非弹性分析的有效蠕变应力参数 Z(适用于任意结构和载荷)

必须与试验 B-1 限制的应变相加。部件在寿期内累积的总非弹性应变为

$$\sum\varepsilon=\sum\nu+\sum\eta+\sum\delta \tag{9.24}$$

式中，$\sum\delta$ 为由 $[\sigma_c]$ 的应力松弛引起的蠕变应变增量，根据下述(3)中的说明求得；$\sum\eta$ 为区域 S_1、S_2、P、R_1 和 R_2 中循环引起的棘轮应变增量，按下述(2)中的说明求得；$\sum\nu$ 为与试验 B-1 中一样，由等时应力-应变曲线得到的非弹性应变。采用试验 B-3 或详细非弹性分析作评定的循环中，应忽略有效蠕变应力 σ_c 的增量。

(2) 当 $[\sigma_{cL}]\geqslant S_{yH}$ 时，在循环中出现塑性棘轮。循环中出现的塑性棘轮应变增量由以下公式限制：

对于 $Z\leqslant 1.0$(热极值仅位于区域 S_1、S_2 和 P 内)，有

$$\eta_{(n)}=\frac{1}{E_H}\left[\left([\sigma_{cL}]-S_{yH}\right)+\left([\sigma_{cH}]-S_{yL}\right)\right] \tag{9.25}$$

对于 $Z_L>1.0$ (两个极值都位于区域 R_1 和 R_2 内)，有

$$\eta_{(n)}=\frac{1}{E_L}\left([\sigma_{cL}]-S_{yL}\right)+\frac{1}{E_H}\left([\sigma_{cH}]-S_{yH}\right) \tag{9.26}$$

$[\sigma_{cL}]$ 和 $[\sigma_{cH}]$ 为与循环的冷、热极值相对应的有效蠕变应力，其中

$$[\sigma_{cL}]=Z_L S_{yL} \tag{9.27}$$

$$[\sigma_{cH}]=Z_H S_{yH} \tag{9.28}$$

有效蠕变应力参数 Z 由式(9.21)得到(对区域 S_2、P 和 R_2),或由式(9.22)得到(对区域 S_1 和 R_1)。图 9.3 和图 9.4 分别给出了式(9.21)和式(9.22)计算得到的曲线。注意:方括弧表示按本节方法计算得的 $[\sigma_c]$ 应力。E_L 和 E_H 为循环中冷端和热端的弹性模量。注意:式(9.25)和式(9.26)中的所有数值都与载荷循环 (n) 相关。

(3)对 $[\sigma_{cL}] \geqslant S_{yH}$ 的循环,由应力松弛引起的蠕变应变增量为

$$\sigma_{(n)} = \frac{1}{E_H} \frac{S_{yH}^2 - \sigma_c^2}{\sigma_c} \tag{9.29}$$

对 $[\sigma_{cL}] < S_{yH}$ 的循环,$[\sigma_{cL}]$ 应力松弛引起的蠕变应变增量为

$$\sigma_{(n)} = \frac{1}{E_H} \frac{[\sigma_{cL}]^2 - \sigma_c^2}{\sigma_c} \tag{9.30}$$

当加载荷次序指定时,式(9.29)和式(9.30)的中 σ_c 为试验 B-1 和试验 B-2 中下一循环的有效蠕变应力,而在其他情况下,应使用试验 B-1 和试验 B-2 中采用的最小有效蠕变应力值。

注意:式(9.29)和式(9.30)中所有数值都与载荷循环 (n) 相关,且只考虑正 δ_n 增量。

9.2 R5 规程中高温构件安定性设计准则

9.2.1 结构安定评定的简化方法

许多情况下,基于弹性分析的一次应力限值满足要求时,结构在最严重循环载荷下的弹性解满足总体安定的要求。对于这些情况,可以采用简化的安定性分析方法,即假定残余应力场等于零,且在应力分类线上任意位置和任意时刻由线性化应力确定的等效弹性应力 $\bar{\sigma}_{el,lim}(x,t)$ 小于修正的屈服极限:

$$\bar{\sigma}_{el,lim}(x,t) \leqslant K_s S_y \tag{9.31}$$

式中,$K_s S_y$ 用来衡量材料产生稳定循环行为的能力,即材料在循环载荷下产生稳定循环行为或非棘轮变形的最大应力幅;S_y 为材料在一定温度下单轴拉伸产生的最小 0.2%屈服应力(proof stress);安定系数 K_s 由相同材料和相同温度下循环应力控制的试验确定,其中 316L 不锈钢对应的 K_s 因子如图 9.5 所示。

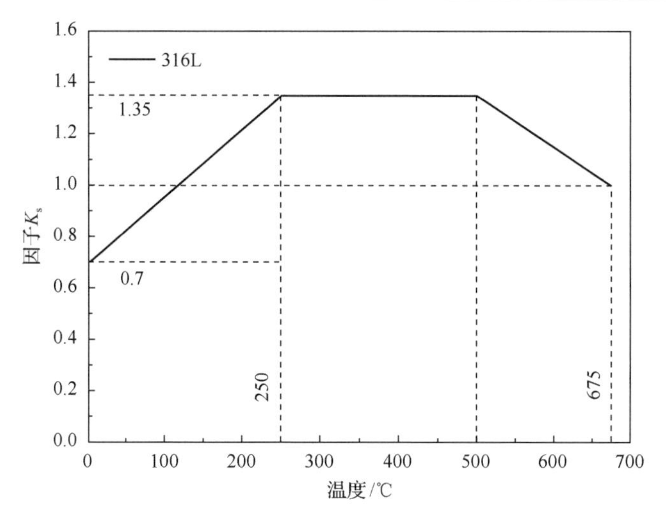

图 9.5　316L 材料对应的 K_s 因子

对于截面厚度方向上等效弹性应力大于 K_sS_y 的区域，即 $\bar{\sigma}_{el}(x,t) \geqslant K_sS_y$，需限制该循环塑性区范围小于截面厚度 w 的 20%。因此，内、外表面循环塑性区 $(r_p)_i$、$(r_p)_o$ 的厚度之和应该满足：

$$\left(r_p\right)_i + \left(r_p\right)_o \leqslant 0.2w \tag{9.32}$$

如果满足上述限制，则无须进行详细的安定性评定。此时，可以假设稳态循环应力 $\tilde{\sigma}_s(x,t)$ 等于弹性应力 $\tilde{\sigma}_{el}(x,t)$。

9.2.2　结构安定性评定的详细方法

1) 确定残余应力场

这部分主要评价结构在经过初始的几次载荷循环后处于弹性行为的能力，从而避免塑性棘轮效应或渐增性垮塌的发生，9.2.3 节中将简要介绍其主要原理。进行详细的安定性评定时，必须考虑所有的一次载荷和二次载荷。

结构的安定性受到初始几次循环载荷所产生的残余应力场的影响。因此，用户可以利用或者不利用计算机，手动计算残余应力场和进行安定评定，也可以针对弹性有限元分析结果编写相应的后处理程序，直接进行安定性评定。当选择后者时，用户不需要直接考虑残余应力场，详见 9.2.3 节。

如果不采用后处理程序，则必须生成合适的残余应力场。这些残余应力场的本质在 9.2.3 节中有详细说明。可能产生任何数量的残余应力场，但只有一个残余应力场 $\tilde{\rho}(x)$ 在整个载荷循环中保持恒定，应采用该应力场来评定结构的安定性。

推荐的做法是优化残余应力场，以最大程度减少所评估的蠕变损伤，9.2.3 节中也给出了可能的实现方法。实际上，安定性分析通常与稳态应力下的简化计算有关。

进行安定性评估时，通常有选择性地忽略峰值应力，详见 9.2.3 节。如果忽略峰值应力，那么弹性应力应该沿各个截面进行线性化。因此，弹性应力场 $\tilde{\sigma}_{el}$ 可能表示线性化应力(若忽略峰值应力)或者完全弹性应力场。

2) 计算稳定循环应力状态

如果应用后处理程序来检验安定性，则需要提供充足的输出量，以显示安定到弹性行为或不安定区域的等值云图。

如果手动进行安定性评估，则需要得到每种类型循环载荷下稳定循环状态的等效应力 $\bar{\sigma}_s(x,t)$，至少是最大循环应力范围所在循环产生的极端应力。首先需要获得稳态循环应力场 $\tilde{\sigma}_s(x,t)$，可以通过叠加弹性分析的应力分量 $\tilde{\sigma}_{el}(x,t)$ 与残余应力分量 $\tilde{\rho}(x)$ 得到：

$$\tilde{\sigma}_s(x,t)=\tilde{\sigma}_{el}(x,t)+\tilde{\rho}(x) \tag{9.33}$$

等效应力历史 $\bar{\sigma}_s(x,t)$ 由 $\tilde{\sigma}_s(x,t)$ 基于 von Mises 屈服准则求得。

3) 短时安定评定准则

将弹性计算的应力进行线性化处理，所有等效应力历史 $\bar{\sigma}_s(x,t)$ 都应该满足短时安定准则：

$$\bar{\sigma}_s(x,t)\leqslant K_s S_y \tag{9.34}$$

式中，$\bar{\sigma}_s(x,t)$ 为由 $\tilde{\sigma}_s(x,t)$ 计算的 von Mises 等效应力；S_y 为材料在操作温度下最小单轴拉伸产生的 0.2%屈服应力(proof stress)；316L 材料的安定系数 K_s 如图 9.5 所示。

4) 确定循环塑性区域范围 r_p

当弹性应力分布没有线性化时或采用计算机后处理程序进行分析时，应确定内外表面上满足式(9.35)的塑性区范围 $(r_p)_i$ 和 $(r_p)_o$。

$$\bar{\sigma}_s(x,t)\geqslant K_s S_y \tag{9.35}$$

结构的等效弹性应力应满足

$$\bar{\sigma}_s(x,t)\leqslant K_s S_y \tag{9.36}$$

但是，如果同时满足下列两个条件，则有限的区域可以免除严格安定的要求：

(1) 等值云图显示存在不满足 $\bar{\sigma}_s(x,t)\leqslant K_s S_y$ 的区域；

(2) 各个壁厚截面至少 80%的壁厚区域满足 $\bar{\sigma}_s(x,t) \leqslant K_s S_y$。

这种安定免除分析只适用于 P_L、P_B 和 Q 的应力限值都满足的情况。由峰值应力导致剩余区域不满足安定要求的情况是可以接受的。

结构承受所有类型的循环载荷时，除被豁免区域外的所有点在每个循环内都满足 $\bar{\sigma}_s(x,t) \leqslant K_s S_y$，则结构处于安定状态。此时，不需要进一步进行塑性棘轮和渐增性垮塌分析。如果每个循环内结构的所有部位都满足 $\bar{\sigma}_s(x,t) \leqslant K_s S_y$，则它处于严格安定状态。

如果不能满足上述要求，则需要采用详细的非弹性分析来证实结构满足相应的要求。

9.2.3　安定性分析与稳态循环应力极限的计算

本小节提供了安定性分析指南(R5 附录 A6)。第一部分描述了安定概念和相关残余应力场的起源。第二部分概述了该残余应力场的一般要求，其确定方法见第三部分。一般而言，存在许多潜在的残余应力场，它们均能证明结构安定。对于本节中的蠕变应用，允许选择使每个循环产生最小蠕变损伤的残余应力场，详见第四部分。第五部分描述了与安定性分析相关的稳定循环应力极限。第六部分给出了安定性评价方法发展现状。

1. 安定性

一个构件通常承受若干一次载荷和二次载荷，每个载荷都在规定的极限范围内变化。为防止塑料垮塌，任何载荷组合都不应超过 R5 附录 A5 中规定的极限载荷。然而，这并不足以防止过度的塑性变形。在循环载荷作用下，每个循环内都可能发生塑性变形，从而产生渐增塑性变形。

如果构件在加载历史的前期发生一定塑性变形，而在随后循环加载过程中呈现纯弹性响应，则可以避免渐增塑性变形，即构件安定。构件在早期的加载历史中产生的残余应力场实现了结构安定。

残余应力是去除所有外载荷后残留在结构中的应力场。它们源于总应变场与位移场相容的必要性。由应力和温度决定的总应变场内的任何非弹性应变会被局部化，并不需要它们自身形成与位移相容的应变场。然后，必须存在对应于附加应力的附加弹性应变场以提供相容性。当发生安定时，不产生进一步屈服，结构卸载后塑性应变保持不变，使得这些附加应力仍然作为残余应力场。由于安定条件下塑性应变在整个加载和卸载循环期间保持不变，该残余应力场必定是恒定且自平衡的。

在施加循环操作载荷之前，结构中可能已经存在一些残余应力。例如，焊接制造过程中的局部循环热应力通常超过屈服条件，产生了残余应力场。然而，下限安定定理[5]规定，如果对于任何满足自平衡要求的残余应力场都能产生弹性安定，那么对于真实应力场也会发生安定。因此，预先存在的自平衡残余应力场不影响结构安定性的评估结果，在安定性评估时可不考虑这类残余应力场。

2. 残余应力场的要求

任何满足以下三个必要条件的残余应力场，都可以作为安定性评估的候选残余应力场。这三个必要条件如下：

(1) 应力场必须是自平衡的；

(2) 如果载荷循环涉及卸载条件的结构，则残余应力不超过屈服；

(3) 没有因残余应力场的弹性行为导致应变场非真实的不连续性。

残余应力或多轴条件下 von Mises 等效残余应力可能等于屈服应力，但如果超过了这个极限，卸载时不能安定。仅当不连续性与材料属性突变或温度不连续相关时，应力场的不连续性才是真实的，以便总应变场连续。对于复杂形状的结构，直接指定满足条件(1)和(3)的应力场显然是困难的。然而，通过求解一个附加载荷及给定的连续温度场，其他载荷均为零，所得应力将满足条件(1)和(3)，这为产生合适的应力场提供了一种良好的方法。

如果整个结构被划分为若干结构特征，并且每个结构特征要单独进行安定性评估，则应注意所使用的残余应力场是连贯的。也就是说，残余应力场必须能够光滑连续地通过两个结构特征的中间部分。实际上，这通常意味着与结构其余部分共同边界处的残余应力可以忽略不计。

3. 残余应力场的产生

本小节介绍可以在不同情况下产生合适残余应力场的三种方法，并采用实例阐明第一种是最简单的方法。

1) 采用截面分析计算残余应力场

对于适当简单的情况，可以通过手工计算确定临界截面上的残余应力场。这种情况下几何形状和载荷往往十分简单，通常要求线性化应力是单轴、等双轴或轴对称的，且几何形状具有适当的对称性。既然在整个连续体中难以指定适当的应力场，结构必须足够简单，以便基于逐截面分析方法获得应力场。但是，分析人员有责任确保考虑了所有的关键截面，如那些承受最严重应力循环的截面。

评估沿各截面分布的残余应力场时，每个截面的残余应力应能独立地自平衡。真实残余应力场不一定如此。但是，如果用这种方法证明所有关键截面安定，那么安定性定理表明真实残余应力场也会发生安定。

一般从确定没有残余应力的弹性解 $\tilde{\sigma}_{\mathrm{el}}(x,t)$ 开始，然后判别加载路径极值处等效应力超过屈服应力的所有区域。在这些区域中，使用弹性应力中超过屈服应力的量来形成局部应力场 $\Delta\tilde{\sigma}^1(x)$，使得 $\tilde{\sigma}_{\text{el}}+\Delta\tilde{\sigma}^1(x)$ 满足屈服条件；在 $\tilde{\sigma}_{\text{el}}$ 小于屈服应力的区域中，$\Delta\tilde{\sigma}^1(x)$ 为零。如果应力场 $\Delta\tilde{\sigma}^1(x)$ 不是自平衡的，就不能是残余应力场(参见 9.2.3 节第二部分)。此时，需要确定应力场 $\Delta\tilde{\sigma}^1(x)$ 的净弯矩或直接力。然后，$\Delta\tilde{\sigma}^1(x)$ 应加上与其具有相反净弯矩或直接力的线性化应力场 $\Delta\tilde{\sigma}^2(x)$，使得 $\Delta\tilde{\sigma}^1(x)+\Delta\tilde{\sigma}^2(x)$ 是自平衡的。因此，这也是残余应力。根据该自平衡残余应力场，可形成应力历史 $\tilde{\sigma}_{\text{el}}(x,t)+\Delta\tilde{\sigma}^1(x)+\Delta\tilde{\sigma}^2(x)$。通过判别局部区域的这个应力场是否超过屈服应力，重复该过程，直到结构满足安定或者证明不能实现安定。

图 9.6 为承受循环弯矩和稳定拉伸作用的单轴梁。循环结束时弹性应力如图 9.6(a)和(b)所示。一个连续的局部应力增加到这些弹性应力时，可导致整个循环发生弹性行为，如图 9.6(c)中 $\Delta\tilde{\sigma}^1$。该应力场不是自平衡的，力和弯矩的合力不等于零。为了确保平衡，需要增加另一个沿截面线性分布的应力场，其力和弯矩与图 9.6(c)中的大小相等、方向相反，如图 9.6(d)中 $\Delta\tilde{\sigma}^2$。图 9.6(c)和(d)中应力之和为残余应力场，如图 9.6(e)中 $\Delta\tilde{\sigma}^1+\Delta\tilde{\sigma}^2$。在实际中这可能不会导致安定，但是图 9.6(e)中的应力可以乘以一个缩放因子或者通过程序迭代是可能发生安定的。采用迭代方法计算时，如果通过后续迭代能达到平衡，则所选的 $\Delta\tilde{\sigma}^2$ 不必导致自平衡残余应力场。

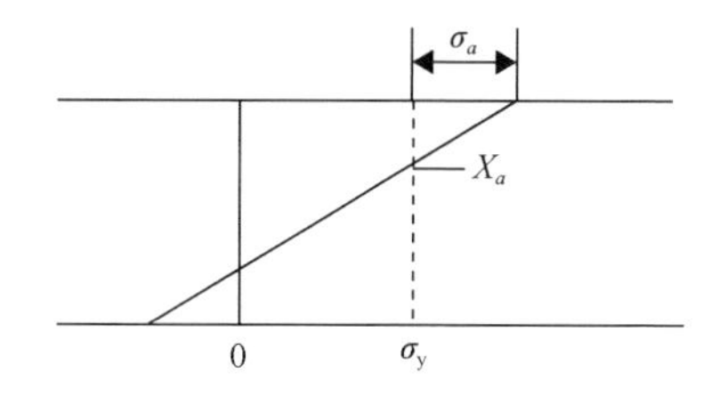

(a) 弹性应力：施加载荷($\tilde{\sigma}_{\text{el}}(t_1)$)

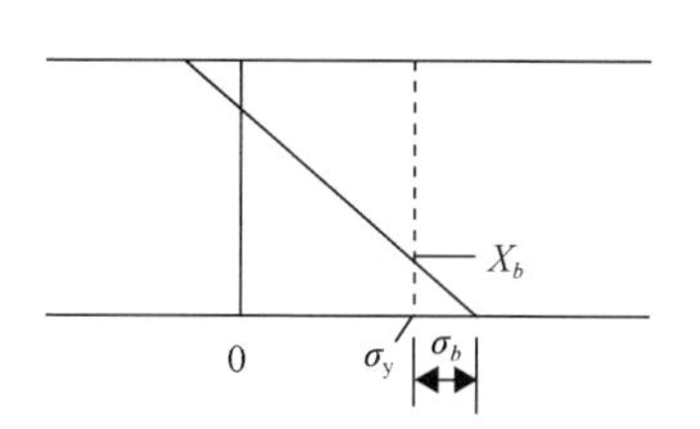

(b) 弹性应力：施加反向载荷($\tilde{\sigma}_{\text{el}}(t_2)$)

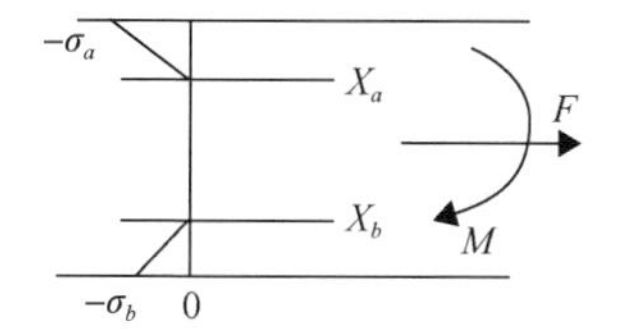

(c) 残余应力：局部应力($\Delta\tilde{\sigma}^1$)

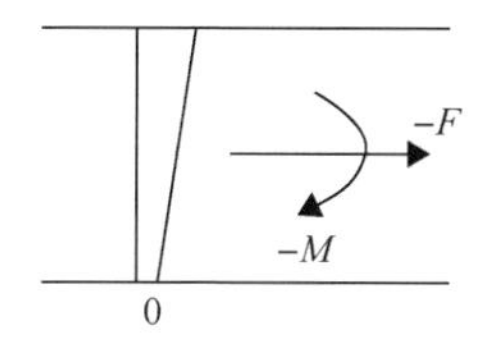

(d) 残余应力：平衡应力($\Delta\tilde{\sigma}^2$)

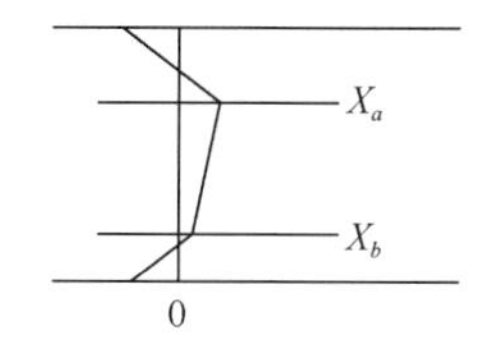

(e) (c)和(d)的残余应力之和($\Delta\tilde{\sigma}^1+\Delta\tilde{\sigma}^2$)

图 9.6　关键截面上生成残余应力过程的示意图

X_a 为加载时的屈服点；X_b 为反向加载时的屈服点

如果使用线性化的弹性解，且采用上述简化方法不能满足循环载荷下结构的安定要求，仍然可以使用完全非弹性计算来证明安定(详见 9.2.3 节第二部分)。如果弹性解中包含峰值应力，且在循环过程中一直满足屈服条件的厚度不超过其截面厚度的 80%，则完全非弹性计算可能是有用的。

两个简化假设可能有助于进行安定性分析：

(1) 通过弹性计算的屈服区和未屈服区边界的位置保持固定(图 9.6 中的 X_a 和 X_b)；

(2) 在多轴情况下，保持弹性应力的比例关系。

根据这些假设得到的残余应力场仍然满足 9.2.3 节第二部分的要求，且适用于安定性证明。安定性定理表明，这些假设使得安定性评估更加保守。

为了更详细地说明图 9.6 的方法，图 9.7 以平板模型进行案例分析。在平板上施加稳定的单轴端部载荷及循环施加和移除沿厚度度线性分布的温度梯度，并且平板被约束为具有恒定的曲率。本例的参数如下：温度梯度 T_2 = 600℃至 T_1=394.5℃；端部载荷的均匀应力 P_m=48MPa；300℃时屈服应力为 166MPa，600℃时线性降低至 141MPa；弹性模量为 160GPa；热膨胀系数为 1.8×10^{-6}/℃。

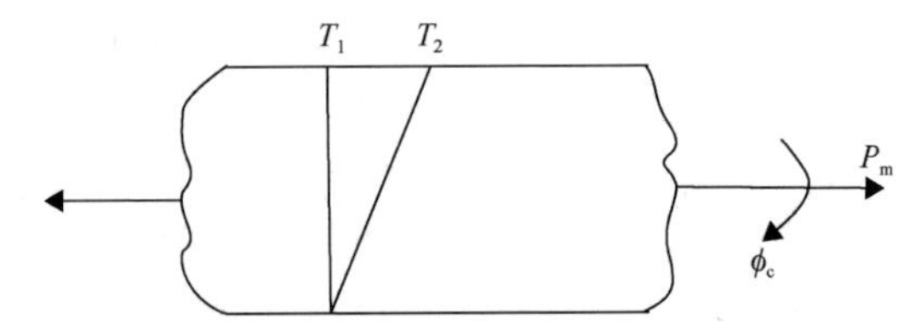

图 9.7　承受热-机械载荷的平板模型

T_1、T_2 为施加和去除的线性温度梯度；P_m 为恒定机械载荷；ϕ_c 为曲率不变

表 9.4 给出了相对应图 9.6 (a)～(e) 步中第一次迭代的数值计算结果。在本例中，选取应力场的第一次迭代结果 $\Delta\tilde{\sigma}^2$ 作为薄膜应力，而在后续迭代中实现弯曲平衡。既然所有的应力分布都呈分段线性，在手工计算时只需要考虑几个沿厚度分布的点。在第一次迭代后，当移除温度梯度时平板上表面处的应力超过了屈服应力。

表 9.4　示例中板的残余应力估算

距离顶部的无因次距离	温度/℃	屈服应力/MPa	弹性应力(周期内的限制 $\tilde{\sigma}_{el}$)/MPa	局部残余应力估值 $\Delta\tilde{\sigma}^1$/MPa	残余平衡应力(第一次迭代 $\Delta\tilde{\sigma}^2$)/MPa	残余应力估算值[第一次迭代的末期 $1.13\left(\Delta\tilde{\sigma}^1+\Delta\tilde{\sigma}^2\right)$]/MPa	三次迭代后的残余应力评估值/MPa
0	600/395	141/158	–248/+48	+107	+22	+146	+107
0.2	562/395	144/158	–139/+48	0	+22	+25	+41
0.5	499/395	149/158	+42/+48	0	+22	+25	+41
0.66	466/395	152/158	+139/+48	0	+22	+25	+13
1.0	395/395	158/158	+344/+48	–186	+22	–186	–186

注：用斜杠分开循环两端的数据。

缩放因子由–186/(–186+22)≈1.13 给出，确保在底面满足屈服条件(无因次位置 1.0)。

在第一次迭代后上表面的弹性应力与残余应力之和超过屈服应力，这在后续的迭代中得到解决。

在此情况下，需要进行三次手工计算，以便在±1MPa 内实现安定，表 9.4 的最后一列给出了结果。由迭代计算结果与图 9.8 中详细弹塑性计算结果对比可知，该载荷工况接近安定极限载荷。详细计算结果表明，如果载荷参数按比例增加 6%，构件将不会安定。

这个例子考虑了应力沿截面线性分布的情况。当使用本节建议的方法时，将应力沿截面线性化(9.2.3 节第二部分)是特别合适的，因为这减少了评估残余应力和整体安定时消除峰值应力等方面的工作。

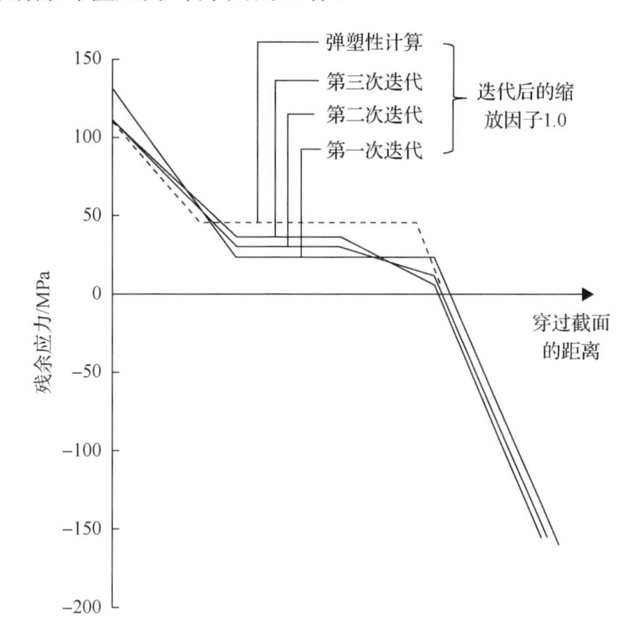

图 9.8　应用方法 1) 与弹塑性方法计算平板实例的残余应力

2) 使用附加温度场产生残余应力场

如果结构特征太复杂而不能应用方法 1)，则在整个结构上施加一个温度场且不施加真实操作载荷的情况下，根据弹性分析来获得自平衡残余应力场是可能的。所选的温度场应能提供有助于发生安定的残余应力，并且这两种可能性如下：

(1) 在循环加载过程中与引起最大热应力的真实温度场相反的温度场，或产生与最大施加位移相反位移的温度场；

(2) 大部分温度场为零，但在操作载荷下弹性计算的应力超过屈服应力的区域内，温度场与弹性计算的等效应力和屈服应力之差成正比。当应力差中最大应力分量是拉应力时，温度场增加，而当应力差中最大应力分量是压缩应力时，温度场减小。

使用现代有限元分析软件，不需要在更多节点上施加指定的温度，因为网格生成和加载程序至少包含了线性插值程序，这足以定义特征表面和内部平滑的温度梯度。当指定(2)型温度场时，需要给出施加温度为零的区域边界附近节点的数据。一些有限元分析软件也提供了预应变单元，这可以作为产生(2)型残余应力场的一种替代方法。

在实际应用中，证明结构安定的残余应力场可能是由大量(1)型和(2)型温度场所产生的组合残余应力场。例如，$\tilde{\rho}_1$ 和 $\tilde{\rho}_2$ 分别表示由单个(1)型和(2)型温度场产生的残余应力场，组合残余应力场 $\tilde{\rho}$ 可表示为

$$\tilde{\rho} = A_1\tilde{\rho}_1 + A_2\tilde{\rho}_2 \tag{9.37}$$

式中，A_1 和 A_2 为缩放因子常数，可以通过调整缩放因子来证明安定性。A_1 和 A_2 可以设置为任何恒定的正数或负数。

在任何特征结构内，安定极限载荷应用于特征结构内的所有关键截面，如循环周期内应力范围最大的截面，或因材料或温度变化导致屈服应力降低的截面。为此，A_1 和 A_2 必须在整个特征结构及加载历史中保持不变。分析人员有责任确保考虑了所有关键截面。

3) 使用计算机后处理器生成残余应力场

为测试复杂特征结构的安定性，这里采用有限单元计算弹性应力解，并编写有限元应力分析后处理程序进行自动测试。这种后处理程序可以采用方法 1)，即交替处理局部残余应力与平衡条件，也可以采用方法 2)，通过施加优化的温度场。每种方法后处理程序的目的是给出的安定测试的残差场，以便直接说明安定性评估的结果，而不是说明所使用残余应力场的细节。由于考虑了整个特征结构，因此不需要判别那些最关键的截面。

虽然后处理程序涉及进一步计算和可能的迭代，但该任务比循环非弹性分析简单得多，原因如下：

(1) 不需要真实的本构方程分析非弹性变形；

(2) 网格细化和收敛公差与弹性解相同；

(3) 塑性与蠕变之间不需要交换；

(4) 在蠕变过程中不需要控制时间步长；

(5) 只需要考虑一个循环；

(6) 后处理操作都是线性弹性的。

后处理程序除了给出特征结构中每点严格安定的说明外，还应该给出足够的输出，以便在包含峰值应力的不安定区域绘制云图。分析人员可以计算循环塑性区的大小。后处理程序还应提供稳态循环应力的输出，如弹性应力与残余应力相

加的结果，以便用于蠕变疲劳损伤计算。

4. 基于最小化蠕变损伤的残余应力优化

本小节考虑了残余应力场的优化，以最小化蠕变损伤。在几次循环载荷中的蠕变温度范围保持一段时间，循环热端的等效应力趋于减小，使得循环冷端的等效应力趋于屈服应力，这个过程将在 9.2.3 节第六部分中进一步讨论。因此，可以选择期望发生这种情况的残余应力场，使得稳态循环状态下每循环的蠕变损伤最小化。

这可以通过指定一个修正的屈服准则来完成，并可根据比真实屈服应力低的热态“屈服应力” $K_s S_y$ 进行修正。所选择的值可以是特征结构在寿命期间的最小断裂应力，也可以使用更低的值，但所选最小值必须保证在减去弹性计算的等效应力范围后不超过冷态屈服应力。图 9.9 显示了屈服应力等于最高温度 600℃下最小断裂应力的例子。该屈服应力认为是不变的，直至温度下降到最小断裂应力等于 $K_s S_y$。这提供了简单的修正屈服准则，可用于手动或后处理程序的安定性评估。允许进一步降低屈服应力，当较低的屈服应力可实现安定且满足组合的蠕变-疲劳要求时，该特征结构是可接受的。

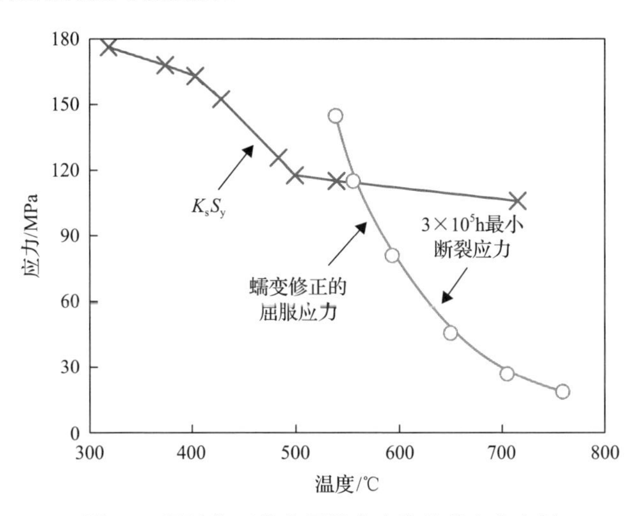

图 9.9　通过修正热态屈服应力优化残余应力场

5. 稳定循环应力极限

通过组合 9.2.3 节第三部分中任意一种方法获得的残余应力场 $\tilde{\rho}(x)$ 与弹性应力历史 $\tilde{\sigma}_{el}(x,t)$ 可证明安定性。稳定循环应力场 $\tilde{\sigma}_s(x,t)$ 可表示为

$$\tilde{\sigma}_{\mathrm{s}}(x,t)=\tilde{\sigma}_{\mathrm{el}}(x,t)+\tilde{\rho}(x) \tag{9.38}$$

计算等效应力 $\bar{\sigma}_{\mathrm{s}}(x,t)$ 的历史。然后 $\bar{\sigma}_{\mathrm{s}}(x,t)$ 必须始终满足

$$\bar{\sigma}_{\mathrm{s}}(x,t)\leqslant K_{\mathrm{s}}S_{\mathrm{y}} \tag{9.39}$$

式中，K_{s} 为材料和温度对应于位置 x 和时间 t 的因子；S_{y} 为对应的最小 0.2%屈服应力(proof stress)。

不等式(9.39)对应力范围进行了限制。如果已经证明了特征结构总体安定，则不需要在所有位置上满足不等式(9.39)。施加稳定循环应力极限是为了保证稳定循环状态下没有渐增的塑性变形，且在达到稳定循环状态之前不会累积过大的塑性变形。在应用稳定循环应力极限时，不需要包含峰值应力。

6. 状态说明

1)安定概念及其精确解的发展

图 9.10 系统地阐明了塑性安定原理，图中显示了承受单轴应力构件中某一点的应力应变行为。加载时弹性应力 σ_{el} 超过屈服应力 σ_{s}，导致第一次加载时发生屈服，并产生了所示点处幅值为 $-\rho$ 的残余应力场。在后续循环中构件发生加载到最大应力 σ_{s} 和卸载到最小应力 $-\rho$ 的弹性响应。

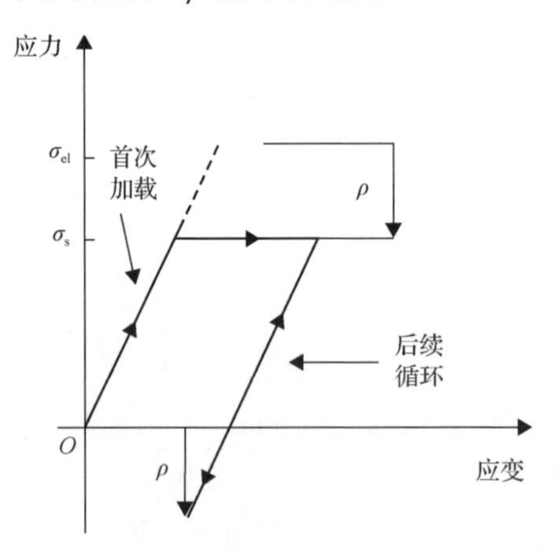

图 9.10　塑性安定性示意图

文献[295]中给出了一些安定性分析的例子。图 9.11 说明了一个考虑圆板中心温度与压力异相变化的情况。考虑到循环中最高温度和最低温度的屈服应力不同，即 $(\sigma_{\mathrm{s}})_{\mathrm{c}}$ 和 $(\sigma_{\mathrm{s}})_{\mathrm{nc}}$，使用 9.2.3 节第三部分的方法产生残余应力分布[2]，得到了图 9.12 中的安定区域。结果表明，该安定区域取决于压力幅值和热应力范围。

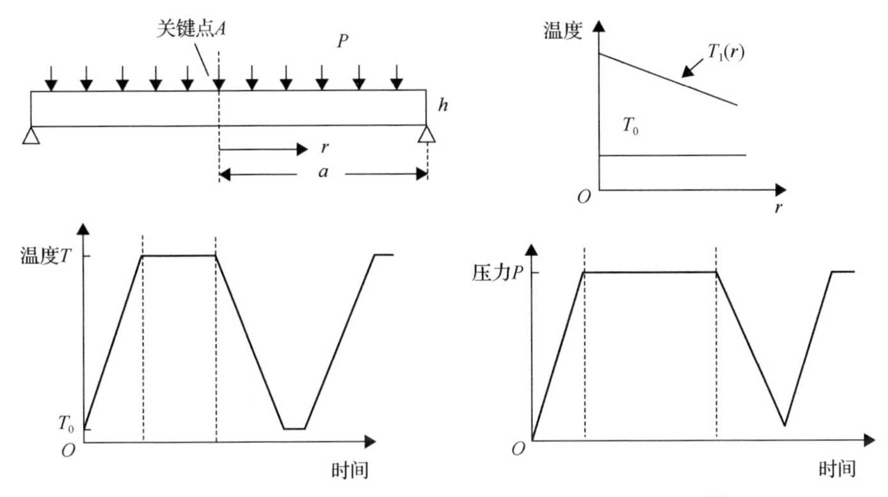

图 9.11　承受循环压力和温度载荷圆板的安定性分析[2]

a 为圆板半径；h 为厚度；P 为圆板表面压力；r 为任意位置的半径；$T_1(r)$ 为径向分布的温度梯度；T_0 为初始温度

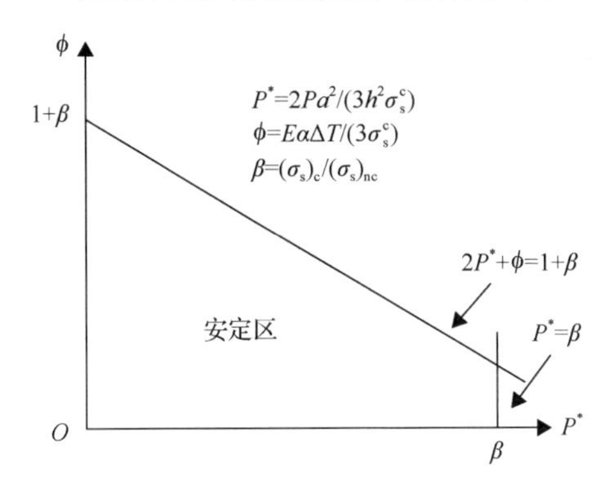

图 9.12　图 9.11 中几何和载荷条件下的安定区

E 为弹性模量；α 为热膨胀系数；$\Delta T = T_1(r=0) - T$

如果忽略蠕变，则在安定区域之外可能出现两种行为。这里通过图 9.13 所示的承受稳定内压和循环温度梯度的薄壁圆筒进行说明，且沿壁厚的温度梯度导致了沿壁厚的线性弯曲，称为 Bree 问题[11]。图 9.13 显示了一些潜在的应力分布。

对于一次薄膜载荷也循环加载的 Bree 问题的变体，可以推导出类似的棘轮/安定图。Bradford[296]给出了一次薄膜载荷和二次弯曲载荷同相变化时安定极限载荷的完全解。Ng 等[297, 298]推导了一次薄膜载荷和二次弯曲载荷完全异相变化时的安定极限载荷。对于上述同相和完全异相的两种情况，其棘轮极限载荷及 S 和 P 区间的上部安定极限载荷相同。此外，这些边界远高于 Bree 问题(具有恒定的薄膜载荷)中的相应极限载荷。因此，它们为更良性的循环加载条件。

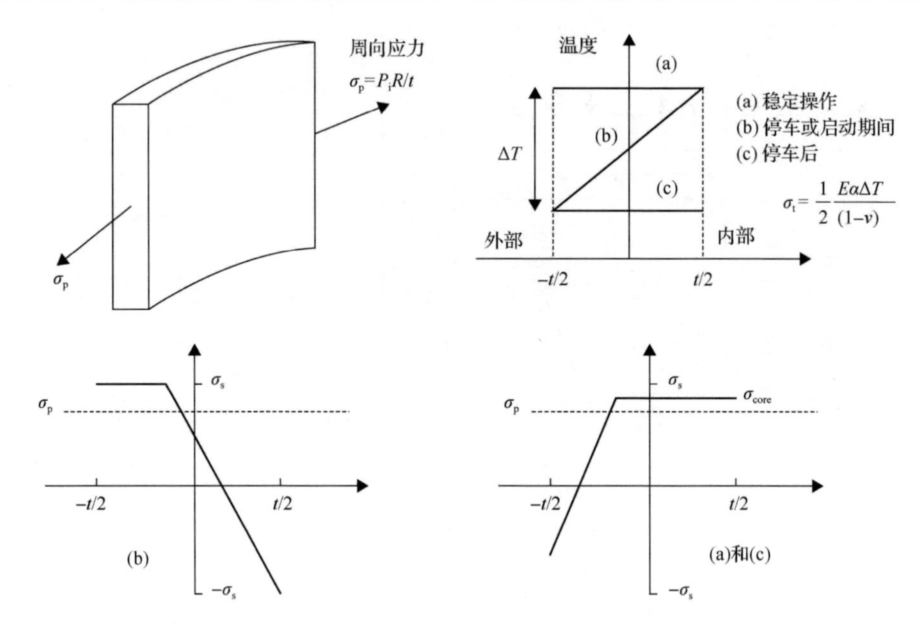

图 9.13　薄壁圆筒

蠕变的发生改变了塑性安定响应。为了与图 9.10 进行比较，图 9.14 进行了示意性的描述。蠕变往往降低最大应力，使得残余应力增加，导致卸载时更可能发生屈服，这反过来又可能导致更大的棘轮应变。

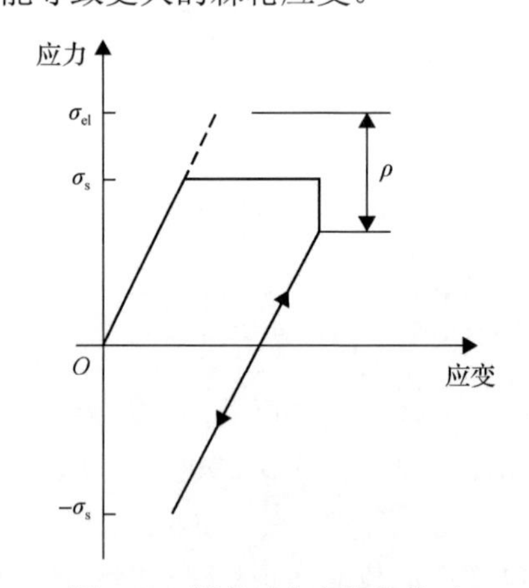

图 9.14　蠕变对安定性的修正

目前，已有许多涉及蠕变的安定性分析工作[11, 299, 300]。这些工作可作为进一步说明该方法的参考。在一些情况下，试验数据或非弹性分析可用于对比[301]。

如图 9.13 所示，Bree 问题也可用于研究加载阶段发生蠕变时的安定行为。如果停车之后和稳定运行之前温度缓慢上升，则停车时的应力场(图 9.13(c))与稳态运行开始时的应力场相同[299]。当温度梯度仅瞬时存在时就属于这种情况，使得在蠕变运行期间没有热载荷作用。实际上，瞬态热载荷可能发生在停车或启动期间。低压力形成的一次薄膜应力(如较小的 σ_{ref})和高热应力范围(较大的 ΔQ)会导致薄壁圆筒表面发生塑性循环，并且增加高于一次薄膜应力的核心应力。只要核心应力低于屈服应力，圆筒的中心区域就不会屈服，并且不会发生渐增塑性变形或棘轮变形。如果核心应力等于屈服应力，则圆筒的任何部位均产生塑性变形，并发生棘轮变形。

核心应力可以用类似于 O'Donnell 和 Porowski 所提出的方法得出[299]。该方法假定热载荷是瞬态的，且蠕变过程中不存在热载荷。例如，一次和二次载荷均循环加载且完全异相的 Bree 问题[297, 298]可用于推导出适于该载荷的核心应力(注意，这里假定蠕变在一次载荷存在时起作用，但热载荷存在时不起作用)。但是，如果热载荷也在蠕变期间起作用(如当一次载荷也存在时)，则核心应力方法是无效的。对于具有恒定一次载荷和循环二次载荷的原始 Bree 问题或同时具有循环一次和二次载荷的扩展 Bree 问题，热载荷都可能在蠕变期间存在。Bradford 等[302]提出了一种评估该情况下循环增强蠕变的方法。该方法采用等时应力代替通常的屈服应力，以评估包含蠕变应变的棘轮应变。

2) 证明安定性的直接方法

有许多直接方法可用于评估压力容器及设备的安定性，如 Chen 和 Ponter 提出的线性匹配法(LMM) [38, 39, 303]。由 Fan 等[231]和 Martin[304]提出的直接循环分析程序，可以在 ABAQUS 有限元程序包直接评估压力容器的安定性。安定预测的直接方法可分析循环热-机械载荷下安定应力-应变状态，也能直接确定近似的棘轮极限载荷。直接安定预测方法使用有效的数值程序来获得安定应力-应变状态，减少计算工作量，这有效解决了非弹性逐次循环(cycle-by-cycle)有限元分析的低效问题。对于后者，循环分析按加载顺序运行，且每个循环分析中需要塑性应变响应达到稳定。

LMM 最近得到了进一步发展[305-307]，其目的是在传统非弹性有限元方法难以实现安定性评估的情况下，提供一种强健的安定性评估程序。LMM 中安定性分析方法包括上限法和下限法，其有效性在 ABAQUS 软件中得到了广泛的验证[306]。该方法扩展了 ABAQUS 的功能，可根据 R5 规程有效地进行安定性评估[307]。该工作正在继续扩展[305]，以包括加载循环中的蠕变保持。

9.3　基于 RCC-MRx 规范的高温部件安定性设计准则

9.3.1　不考虑蠕变情况下的渐增性变形

1. 渐增性变形-弹性分析

对于给定工况下，渐增性变形的评价方法使用有效一次应力强度的概念，并将有效一次应力强度与许用应力 S_m 进行对比。为了防止渐增性变形的发生，弹性分析方法提供了两种设计准则：第一种方法是采用下述 1)～6) 得到有效一次应力，再根据下述 7) 中的设计准则进行判断，该方法适用于奥氏体不锈钢；第二种方法是直接根据下述 8) 中的设计准则进行判断。

1) 操作周期表征

操作周期包括所有 A 级载荷工况，可表征如下：

(1) 沿壁厚的最大平均温度：$\max(\theta_m)$。

(2) 最大一次薄膜应力强度：$\max(\overline{P_m})$。

(3) 最大一次应力强度：$\max(\overline{P_L + P_b})$。

(4) 沿壁厚的最大二次应力范围：$\max(\overline{\Delta Q})$。

(5) 一些特殊结构中存在二次薄膜应力时(例如，承受随时间和空间变化的轴向热梯度的圆筒等)，应考虑如下两点：

①最大一次薄膜加二次薄膜应力强度：$\max(\overline{P_m + Q_m})$。

②一次应力与二次薄膜应力之和的应力强度的最大值：$\max(\overline{P_L + P_b + Q_m})$。

(6) 一些特殊案例，如壁厚上同时存在加热与冷却，造成沿壁厚严重非线性温度分布，并在部件内部达到最大值或最小值，则 $\overline{\Delta Q}$ 采用 $\overline{\Delta Q''}$ 代替。

因此，需要分开定义下列参量：

①Q_m：二次薄膜应力。

②Q_b：二次弯曲应力。

③Q_c：二次二阶应力。

需要注意的是，$\overline{\Delta Q}$ 是 $\Delta(Q_m + Q_b)$ 的最大值，$\overline{\Delta Q''}$ 是 $\Delta(Q_m + Q_c)$ 的最大值：

$$\overline{\Delta Q''} = \max\left(\overline{\Delta Q}, \overline{\Delta Q'}\right) \tag{9.40}$$

(7) 周期开始和结束时的应力状态相同。

这些参量首先用于计算 $\max(\sigma_m)$、$\max(\sigma_L+\sigma_b)$ 及 Δq 的值，所得结果随后用于计算下述 4)～6) 的有效一次应力。

相对于热瞬态持续时间，一次应力仍属于短时变化的特殊情况(任何符合 A 级条件，且由地震载荷、快速排水、钠水反应以及水锤效应产生的短时载荷均可以视为短期过载)，$\max(\sigma_m)$、$\max(\sigma_L+\sigma_b)$ 及 Δq 的值可以通过下述方法进行计算。

2) 计算没有短期过载工况下的 $\max(\sigma_m)$、$\max(\sigma_L+\sigma_b)$ 和 Δq

计算 $\max(\sigma_m)$、$\max(\sigma_L+\sigma_b)$ 及 Δq 时，需要区分下列情况：

(1) 操作周期中不存在二次薄膜应力 Q_m，则

$$\max(\sigma_m) = \max(\overline{P_m}) \tag{9.41}$$

$$\max(\sigma_L + \sigma_b) = \max(\overline{P_L + P_b}) \tag{9.42}$$

$$\Delta q = \overline{\Delta Q} \tag{9.43}$$

(2) 操作周期中存在二次薄膜应力 Q_m，则

$$\max(\sigma_m) = 0.5\left[\max(\overline{P_m}) + (\sigma_m)_N\right] \tag{9.44}$$

$$\max(\sigma_L + \sigma_b) = 0.5\left[(\overline{P_L + P_b}) + (\sigma_L + \sigma_b)_N\right] \tag{9.45}$$

$$\Delta q = \overline{\Delta Q} \tag{9.46}$$

式中，$(\sigma_m)_N$ 为通过图 9.15 中 Neuber 法应用于 $\max(\overline{P_m + Q_m})$ 得到的应力值；$(\sigma_L+\sigma_b)_N$ 为通过图 9.16 中 Neuber 法应用于 $\max(\overline{P_L + P_b + Q_m})$ 得到的应力值。

3) 计算有短期过载工况下 $\max(\sigma_m)$、$\max(\sigma_L+\sigma_b)$ 和 Δq

存在短期过载的情况下，初始计算 $\max(\overline{P_m})$ 和 $\max(\overline{P_L + P_b})$ 时不考虑过载工况，而计算一次应力 $(\overline{P_m})_s$ 和 $(\overline{P_L + P_b})_s$ 时考虑过载工况。

计算 $\max(\sigma_m)$、$\max(\sigma_L+\sigma_b)$ 及 Δq 时，需要区分下列情况：

(1) 操作周期中不存在二次薄膜应力 Q_m 时：

$$\max(\sigma_m) = k_m \cdot \max(\overline{P_m}) \tag{9.47}$$

$$\max(\sigma_L + \sigma_b) = k_{L+b} \cdot \max(\overline{P_L + P_b}) \tag{9.48}$$

$$\Delta q = \overline{\Delta Q} \tag{9.49}$$

其中

$$k_m = 1 + \frac{\max\left((\overline{P_m}) + (\overline{P_m})_s\right)}{2 \cdot \max(\overline{P_m})} \cdot \frac{(\overline{P_m})_s}{\overline{\Delta Q}} \tag{9.50}$$

$$k_{L+b} = 1 + \frac{\max\left((\overline{P_L + P_b}) + (\overline{P_L + P_b})_s\right)}{2 \cdot \max(\overline{P_L + P_b})} \cdot \frac{(\overline{P_L + P_b})_s}{\overline{\Delta Q}} \tag{9.51}$$

同时需要满足下列条件：

$$\frac{\overline{\Delta Q}}{\max(\overline{P_m})} > 1.15 \tag{9.52}$$

$$\frac{\overline{\Delta Q}}{\max(\overline{P_L + P_b})} > 1.15 \tag{9.53}$$

$$\frac{\overline{\Delta Q}}{(\overline{P_m})_s} > 1.85 \tag{9.54}$$

$$\frac{\overline{\Delta Q}}{(\overline{P_L + P_b})_s} > 1.85 \tag{9.55}$$

$$\max(\sigma_m) < \overline{(P_m) + (P_m)_s} \tag{9.56}$$

$$\max(\sigma_L + \sigma_b) < \overline{(P_L + P_b) + (P_L + P_b)_s} \tag{9.57}$$

如果不同时满足上述条件，则采用下列方法进行计算：

$$\max\left(\sigma_m\right) = \overline{(P_m) + (P_m)_s} \tag{9.58}$$

$$\max\left(\sigma_L + \sigma_b\right) = \overline{(P_L + P_b) + (P_L + P_b)_s} \tag{9.59}$$

$$\Delta q = \overline{\Delta Q} \tag{9.60}$$

(2)操作周期中存在二次薄膜应力 Q_m 时：

$\max(\sigma_m)$、$\max(\sigma_L+\sigma_b)$ 及 Δq 根据不考虑过载的 $\max(\overline{P_m})$、$\max(\overline{P_L + P_b})$ 和 $\overline{\Delta Q}$ 进行推导，再分别采用过载条件下一次应力相关的额外项进行校正：

$$\max\left(\sigma_m\right) = 1/2 \cdot \left[\max(\overline{P_m}) + (\sigma_m)_N\right] + \frac{CE'_t}{E} \cdot (\overline{P_m})_s \tag{9.61}$$

$$\max(\sigma_L + \sigma_b) = 1/2 \cdot \left[\max(\overline{P_L + P_b}) + (\sigma_L + \sigma_b)_N\right] + \frac{CE'_t}{E} \cdot (\overline{P_L + P_b})_s \tag{9.62}$$

$$\Delta q = \overline{\Delta Q} + (\overline{P_L + P_b})_s \tag{9.63}$$

式中，$(\sigma_m)_N$ 为通过将图 9.15 中 Neuber 法应用于 $\max(\overline{P_m + Q_m})$ 得到的应力值；$(\sigma_L+\sigma_b)_N$ 为通过将图 9.16 中 Neuber 法应用于 $\max(\overline{P_L + P_b + Q_m})$ 得到的应力值；$(\overline{P_m})_s$ 为由过载产生的一次薄膜应力；$(\overline{P_L + P_b})_s$ 为由过载产生的一次薄膜加弯曲应力；E_t 为单轴拉伸曲线上点 $(\sigma_m)_N$ 处的切线模量(图 9.15)；E'_t 为单轴拉伸曲线上点 $(\sigma_L+\sigma_b)_N$ 处的切线模量(图 9.16)；E 为单轴拉伸曲线上的弹性模量；C 为弹性跟随比值，一般取为 3，除非设计者能证明可以应用较低的值。

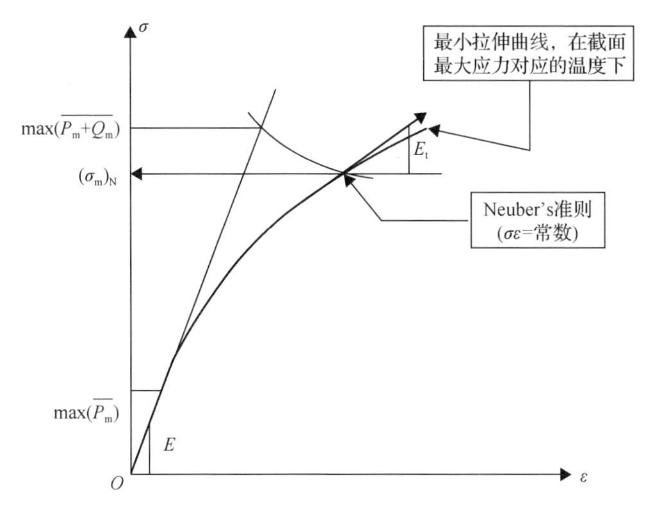

图 9.15　$(\sigma_m)_N$ 和 E_t 值的确定

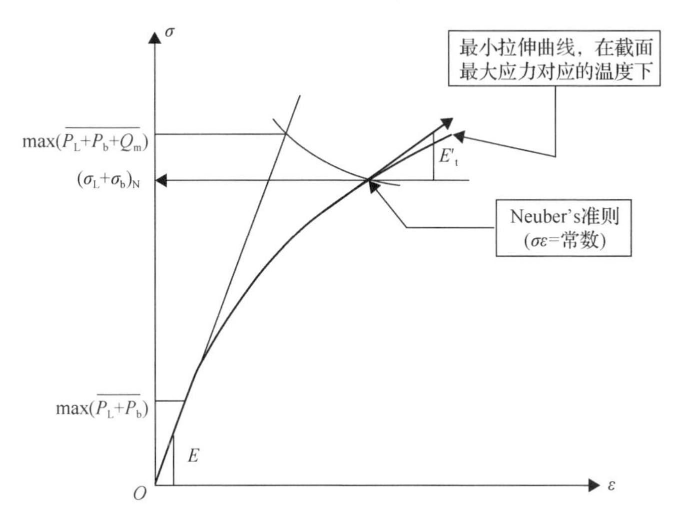

图 9.16　不考虑蠕变时 $(\sigma_L+\sigma_b)_N$ 和 E'_t 值的确定

4) 二次比

在计算得到一次有效应力强度之前，需要计算与所考虑一次应力相关的二次应力的相对变化量。这里引入与一次薄膜应力及一次应力之和相关的二次比的概念。

二次比可以通过以下方法得到。

(1) 二次比与一次薄膜应力相关。二次比 SR_1 由二次应力范围 Δq 和应力 $\max(\sigma_m)$ 来确定：

$$SR_1 = \Delta q/\max(\sigma_m) \tag{9.64}$$

(2) 二次比与总的一次应力相关。二次比 SR_2 由二次应力范围Δq 和应力 $\max(\sigma_L+\sigma_b)$ 来确定：

$$SR_2 = \Delta q/\max(\sigma_L + \sigma_b) \tag{9.65}$$

5) 效率因子

当与一次薄膜应力及总的一次应力相关的二次比已知时，效率因子可以通过效率图 9.17 得到。这些值的确定方法由图 9.18 给出，SR_1 和 SR_2 的值绘制在横轴上，而效率因子 v_1 和 v_2 可以直接读取纵坐标值得到。

渐增性变形的效率图(图 9.18)给出了二次比 SR 与效率因子 v 的关系，定义如下：

当 SR≤0.46 时，有

$$v = 1 \tag{9.66}$$

当 0.46＜SR≤4 时，有

$$v = 1.093 - 0.926SR^2/(1 + SR)^2 \tag{9.67}$$

当 SR＞4 时，有

$$v = 1/\sqrt{SR} \tag{9.68}$$

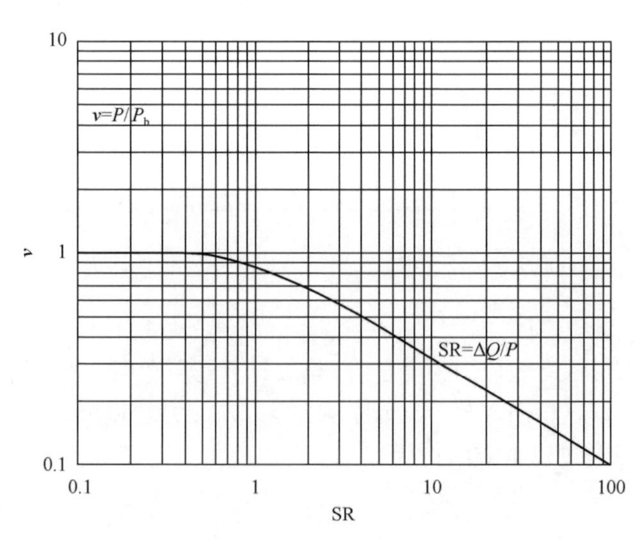

图 9.17　棘轮变形中的效率图

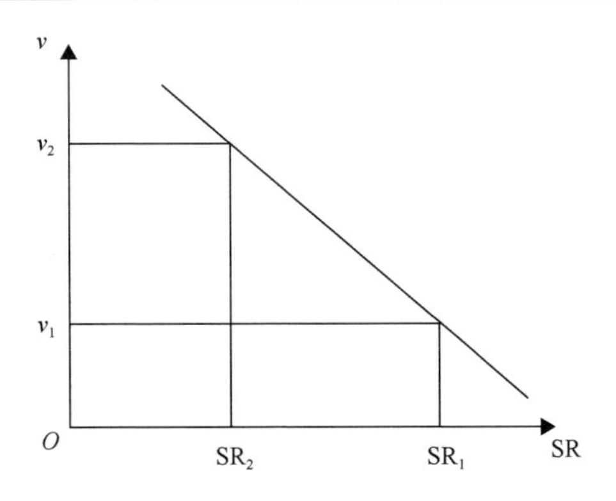

图 9.18　效率图中确定效率因子的方法

6) 有效一次应力强度

当效率因子已知时，有效一次薄膜应力强度及一次应力之和的有效一次应力强度可以通过以下方法得到：

(1) 有效一次薄膜应力强度：

$$P_1 = \max(\sigma_{\mathrm{m}})/v_1 \tag{9.69}$$

(2) 一次应力之和的有效一次应力强度：

$$P_2 = \max(\sigma_{\mathrm{L}} + \sigma_{\mathrm{b}})/v_2 \tag{9.70}$$

7) A 级准则

结构上所有点都必须满足下列评估准则。

(1) 在所有遵循 A 级准则的载荷或事件下，有效一次薄膜应力强度 P_1 不应超过 1.3 倍的 S_{m}：

$$P_1 \leqslant 1.3S_{\mathrm{m}} \tag{9.71}$$

(2) 在所有遵循 A 级准则的载荷或事件下，总的有效一次应力强度 P_2 不应超过 1.3×1.5 倍的 S_{m}：

$$P_1 \leqslant 1.3 \times 1.5S_{\mathrm{m}} \tag{9.72}$$

许用应力 S_{m} 的系数 1.5 适用于平板和壳体；另外，其他构件的系数值在 RCC-MRx 规范的表 RB 3251.112 中给出。

上述两种情况下的 S_{m} 值都对应于操作周期内沿壁厚的最大平均温度。

注意 1：对奥氏体钢，设定 P_1 的极限是 1.3S_{m}，这表示在最坏的情形下，1%的薄膜应变是可以接受的。

注意 2：对奥氏体钢，设定 P_2 的极限是 1.3×1.5S_{m}，这表示在最坏的情形下，1.7%的薄膜加弯曲应变和曲率半径等于 28 倍的壁厚是可以接受的。

注意 3：当二次应力是由热瞬态或者一端的位移被约束所导致的，S_m 值可以取操作周期内沿壁厚最大平均温度和最小平均温度对应的 S_m 的平均值。

8) A 级准则(另一种选择)

对于操作周期内所有载荷都遵循 A 级准则的情况，结构内所有点的最大应力 $\max(\overline{P_L + P_b})$ 与二次应力范围 $\overline{\Delta Q}$ 之和必须小于等于 $3S_m$：

$$\max(\overline{P_L + P_b}) + \overline{\Delta Q} \leqslant 3S_m \tag{9.73}$$

S_m 的取值方法与 7) 中的规定一致。

2. 渐增性变形-弹塑性分析

1) 弹塑性分析方法

基于 9.3.1 节第一部分中弹性分析方法限制棘轮变形时，需要将应力分为一次应力和二次应力。在一些情况下，这种应力分类可能导致过于保守的结果，而弹塑性分析方法能提供更为精确的评估结果。主要有两种分析方法：

(1) 有效的循环弹塑性分析方法。

(2) 采用弹塑性分析得到真实的应力分类。

2) 设计准则

在所有遵循 A 级准则的载荷下，结构内所有点必须满足下列限制条件：

(1) 显著的平均塑性应变 $(\tilde{\varepsilon}_m)_{pl}$ 小于最大许用应变 D_{max}；

(2) 显著的线性塑性应变 $(\varepsilon_m \tilde{\mp} \varepsilon_b)_{pl}$ 小于两倍的最大许用应变 D_{max}。

为了校核这些应变极限，需要计算所有载荷循环下应变的精确解或上限解。

所有载荷循环可以由一个包络循环表示(可以排除线性应力不产生塑性应变的循环)。这个包络循环的循环次数等于所包络循环载荷的循环次数之和。

对于包络循环弹塑性分析，在没有明确说明时，应该假定初始时刻不存在应力和应变。但是，包含在包络循环中的每个载荷循环的初始应力和应变由先前的循环产生。

3) 应力分类方法

进行弹塑性分析后，根据以下准则区分一次应力和二次应力：二次应力是遵循显著应变准则的任何可能被重新分布的应力。

9.3.2 考虑蠕变情况下的渐增性变形

1. 渐增性变形-弹性分析

本方法采用有效一次应力评价渐增性变形损伤。

为了防止渐增性变形的发生，先根据 9.3.1 节第一部分中 1)～6)确定两种有效一次应力，再根据 9.3.1 节第一部分中 7)的准则来判断其是否满足要求。这种方法适用于奥氏体不锈钢。

1)操作周期表征

操作周期包括遵循 A 级准则的所有载荷工况。

操作周期表征如下：

(1)运行周期的持续时间。

(2)随时间变化的壁厚内平均温度：$\theta_m(t)$。

(3)沿壁厚的最大平均温度：$\max(\theta_m)$。

(4)最大一次薄膜应力强度：$\max(\overline{P_m})$。

(5)蠕变效应修正的最大一次应力强度：$\max(\overline{P_L+\Phi P_b})$，其中 Φ 为蠕变截面系数。

(6)沿壁厚的最大二次应力强度范围：$\max(\overline{\Delta Q})$。

(7)一些特殊结构中存在二次薄膜应力时(例如，承受随时间和空间变化的轴向热梯度的圆筒等)，应考虑以下两个方面。

①最大一次薄膜加二次薄膜应力强度：$\max(\overline{P_m+Q_m})$。

②蠕变效应修正的一次应力与二次薄膜应力之和的应力强度的最大值：$\max(\overline{P_L+P_b+Q_m})$。

(8)周期开始和结束时的应力状态相同。

这些参量首先用于计算 $\max(\sigma_m)$、$\max(\sigma_L+\sigma_b)$ 及 Δq 的值，所得结果随后用于计算(9.3.1 节第一部分中 4)～6))有效一次应力。

相对于热瞬态持续时间，一次应力仍属于短时变化的特殊情况(任何符合 A 级准则，且由地震载荷、快速排水、钠水反应及水锤效应产生的短时载荷均可以视为短期过载)，$\max(\sigma_m)$、$\max(\sigma_L+\sigma_b)$ 及 Δq 的值可以通过下述方法进行计算。

2)计算没有短期过载工况下的 $\max(\sigma_m)$、$\max(\sigma_L+\sigma_b)$ 及 Δq

计算 $\max(\sigma_m)$、$\max(\sigma_L+\sigma_b)$ 及 Δq 时，需要区分下列情况。

(1)操作周期中不存在二次薄膜应力 Q_m 时：

$$\max(\sigma_m)=\max(\overline{P_m}) \tag{9.74}$$

$$\max(\sigma_L+\Phi\sigma_b)=\max(\overline{P_L+\Phi P_b}) \tag{9.75}$$

$$\Delta q=\overline{\Delta Q} \tag{9.76}$$

(2)操作周期中存在二次薄膜应力 Q_m 时：

$$\max\left(\sigma_{\mathrm{m}}\right)=1/2\times\left[\max(\overline{P_{\mathrm{m}}})+(\sigma_{\mathrm{m}})_{\mathrm{N}}\right] \tag{9.77}$$

$$\max\left(\sigma_{\mathrm{L}}+\Phi\sigma_{\mathrm{b}}\right)=1/2\times\left[\max(\overline{P_{\mathrm{L}}+\Phi P_{\mathrm{b}}})+(\sigma_{\mathrm{L}}+\sigma_{\mathrm{b}})_{\mathrm{N}}\right] \tag{9.78}$$

$$\Delta q=\overline{\Delta Q} \tag{9.79}$$

式中，$(\sigma_{\mathrm{m}})_{\mathrm{N}}$为通过将图 9.15 中 Neuber 法应用于 $\max(\overline{P_{\mathrm{m}}+Q_{\mathrm{m}}})$得到的应力值；$(\sigma_{\mathrm{L}}+\sigma_{\mathrm{b}})_{\mathrm{N}}$为通过将图 9.19 中 Neuber 法应用于 $\max(\overline{P_{\mathrm{L}}+\Phi P_{\mathrm{b}}+Q_{\mathrm{m}}})$得到的应力值。

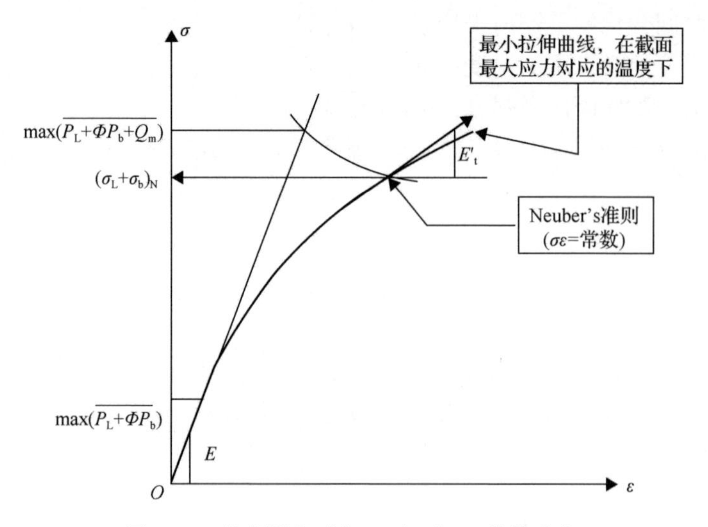

图 9.19　考虑蠕变时$(\sigma_{\mathrm{L}}+\sigma_{\mathrm{b}})_{\mathrm{N}}$和$E'_{\mathrm{t}}$值的确定

3) 计算有短期过载工况下的 $\max(\sigma_{\mathrm{m}})$、$\max(\sigma_{\mathrm{L}}+\sigma_{\mathrm{b}})$及$\Delta q$

存在短期过载的情况下，初始计算 $\max(\overline{P_{\mathrm{m}}})$和 $\max(\overline{P_{\mathrm{L}}+\Phi P_{\mathrm{b}}})$时不考虑过载工况，而计算一次应力$(\overline{P_{\mathrm{m}}})_{\mathrm{s}}$和$(\overline{P_{\mathrm{L}}+P_{\mathrm{b}}})_{\mathrm{s}}$时考虑过载工况。

计算 $\max(\sigma_{\mathrm{m}})$、$\max(\sigma_{\mathrm{L}}+\sigma_{\mathrm{b}})$及$\Delta q$ 时，需要区分下列情况：

(1) 操作周期中不存在二次薄膜应力 Q_{m}：

$$\max\left(\sigma_{\mathrm{m}}\right)=k_{\mathrm{m}}\cdot\max(\overline{P_{\mathrm{m}}}) \tag{9.80}$$

$$\max\left(\sigma_{\mathrm{L}}+\Phi\sigma_{\mathrm{b}}\right)=k_{\mathrm{L+b}}\cdot\max(\overline{P_{\mathrm{L}}+\Phi P_{\mathrm{b}}}) \tag{9.81}$$

$$\Delta q=\overline{\Delta Q} \tag{9.82}$$

其中

$$k_{\mathrm{m}}=1+\frac{\max(\overline{P_{\mathrm{m}}})+(\overline{P_{\mathrm{m}}})_{\mathrm{s}}}{2\cdot\max(\overline{P_{\mathrm{m}}})}\cdot\frac{(\overline{P_{\mathrm{m}}})_{\mathrm{s}}}{\overline{\Delta Q}} \tag{9.83}$$

$$k_{\mathrm{L+b}} = 1 + \frac{\max(\overline{P_{\mathrm{L}} + \Phi P_{\mathrm{b}}}) + (\overline{P_{\mathrm{L}} + P_{\mathrm{b}}})_{\mathrm{s}}}{2 \cdot \max(\overline{P_{\mathrm{L}} + \Phi P_{\mathrm{b}}})} \cdot \frac{(\overline{P_{\mathrm{L}} + P_{\mathrm{b}}})_{\mathrm{s}}}{\overline{\Delta Q}} \tag{9.84}$$

需要同时满足以下条件：

$$\frac{\overline{\Delta Q}}{\max(\overline{P_{\mathrm{m}}})} > 1.15 \tag{9.85}$$

$$\frac{\overline{\Delta Q}}{\max(\overline{P_{\mathrm{L}} + \Phi P_{\mathrm{b}}})} > 1.15 \tag{9.86}$$

$$\frac{\overline{\Delta Q}}{(\overline{P_{\mathrm{m}}})_{\mathrm{s}}} > 1.85 \tag{9.87}$$

$$\frac{\overline{\Delta Q}}{(\overline{P_{\mathrm{L}} + P_{\mathrm{b}}})_{\mathrm{s}}} > 1.85 \tag{9.88}$$

$$\max(\sigma_{\mathrm{m}}) < \overline{(P_{\mathrm{m}}) + (P_{\mathrm{m}})_{\mathrm{s}}} \tag{9.89}$$

$$\max(\sigma_{\mathrm{L}} + \sigma_{\mathrm{b}}) < \overline{(P_{\mathrm{L}} + P_{\mathrm{b}}) + (P_{\mathrm{L}} + P_{\mathrm{b}})_{\mathrm{s}}} \tag{9.90}$$

如果不同时满足上述条件，则采用下列方法进行计算：

$$\max(\sigma_{\mathrm{m}}) = (\overline{P_{\mathrm{m}} + P_{\mathrm{m}}})_{\mathrm{s}} \tag{9.91}$$

$$\max(\sigma_{\mathrm{L}} + \Phi\sigma_{\mathrm{b}}) = \overline{(P_{\mathrm{L}} + \Phi P_{\mathrm{b}}) + (P_{\mathrm{L}} + P_{\mathrm{b}})_{\mathrm{s}}} \tag{9.92}$$

$$\Delta q = \overline{\Delta Q} \tag{9.93}$$

(2) 操作周期中存在二次薄膜应力 Q_{m}。

$\max(\sigma_{\mathrm{m}})$、$\max(\sigma_{\mathrm{L}}+\Phi\sigma_{\mathrm{b}})$ 及 Δq 根据不考虑过载的 $\max(\overline{P_{\mathrm{m}}})$、$\max(\overline{P_{\mathrm{L}} + \Phi P_{\mathrm{b}}})$ 和 $\overline{\Delta Q}$ 进行推导，再分别采用过载条件下一次应力相关的额外项进行校正：

$$\max(\sigma_{\mathrm{m}}) = 1/2 \times \left[\max(\overline{P_{\mathrm{m}}}) + (\sigma_{\mathrm{m}})_{\mathrm{N}}\right] + \frac{CE_{\mathrm{t}}'}{E} \cdot (\overline{P_{\mathrm{m}}})_{\mathrm{s}} \tag{9.94}$$

$$\max(\sigma_{\mathrm{L}} + \Phi\sigma_{\mathrm{b}}) = 1/2 \times \left[\max(\overline{P_{\mathrm{L}} + \Phi P_{\mathrm{b}}}) + (\sigma_{\mathrm{L}} + \sigma_{\mathrm{b}})_{\mathrm{N}}\right] + \frac{CE_{\mathrm{t}}'}{E} \cdot (\overline{P_{\mathrm{L}} + P_{\mathrm{b}}})_{\mathrm{s}} \tag{9.95}$$

$$\Delta q = \overline{\Delta Q} + (\overline{P_{\mathrm{L}} + P_{\mathrm{b}}})_{\mathrm{s}} \tag{9.96}$$

式中，$(\sigma_m)_N$ 为通过将图 9.15 中 Neuber 法应用于 $\max(\overline{P_m+Q_m})$ 得到的应力值；$(\sigma_L+\sigma_b)_N$ 为通过将图 9.19 中 Neuber 法应用于 $\max(\overline{P_L+\Phi P_b+Q_m})$ 得到的应力值；$(\overline{P_m})_s$ 为由过载产生的一次薄膜应力；$(\overline{P_L+P_b})_s$ 为由过载产生的一次薄膜加弯曲应力；E_t 为单轴拉伸曲线上点 $(\sigma_m)_N$ 处的切线模量(图 9.15)；E'_t 为单轴拉伸曲线上点 $(\sigma_L+\sigma_b)_N$ 处的切线模量(图 9.19)；E 为单轴拉伸曲线上的弹性模量；C 为弹性跟随比值，一般取 3，除非设计者能证明可以采用较低的值。

4) 二次比

在计算一次有效应力强度之前，需要计算与所考虑一次应力相关的二次应力的相对变化量。这里引入与一次薄膜应力及一次应力之和相关的二次比。

(1) 二次比与一次薄膜应力相关。通过二次应力范围 Δq 及最大应力 $\max(\sigma_m)$ 确定：

$$\mathrm{SR}_1 = \Delta q / \max(\sigma_m) \tag{9.97}$$

(2) 二次比与一次应力之和相关。通过二次应力范围 Δq 及蠕变效应修正的最大应力 $\max(\sigma_L+\Phi\sigma_b)$ 确定：

$$\mathrm{SR}_3 = \Delta q / \max(\sigma_L + \Phi\sigma_b) \tag{9.98}$$

5) 效率因子

当与一次薄膜应力及一次应力之和相关的二次比已知时，效率因子可以通过图 9.17 得到，其确定方法见图 9.18。

6) 有效一次应力强度

当效率因子已知时，有效一次薄膜应力强度及有效一次应力强度计算如下：

(1) 有效一次薄膜应力强度：

$$P_1 = \max(\sigma_m) / v_1 \tag{9.99}$$

(2) 蠕变效应修正的有效一次应力强度：

$$P_3 = \max(\sigma_L + \Phi\sigma_b) / v_3 \tag{9.100}$$

7) A 级准则

结构上所有点都必须满足下列限制：

(1) 1.25 倍有效一次薄膜应力强度 P_1 所产生的塑性应变 $\varepsilon_{\text{plastic}}(1.25P_1)$ 与蠕变应变 $\varepsilon_{\text{creep}}(1.25P_1)$ 之和不大于 1%：

$$\varepsilon_{\text{plastic}}(1.25P_1) + \varepsilon_{\text{creep}}(1.25P_1) \leqslant 1\% \tag{9.101}$$

(2) 1.25倍有效一次应力强度 P_3 所产生的塑性应变与蠕变应变之和不大于2%：

$$\varepsilon_{\text{plastic}}(1.25P_3)+\varepsilon_{\text{creep}}(1.25P_3)\leqslant 2\% \tag{9.102}$$

注意1：有效一次应力 P_1 和 P_3 由操作周期中所有符合A级准则的载荷计算得到。塑性变形由平均曲线确定；确定总蠕变变形时，需要考虑操作周期内所有符合A级准则的载荷和操作周期内的最大温度。

注意2：如果温度和载荷在不同的工况下发生了较为显著的变化，但还是符合A级限制，则可以由下述方法计算塑性应变和蠕变应变之和。

①根据本节1)～6)中的方法计算1.25倍有效一次应力强度 P_1 和 P_3 下的塑性应变。

②对每种工况 i，采用 $\overline{P_{\mathrm{m}}}^{i}$、$\overline{(P_{\mathrm{L}}+\varPhi P_{\mathrm{b}})}^{i}$、$\overline{P_{\mathrm{m}}+Q_{\mathrm{m}}}^{i}$、$\overline{P_{\mathrm{L}}+\varPhi P_{\mathrm{b}}+Q_{\mathrm{m}}}^{i}$、$\overline{(P_{\mathrm{m}})_{\mathrm{s}}}^{i}$、$\overline{(P_{\mathrm{L}}+P_{\mathrm{b}})_{\mathrm{s}}}^{i}$、$\overline{(P_{\mathrm{m}})+(P_{\mathrm{m}})_{\mathrm{s}}}^{i}$、$\overline{((P_{\mathrm{L}}+\varPhi P_{\mathrm{b}})+(P_{\mathrm{L}}+P_{\mathrm{b}}))_{\mathrm{s}}}^{i}$ 代替本节1)和3)。

③计算每种工况 i 下的 $\max(\sigma_{\mathrm{m}})^{i}$、$\max(\sigma_{\mathrm{L}}+\varPhi\sigma_{\mathrm{b}})^{i}$、$\mathrm{SR}_1{}^{i}$、$\mathrm{SR}_3{}^{i}$、$P_1^{i}$、$P_3^{i}$、$v_1{}^{i}$、$v_3{}^{i}$，但是 $\overline{\Delta Q}$ 与本节1)中的规定保持一致。

④计算每种工况 i 下1.25倍新的有效一次应力 $P_1{}^{i}$ 和 $P_3{}^{i}$ 产生的蠕变应变。

⑤计算整个操作周期的总蠕变应变，并与已得到的塑性应变相加。塑性应变与蠕变应变之和的限制如下：

$$\varepsilon_{\text{plastic}}(1.25P_1)+\sum_{i}\varepsilon_{\text{creep}}(t_i,1.25P_1^{i})\leqslant 1\% \tag{9.103}$$

$$\varepsilon_{\text{plastic}}(1.25P_3)+\sum_{i}\varepsilon_{\text{creep}}(t_i,1.25P_3^{i})\leqslant 2\% \tag{9.104}$$

2. 渐增性变形：弹-黏-塑性分析

基于9.3.2节第一部分中弹性方法评估渐增性变形进时，需要将应力分为一次应力和二次应力。一些情况下，这种划分方法可能导致过于保守的计算结果，从而过于考虑结构强度的不利因素。弹塑性分析方法能提供更为精确的评估结果。这里的弹塑性分析方法包括有效的循环弹-黏-塑性分析法和基于弹塑性分析的应力分类法。

1) 设计准则

对于所有符合A级准则的载荷，结构上所有点必须满足下列限制：

(1) 显著的平均塑性应变加蠕变应变 $(\tilde{\varepsilon}_{\mathrm{m}})_{\mathrm{pl+fl}}$ 小于最大允许应变 $D_{\max}$。

(2) 显著的线性塑性应变加蠕变应变 $(\varepsilon_{\mathrm{m}}\tilde{+}\varepsilon_{\mathrm{b}})_{\mathrm{pl+fl}}$ 小于 $2D_{\max}$。

为了校核应变极限，应计算出所涉及载荷循环下应变的精确解或上限解。

应该根据载荷循环得到包络循环，其循环次数及持续时间应能代表构件的寿命。通常情况下，可将最不利的载荷循环作为包络循环，其持续时间应覆盖部件的寿命周期，且循环次数为该载荷的循环次数。如果不能明确最不利的载荷循环，则包络循环应该包含两种或多种载荷循环，其持续时间应采用上述方法进行修正。

对于包络循环弹塑性分析方法，在缺少明确说明的情况下，应该假定初始时刻不存在应力和应变。但是，包含在包络循环中的每个载荷循环的初始应力和应变由先前的循环产生。

2) 应力分类方法

采用弹-黏-塑性分析方法时，应用以下准则区分一次应力和二次应力：二次应力是遵循设计准则 1) 中显著应变准则的任何可能被重新分布的应力。

9.4　欧盟 EN 13445-3 规范中关于结构安定性设计方法的介绍

欧盟 EN 13445-3 规范的分析设计直接法[13]引用了渐增塑性变形的经典安定原理，即在满足下列条件的模型上施加循环设计载荷时，渐增塑性变形不会发生：

(1) 满足小应变或小变形假设；

(2) 理想弹塑性材料和模型；

(3) 服从 von Mises 屈服准则及关联流动准则；

(4) 标准指定的设计强度参数。

考虑到难以直接按照安定性原理进行设计校核，EN 13445-3 规范的直接法中提出了两种不同的应用准则，并由设计人员选择合理的应用准则来校核结构的安定行为。

应用准则 1 (技术适应 (technical adaptation))：在载荷工况和指定的循环次数下，结构主应变的最大绝对值小于 5%，则满足该准则。若未指定循环次数，则应选择合理的循环次数，但至少为 500 次 (注：若仅在应力/应变集中区产生塑性变形，应采用总应变代替主应变进行校核)。

应用准则 2 (安定 (shakedown))：当不考虑应力集中效应时，若模型在循环载荷工况下安定到线弹性状态，则原理满足。

Zeman 等[308]也介绍了其他两个安定准则，即技术安定 (technical shakedown) 和基于机械载荷的技术安定。由于 EN 13445-3 规范的直接法中并未引用这两个应用准则，因此这里不进行具体介绍。

技术适应 (应用准则 1) 是利用有限元方法直接模拟结构在循环载荷下的应力应

变行为，只要在给定载荷和循环次数下塑性变形被充分限定，则可防止结构发生棘轮失效。该应用准则简单易用，但计算量较大。应用准则 2 则是基于 Melan 静力安定定理的弹性安定校核。若操作循环载荷小于且不在弹性安定极限载荷附近，则初始的几个循环后结构即可安定到弹性状态；若应用循环载荷接近棘轮极限，则需要较大的计算和迭代工作。

此外，EN 13445-3 规范在分析设计应力分类法[13]中也提供了采用弹性分析（一次应力加二次应力之和小于 $3S_m$）及热应力棘轮按 Bree 图的评定的方法。

9.5　日本 C-TDF 方法

日本三维有限元应力评估委员会(The Committee of Three Dimensional Finite Element Stress Evaluation，C-TDF)提出了等效塑性应变增量控制法(每次循环的等效塑性应变增量递减且不大于 1×10^{-4})及弹性内核控制法(结构横截面上屈服部分的宽度小于剩余弹性核心的宽度)[309, 310]。其中，等效塑性应变增量控制法并未规定计算所需的循环次数。Vlaicu[311]指出，通常 5 次循环后即可满足要求。

9.6　苏联 USSR 规范的相关规定

苏联国家原子能利用委员会给出了核部件棘轮变形的限制规定，对于截面为圆形或正多边形杆式构件、厚度相同且截面相似的厚壁和薄壁管道及等厚的自由板，若其采用标准规定的材料制成且运行温度不超过规定的最高温度(如 08X16H11M13 奥氏体钢，相当于 316 不锈钢，操作温度不高于 550℃)，则在蒸汽-水或钠介质中承受热循环时，在远离边缘效应区内一个循环累积的塑性变形应不超过 $\Delta\varepsilon^{p}=2\times10^{-4}\%$[312]。值得注意的是，该规范中也采用了 Bree 图进行热应力棘轮评定。

9.7　本 章 小 结

本章详细介绍了现有设计规范中关于安定性和棘轮变形的限值或设计准则。EN 13445-3 及 ASME 规范均引入弹性法及弹塑性方法评估结构的安定性。二者的弹性分析法基本一致，仅屈服应力的确定方式不同。但是，ASME 规范在弹塑性分析法中要求更精确的几何模型、边界条件及材料非线性效应，这说明根据 ASME 规范可得到更合理的结果。日本 C-TDF 是根据有限元分析结果提出的，要求除满足累积塑性应变收敛外，还需结合 EN 13445-3 中应用准则 1，进一步限制最大主应变或总应变，以满足设备的功能要求。值得注意的是，塑性安定状态在 EN 13445-3 中应用准则 1、ASME 规范弹塑性评估方法及 C-TDF 法中均被认为是满足要求的。此外，采用弹性分析法评估结构的安定性时存在一定的局限性，即满足两倍弹性极限并不一定能保证结构符合弹性安定，这仅仅是结构安定到线弹性状态的必要非充分条件，需谨慎使用。对于考虑蠕变时结构的安定性设计，ASME、RCC-MRx 中都给出了相应的设计准则，且 R5 规程提出了采用详细的非弹性分析方法。

参 考 文 献

[1] Bleich H. Über die Bemessung statisch unbestimmter Stahlwerke unter der Berücksichtigung des elastich-plastischen Verhaltens des Baustoffes[J]. Bauingenieur, 1932, 13: 261-267.

[2] Melan E. Theorie statisch unbestimmter Systeme[C]//Proceedings of 2th Congress IABSE, Berlin, 1936: 43-64.

[3] Melan E. Theorie statisch unbestimmter Systeme aus Ideal Plastischem Baustoff[J]. Sitber. Akad. Wiss. Wien Ha, 1936, 145: 195-218.

[4] Melan E. Der Spannungszustand eines Mises-Henckyschen Kontinuums bei veräderlicher Belastung[J]. Sitzher. Akad. Wiss. Wien Ha, 1938, 147: 73-87.

[5] Melan E. Zur plastizität des räumlichen kontinuums[J]. Archive of Applied Mechanics, 1938, 9(2): 116-126.

[6] Prager W. Problem types in the theory of perfectly plastic materials[J]. Journal of the Aeronautical Sciences, 1948, 15: 337-341.

[7] 陈刚, 刘应华. 结构塑性极限与安定分析理论及工程方法[M]. 北京: 科学出版社, 2006.

[8] König J A. Shakedown of Elastic-Plastic Structures[M]. Warszawa: PWN-Polish Scientific Publishers, 1987.

[9] Leckie F A, Penny R K. Shakedown as a guide to the design of pressure vessels[J]. Journal of Engineering for Industry, 1969, 91: 799-807.

[10] Gill S S. The Structural Analysis of Pressure Vessels and Pressure Vessel Components[M]. London: Pergamon Press, 1970.

[11] Bree J. Elastic-plastic behaviour of thin tubes subjected to internal pressure and intermittent high-heat fluxes with application to fast-nuclear-reactor fuel elements[J]. The Journal of Strain Analysis for Engineering Design, 1967, 2(3): 226-238.

[12] The American Society of Mechanical Engineers. ASME boiler and pressure vessel code[S]. New York: The American Society of Mechanical Engineers, 2015.

[13] European Committee for Standardization. European standard for unfired pressure vessels-Part 3: design: EN 13445-3[S]. Brussels: European Committee for Standardization, 2002.

[14] The R5 Panel under a Structural Integrity Assessment Procedures collaboration involving EDF Energy, Rolls-Royce, ANSTO, Amec Foster Wheeler and Atkins. Assessment Procedure for the high temperature response of structures[S]. London: EDF Energy Nuclear Generation Ltd, 2014.

[15] Auslegung, Konstruktion und Berchnung. KemteclIlischer AIlsschu β, Sicherheitstechnische Regel des KTA[S]. Teil: Regeladerungsentwurf, 1995.

[16] French Society for Design and Construction Rules for Nuclear Island Components, Afcen RCC-MRx Code: Design and Construction Rules for Nuclear Power Generating Stations[S]. Paris: French Society for Design and Construction Rules for Nuclear Island Components, 2015.

[17] Koiter W T. A new general theorem on shakedown of elastic-plastic structures[J]. Nederl. Akad. Wetensch. Proc. Ser. B, 1956, 59: 24-34.

[18] Miller D R. Thermal stress ratchet mechanism in pressure vessels[J]. Journal of Basic Engineering, 1959, 81(2): 190-196.

[19] Megahed M M. Influence of hardening rule on the elasto-plastic behavior of a simple structure under cyclic loading[J]. International Journal of Mechanical Science, 1981, 23(3): 169-182.

[20] Bree J. Plastic deformation of a closed tube due to interaction of pressure stress and cyclic thermal stresses[J]. International Journal of Mechanical Science, 1989, 11(31): 865-892.

[21] Chen G , Ding X W, He K G. Critical stress limit of biaxial thermal ratcheting deformation in thin-walled cylindrical shells[C]//Asia-Pacific Symposium on Advances in Engineering Plasticity and Its Application, Hong Kong, 1992.

[22] Jiang W, Leckie A. A direct method for shakedown analysis of structures under sustained and cyclic loads[J]. ASME Journal of Applied Mechanics, 1992, 59(2/1): 251-260.

[23] Slagis G C. ASME section Ⅲ design-by-analysis criteria concepts and stress limits[J]. Journal of Pressure Vessel Technology, 2006, 128(1): 25-32.

[24] Camilleri D, Mackenzie D, Hamilton R. Shakedown of a thick cylinder with a radial crosshole[J]. Journal of Pressure Vessel Technology, 2009, 131(1): #011203.

[25] Mackenzie D, Boyle J T. A simple method of estimating shakedown loads for complex structures[C]//Proceedings of the ASME Pressure Vessels and Piping Conference, Denver, 1993, 265: 89-94.

[26] Hamilton R, Boyle J T, Shi J H, et al. Shakedown load bounds by elastic finite element analysis[C]//Proceedings of the Mechanical Engineering Congress and Exposition, Atlanta, 1996, 343: 205-211.

[27] Mackenzie D, Boyle J T, Hamilton R. The elastic compensation method for limit and shakedown analysis: A review[J]. Journal of Strain Analysis, 2000, 35(3): 171-188.

[28] Preiss R. On the shakedown analysis of nozzles using elasto-plastic FEA[J]. International Journal of Pressure Vessels and Piping, 1999, 76(7): 421-434.

[29] Muscat M, Hamilton R, Boyle J T. Shakedown analysis for complex loading using superposition[J]. Journal of Strain Analysis Engineering and Design, 2002, 37(5): 399-412.

[30] Muscat M, Mackenzie D. Elastic-shakedown analysis of axisymmetric nozzles[J]. Journal of Pressure Vessel Technology, 2003, 125(4): 365-370.

[31] Muscat M, Mackenzie D, Hamilton R. Evaluating shakedown under proportional loading by non-linear static analysis[J]. Computers & Structures, 2003, 81(17): 1727-1737.

[32] Polizzotto C. On the conditions to prevent plastic shakedown of structures: Part Ⅰ-Theory[J]. ASME Journal of Applied Mechanics, 1993, 60(15): 15-19.

[33] Polizzotto C. On the conditions to prevent plastic shakedown of structures: Part Ⅱ-The plastic shakedown limit load[J]. ASME Journal of Applied Mechanics, 1993, 60(15): 20-25.

[34] Abdalla H F, Megahed M M, Younan M Y A. A simplified technique for shakedown limit load determination[J]. Nuclear Engineering and Design, 2007, 237(12/13): 1231-1240.

[35] Abdalla H F, Megahed M M, Younan M Y A. Shakedown limit load determination for a kinematically hardening 90-degree pipe bend subjected to constant internal pressure and cyclic bending[C]//Proceedings of the ASME-PVP Division Conference, San Antonio, 2007.

[36] Abdalla H F, Megahed M M, Younan M Y A. Shakedown limits of a 90-degree pipe bend using small and large displacement formulations[J]. ASME Journal of Pressure Vessel Technology, 2007, 129(2): 287-295.

[37] Abdalla H F, Megahed M M, Younan M Y A. A simplified technique for shakedown limit load determination of a large square plate with a small central hole under cyclic biaxial loading[J]. Nuclear Engineering and Design, 2011, 241(3): 657-665.

[38] Ponter A R S, Chen H F. A minimum theorem for cyclic load in excess of shakedown, with application to the evaluation of a ratchet limit[J]. European Journal of Mechanics A: Solids, 2001, 20(4): 539-553.

[39] Chen H F, Ponter A R S. A method for the evaluation of a ratchet limit and the amplitude of plastic strain for bodies subjected to cyclic loading[J]. European Journal of Mechanics A: Solids, 2001, 20: 555-571.

[40] Reinhardt W. A non-cylic method for plastic shakedown analysis[J]. Journal of Pressure Vessel Technology, 2008, 130: #031209.

[41] Adibi-Asl R, Reinhardt W. Shakedown/ratcheting boundary determination using iterative linear elastic schemes[C]// ASME 2009 Pressure Vessels and Piping Conference (PVP2009), Prague, 2009.

[42] Adibi-Asl R, Reinhardt W. Ratchet boundary determination using a noncyclic method[J]. Journal of Pressure Vessel Technology, 2010, 132(2): #021201.

[43] Abou-Hanna J, McGreevy T E. A simplified ratcheting limit method based on limit analysis using modified yield surface[J]. International Journal of Pressure Vessels and Piping, 2011, 88(1): 11-18.

[44] Gokhfeld D A, Cherniavsky O F. Limit Analysis of Structures at Thermal Cycling[M]. Cheliabinsk: Polytechnical Institute, 1980.

[45] McGreevy T E, Williamson R L, Duty C E. Status of the development of simplified methods and constitutive equations[R]. Oak Ridge: Oak Ridge National Laboratory, 2006.

[46] Xue M D, Wang X F, Xu B Y. Lower-bound shakedown analysis of spherical shells containing defects[J]. International Journal of Plasticity, 1996, 68(3): 287-292.

[47] Liu Y H, Carvelli V, Maier G. Limit and shakedown analysis of pressurized pipelines containing defects[J]. Acta Mechanica Sinica, 1998, 14(1): 65-75.

[48] Carvelli V, Cen Z Z, Liu Y, et al. Shakedown analysis of defective pressure vessels by a kinematic approach[J]. Archive of Applied Mechanics, 1999, 69(9/10): 751-764.

[49] Chen H F, Ponter A R S. Shakedown and limit analyses for 3-D structures using the linear matching method[J]. International Journal of Pressure Vessels and Piping, 2001, 78(6): 443-451.

[50] Abdel-Karim M. Review shakedown of complex structures according to various hardening rules[J]. International Journal of Pressure Vessels and Piping, 2005, 82(6): 427-458.

[51] Weichert D, Hachemi A. Influence of geometrical nonlinearties on the shakedown of damaged structures[J]. International Journal of Plasticity, 1998, 14(9): 891-907.

[52] Hachemi A, Weichert D. An extension of the static shakedown theorem to a certain class of inelastic materials with damage[J]. Archives of Mechanics, 1992, 44(5/6). 491-496.

[53] Lemaitre J, Chaboche J L. Mécanique des Matériaux olids[M]. Paris: Dunod, 1985.

[54] Ju J W. On energy-based coupled elastoplastic damage theories: Constitutive modeling and computational aspects[J]. International Journal of Solids and Structures, 1989, 25(7): 803-833.

[55] Hachemi A, Weichert D. Application of shakedown theory to damaging inelastic material under mechanical and thermal loads[J]. International Journal of Mechanical Science, 1997, 39(9): 1067-1076.

[56] Siemaszko A. Inadaptation analysis with hardening and damage[J]. European Journal of Mechanics, 1993, 12(2): 237-248.

[57] Perzyna P. Constitutive modeling of dissipative solids for postcritical behavior and fracture[J]. ASME Journal of Engineering Materials and Technology, 1984, 106: 410-419.

[58] Feng X Q, Yu S W. An upper bound of elastic-plastic structures at shakedown[J]. International Journal of Damage Mechanics, 1994, 3(3): 277-289.

[59] Feng X Q, Yu S W. Damage and shakedown analysis of structures with strain-hardening[J]. International Journal of Plasticity, 1995, 11(3): 237-249.

[60] Druyanov B. Shakedown, integrity and design of elastic plastic damaged structures as subjected to cyclic loading[J]. Mathematics and Mechanics of Solids, 2006, 2 (11) : 160-175.

[61] Nayebi A, Abdi R E. Shakedown analysis of beams using nonlinear kinematic hardening materials coupled with continuum damage mechanics[J]. International Journal of Mechanical Sciences, 2008, 8 (50) :1247-1254.

[62] Nayebi A. Influence of continuum damage mechanics on the Bree's diagram of a closed end tube[J]. Material and Design, 2010, 31 (1) : 296-305.

[63] Lemaitre J. A Course on Damage Mechanics[M]. Berlin: Springer-Verlag, 1992.

[64] Lemaitre J, Desmorat R. Engineering Damage Mechanics[M]. Berlin: Springer, 2005.

[65] Armstrong P J, Frederick C O. A mathematical representation of the multiaxial bauschinger effect[R]. Gloucestarshire: Central Electricity Generating Board, 1966.

[66] Nayebi A. Bree's interaction diagram of beams with considering creep and ductile damage[J]. Structural Engineering and Mechanics, 2008, 30 (6) : 1-14.

[67] Nayebi A. Creep analysis of a thin tube and continuum damage mechanics application[J]. Mechanics Research Communications, 2010, 37: 412-416.

[68] Huang Y, Stein E. Shakedown of a cracked body consisting of kinematic hardening material[J]. Engineering Fracture Mechanics, 1996, 54 (1) :107-112.

[69] Feng X Q, Gross D. A global/local shakedown analysis method of elastoplastic cracked structures[J]. Engineering Fracture Mechanics, 1999, 63 (2) :179-192.

[70] Belouchrani M A, Weichert D. An extension of the static shakedown theorem to inelastic cracked structures[J]. International Journal of Mechanical Sciences, 1999, 41 (2) :163-177.

[71] Halphen B, Nguyen Q S. Sur les materiaux standards generalizes[J]. Journal of Mechanics, 1975, 14: 39-63.

[72] Habibullah M S, Ponter A R S. Ratchetting limits for cracked bodies subjected to cyclic loads and temperatures[J]. Engineering Fracture Mechanics, 2005, 72 (11) : 1702-1716.

[73] Tachibana Y, Nakagawa S, Iyoku T. Design and fabrication of reactor pressure vessel for high temperature engineering test reactor[C]//Pressure vessels piping Conference, San Diego, 2004.

[74] Parkes E W. Structural Effects of Repeated Thermal Loading[M]. London: Pitman, 1964.

[75] Townley C H A. Design methods for structures operating at high temperature[J]. Nuclear Engineering and Design, 1972, 19 (1) : 99-117.

[76] Eslami M R, Shariyat M. A technique to distinguish the primary and secondary stresses[J]. Journal of Pressure Vessel Technology, 1995, 117 (3) : 197-203.

[77] Mahbadi H, Gowhari A R, Eslami M R. Elastic-plastic-creep cyclic loading of beams using the Prager Kinematic hardening model[J]. Journal of Strain Analysis, 2004, 39 (2) : 127-136.

[78] Boulbibane M, Ponter A R S. A method for the evaluation of design limits for structural materials in a cyclic state of creep[J]. European Journal of Mechanics-A/Solids, 2002, 21 (6) : 899-914.

[79] Ponter A R S, Boulbibane M. Minimum theorems and the Linear Matching method for bodies in a cyclic state of creep[J]. European Journal of Mechanics-A/Solids, 2002, 21 (6) : 915-925.

[80] Carter P. Analysis of cyclic creep and rupture, Part 1: Bounding theorems and cyclic reference stresses[J]. International Journal of Pressure Vessels and Piping, 2005, 82 (1) : 15-26.

[81] Carter P. Analysis of cyclic creep and rupture, Part 2: Calculation of cyclic reference stresses and ratcheting interaction diagrams[J]. International Journal of Pressure Vessels and Piping, 2005, 82 (1) : 27-33.

[82] Chen H F, Ponter A R S, Ainsworth R A. The linear matching method applied to the high temperature life integrity of structures, Part 1: Assessments involving constant residual stress fields[J]. International Journal of Pressure Vessels and Piping, 2006, 83 (2) : 123-135.

[83] Chen H F, Ponter A R S, Ainsworth R A. The linear matching method applied to the high temperature life integrity of structures, Part 2: Assessments beyond shakedown involving changing residual stress fields[J]. International Journal of Pressure Vessels and Piping, 2006, 83 (2) : 136-147.

[84] Becht I V C. Elevated temperature shakedown concepts[C]//Proceedings of the ASME 2009 Pressure Vessels and Piping Division Conference, Prague , 2009.

[85] Becht I V C. Extension of fatigue exemption rules in section Ⅷ, DIV 2 Slightly into the creep regime[C]//Proceedings of the ASME 2009 Pressure Vessels and Piping Division Conference, Prague, 2009.

[86] Kawashima F, Ishikawa A, Asada Y. Ratcheting deformation of advanced 316 steel under creep-plasticity condition[J]. Nuclear Engineering and Design, 1999, 193 (3) : 327-336.

[87] Kang G Z, Sun Y F, Zhang J, et al. Time-dependent ratcheting behavior of SS304 stainless steel under uniaxial cyclic loading at room temperature[J]. Acta Metallurgica Sinica, 2005, 41 (3) : 277-281.

[88] Kang G Z, Zhang J, Sun Y F, et al. Uniaxial time-dependent ratcheting of SS304 stainless steel at high temperatures[J]. Journal of Iron and Steel Research, International, 2007, 14 (1) : 53-59.

[89] Kang G Z, Kan Q H, Zhang J. Time-dependent ratcheting experiments of SS304 stainless steel[J]. International Journal of Plasticity, 2006, 22 (5) : 858-894.

[90] Kang G Z, Cheng D C, Guo S J. Finite element analysis for uniaxial time-dependent ratcheting of SiCP/6061Al composites at room and high temperatures[J]. Materials Science and Engineering A, 2007, 458 (1-2) : 170-183.

[91] Yoshida F. Uniaxial and biaxial creep-ratchetting behaviour of SUS304 stainless steel at room temperature[J]. International Journal of Pressure Vessels and Piping, 1990, 44 (2) : 207-223.

[92] McDowell D L. Stress state dependence of cyclic ratchetting behavior of two rail steels[J]. International Journal of Plasticity, 1995, 11 (4) : 397-421.

[93] Ohno N, Wang J D. Kinematic hardening rules with critical state of dynamic recovery, part Ⅰ: Formulations and basic features for ratcheting behavior[J]. International Journal of Plasticity, 1993, 9 (3) : 375-390.

[94] Ohno N, Wang J D. Kinematic hardening rules with critical state of dynamic recovery, part Ⅱ: Application to experiments of ratchetting behavior[J]. International Journal of Plasticity, 1993, 9 (3) : 391-403.

[95] Delobelle P, Robinet P, Bocher L. Experimental study and phenomenological modelization of ratchet under uniaxial and biaxial loading on an austenitic stainless steel[J]. International Journal of Plasticity, 1995, 11 (4) : 295-330.

[96] Abdel-Karim M, Ohno N. Kinematic hardening model suitable for ratcheting with steady-state[J]. International Journal of Plasticity, 2000, 16: 225-240.

[97] Kang G Z, Gao Q, Yang X J. A visco-plastic constitutive model incorporated with cyclic hardening for uniaxial/multiaxial ratchetting of SS304 stainless steel at room temperature[J]. Mechanics of Materials, 2002, 34: 521-531.

[98] Kang G Z, Gao Q, Yang X J. Uniaxial and multiaxial ratchetting of SS304 stainless steel at room temperature: Experiments and visco-plastic constitutive model[J]. International Journal of Non-linear Mechanics, 2004, 39: 843-857.

[99] Yaguchi M, Takahashi Y. Ratchetting of viscoplastic material with cyclic softening: Ⅰ. Experiments on modified 9Cr-1Mo steel[J]. International Journal of Plasticity, 2005, 21 (1) : 43-65.

[100] Yaguchi M, Takahashi Y. Ratchetting of viscoplastic material with cyclic softening: Ⅱ. Application of constitutive models[J]. International Journal of Plasticity, 2005, 21(1): 835-860.

[101] Kang G Z, Kan Q H. Constitutive modeling for uniaxial time-dependent ratcheting of SS304 stainless steel[J]. Mechanics of Materials, 2007, 39(5): 488-499.

[102] Brown N, Ekvall R A. Temperature dependence of the yield points in iron[J]. Acta Metallurgica, 1962, 11(10): 1101-1107.

[103] Matejczyk D E, Zhuang Y, Tien J K. Anelastic relaxation controlled cyclic creep and cyclic stress rupture behavior of an oxide dispersion strengthened alloy[J]. Metallurgical Transactions A, 1983, 14(1): 241-247.

[104] Jin K C, Nam S W. The interpretation of cyclic creep deformation mechanism of copper in terms of the anelastic recovery[J]. Journal of Materials Science, 1985, 20(4): 1357-1364.

[105] Nardone V C, Matejczyk D E, Tien J K. A model for anelastic relaxation controlled cyclic creep[J]. Metallurgical Transactions A, 1985, 16(6): 1117-1122.

[106] Lee H J, Cornella G, Bravman J C. Stress relaxation of free-standing aluminum beams for microelectromechanical systems applications[J]. Applied Physics Letters, 2000, 76: 3415-3418.

[107] Meguid S A, Shagal G, Stranart J C. Relaxation of peening residual stresses due to cyclic thermo-mechanical overload[J]. ASME Journal of Engineering Material Technology, 2005, 127(2): 170-178.

[108] Kong J, Provatas N, Wilkinson D S. Anelastic behavior modeling of SiC whisker-reinforced Al_2O_3[J]. Journal of the American Ceramic Society, 2010, 93(3): 857-864.

[109] McGreevy T E, Leckie F A, Carter P, et al. The effect of temperature dependence yield strength on upper bounds for creep ratcheting[C]//Proceedings of ASME Pressure Vessels and Piping Division Conference, Vancouver, 2006.

[110] Phạm P T, Staat M. FEM-based shakedown analysis of hardening Structures[J]. Asia Pacific Journal on Computational Engineering, 2014, 1(1): 4.

[111] Prager W. A new method of analyzing stress and strain in work hardening plastic solids[J]. ASME Journal of Applied Mechanics, 1956, 23: 493-496.

[112] Maier G A. Shakedown matrix theory allowing for work hardening and second-order geometric effects//Sawczuk A. Foundations of Plasticity[M]. Amsterdam: Springer, 1973, 417-433.

[113] Ponter A R S. A general shakedown theorem for elastic plastic bodies with work hardening[C]//Proceedings of SMiRT-3 Conference, London, 1975.

[114] Stein E, Huang Y J. Shakedown for systems of kinematic hardening materials//Weichert D, Doroz S, Mróz Z. Inelastic Behaviour of Structures under Variables Loads[M]. Netherlands: Kluwer Academic Publishers, 1995.

[115] Weichert D, Groß-Weege J. The numerical assessment of elastic-plastic sheets under variable mechanical and thermal loads using a simplified two-surface yield condition[J]. International Journal of Mechanical Sciences, 1988, 30: 757-767.

[116] Bodovillé G, Saxcé G. Plasticity with non-linear kinematic hardening-modelling and shakedown analysis by the bipotential approach[J]. European Journal of Mechanics-A/Solids, 2001, 20: 99-112.

[117] Pham D C. Shakedown static and kinematic theorems for elastic-plastic limited linear kinematic-hardening solids[J]. European Journal of Mechanics-A/Solids, 2005, 24: 35-45.

[118] Pham D C. Shakedown theory for elastic plastic kinematic hardening bodies[J]. International Journal of Plasticity, 2007, 23:1240-1259.

[119] Nguyen Q S. On shakedown analysis in hardening[J]. Journal of the Mechanics and Physics of Solids, 2003, 51:101-125.

[120] Maier G. Shakedown theory in perfect elastoplasticity with associated and nonassociated flow-laws: A fifinite element, linear programming approach[J]. Meccanica, 1969, 4(3): 250-260.

[121] Corradi L, Zavelani A. A linear programming approach to shakedown analysis of structures[J]. Computer Methods in Applied Mechanics and Engineering, 1974, 3(1): 37-53.

[122] Karadeniz S, Ponter A. A linear programming upper bound approach to the shakedown limit of thin shells subjected to variable thermal loading[J]. The Journal of Strain Analysis for Engineering Design, 1984, 19(4): 221-230.

[123] Karmarkar N. A new polynomial-time algorithm for linear programming[J]. Proceedings of the Sixteenth Annual ACM Symposium on Theory of Computing, ACM, 1984: 302-311.

[124] Forsgren A, Gill P, Wright M. Interior methods for nonlinear optimization[J]. SIAM Review, 2002, 44: 525-597.

[125] Makrodimopoulos A, Bisbos C. Shakedown analysis of plane stress problems via SOCP[J]. Numerical Methods for Limit and Shakedown Analysis: Deterministic and Probabilistic Problems, 2003: 186-216.

[126] Nguyen A D. Lower-Bound Shakedown Analysis of Pavements by Using the Interior Point Method[D]. Aachen: RWTH Aachen University, 2007.

[127] Chen G. Strength Prediction of Particulate Reinforced Metal Matrix Composites[D]. Aachen: RWTH Aachen University, 2016.

[128] Li W, Zeng F, Chen G, et al. Shakedown analysis for structural design applied to a manned airtight module[J]. International Journal of Pressure Vessels and Piping, 2018, 162: 11-18.

[129] Staat M, Heitzer M. The restricted influence of kinematic hardening on shakedown loads[C]//Proceedings of WCCM V, 5th World Congress on Computational Mechanics, Vienna, 2002.

[130] Staat M, Heitzer M. Numerical Methods for Limit and Shakedown analysis—Deterministic and Probabilistic Problems[M]. Jülich: John von Neumann Institute for Computing, 2003.

[131] Stein E, Zhang G. Theoretical and numerical shakedown analysis for kinematic hardening materials[C]//Proceedings of 3rd International Conference on Computational Plasticity (COMPLAS 3). Barcelona: Pineridge Press, 1992.

[132] Huang S H, Xu Y G, Chen G, et al. A numerical shakedown analysis method for strength evaluation coupling with kinematical hardening based on two surface model[J]. Engineering Failure Analysis, 2019, 103: 275-285.

[133] Hübel H. Basic conditions for material and structural ratcheting[J]. Nuclear Engineering and Design, 1996, 162: 55-65.

[134] Varvani-Farahani A, Nayebi A. Ratcheting in pressurized pipes and equipment: A review on affecting parameters, modelling, safety codes, and challenges[J]. Fatigue & Fracture of Engineering Materials & Structures, 2018, 41: 503-538.

[135] Cai L, Niu Q, Qiu S, et al. Ratcheting behaviour of T225NG titanium alloy under uniaxial cyclic stressing: Experiments and modeling[J]. Chinese Journal of Aeronautics, 2005, 18: 31-39.

[136] Cai L, Liu Y, Ye Y, et al. Uniaxial ratcheting behavior of stainless steels: experiments and modeling[J]. Key Engineering Materials, 2004, 274/276: 823-828.

[137] Coffin L F. The Deformation and Fracture of Ductile Metal under Superimposed Cyclic and Monotonic Strain[M]. New York: ASTM International, 1970.

[138] Gao H, Chen X. Effect of axial ratcheting deformation on torsional low cycle fatigue life of lead-free solder Sn-3.5Ag[J]. International Journal of Fatigue, 2009, 31: 276-283.

[139] Beaney E M. Response of tubes to seismic loading[R]. Gloucestarshire: Central Electricity Generating Board, 1985.

[140] Edmunds H G, Beer F J. Notes on incremental collapse in pressure vessels[J]. Journal of Mechanical Engineering Science, 1961, 3: 187-199.

[141] Scavuzzo R J, Lam P C, Gau J S. Experimental studies of ratcheting of pressurized pipe[J]. ASME Journal of Pressure Vessel Technology, 1991, 113: 210-218.

[142] Paul S K, Sivaprasad S, Dhar S, et al. True stress control asymmetric cyclic plastic behavior in SA333 C-Mn steel[J]. International Journal of Pressure Vessels and Piping, 2010, 87: 440-446.

[143] Park S J, Kim K S, Kim H S. Ratcheting behaviour and mean stress considerations in uniaxial low-cycle fatigue of Inconel 718 at 649°C[J]. Fatigue & Fracture of Engineering Materials & Structures, 2007, 30: 1076-1083.

[144] Ahmadzadeh G R, Varvani-Farahani A. Triphasic ratcheting strain prediction of materials over stress cycles[J]. Fatigue & Fracture of Engineering Materials & Structures, 2012, 35 (10): 929-935.

[145] Vahidifar A, Esmizadeh E, Naderi G, et al. Ratcheting response of nylon fiber reinforced natural rubber/styrene butadiene rubber composites under uniaxial stress cycles: Experimental studies[J]. Fatigue & Fracture of Engineering Materials & Structures, 2018, 41 (2): 348-357.

[146] Ahmadzadeh G R, Varvani-Farahani A. Prediction of ratcheting strain generated over uniaxial stress cycles in FRP composites[C]//3rd International Conference on Composites (CCFA-3), Tehran, 2012.

[147] Ahmadzadeh G R, Varvani-Farahani A. Ratcheting assessment of steel alloys under uniaxial loading: A parametric model versus hardening rule of Bower[J]. Fatigue & Fracture of Engineering Materials & Structures, 2013, 36 (4): 281-292.

[148] Vincent L, Calloch S, Kurtyka T, et al. An improvement of multiaxial ratchetting modeling via yield surface distortion[J]. ASME Journal of Engineering Materials and Technology, 2002, 124 (4): 402-411.

[149] Mroz Z. On the description of the work—Hardening[J]. Journal of the Mechanics and Physics of Solids, 1967, 15: 163-175.

[150] Wu D L, Xuan F Z, Guo S J, et al. Uniaxial mean stress elaxation of 9-12% Cr steel at high temperature: Experiments and viscoplastic constitutive modeling[J]. International Journal of Plasticity, 2016, 77: 156-173.

[151] Zhang S L, Xuan F Z. Interaction of cyclic softening and stress relaxation of 9-12% Cr steel under strain-controlled fatigue-creep condition: Experimental and modeling[J]. International Journal of Plasticity, 2017, 98: 45-64.

[152] Chaboche J L. Time-independent constitutive theories for cyclic plasticity[J]. International Journal of Plasticity, 1986, 2: 149-188.

[153] Chaboche J L. Constitutive equations for cyclic plasticity and cyclic viscoplasticity[J]. International Journal of Plasticity, 1989, 5: 247-302.

[154] Chaboche J L. On some modifications of kinematic hardening to improve the description of ratchetting effects[J]. International Journal of Plasticity, 1991, 7: 661-678.

[155] Chen X, Jiao R. Modified kinematic hardening rule for multiaxial ratcheting prediction[J]. International Journal of Plasticity, 2004, 20: 871-898.

[156] Hassan T, Taleb L, Krishna S. Influence of non-proportional loading on ratcheting responses and simulations by two recent cyclic plasticity models[J]. International Journal of Plasticity, 2008, 24: 1863-1889.

[157] Kang G Z, Ohno N, Nebu A. Constitutive modeling of strain range dependent cyclic hardening[J]. International Journal of Plasticity, 2003, 19: 1801-1819.

[158] Jiang Y, Sehitoglu H. Modeling of cyclic ratchetting plasticity, part Ⅰ: Development of constitutive relations[J]. Journal of Applied Mechanics, 1996, 63: 720-725.

[159] Jiang Y, Sehitoglu H. Modeling of cyclic ratchetting plasticity, part Ⅱ: Comparison of model simulations with experiments[J]. Journal of Applied Mechanics, 1996, 63: 726-733.

[160] Chen X, Jiao R, Kim K S. On the Ohno-Wang kinematic hardening rules for multiaxial ratcheting modeling of medium carbon steel[J]. International Journal of Plasticity, 2005, 21: 161-184.

[161] Xie C L, Ghosh S, Groeber M. Modeling cyclic deformation of HSLA steels using crystal plasticity[J]. ASME Journal of Engineering Materials and Technology, 2004, 126(4): 339-352.

[162] Castelluccio G M, McDowell D L. Mesoscale modeling of microstructurally small fatigue cracks in metallic polycrystals[J]. Materials Science and Engineering: A, 2014, 598: 34-55.

[163] Lu F, Guang Z, Ke-shi Z. Discussion of cyclic plasticity and viscoplasticity of single crystal nickel-based superalloy in large strain analysis: Comparison of anisotropic macroscopic model and crystallographic model[J]. International Journal of Mechanical Sciences, 2004, 46: 1157-1171.

[164] Lin B, Zhao L, Tong J, et al. Crystal plasticity modeling of cyclic deformation for a polycrystalline nickel-based superalloy at high temperature[J]. Materials Science and Engineering: A, 2010, 527(15): 3581-3587.

[165] Przybyla C P, McDowell D L. Microstructure-sensitive extreme value probabilities for high cycle fatigue of Ni-base superalloy IN100[J]. International Journal of Plasticity, 2010, 26 (3): 372-394.

[166] Segurado J, Lebensohn R A, Lorca J, et al. Multiscale modeling of plasticity based on embedding the viscoplastic self-consistent formulation in implicit finite elements[J]. International Journal of Plasticity, 2012, 28: 124-140.

[167] Segurado J, Lorca, J. Simulation of the deformation of polycrystalline nanostructured Ti by computational homogenization[J]. Computational Materials Science, 2013, 76: 3-11.

[168] Shenoy M. Constitutive Modeling and Life Prediction in Ni-Base Superalloys[D]. Atlanta: Georgia Institute of Technology, 2006.

[169] Shenoy M, Tjiptowidjojo Y, McDowell D L. Microstructure-sensitive modeling of polycrystalline IN 100[J]. International Journal of Plasticity, 2008, 24: 1694-1730.

[170] Staroselsky A, Cassenti B. Creep, plasticity, and fatigue of single crystal superalloy[J]. International Journal of Solids and Structures, 2011, 48 (13): 2060-2075.

[171] Sweeney C A, McHugh P E, McGarry J P, et al. Micromechanical methodology for fatigue in cardiovascular stents[J]. International Journal of Fatigue, 2012, 44: 202-216.

[172] Xu B, Jiang Y. A cyclic plasticity model for single crystals[J]. International Journal of Plasticity, 2004, 20(12): 2161-2178.

[173] Carpurso M. Some upper bound principles to plastic strains in dynamic shakedown of elastic-plastic structures[J]. Journal of Structural Mechanics, 1979, 7(1): 1-20.

[174] König J A, Maier G. Shakedown analysis of elastoplastic structures: A review of recent developments[J]. Nuclear Engineering and Design, 1982, 66(1): 81-95.

[175] Polizzotto C. A unified treatment of shakedown theory and related Bounding techniques[J]. Solid Mechanics Archives, 1982, 7(1): 19-75.

[176] Stein E, Zhang G B, König J A. Shakedown with nonlinear strain-hardening including structural computation using finite element method[J]. International Journal of Plasticity, 1992, 8(1): 1-31.

[177] 冯西桥, 刘信生. 不同应变强化模型下结构安定性的研究[J]. 力学学报, 1994, 26(6): 719-723.

[178] 冯西桥, 刘信生. 随动强化结构的安定性分析[J]. 力学学报, 1994, 24(4): 500-503.

[179] 刘波, 陈钢, 刘应华, 等. 应变强化结构安定性上限分析的数值方法[J]. 清华大学学报(自然科学版), 2004, 24(4): 232-235.

[180] Bouby C, Saxcé G, Tritsch J B. A comparison between analytical calculations of the shakedown load by the bipotential approach and step-by-step computations for elastoplastic materials with nonlinear kinematic hardening[J]. International Journal of Solids and Structures, 2006, 43(9): 2670-2692.

[181] Bouby C, Saxcé G, Tritsch J B. Shakedown analysis: Comparison between models with the linear unlimited, linear limited and non-linear kinematic hardening[J]. Mechanics Research Communications, 2009, 26(5): 556-562.

[182] Polizzotto C. Shakedown analysis for a class of strengthening materials within the framework of gradient plasticity[J]. International Journal of Plasticity, 2010, 26(7): 1050-1069.

[183] Oh C S, Kim Y J, Park C Y. Shakedown limit loads for elbows under internal pressure and cyclic in-plane bending[J]. International Journal of Pressure Vessels and Piping, 2008, 85(6): 394-405.

[184] 冯西桥. 脆性材料的细观损伤理论和损伤结构的安定分析[D]. 北京: 清华大学, 1995.

[185] Hachemi A, Weichert D. Numerical shakedown analysis of damaged structures[J]. Computer Methods in Applied Mechanics and Engineering, 1998, 160(1-2): 57-70.

[186] Druyanov B, Roman I. On adaptation (shakedown) of a class of damaged elastic plastic bodies to cyclic loading[J]. European Journal of Mechanics-A/Solids, 1998, 17(1): 71-78.

[187] Druyanov B, Roman I. Conditions for shakedown of damaged elastic plastic bodies[J]. European Journal of Mechanics-A/Solids, 1999, 18(4): 641-651.

[188] Zheng X T, Xuan F Z. Autofrettage and shakedown analysis of strain-hardening cylinders under thermo-mechanical loadings[J]. The Journal of Strain Analysis for Engineering Design, 2011, 46(1): 45-55.

[189] Mackenzie D, Boyle J T, Hamilton R, et al. Secondary stress and shakedown in axisymmetric nozzles[C]// Proceedings of the ASME Pressure Vessels and Piping Conference, Honolulu, 1995: 409-413.

[190] Ure J, Chen H, Tipping D. Integrated structural analysis tool using linear matching method part 1: Software development[J]. International Journal of Pressure Vessels and Piping, 2014, 120/121: 141-151.

[191] Chen H, Ure J, Tipping D. Integrated structural analysis tool using linear matching method part 2: Application and verification[J]. International Journal of Pressure Vessels and Piping, 2014, 120/121: 152-161.

[192] Cho N K, Wang R Z, Ma Z Y, et al. Creep-fatigue endurance of a superheater tube plate under non-isothermal loading and multi-dwell condition[J]. International Journal of Mechanical Science, 2019, 161/162: #105048.

[193] Giugliano D, Cho N K, Chen H F, et al. Cyclic plasticity and creep-cyclic plasticity behaviours of the SiC/Ti-6242 particulate reinforced titanium matrix composites under thermo-mechanical loadings[J]. Composite Structures, 2019, 218: 204-216.

[194] Zhu X C, Chen H F, Xuan F Z, et al. On the creep fatigue and creep rupture behaviours of 9-12% Cr steam turbine rotor[J]. European Journal of Mechanics-A/Solids, 2019, 76: 263-278.

[195] Giugliano D, Barbera D, Chen H F, et al. Creep-fatigue and cyclically enhanced creep mechanisms in aluminium based metal matrix composites[J]. European Journal of Mechanics-A/Solids, 2019, 74: 66-80.

[196] Zheng X T, Chen H F, Ma Z Y. Shakedown boundaries of multilayered thermal barrier systems considering interface imperfections[J]. International Journal of Mechanical Sciences, 2018, 144: 33-40.

[197] Puliyaneth M, Barbera D, Chen H F, et al. Study of ratchet limit and cyclic response of welded pipe[J]. International Journal of Pressure Vessels and Piping, 2018, 168: 49-58.

[198] Beesley R, Chen H F, Hughes M. A novel simulation for the design of a low cycle fatigue experimental testing programme[J]. Computers and Structures, 2017, 178: 105-118.

[199] Zhu X C, Chen H F, Xuan F Z, et al. Cyclic plasticity behaviors of steam turbine rotor subjected to cyclic thermal and mechanical loads[J]. European Journal of Mechanics-A/Solids, 2017, 66: 243-255.

[200] Gong J G, Niu T Y, Chen H F, et al. Shakedown analysis of pressure pipeline with an oblique nozzle at elevated temperatures using the Linear Matching Method[J]. International Journal of Pressure Vessels and Piping, 2018, 159: 55-66.

[201] Barbera D, Chen H F, Liu Y H. Creep-fatigue behaviour of aluminum alloy-based metal matrix composite[J]. International Journal of Pressure Vessels and Piping, 2016, 139: 159-172.

[202] Giugliano D, Barbera D, Chen H F. Effect of fiber cross section geometry on cyclic plastic behavior of continuous fiber reinforced aluminum matrix composites[J]. European Journal of Mechanics-A/Solids, 2017, 61: 35-46.

[203] Barbera D, Chen H F, Liu Y. On creep fatigue interaction of components at elevated temperature[J]. ASME Journal of Pressure Vessel Technology, 2016, 138(4): #041403.

[204] Barbera D, Chen H F. Creep rupture assessment by a robust creep data interpolation using the linear matching method[J]. European Journal of Mechanics-A/Solids, 2015, 54: 267-279.

[205] Ure J, Chen H F, Tipping D. Verification of the linear matching method for limit and shakedown analysis by comparison with experiments[J]. ASME Journal of Pressure Vessel Technology, 2015, 137(3): #031003.

[206] Chen H F, Chen W, Ure J. A direct method on the evaluation of cyclic steady state of structures with creep effect[J]. Journal of Pressure Vessel Technology, 2014, 136(6): #061404.

[207] Jappy A, Mackenzie D, Chen H F. A fully implicit, lower bound, multi-axial solution strategy for direct ratchet boundary evaluation: Implementation and comparison[J]. ASME Journal of Pressure Vessel Technology, 2014, 136(1): 011205.

[208] Adibi-Asl R, Reinhardt W. Elastic modulus adjustment procedure (EMAP) for shakedown[C]//Proceedings of the ASME 2008 Pressure Vessels and Piping Division Conference, Chicago, 2008.

[209] Seshadri R, Mangalaramanan S P. Lower bound limit load using variational concepts: The mα-method[J]. International Journal of Pressure Vessels and Piping, 1997, 71: 93-106.

[210] Adibi-Asl R, Fanous I F Z, Seshadri R. Elastic modulus adjustment procedures improved convergence schemes[J]. International Journal of Pressure Vessels and Piping, 2006, 83: 154-160.

[211] Adibi-Asl R, Reinhardt W. Non-cyclic shakedown/ratcheting boundary determination—Part 1: Analytical approach[J]. International Journal of Pressure Vessels and Piping, 2011, 88: 311-320.

[212] Adibi-Asl R, Reinhardt W. Non-cyclic shakedown/ratcheting boundary determination—Part 2: Numerical implementation[J]. International Journal of Pressure Vessels and Piping, 2011, 88: 321-329.

[213] Martin M, Rice D. A hybrid procedure for ratchet boundary prediction[C]//Proceedings of the ASME 2009 Pressure Vessels and Piping Division Conference PVP2009, Prague, 2009.

[214] Massonnet C. Essai d'adaptation et de stabilisation plastiques sur des poutrelles laminées[J]. L'Ossature fléchie, 1956, 19: 318.

[215] Massonnet C, Save M. Calcul plastique des constructions, vol. 1: Structures dépendant d'un paramètre[J]. Bruxelles: Centre belg-oluxem bourgeois d'information de l'acier, 1967.

[216] Armstrong P J, Townley C H A. Shakedown experiments on a T section Beam[R]. Gloucestarshire: Central Electricity Generating Board, 1967.

[217] Proctor E, Flinders R F. Experimental investigations into elastic-plastic behaviour of isolated nozzles in spherical shells. Part Ⅱ: Shakedown and plastic analysis[R]. Gloucestarshire: Central Electricity Generating Board, 1967.

[218] Findlay G E, Moffat D G, Stanley P. Torispherical drumheads: A limit pressure and shakedown investigation[J]. Journal of Strain Analysis, 1971, 6(3): 147-166.

[219] Ceradini G, Gavarini C, Petrangali M P. Steel orthotropic plates under alternate loads[J]. ASME Journal of the Structural Division, 1975, 101(10): 2015-2026.

[220] Leers K, Klie W, König J A, et al. Experimental investigation on shakedown tubes[C]//International Symposium on Plasticity Today. London: Elsevier, 1983.

[221] Moreton D N, Yahiaoui K, Moffat D G. Onset of ratcheting in pressurized piping elbows subjected to in-plane bending moments[J]. International Journal of Pressure Vessels and Piping, 1996, 68(1): 73-79.

[222] Wolters J, Breitbach G, Rovdig M, et al. Investigation of the ratcheting phenomenon for dominating bending loads[J]. Nuclear Engineering and Design, 1997, 174(3): 353-363.

[223] Gao B J, Chen X, Chen G. Ratcheting and ratcheting boundary study of pressurized straight low carbon steel pipe under reversed bending[J]. International Journal of Pressure Vessels & Piping, 2006, 83(2): 96-106.

[224] O'Donnell W J, Porowiki J. Upper bounds for accumulated strains due to creep ratcheting[J]. Welding Research Council Bulletin, 1974, 195: 57-62.

[225] Reinhardt W. On the interaction of thermal membrane and thermal bending stress in shakedown analysis[C]//ASME 2008 Pressure Vessels & Piping Conference, Chicago, 2008: 811-822.

[226] Hutchinson J W. Plasticity at the micron scale[J]. International Journal of Solids and Structures, 2000, 37(1/2): 225-238.

[227] Mühlhaus H B, Aifantis E C. A variational principle for gradient plasticity[J]. International Journal of Solids and Structures, 1991, 28(7): 845-857.

[228] Fleck N A, Hutchinson J W. A phenomenological theory for strain gradient effects in plasticity[J]. Journal of the Mechanics and Physics of Solids, 1993, 41(12): 1825-1857.

[229] Gao H, Huang Y, Nix W D, et al. Mechanism-based strain gradient plasticity I[J]. Theory Journal of the Mechanics and Physics of Solids, 1999, 47(6): 1239-1263.

[230] Gao X L. An exact elasto-plastic solution for an open-ended thick-walled cylinder of a strain-hardening material[J]. International Journal of Pressure Vessels and Piping, 1992, 52(1): 129-144.

[231] Fan S C, Yu M H, Yang S Y. On the unification of yield criteria[J]. ASME Journal Applied Mechanics, 2001, 68(2): 341-343.

[232] Yu M H. Advances in strength theories for materials under complex stress state in the 20th century[J]. ASME Applied Mechanics Reviews, 2002, 55(3): 169-218.

[233] Gao X L. An exact elasto-plastic solution for a closed-end thick-walled cylinder of elastic linear-hardening material with large strains[J]. International Journal of Pressure Vessels & Piping, 1993, 56(3): 331-350.

[234] Gao X L. Elasto-plastic analysis of an internally pressurized thick-walled cylinder using a strain gradient plasticity theory[J]. International Journal of Solids and Structures, 2003, 40(23): 6445-6455.

[235] Little R W. Elasticity[M]. Englewood Cliffs: Prentice-Hall, 1973.

[236] Chen P. The bauschinger and hardening effect on residual stresses in an autofrettaged thick-walled cylinder[J]. ASME Journal of Pressure Vessel Technology, 1986, 108(1): 108-112.

[237] Lazzarin P, Livieri P. Different solutions for stress and strain fields in autofrettaged thick-walled cylinders[J]. International Journal of Pressure Vessels and Piping, 1997, 71(3): 231-238.

[238] Hill R. The Mathematical Theory of Plasticity[M]. Oxford: Oxford University Press, 1950.

[239] Zhu H T, Zbib H M, Aifantis E C. Strain gradients and continuum modeling of size effect in metal matrix composites[J]. Acta Mechanica, 1997, 121(1/4): 165-176.

[240] Gao X L. Strain gradient plasticity solution for an internally pressurized thick-walled cylinder of an elastic linear-hardening material[J]. Zeitschrift für angewandte Mathematik und Physik, 2007, 58(1): 161-173.

[241] Xu S Q, Yu M H. Shakedown analysis of thick-walled cylinders subjected to internal pressure with the unified strength criterion[J]. International Journal of Pressure Vessels and Piping, 2005, 82(9): 706-712.

[242] Dassault Systèmes. ABAQUS, Version 6.10[Z]. Providence, RI, USA. 2010.

[243] Majzoobia G H, Farrahib G H, Pipelzadehc M K, et al. Experimental and finite element prediction of bursting pressure in compound cylinders[J]. International Journal of Pressure Vessels and Piping, 2004, 81(12): 889-896.

[244] Darijan H, Kargarnovin M H, Naghdabadi R. Design of spherical vessels under steady-state thermal loading using thermo-elasto-plastic concept[J]. International Journal of Pressure Vessels and Piping, 2009, 86(2/3): 143-152.

[245] Hetnarski R B, Eslami M R. Thermal Stresses-Advanced Theory and Applications, Solid Mechanics and its Applications[M]. Netherlands: Springer, 2009.

[246] Hojjati M H, Hassani A. Theoretical and finite element modeling of autofrettage process in strain hardening thick-walled cylinders[J]. International Journal of Pressure Vessels and Piping, 2007, 84(5): 310-319.

[247] Gao B, Chen X, Chen G. Ratchetting and ratchetting boundary study of pressurized straight low carbon steel pipe under reversed bending[J]. International Journal of Pressure Vessels and Piping, 2006, 83(2): 96-106.

[248] Dixon R D, Perez E H. Effects of cross-bores on the limit load of high pressure cylindrical vessels[C]//Proceedings of ASME/JSME Joint Pressure Vessel Piping Conference, 1998, New York, 371: 119-123.

[249] 郑小涛, 彭常飞, 喻九阳, 等. 热-机械载荷下 U 形对焊接头的安定性[J]. 焊接学报, 2013, 34(10): 39-42, 115.

[250] 郑小涛, 彭常飞, 喻九阳, 等. 焊接坡口对焊接接头安定性的影响研究[J]. 压力容器, 2012, 29(10): 1-6.

[251] Zhang W C, Zhu M L, Wang K, et al. Failure mechanisms and design of dissimilar welds of 9%Cr and CrMoV steels up to very high cycle fatigue regime[J]. International Journal of Fatigue, 2018, 113: 367-376.

[252] Zhang C, Ren C, Lei B, et al. Effect of post-weld heat treatment on the fatigue and fracture mechanisms of weld-repaired bisplate80 with or without a buffer layer[J]. Journal of Materials Engineering & Performance, 2017, 26(6): 2742-2753.

[253] Taheri S, Julan E, Tran X V, et al. Impacts of weld residual stresses and fatigue crack growth threshold on crack arrest under high-cycle thermal fluctuations[J]. Nuclear Engineering & Design, 2017, 311:16-27.

[254] Du Y N , Zhu M L , Xuan F Z. Transitional behavior of fatigue crack growth in welded joint of 25Cr2Ni2MoV steel[J]. Engineering Fracture Mechanics, 2015, 144: 1-15.

[255] Zheng X T, Peng C F, Yu J Y, et al. A Unified shakedown assessment method for butt welded joints with various weld groove shapes[J]. Journal of Pressure Vessel Technology, 2015, 137(2): #021404.

[256] Li T, Chen H, Chen W, et al. On the shakedown analysis of welded pipes[J]. International Journal of Pressure Vessels & Piping, 2011, 88(8): 301-310.

[257] Padture N P, Gell M, Jordan E H. Thermal barrier coatings for gas-turbine engine applications[J]. Science, 2002, 296: 280-284.

[258] Hsueh C H. Thermal stresses in elastic multilayer systems[J].Thin Solid Films, 2002, 418(2): 182-188.

[259] Zhang N H. Thermoelastic stresses in multilayered beams[J]. Thin Solid Films, 2007, 515: 8402-8406.

[260] Zhang X C, Xu B S, Xuan F Z. Residual stresses in the elastoplastic multilayer thin film structures: The cases of Si/Al bilayer and Si/Al/SiO_2 trilayer structures[J]. Journal of Applied Physics, 2008, 103: #073505.

[261] Limarga A M, Wilkinson D S. A model for the effect of creep deformation and intrinsic growth stress on oxide/nitride scale growth rates with application to the nitridation of γ-TiAl[J]. Materials Science and Engineering: A, 2006, 415(1/2): 94-103.

[262] Chen Q Q, Xuan F Z, Tu S T. Residual stress analysis in the film/substrate system with the effect of creep deformation[J]. Journal of Applied Physics, 2009, 106: #033512.

[263] Chen Q Q, Xuan F Z, Tu S T. Modeling of creep deformation and its effect on stress distribution in multilayer systems under residual stress and external bending[J]. Thin Solid Films, 2009, 517(9): 2924-2929.

[264] Mao W G, Zhou Y C, Yang L, et al. Modeling of residual stresses variation with thermal cycling in thermal barrier coatings[J]. Mechanics of Materials, 2006, 38(12): 1118-1127.

[265] Nakane K, Ohno N, Tanie H. Thermal ratcheting of solder-bonded layered plates: cyclic recovery and growth of deflection[J]. Computational Mechanics, 2010, 46(2): 259-268.

[266] Li B, Fan X, Zhou K, et al. A semi-analytical model for predicting stress evolution in multilayer coating systems during thermal cycling[J]. International Journal of Mechanical Sciences, 2018, 135: 31-42.

[267] Nakane K, Ohno N, Tsuda M, et al. Thermal ratcheting of solder-bonded elastic and elastoplastic layers[J]. International Journal of Plasticity, 2008, 24: 1819-1836.

[268] Huang Z Q, He X Q. Stress distributions and mechanical properties of laminates [θm/90n]S with closed and open cracks in shear loading[J]. International Journal of Solids and Structures, 2017, 118/119: 97-108.

[269] Huang Z Q, He X Q, Liew K M. A sensitive interval of imperfect interface parameters based on the analysis of general solution for anisotropic matrix containing an elliptic inhomogeneity[J]. International Journal of Solids and Structures, 2015, 73/74: 67-77.

[270] Karlsson A M, Evans A. A numerical model for the cyclic instability of thermally grown oxides in thermal barrier systems[J]. Acta Materialia, 2001, 49: 1793-1804.

[271] Mumm D R, Evans A G, Spitsberg I T. Characterization of a cyclic displacement instability for a thermally grown oxide in a thermal barrier system[J]. Acta Materialia, 2001, 49: 2329-2340.

[272] Gralewicz G, Owczarek G, Więcek B. Investigations of single and multilayer structures using lock-in thermography-possible applications[J]. International Journal of Occupational Safety and Ergonomics, 2005, 11: 211-215.

[273] Ptaszek G, Cawley P, Almond D. Artificial disbonds for calibration of transient thermography inspection of thermal barrier coating systems[J]. NDT & E International, 2012, 45: 71-78.

[274] Netzelmann U, Walle G. High-speed pulsed thermography of thin metallic coatings[C]//Proceedings of the Eurotherm Seminar 60 Quantitative Infrared Thermography-QIRT'98, Łódź, 1998: 81-85.

[275] Vitovec F H. Cavity growth and creep rate taking into account the change of net stress[J]. Journal of Materials Science, 1972, 7(6): 615-620.

[276] Henderson P J, Sandström R. Low temperature creep ductility of OFHC copper[J]. Materials Science and Engineering A, 1998, 246(1): 143-150.

[277] Zheng X T, Wang J Q, Wang W, et al. Elastic-plastic-creep response of multilayered systems under cyclic thermo-mechanical loadings[J]. Journal of Mechanical Science and Technology, 2018, 32 (3): 1227-1234.

[278] Zheng X T, Xuan F Z. Shakedown analysis of multilayered beams coupled ductile damage[J]. Nuclear Engineering & Design, 2012, 250: 14-22.

[279] Hu Y Y, Huang W M. Elastic and elastic-plastic analysis of multiplayer thin films: Closed form solutions[J]. Journal of Applied Physics, 2004, 96(8): 4154-4160.

[280] 郑小涛, 彭常飞, 喻九阳, 等. 循环热-机械载荷下螺栓法兰结构的安定性分析[J]. 压力容器, 2012, 29(7): 51-55.

[281] Kan Q H, Kang G Z, Zhang J. Uniaxial time-dependent ratchetting: Visco-plastic model and finite element application[J]. Theoretical and Applied Fracture Mechanics, 2007, 47: 133-144.

[282] Zheng X T, Wang W, Guo S J, et al. Viscoplastic constitutive modelling of the ratchetting behavior of 35CrMo steel under cyclic uniaxial tensile loading with a wide range of stress amplitude[J]. European Journal of Mechanics-A/Solids, 2019, 76: 312-320.

[283] Zheng X T, Wang H Y, Wang W, et al. Compressive ratcheting effect of expanded PTFE considering multiple load paths[J]. Polymer Testing, 2017, 61: 93-99.

[284] Zheng X T, Wen X, Gao J Y, et al. Temperature-dependent ratcheting of PTFE gaskets under cyclic compressive loads with small stress amplitude[J]. Polymer Testing, 2017, 57: 296-301.

[285] Zheng X T, Wen X, Wang W, et al. Creep-ratcheting behavior of PTFE gaskets under various temperatures[J]. Polymer Testing, 2017, 60: 229-235.

[286] Zheng X T, Dai W C, Chen H F. Ratcheting effect of reinforced graphite sheet with stainless steel insert (RGSWSSI) under cyclic compression at elevated temperature[J]. Fatigue & Fracture of Engineering Materials & Structures, 2018, 41(11): 2391-2401.

[287] Zheng X T, Dai W C, Ma L W, et al. Compressive ratcheting and creep of non-asbestos fiber composite (NAFC) considering temperature effect[J]. Journal of Composite Materials, 2018, 52 (26): 3579-3587.

[288] Chen H F. Linear matching method for design limits in plasticity[J]. Computers, Materials and Continua-Tech Science Press, 2010, 20(2): 159-183.

[289] Chen H F, Ponter A R S. A direct method on the evaluation of ratchet limit[J]. Journal of Pressure Vessel Technology, 2010, 132(4): #041202.

[290] Klotz U E, Solenthaler C, Uggowitzer P J. Martensitic–austenitic 9-12% Cr steels-Alloy design, microstructural stability and mechanical properties[J]. Materials Science and Engineering: A, 2008, 476(1/2): 186-194.

[291] 陈国良, 杨王玥. 12CrlMoV 钢主蒸汽管道疲劳蠕变交互作用及断裂模式[J]. 金属学报, 1991, 27(2): 137-143.

[292] Srinivasan V S, Nagesha A, Valsan M, et al. Effect of hold-time oil low cycle fatigue belmviour of nitrogen bearing 316L stainless steel[J]. International Journal of Pressure Vessels and Piping, 1999, 76: 863-870.

[293] Tamn G, Hannu H. Dwell effects oil higll temperature fatigue behavior: Part Ⅰ[J]. Materials and Design, 2001, 22(3): 199-215.

[294] Tamn G, Hannu H. Dwell effects on high temperature fatigue damage mechanisms: Part Ⅱ[J]. Materials and Design, 2001, 22: 217-236.

[295] Ainsworth R A, Goodall I W. Proposals for primary design above the creep threshold temperature-homogeneous and defect-free structures[R]. CEGB Report RD/B/AN4394, 1978.

[296] Bradford R A W. The Bree problem with primary load cycling in-phase with the secondary load[J]. International Journal of Pressure Vessels & Piping, 2012, 99/100: 44-50.

[297] Ng H W, Moreton D N. Ratchetting rates for a Bree cylinder subjected to in-phase and out-of-phase loading[J]. The Journal of Strain Analysis for Engineering Design, 1986, 21: 1-7.

[298] Ng H W, Moreton D N. Alternating plasticity at the surfaces of a Bree cylinder subjected to in-phase and out-of-phase loading[J]. The Journal of Strain Analysis for Engineering Design, 1987, 22: 107-113.

[299] O'Donnell W J, Porowski J. Upper bounds for accumulated strains due to creep ratcheting[J]. Welding Research Coucil Bulletin, 1974, 195: 57-62.

[300] Booth P. A life prediction for the THERMINA test specimen using the R5 shakedown analysis procedure[R]. Nuclear Electic Report TIGM/REP/0090/93, 1994.

[301] Bate S K. Inelastic finite element analysis of a THERMINA test specimen and R5 creep-fatigue damage assessment[R]. AEA Technology Report AEA-RS-4465, 1994.

[302] Bradford R A W, Ure J, Chen H F. The Bree problem with different yield stresses on-load and off-load and application to creep ratcheting[J]. International Journal of Pressure Vessels & Piping, 2014, 113: 32-39.

[303] Chen H F, Ponter A R S. Linear matching method on the evaluation of plastic and creep behaviours for bodies subjected to cyclic thermal and mechanical loading[J]. International Journal for Numerical Methods in Engineering, 2006, 68: 13-32.

[304] Martin M. Application of direct cyclic analysis to the prediction of plastic shakedown of nuclear power plant components[C]//ASME 2008 Pressure Vessels and Piping Conference on American Society of Mechanical Engineers Digital Collection, 2009: 265-275.

[305] Ure J, Chen H F, Tipping D. Calculation of a lower bound ratchet limit part 2—application to a pipe intersection with dissimilar material join[J]. European Journal of Mechanics-A/Solids, 2013, 37: 369-378.

[306] Chen H F, Ure J, Tipping D. Calculation of a lower bound ratchet limit part 1—theory, numerical implementation and verification[J]. European Journal of Mechanics-A/Solids, 2013, 37: 361-368.

[307] Ure J, Chen H F, Tipping D. Calculation of a lower bound ratchet limit part 2—application to a pipe intersection with dissimilar material join[J]. European Journal of Mechanics-A/Solids, 2013, 37: 369-378.

[308] Zeman J L, Rauscher F. Pressure Vessel Design—The Direct Route[M]. 苏文献, 刘应华, 马宁, 等译. 北京: 化学工业出版社, 2009.

[309] Asada S, Yamashita N, Okamoto A, et al. Verification of alternative criteria for shakedown evaluation using flat head vessel[C]//ASME 2002 Pressure Vessels and Piping Conference on American Society of Mechanical Engineers Digital Collection, 2008: 17-22.

[310] Yamamoto Y, Yamashita N, Tanaka M. Evaluation of thermal stress ratchet in plastic FEA[C]//ASME 2002 Pressure Vessels and Piping Conferenceon American Society of Mechanical Engineers Digital Collection, 2008: 3-10.

[311] Vlaicu D. Shakedown analysis of nuclear components using linear and nonlinear methods[J]. ASME Journal of Pressure Vessel Technology, 2010, 132: #021203.

[312] The State Committee of the USSR for Use of Atomic Power, Rules and Regulations for Atomic Power Engineering[S]. Moscow: Energoatomizdat Publishing House, 1989.

附录 1　逐次循环(CBC)有限元分析命令流

1. 循环热-机械载荷下厚壁圆筒逐次循环分析命令流

```
!建立圆筒平面应变模型
*SET,ri,300
*SET,ro,450
*SET,T,79.8
*SET,pw,140
/filname,Ratcheting Analysis
/PREP7
ET,1,PLANE42
!ET,2,SOLID45
KEYOPT,1,3,2
MP,EX,1,1.84e5
MP,PRXY,1,0.302
MP,ALPX,1,1.335e-5
TB,BKIN !BISO!
TBTEMP,0
TBDATA,1,465,0!2e4,,,,
CYL4, , ,ri, ,ro,90
LESIZE,2, , ,20,
LESIZE,4, , ,20,
LESIZE,1, , ,80
LESIZE,3, , ,80
MSHKEY,1
AMESH,1
MSHKEY,0

LSEL,S, , ,2
NSLL,S,1
DSYM,SYMM,X, ,
```

```
ALLSEL,ALL
LSEL,S, , ,4
NSLL,S,1
DSYM,SYMM,y, ,
ALLSEL,ALL
NUMCMP,NODE
*GET,NMAX,NODE,,NUM,MAX
fini

/solu
AUTOTS,ON   ! TURN ON AUTOMATIC LOAD STEPPING
*do,i,1,4
  time,i
  m=0
   *if,mod(i,2),EQ,0,then
      m=-1
   *elseif,mod(i,2),EQ,1
      m=1
   *endif
   *Do,j,1,NMAX,1
     *GET,dx,NODE,j,LOC,X !
     *GET,dy,NODE,j,LOC,y !
     !BF,j,TEMP,m*T*(Ro-((dx)**2+(dy)**2)**0.5)/(Ro-Ri)!线性温度分布
     BF,j,TEMP,m*T*(1-(LOG((((dx)**2+(dy)**2)**0.5)/Ri)/LOG(Ro/
     Ri)))!渐进温度分布
   *ENDDO
  alls
  SFL,3,PRES,pw ! APPLY LOAD PRES
  alls
  !NLGEOM,1
  NSUBST,30
  OUTPR,,30,
  OUTPR,ALL,ALL,
  OUTRES,ALL,ALL,
  solve
```

```
*enddo
fini

/POST1
RSYS,1
PLNSOL, S,EQV, 0,1.0

/post26
ESOL,2,1,1,EPPL,Y,STRAIN!Plastic strain
ESOL,3,1,1,S,Y,STRESS  !Stress_Y
ESOL,4,1,1,NL,EPEQ,    !Accumulated plastic strain
ESOL,5,1,1,EPEL,Y,     !Elastic strain
ESOL,6,1,1,BFE,TEMP,    !thermal strain
ADD,7,2,5,              !Elastic_Plastic strain
ESOL,8,1,1,EPPL,EQV,    !Mises Plastic strain
XVAR,7
/AXLAB,X,PLASTIC STRAIN
/AXLAB,Y,STRESS
/GROPT,AXNSC,1.2,
/GROPT,DIG1,4,
/dev,font,1,Times*New*Roman,700,0,-12,0,0,,,
/COLOR,CURVE,RED,1
/COLOR,CURVE,BLUE,2
/COLOR,CURVE,BMAG,3
PLVAR,3,, , , , , , , , ,
```

2. 厚壁开孔圆筒逐次循环有限元分析命令流

```
*SET,P,37.5
*SET,T,700
*SET,Ri,300
*SET,Ro,600
*SET,L,600
*SET,HRi,60
*SET,SY,402
*SET,E,1.84e5
```

```
*SET,G,0
*SET,MU,0.3
*SET,ALPHA,1.335e-5
*set,EY,SY/E
*set,nb,3
*SET,PI,ACOS(-1)

/filname,Ratcheting Analysis
/PREP7
ET,2,SOLID45
MP,EX,1,E
MP,PRXY,1,MU
MP,ALPX,1,ALPHA
TB,BKIN
TBTEMP,0
TBDATA,,SY,G,,,,

!MODELING
CYL4, , ,Ri,0,Ro,90,L
wprot,,-90
CSYS,4
CYL4, , ,HRI, , , ,Ro+90
VSBV, 1, 2
WPCSYS,-1,0
wpoff,,,HRi+100
VSBW, 3
wprot,,90,58
VSBW,all
NUMMRG,ALL
NUMCMP,ALL
!hole
LSEL,s, , ,23,24,1
LESIZE,all, , ,10,
!hole bian
LSEL,s, , ,14,15
```

```
LSEL,a, , ,35,36
LESIZE,all, , ,6,0.25
alls
m1=5
LESIZE,7, , ,M1
LESIZE,33, , ,M1
LESIZE,20, , ,M1
LESIZE,34, , ,M1
LCCAT,7,33
LCCAT,20,34
ACCAT,8,18
!vsweep,4
!axial
m2=8
LESIZE,8, , ,M2,0.6
LESIZE,3, , ,M2,1/0.6
LESIZE,10, , ,M2,0.6
LESIZE,2, , ,M2,1/0.6
LESIZE,16, , ,M2,1/0.6
LESIZE,25, , ,M2,0.6
!radius
m2=10
RATIO=0.6
LESIZE,22, , ,M2,RATIO
LESIZE,6, , ,M2,RATIO
LESIZE,19, , ,M2,RATIO
LESIZE,32, , ,M2,RATIO
LESIZE,4, , ,M2,RATIO
LESIZE,1, , ,M2,RATIO
LESIZE,11, , ,M2,RATIO
LESIZE,5, , ,M2,RATIO
LESIZE,21, , ,M2,RATIO
LESIZE,18, , ,M2,RATIO
!hoop
m2=10
```

```
LESIZE,29, , ,M2,0.6
LESIZE,26, , ,M2,0.6
LESIZE,27, , ,M2,0.6
LESIZE,28, , ,M2,0.6
LESIZE,30, , ,M2,0.6
LESIZE,31, , ,M2,0.6
Vsweep,all
NUMMRG,ALL
NUMCMP,ALL
WPCSYS,-1,0
*GET,NMAX,NODE,,NUM,MAX
FINI

/SOLU
NSEL,S,LOC,X,0
DSYM,SYMM,X, ,
NSEL,S,LOC,Y,0
DSYM,SYMM,Y, ,
NSEL,S,LOC,Z,0
DSYM,SYMM,Z, ,
ALLS

ASEL,S,,,7
NSLA,S,1
SF,ALL,PRES,P
ALLS

csys,1
nsel,s,loc,x,ri
SF,ALL,PRES,P
ALLS
csys,0

NSEL,S,LOC,Z,L
CP,1,Uz,all
```

```
ALLS

NSEL,S,LOC,Z,L
SF,ALL,PRES,-P*(Ri)**2/((Ro)**2-(Ri)**2)
ALLS

!LSEL,S,,,23
!NSLL,S,1
!F,ALL,FY,(PI*P*(HRI)**2)/(4*9)
!ALLS

!D,1062,uy
!/PSF,PRES,NORM,2,0,1
!/PBF,TEMP, ,1
autots,on
OUTPR,ALL,ALL
OUTRES,ALL,ALL
NSUBST,8,10,5
*DO,i,1,100
 time,i
 B=mod(i,2)
*Do,j,1,NMAX,1
  *GET,dx,NODE,j,LOC,X
  *GET,dy,NODE,j,LOC,y
  BF,j,TEMP,B*T*(Ro-((dx)**2+(dy)**2)**0.5)/(Ro-Ri)
*ENDDO
alls
solve
*enddo
finish

FINI
/post1
RSYS,1
```

```
/post26
/AXLAB,X,Thickness
/AXLAB,Y,STRESS
/GROPT,AXNSC,1.2,
/GROPT,DIG1,4,
/dev,font,1,Times*New*Roman,700,0,-12,0,0,,,
/COLOR,CURVE,RED,1
/COLOR,CURVE,BLUE,2
/COLOR,CURVE,BMAG,3

ESOL,2,10,1186,S,x, !SHANG
ESOL,3,10,1186,EPEL,x,
ESOL,4,10,1186,EPPL,x,
ESOL,8,10,1186,NL,EPEQ,
ADD,5,3,4,
prod,6,5,,,,,,-1/EY,,,
prod,7,2,,,,,,1/SY,,,
XVAR,1
/AXLAB,X,PLASTIC STRAIN
/AXLAB,Y,STRESS
PLVAR,4,
```

附录 2　基于非循环方法的有限单元分析命令流

以 Bree 模型为例。

```
%%%%%%%%%%%%%%%%%%%%%%%有限元建模
*SET, ALPHA,1.17E-5
*SET, E, 2.1E5
*SET, SY, 200
*SET, r, 52
*SET, t, 4
*SET, P1,1
*SET, T1, 2
*SET, dT, T1*SY/(E*ALPHA)
/config, NRES, 20000
/nerr, on !去掉警告信息
/PREP7
ET,1,plane42
KEYOPT,1,3,0!3
MP,EX,1,E
MP,PRXY,1,0
MP,ALPX,1,ALPHA
TB,BKIN,1
TBDATA,,SY,0,,,,

K,1,,,,
K,2,0.2,,,
K,3,0.2,t,,
K,4,,t,,

A,1,2,3,4
LESIZE,2, , ,50,
LESIZE,4, , ,50,
LESIZE,1, , ,1,
```

```
LESIZE,3, , ,1,

mat,1
type,1
real,1
MSHKEY,1
AMESH,1

NUMMRG,ALL
NUMCMP,ALL
*GET,NMAX,NODE,,NUM,MAX
*GET,EMAX,ELEM,,NUM,MAX

nsel,s,loc,X,0
CP,1,UX,all
alls
nsel,s,loc,X,0.2
d,all,UX

nsel,s,loc,Y,
CP,6,UY,all
alls
nsel,s,loc,Y,t
CP,7,UY,all
alls

%%%%%%%%%%%%%%%%%%循环载荷弹塑性分析
/SOL
!eresx,no
*DO,j,1,NMAX,1
*GET,dY,NODE,j,LOC,Y
BF,j,TEMP,dT*(t-dY)/t
*ENDDO
AUTOTS,1
KBC,0
```

```
NSUBST,50,100,50
solve
/post1
*DIM,seqv,ARRAY,Emax,1,1, , ,
*DIM,syc,ARRAY,Emax,1,1, , ,
ETABLE,seqv,S,EQV
*VGET,seqv,ELEM, ,ETAB,SEQV, ,2
*DO,i,1,EMAX,1
  syc(i)=abs(sy-seqv(i))
*ENDDO
!SAVE,'EP_c','db','C:\DOCUME~1\ADMINI~1\'
PARSAV,ALL,'EP_cycle','db','C:\DOCUME~1\ADMINI~1\ '
FINI
/clear

%%%%%%%%%%%%%%%%%%%%极限分析
PARRES,CHANGE,'EP_cycle','db',' ' !读取弹性计算结果
/config,NRES,20000
/nerr,on !去掉警告信息
/PREP7
ET,1,plane42
KEYOPT,1,3,0
MP,EX,1,0
MP,PRXY,1,0

K,1,,,,
K,2,0.2,,,
K,3,0.2,t,,
K,4,,t,,

A,1,2,3,4
LESIZE,2, , ,50,
LESIZE,4, , ,50,
LESIZE,1, , ,1,
LESIZE,3, , ,1,
```

```
mat,1
type,1
real,1
MSHKEY,1
AMESH,1

NUMMRG,ALL
NUMCMP,ALL
*GET,NMAX,NODE,,NUM,MAX
*GET,EMAX,ELEM,,NUM,MAX
nsel,s,loc,X,0
CP,1,UX,all
SF,all,PRES,-P1*SY
alls
nsel,s,loc,X,0.2
d,all,UX

nsel,s,loc,Y,
CP,6,UY,all
alls
nsel,s,loc,Y,t
CP,7,UY,all
Alls

%%%%%%%%%%%%%%%%%%%%%修正弹性模量
*DO,i,1,EMAX,1
   ESEL,S, , ,i
   MP,EX,i+1,E
   MP,PRXY,i+1,0
   TB,BKIN,i+1
   TBDATA,,syc(i),0,,,,
   mpchg,i+1,i
*ENDDO
alls
```

```
/SOL
!eresx,no
KBC,0
NSUBST,50,100,50
solve
```

附录 3　厚壁圆筒自增强压力优化有限元分析命令流

```
!!!!!!!!!!!!有限元建模
/config,NRES,5000
*set,l,2
*SET,Ri,300
*SET,Ro,300*2
*set,E1,1.84e5
*set,SY,465
*set,mu,0.3
*set,alpha,1.335e-5
*set,C,2E4
*set,GAMA,0
*set,pw,185.14
*set,T,250 !11.375
/filname,pipe-open
/PREP7
ET,1,PLANE42
KEYOPT,1,3,1
KEYOPT,1,6,1

MP,EX,1,E1
MP,PRXY,1,MU
MP,ALPX,1,ALPHA
TB,BKIN,1
TBTEMP,0
TBDATA,,SY,0,,,,

RECTNG,Ri,Ro,0,l,
lsel,s,,,1,3,2
LESIZE,all, , ,100,
lsel,s,,,2,4,2
```

```
LESIZE,all, , ,1,
alls

TYPE,1
MAT,1
MSHKEY,1
AMESH,all

*GET,NMAX,NODE,,NUM,MAX
FINI

/SOLU
ANTYPE,0
AUTOTS,1    !激活自动载荷步
OUTPR,ALL,ALL,
OUTRES,ALL,ALL,

NSEL,S,LOC,y,1
CP,7,Uy,all
d,all,Uy,0
SF,ALL,PRES,-Pt*(Ri)**2/((Ro)**2-(Ri)**2)
ALLS
NSEL,S,LOC,y,0
d,all,Uy,0
alls

LSEL,S,,,2
NSLL,S,1
CP,8,UX,all
ALLS

LSEL,S,,,4
NSLL,S,1
CP,9,UX,all
alls
```

```
/SOLU
nropt,auto
AUTOTS,ON
NSUBST,20
OUTPR,,20,

LSEL,S,,,4
NSLL,S,1
SF,ALL,PRES,pw                                   ! 施加载荷
alls
*Do,j,1,NMAX,1
      *GET,dx,NODE,j,LOC,x !
      !BF,j,TEMP,T*(((Ri+Ro)/2)-dx)/(RO-Ri)       !线性温度分布
      BF,j,temp,T*(1-(LOG(dx/Ri)/LOG(Ro/Ri)))   !渐近线温度分布
*ENDDO
  alls
SOLVE
FINI

/POST1
*GET,in,NODE,1,S,INT
*GET,out,NODE,2,S,INT
B=abs(in-out)
nsort,s,INT
*get,smax,sort,,max      !返回最大的等效应力值
*get,NSMAX,sort,,Imax  !返回最大的等效应力值的节点号
*GET,RADII,NODE,NSMAX,LOC,X      !返回最大的等效应力值的位置
lgwrite,autofrettage cylinder optimization last,lgw,,comment
Fini

!!!!!!!!!!!!!!!!!!!!!!!!!!!!!!!!!!!!!!!!基于最小等效应力的优化分析
/OPT
*do,i,1,10
OPANL,'autofrettagecylinderoptimizationlast','lgw',' '
```

```
OPVAR,PA,DV,(i-1)*30,i*30,1,  !定义优化变量
OPVAR,RADII,SV,Ri,Ro, ,          !定义状态变量
OPSAVE,'autofrettage cylinder optimization last','opt',' '
OPVAR,SMAX,OBJ,,,0.1,            !定义优化目标函数
SAVE,'autofrettage cylinder optimization last modal','db',''
opdata,,,
oploop,prep,proc,all
opprnt,on
opkeep,on
OPTYPE,SWEE
OPSWEEP,best,10
opexe
*enddo

!!!!!!!!!!!!!!!!!!!!!!!!!!!!!!!!!!!!!!!!!!!!!!!!!!!!!!!!!!!!!优化结果输出
/AXLAB,X,Autofrettage Pressure (MPa)
/AXLAB,Y,Max. Mises Stress (MPa)
GROPT,AXNSC,1.6,
/GROPT,DIG1,4,
/dev,font,3,Arial,200,0,-10,0,0,,,
/dev,font,1,Arial,500,0,-22,0,0,,,!
/COLOR,CURVE,RED,1
/COLOR,CURVE,BLUE,2
/COLOR,CURVE,DMAG,3
PLVAR,7,
```

附录4　双层梁弹-塑-蠕变数值迭代分析程序(基于MATLAB)

```
tic
%%%%%%%%%%%%%%%%%%%%%%%%%%定义基体材料模型
E1=1.64E5;
alpha1=3.0e-6;
h1=40e-3;
b=25e-3;
A1=h1*b;
%%%%%%%%%%%%%%%%%%%%%%%%%%定义薄膜材料模型
E2=1.23E5;
s02=13.91;
mu=0.2;
alpha2=1.7e-5;
r=[7.8;6.6;4.9;3.6;11.2];
ksai=[1.1e4;3.61e3;1.49e3;920;256];
num=length(r);
h2=10e-3;
A2=h2*b;
%%%%%%%%%%%%%%%%%%%%%%%% 加载
n1=1000;  % step number
m1=20;  % layer number
total_n=100;  % maximum iteration number
F=0*(A1+A2);
M=0.001;%0.001;
T=200;%350;
dM=M/(n1);
dF=F/(n1);
dT=T/(n1);
N1=10;%round(h1/(h1+h2)*m1);
```

```
N2=round(m1-N1);
%%%%%%%%%%%%%%%%%%%%%% initial condition----layer1
er1=zeros(n1+1,N1+1);
e1=zeros(n1+1,N1+1,total_n+1);
s1=zeros(n1+1,N1+1,total_n+1);
em1=zeros(n1+1,N1+1,total_n+1);
eo1=zeros(n1+1,N1+1);
so1=zeros(n1+1,N1+1);
%%%%%%%%%%%%%%%%%%%%%%%% initial condition----layer2
er2=zeros(n1+1,N2+1);
dep2=zeros(n1+1,N2+1,total_n+1);
ep2=zeros(n1+1,N2+1,total_n+1);
da2=zeros(n1+1,N2+1,total_n+1);
a2=zeros(n1+1,N2+1,total_n+1);
dai=zeros(num+1,n1+1,N2+1,total_n+1);
a2i=zeros(num+1,n1+1,N2+1,total_n+1);
da2i=zeros(num+1,n1+1,N2+1,total_n+1);
f=zeros(num,n1,N2+1,total_n+1);
dlamda=zeros(num,n1,N2+1,total_n+1);
e2=zeros(n1+1,N2+1,total_n+1);
s2=zeros(n1+1,N2+1,total_n+1);
ep2=zeros(n1+1,N2+1,total_n+1);
em2=zeros(n1+1,N2+1,total_n+1);
eo2=zeros(n1+1,N2+1);
so2=zeros(n1+1,N2+1);
sum_ep1=zeros(n1,N2+1);
sum_ep2=zeros(n1,N2+1);
epr=zeros(n1,N2+1);
%%%%%%%%%%%%%%%%%%%%%%%输出
es1=zeros(n1+1,1000);  % film interface
es2=zeros(n1+1,1000);  % film center
es3=zeros(n1+1,1000);  % film top
es4=zeros(n1+1,1000);  % base top
es5=zeros(n1+1,1000);  % base center
es6=zeros(n1+1,1000);  % base bottom
```

```
ef=zeros(N2+1,1000);  % strain distribution through the film
sf=zeros(N2+1,1000);  % stress distribution through the film
sb=zeros(N1+1,1000);  % stress distribution through the base
e0o=zeros(1,1000);    % longitudinal strain at the interface
k0o=zeros(1,1000);    %the curvature of the deformed neutral axis
%%%%%%%%%%%%%%%%evolution of cyclic hardening
roup=zeros(1,N2+1);
s0c=zeros(1,N2+1);
rc=zeros(num,N2+1);
%%%%%%%%%%%%%%%%%%%%定义常量
A=E1*h1+E2*h2;
B=E1*h1^2+E2*h2^2;
C=E1*h1^3+E2*h2^3;
D=E2*h2^2-E1*h1^2;
h=A*C/3-B^2/4;
%%%%%%%%%%%%%%%%%%%%%%施加轴向力和弯矩
for i=1:n1
    Mo(i)=dM*i;
    Fo(i)=dF*i;
    for j=1:m1+1
        To(i)=dT*i;
    end
    for j=1:N1+1
        To1(i)=To(i);
    end
    for j=1:N2+1
        To2(i)=To(i);
    end
    for k=1:total_n
%%%%%%%%%%%%%%%%%%%%%%%%%%%% layer 1
        for j=1:N1+1
            tao1(i)=alpha1*To1(i);
        end
%%%%%%%%%%%%%%%%%%%%%%%%%%%% layer 2
        for j=1:N2+1
```

```
            if abs(s2(i,j,k)-a2(i,j,k))>s02
                dep2(i,j,1)=1E-8;
            end
            tao2(i)=alpha2*To2(i);
            ep2(i,j,k+1)=ep2(i,j,k)+dep2(i,j,k);

            for ii=1:num
                    dlamda(ii,i,j,k)=dep2(i,j,k)*a2i(ii,i,j,k)/
                     r(ii)-mu*abs(dep2(i,j,k));
                    if dlamda(ii,i,j,k)>=0
                         dlamda(ii,i,j,k)=dlamda(ii,i,j,k);
                    else
                         dlamda(ii,i,j,k)=0;
                    end
                    f(ii,i,j,k)=a2i(ii,i,j,k)^2-r(ii)^2;
                    if f(ii,i,j,k)>=0
                           f(ii,i,j,k)=1;
                    else
                           f(ii,i,j,k)=0;
                    end
da2i(ii,i,j,k)=ksai(ii)*(r(ii)*dep2(i,j,k)-mu*a2i(ii,i,j,k)*
abs(dep2(i,j,k))-f(ii,i,j,k)*dlamda(ii,i,j,k)*a2i(ii,i,j,k));
                    a2i(ii,i,j,k+1)=a2i(ii,i,j,k)+da2i(ii,i,j,k);
                    dai(ii+1,i,j,k)=dai(ii,i,j,k)+da2i(ii,i,j,k);
            end
            a2(i,j,k+1)=a2(i,j,k)+dai(num+1,i,j,k);
        end
        %%%%%%%%%%%%%%%%%%%%%%%%% calculating e0 and 1/p
for j=1:N2
sum_ep1(i,j+1)=sum_ep1(i,j)+((ep2(i,j+1,k+1)+ep2(i,j,k+1))/
2)*(h2/N2);
sum_ep2(i,j+1)=sum_ep2(i,j)+((ep2(i,j+1,k+1)+ep2(i,j,k+1))/
2)*(h2/N2)*(2*j-1)/2*(h2/N2); % s(-h1)(0)(ep)*ndn
        end
```

```
e0(i)=(4*C*(E1*h1*tao1(i)+E2*h2*tao2(i)+E2*sum_ep1(i,N2+1)+
Fo(i)/b)-3*D*(E2*h2^2*tao2(i)-E1*h1^2*tao1(i)+2*E2*sum_ep2(i,
N2+1)+Mo(i)/b))/(12*h);

k0(i)=(A*(E2*h2^2*tao2(i)-E1*h1^2*tao1(i)+2*E2*sum_ep2(i,N2+
1)+Mo(i)/b)-D*(E1*h1*tao1(i)+E2*h2*tao2(i)+E2*sum_ep1(i,N2+1)
+Fo(i)/b))/(2*h);
            for j=1:N1+1
                e1(i,j,k)=e0(i)+((j-1)/N1-1)*h1*k0(i);
                s1(i,j,k+1)=(e1(i,j,k)-tao1(i))*E1;
                em1(i,j,k)=e1(i,j,k)-tao1(i);
            end
            for j=1:N2+1
                e2(i,j,k)=e0(i)+((j-1)*h2/N2)*k0(i);
                s2(i,j,k+1)=(e2(i,j,k)-ep2(i,j,k+1)-tao2(i))*E2;
                dep2(i,j,k+1)=abs(dep2(i,j,k))*(s2(i,j,k+1)-
                 a2(i,j,k+1))/s02;
                em2(i,j,k)=e2(i,j,k)-tao2(i);
            end
            if abs(dep2(i,:,k+1)-dep2(i,:,k))<1e-10
                break
            end
        end
        for j=1:N1+1
            s1(i+1,j,1)=s1(i,j,k+1);
            sr1(i,j)=s1(i,j,k+1);
            er1(i,j)=e1(i,j,k);
        end
        for j=1:N2+1
            s2(i+1,j,1)=s2(i,j,k+1);
            ep2(i+1,j,1)=ep2(i,j,k+1);
            a2(i+1,j,1)=a2(i,j,k+1);
            for ii=1:num
                a2i(ii,i+1,j,1)=a2i(ii,i,j,k+1);
            end
```

```
            sr2(i,j)=s2(i,j,k+1);
            ar2(i,j)=a2(i,j,k+1);
            for ii=1:num
                a2ir(ii,i,j)=a2i(ii,i,j,k+1);
            end
            sr2c(i,j)=sr2(i,j);
        end
        for j=1:N1+1
            so1(i+1,j)=s1(i,j,k+1);
            eo1(i+1,j)=em1(i,j,k);
        end
        for j=1:N2+1
            so2(i+1,j)=s2(i,j,k+1);
            eo2(i+1,j)=em2(i,j,k);
        end
        oo(i)=k;
end
toc
epr(1,:)=ep2(n1,:,k+1);  %cyclic hardening
es1(:,1)=eo2(:,1);       % film interface
es1(:,2)=so2(:,1);
es2(:,1)=eo2(:,N2/2+1);  % film center
es2(:,2)=so2(:,N2/2+1);
es3(:,1)=eo2(:,N2+1);     % film top
es3(:,2)=so2(:,N2+1);
es4(:,1)=eo1(:,1);       % base bottom
es4(:,2)=so1(:,1);
es5(:,1)=eo1(:,N1/2+1);   % base center
es5(:,2)=so1(:,N1/2+1);
es6(:,1)=eo1(:,N1+1);    % base top
es6(:,2)=so1(:,N1+1);
ef(:,1)=(eo2(n1+1,:))';  % strain distribution through the film
sf(:,1)=(so2(n1+1,:))';  % stress distribution through the film
sb(:,1)=(so1(n1+1,:))';  % stress distribution through the base
e0o(1)=e0(n1);           % longitudinal strain at the interface
```

```
k0o(1)=k0(n1);      % the curvature of the deformed neutral axis
for i=1:n1+1
    plot(eo2(i,1),so2(i,1))
    hold on
end

%%%%%%%%%%%% evolution of creep
%%%%%%%%%定义蠕变参数
Ao=exp(-587752*exp(-(To2(n1)+273)/41)-4.3);
no=134742*exp(-(To2(n1)+273)/41)+4.7;
Q=113053;
R=8.134;
dt=0.1;
to=1000; %保载时间
ecr=zeros(to+1,N2+1);
ecrr=zeros(to+1,N2+1);
e0cr=zeros(to+1,1);
k0cr=zeros(to+1,1);
sum_ecr1=zeros(to+1,N2+1);
sum_ecr2=zeros(to+1,N2+1);
sum_ecrr1=zeros(to+1,N2+1);
sum_ecrr2=zeros(to+1,N2+1);
s_2=zeros(to+1,N2+1);
e_2=zeros(to+1,N2+1);
e0cr(1)=e0(n1);
k0cr(1)=k0(n1);
for t=1:to
    for j=1:N1+1
        e_1(1,j)=eo1(n1+1,j);
        s_1(1,j)=so1(n1+1,j);
    end
    for j=1:N2+1
        e_2(1,j)=eo2(n1+1,j);
        s_2(1,j)=so2(n1+1,j);
        sc_c(1,j)=sr2(n1,j);
```

```
            ecrr(t,j)=sign(s_2(t,j))*Ao*abs((s_2(t,j)))^no*exp
            (-Q/(R*(To2(n1)+273)));
            decr(t,j)=dt*ecrr(t,j);
            ecr(t+1,j)=ecr(t,j)+decr(t,j);
        end
       for j=1:N2
        sum_ecrr1(t,j+1)=sum_ecrr1(t,j)+((ecrr(t,j+1)+ecrr
        (t,j))/2)*(h2/N2);
        sum_ecrr2(t,j+1)=sum_ecrr2(t,j)+(ecrr(t,j+1)+ecrr(t,j))/
        2*(h2/N2)*(2*j-1)/2*(h2/N2);
       end
        e0r(t)=(2*C*sum_ecrr1(t,N2+1)-3*D*sum_ecrr2(t,N2+1))/(6*h);
        kr(t)=(2*A*sum_ecrr2(t,N2+1)-D*sum_ecrr1(t,N2+1))/(2*h);
            e0cr(t+1)=e0cr(t)+dt*e0r(t);
            k0cr(t+1)=k0cr(t)+dt*kr(t);
        for j=1:N1+1
            de1(t,j)=e0r(t)+((j-1)/N1-1)*h1*kr(t);
            ds1(t,j)=E1*(de1(t,j));
            e_1(t+1,j)=e_1(t,j)+dt*de1(t,j);
            s_1(t+1,j)=s_1(t,j)+dt*ds1(t,j);
        end
        for j=1:N2+1
            de2(t,j)=e0r(t)+((j-1)*h2/N2)*kr(t);
             ds2(t,j)=E2*(de2(t,j)-ecrr(t,j));
            e_2(t+1,j)=e_2(t,j)+dt*de2(t,j);
            s_2(t+1,j)=s_2(t,j)+dt*ds2(t,j);
            sc_c(t+1,j)=sc_c(t,j)+dt*ds2(t,j);
        end
end
es1(:,3)=e_2(:,1);        % film interface
es1(:,4)=s_2(:,1);
es2(:,3)=e_2(:,N2/2+1);  % film center
es2(:,4)=s_2(:,N2/2+1);
es3(:,3)=e_2(:,N2+1);     % film top
es3(:,4)=s_2(:,N2+1);
```

```
es4(:,3)=e_1(:,1);          % base bottom
es4(:,4)=s_1(:,1);
es5(:,3)=e_1(:,N1/2+1);     % base center
es5(:,4)=s_1(:,N1/2+1);
es6(:,3)=e_1(:,N1+1);       % base top
es6(:,4)=s_1(:,N1+1);
ef(:,2)=(eo2(to+1,:))';     % strain distribution through the film
sf(:,2)=(so2(to+1,:))';     % stress distribution through the film
sb(:,2)=(so1(to+1,:))';     % stress distribution through the base
e0o(2)=e0cr(to+1);          % longitudinal strain at the interface
k0o(2)=k0cr(to+1);          % the curvature of the deformed neutral axis
for t=1:to+1
    plot(e_2(t,1),s_2(t,1))
    hold on
end
%%%%%%%%%%%%%%%%%%%%%%%%%%%%%
for circle_n=1:600
    %%%%%%%%%%%%%%%%%%%%%%%%% initial condition----layer1
    e1=zeros(n1+1,N1+1,total_n+1);
    s1=zeros(n1+1,N1+1,total_n+1);
    em1=zeros(n1+1,N1+1,total_n+1);
    eo1=zeros(n1+1,N1+1);
    so1=zeros(n1+1,N1+1);
    %%%%%%%%%%%%%%%%%%%%%%%%%% initial condition----layer2
    dep2=zeros(n1+1,N2+1,total_n+1);
    ep2=zeros(n1+1,N2+1,total_n+1);
    da2=zeros(n1+1,N2+1,total_n+1);
    a2=zeros(n1+1,N2+1,total_n+1);
    dai=zeros(num+1,n1+1,N2+1,total_n+1);
    a2i=zeros(num+1,n1+1,N2+1,total_n+1);
    da2i=zeros(num+1,n1+1,N2+1,total_n+1);
    e2=zeros(n1+1,N2+1,total_n+1);
    s2=zeros(n1+1,N2+1,total_n+1);
    ep2=zeros(n1+1,N2+1,total_n+1);
    em2=zeros(n1+1,N2+1,total_n+1);
```

```
    eo2=zeros(n1+1,N2+1);
    so2=zeros(n1+1,N2+1);
    sum_ep1=zeros(n1,N2+1);
    sum_ep2=zeros(n1,N2+1);
    %%%%%%%%%%%%%%%%%%%%%%%%%%%define loading
    Fc=0*(A1+A2);
    Mc=0;
    Tc=180;%180
    dMc=Mc/(n1);
    dFc=Fc/(n1);
    dTc=Tc/(n1);
    %%%%%%%%%%%%%%%%%%%%%%%%%%%%%%%%%%%%%%%%%%%%%% initial value
    for j=1:N1+1
          sr1_n(circle_n,j)=s_1(to+1,j);
          er1_n(circle_n,j)=e_1(to+1,j);
          so1(1,j)=sr1_n(circle_n,j);
          eo1(1,j)=er1_n(circle_n,j);
    end
    for j=1:N2+1
          sr2_n(circle_n,j)=s_2(to+1,j);
          er2_n(circle_n,j)=e_2(to+1,j);
          so2(1,j)=sr2_n(circle_n,j);
          eo2(1,j)=er2_n(circle_n,j);
          sr2_up(circle_n,j)=sc_c(to+1,j);
    end
    roup(:)=1+1.81.*(1.0-exp(-9.4.*(abs(epr(circle_n,:)))));
    aa(circle_n)=roup(1);
    s0c(:)=s02.*roup(:);
    rc=r*roup;

%%%%%%%%%%%%%%%%%%%%%%%%%%%%%%%%%%%%%%%axial force and moment
    for i=1:n1
          Moc(i)=dMc*i;
          Foc(i)=dFc*i;
          for j=1:m1+1
```

```
Toc(i,j)=dTc*i;%*((-1+2*(j-1)/m1)^2-1/3);%*(-1+2*(j-1)/m1);
%To(i,j)=dT*i*((-1+2*(j-1)/m1)^2-1/3);
        end
        for j=1:N1+1
            T1c(i,j)=Toc(i,j);%dT*i*((-1+2*(j-1)/m1)^2-1/
            3);%*(-1+2*(j-1)/m1);%
        end
        for j=1:N2+1

T2c(i,j)=Toc(i,N1+j);%dT*i*((-1+2*(j-1)/m1)^2-1/3);%*(-1+2*
(j-1)/m1);%
        end
        for k=1:total_n
%%%%%%%%%%%%%%%% layer 1
            for j=1:N1+1
                tao1c(i,j)=alpha1*T1c(i,j);
            end
%%%%%%%%%%%%%%%% layer 2
            for j=1:N2+1
                %a2(1,j,1)=sr2(n1,j)-ar2(n1,j);
                a2(1,j,1)=(sr2_up(circle_n,j)-ar2(n1,j))
                if abs(s2(i,j,k)-a2(i,j,k))>s0c(j)
                    dep2(i,j,1)=1E-8;
                end
                tao2c(i,j)=alpha2*T2c(i,j);
                ep2(i,j,k+1)=ep2(i,j,k)+dep2(i,j,k);
                for ii=1:num
                    a2i(ii,1,j,1)=sr2_up(circle_n,j)-
a2ir(ii,n1,j);dlamda(ii,i,j,k)=(-1)^(circle_n)*dep2(i,j,k)*(s
r2c(n1,j)+(-1)^(circle_n)*a2i(ii,i,j,k))/rc(ii,j)-mu*abs(dep2
(i,j,k));
                    if dlamda(ii,i,j,k)>=0
                        dlamda(ii,i,j,k)=dlamda(ii,i,j,k);
                    else
```

```
                        dlamda(ii,i,j,k)=0;
                    end

f(ii,i,j,k)=((-1)^(circle_n)*(sr2c(n1,j)+(-1)^(circle_n)*
a2i(ii,i,j,k)))^2-rc(ii,j)^2;
                    if f(ii,i,j,k)>=0
                        f(ii,i,j,k)=1;
                    else
                        f(ii,i,j,k)=0;
                    end

da2i(ii,i,j,k)=ksai(ii)*(rc(ii,j)*dep2(i,j,k)-(-1)^(circle_n)*
mu*(sr2c(n1,j)+(-1)^(circle_n)*a2i(ii,i,j,k))*abs(dep2(i,j,k))...

-(-1)^(circle_n)*f(ii,i,j,k)*dlamda(ii,i,j,k)*(sr2c(n1,j)+(-1)^
(circle_n)*a2i(ii,i,j,k)));
                    a2i(ii,i,j,k+1)=a2i(ii,i,j,k)+da2i
                    (ii,i,j,k);
                    dai(ii+1,i,j,k)=dai(ii,i,j,k)+da2i
                    (ii,i,j,k);
                end
                a2(i,j,k+1)=a2(i,j,k)+dai(num+1,i,j,k);
            end

            for j=1:N2

sum_ep1(i,j+1)=sum_ep1(i,j)+((ep2(i,j+1,k+1)+ep2(i,j,k+1))/
2)*(h2/N2);

sum_ep2(i,j+1)=sum_ep2(i,j)+((ep2(i,j+1,k+1)+ep2(i,j,k+1))/
2)*(h2/N2)*(2*j-1)/2*(h2/N2);

e0(i)=(4*C*(E1*h1*tao1c(i)+E2*h2*tao2c(i)+E2*sum_ep1(i,N2+1)+
Foc(i)/b)-3*D*(E2*h2^2*tao2c(i)-E1*h1^2*tao1c(i)+2*E2*sum_ep2
(i,N2+1)+Moc(i)/b))/(12*h);
```

```
k0(i)=(A*(E2*h2^2*tao2c(i)-E1*h1^2*tao1c(i)+2*E2*sum_ep2
(i,N2+1)+Moc(i)/b)-D*(E1*h1*tao1c(i)+E2*h2*tao2c(i)+E2*sum_ep
1(i,N2+1)+Foc(i)/b))/(2*h);
            for j=1:N1+1
                 e1(i,j,k)=e0(i)+((j-1)/N1-1)*h1*k0(i);
                 s1(i,j,k+1)=(e1(i,j,k)-tao1c(i))*E1;
                 em1(i,j,k)=e1(i,j,k)-tao1c(i);
            end
            for j=1:N2+1
                 e2(i,j,k)=e0(i)+((j-1)*h2/N2)*k0(i);
                 s2(i,j,k+1)=(e2(i,j,k)-ep2(i,j,k+1)-tao2c(i))*E2;
                 dep2(i,j,k+1)=abs(dep2(i,j,k))*(s2(i,j,k+1)-
                 a2(i,j,k+1))/s0c(j);
                 em2(i,j,k)=e2(i,j,k)-tao2c(i);
            end
            if abs(dep2(i,:,k+1)-dep2(i,:,k))<1e-10
                 break
            end
        end
        for j=1:N1+1
             s1(i+1,j,1)=s1(i,j,k+1);
             sr1(i,j)=s1(i,j,k+1);
             er1(i,j)=e1(i,j,k);
        end
        for j=1:N2+1
             s2(i+1,j,1)=s2(i,j,k+1);
             ep2(i+1,j,1)=ep2(i,j,k+1);
             a2(i+1,j,1)=a2(i,j,k+1);
             for ii=1:num
                  a2i(ii,i+1,j,1)=a2i(ii,i,j,k+1);
             end
             sr2(i,j)=s2(i,j,k+1);
             ar2(i,j)=a2(i,j,k+1);
             for ii=1:num
```

```
                a2ir(ii,i,j)=a2i(ii,i,j,k+1);
            end
            sr2c(i,j)=sr2c(n1,j)+(-1)^circle_n*s2(i,j,k+1);
        end
        for j=1:N1+1
            so1(i+1,j)=sr1_n(circle_n,j)+(-1)^circle_n*s1
            (i,j,k+1);
            eo1(i+1,j)=er1_n(circle_n,j)+(-1)^circle_n*em1
            (i,j,k);
        end
        for j=1:N2+1
            so2(i+1,j)=sr2_n(circle_n,j)+(-1)^circle_n*s2
            (i,j,k+1);
            eo2(i+1,j)=er2_n(circle_n,j)+(-1)^circle_n*em2
            (i,j,k);
        end
        epr(circle_n+1,:)=epr(circle_n,:)+ep2(n1,:,k+1);
        oo(i)=k;
end
toc
es1(:,4*circle_n+1)=eo2(:,1);        % film interface
es1(:,4*circle_n+2)=so2(:,1);
es2(:,4*circle_n+1)=eo2(:,N2/2+1);  % film center
es2(:,4*circle_n+2)=so2(:,N2/2+1);
es3(:,4*circle_n+1)=eo2(:,N2+1);    % film top
es3(:,4*circle_n+2)=so2(:,N2+1);
es4(:,4*circle_n+1)=eo1(:,1);        % base bottom
es4(:,4*circle_n+2)=so1(:,1);
es5(:,4*circle_n+1)=eo1(:,N1/2+1);  % base center
es5(:,4*circle_n+2)=so1(:,N1/2+1);
es6(:,4*circle_n+1)=eo1(:,N1+1);     % base top
es6(:,4*circle_n+2)=so1(:,N1+1);
ef(:,2*circle_n+1)=(eo2(n1+1,:))';    % strain distribution
through the film
sf(:,2*circle_n+1)=(so2(n1+1,:))';    % stress distribution
```

```
through the film
sb(:,2*circle_n+1)=(so1(n1+1,:))';    % stress distribution
through the base
e0o(2*circle_n+1)=e0cr(to+1)+(-1)^circle_n*e0(n1);%longitudinal
strain at the interface
k0o(2*circle_n+1)=k0cr(to+1)+(-1)^circle_n*k0(n1);    % the
curvature of the deformed neutral axis
for i=1:n1+1
     plot(eo2(i,1),so2(i,1))
     hold on
end

%%%%%%%%%%%% evolution of creep
%%%%%%%%%%%% define initial stress and strain
 ecr=zeros(to+1,N2+1);
 ecrr=zeros(to+1,N2+1);
 sum_ecr1=zeros(to+1,N2+1);
 sum_ecr2=zeros(to+1,N2+1);
 sum_ecrr1=zeros(to+1,N2+1);
 sum_ecrr2=zeros(to+1,N2+1);
 s_2=zeros(to+1,N2+1);
 e_2=zeros(to+1,N2+1);
 de22=zeros(to+1,N2+1);
 e22=zeros(to+1,N2+1);
 e0cr(1)=e0o(2*circle_n+1);
 k0cr(1)=k0o(2*circle_n+1);
 if mod(circle_n,2)==1 %%%%设定蠕变温度
     Tcr=T-Tc;
 else
     Tcr=T;
 end
 for t=1:to
      for j=1:N1+1
           e_1(1,j)=eo1(n1+1,j);
           s_1(1,j)=so1(n1+1,j);
```

```
    end
    for j=1:N2+1
        e_2(1,j)=eo2(n1+1,j);
        s_2(1,j)=so2(n1+1,j);
        sc_c(1,j)=sr2(n1,j);
        ecrr(t,j)=sign(s_2(t,j))*Ao*abs((s_2(t,j)))^no*exp
        (-Q/(R*(Tcr+273)));
        ecr(t+1,j)=ecr(t,j)+dt*ecrr(t,j);
    end
    for j=1:N2

sum_ecrr1(t,j+1)=sum_ecrr1(t,j)+((ecrr(t,j+1)+ecrr(t,j))/
2)*(h2/N2);
   % s(-h1)(0)ecrrdn

sum_ecrr2(t,j+1)=sum_ecrr2(t,j)+(ecrr(t,j+1)+ecrr(t,j))/2*
(h2/N2)*(2*j-1)/2*(h2/N2);
    end
        e0r(t)=(2*C*sum_ecrr1(t,N2+1)-3*D*sum_ecrr2
        (t,N2+1))/(6*h);
        kr(t)=(2*A*sum_ecrr2(t,N2+1)-D*sum_ecrr1
        (t,N2+1))/(2*h);
        e0cr(t+1)=e0cr(t)+dt*e0r(t);
        k0cr(t+1)=k0cr(t)+dt*kr(t);
    for j=1:N1+1
        de1(t,j)=e0r(t)+((j-1)/N1-1)*h1*kr(t);
        ds1(t,j)=E1*(de1(t,j));
        e_1(t+1,j)=e_1(t,j)+dt*de1(t,j);
        s_1(t+1,j)=s_1(t,j)+dt*ds1(t,j);
    end
    for j=1:N2+1
        de2(t,j)=e0r(t)+((j-1)*h2/N2)*kr(t);
        ds2(t,j)=E2*(de2(t,j)-ecrr(t,j));
        e_2(t+1,j)=e_2(t,j)+dt*de2(t,j);
        s_2(t+1,j)=s_2(t,j)+dt*ds2(t,j);
```

```
            sc_c(t+1,j)=sc_c(t,j)+dt*ds2(t,j);
        end
    end
    es1(:,4*circle_n+3)=e_2(:,1);         % film interface
    es1(:,4*circle_n+4)=s_2(:,1);
    es2(:,4*circle_n+3)=e_2(:,N2/2+1);    % film center
    es2(:,4*circle_n+4)=s_2(:,N2/2+1);
    es3(:,4*circle_n+3)=e_2(:,N2+1);      % film top
    es3(:,4*circle_n+4)=s_2(:,N2+1);
    es4(:,4*circle_n+3)=e_1(:,1);         % base bottom
    es4(:,4*circle_n+4)=s_1(:,1);
    es5(:,4*circle_n+3)=e_1(:,N1/2+1);    % base center
    es5(:,4*circle_n+4)=s_1(:,N1/2+1);
    es6(:,4*circle_n+3)=e_1(:,N1+1);      % base top
    es6(:,4*circle_n+4)=s_1(:,N1+1);
    ef(:,2*circle_n+2)=(eo2(to+1,:))';    % strain distribution 
through the film
    sf(:,2*circle_n+2)=(so2(to+1,:))';    % stress distribution 
through the film
    sb(:,2*circle_n+2)=(so1(to+1,:))';    % stress distribution 
through the base
    e0o(2*circle_n+2)=e0cr(to+1);         %longitudinal strain at 
the interface
    k0o(2*circle_n+2)=k0cr(to+1);         % the curvature of the 
deformed neutral axis
    for t=1:to+1
        plot(e_2(1,1),s_2(t,1))
        hold on
    end
End
```